Joachim Pfeil | Hüftchirurgie

Joachim Pfeil

Hüftchirurgie

Unter Mitarbeit von
Johannes Frank
Nicolas Maximilian Gumpert
Helmut Laurer

Mit 286 überwiegend 2-farbigen Abbildungen
in 400 Einzeldarstellungen

STEINKOPFF
VERLAG

Prof. Dr. med. JOACHIM PFEIL
Chefarzt Orthopädische Klinik
St. Josefs-Hospital
Beethovenstraße 20
65189 Wiesbaden

Priv.-Doz. Dr. med. JOHANNES FRANK
Klinik für Unfall-, Hand- u. Wiederherstellungschirurgie
Johann-Wolfgang-Goethe-Universität
Theodor-Stern-Kai 7
60590 Frankfurt am Main

Dr. med. NICOLAS MAXIMILIAN GUMPERT
Orthopaedicum Frankfurt
Praxis für Orthopädie
Oederweg 2–4
60318 Frankfurt

Dr. med. HELMUT LAURER
Klinik für Unfall-, Hand- u. Wiederherstellungschirurgie
Johann-Wolfgang-Goethe-Universität
Theodor-Stern-Kai 7
60590 Frankfurt am Main

ISBN 978-3-7985-1627-4 Steinkopff Verlag

Bibliografische Information der Deutschen Nationalbibliothek
Die Deutsche Nationalbibliothek verzeichnet diese Publikation in der Deutschen Nationalbibliografie; detaillierte bibliografische Daten sind im Internet über http://dnb.d-nb.de abrufbar.

Steinkopff Verlag
ein Unternehmen von Springer Science+Business Media

www.steinkopff.com

Planung und Redaktion: Dr. med. Gertrud Volkert, Petra Elster
Herstellung: Klemens Schwind
Zeichnungen: Rose Baumann, Schriesheim
Umschlaggestaltung: Erich Kirchner, Heidelberg
Satz: K+V Fotosatz GmbH, Beerfelden
Druck und Bindung: Stürtz GmbH, Würzburg

SPIN 11761686 105/7231-5 4 3 2 1 0 – Gedruckt auf säurefreiem Papier

Vorwort

Lernen ist wie das Rudern gegen den Strom, wer aufhört treibt zurück.
Diese Weisheit von Laotse gilt auch für die Hüftchirurgie.

Die Pioniere der Hüftchirurgie haben unterschiedliche Zugangswege entwickelt. Die Behandlung der Hüftgelenksluxation und Dysplasie sowie die Therapie von Infektionen und deren Folgen waren die ersten großen Themen. In der „Ära" der Femurosteotomien wurden die unterschiedlichsten Erkrankungen der Hüfte des Kindes und des Erwachsenen mit diesen Verfahren therapiert. Später folgten unterschiedliche Techniken der Beckenosteotomien für die Therapie der gleichen Erkrankungen.

Mit den Fortschritten in der Unfallchirurgie und der Intensivmedizin wurden auch schwere Verletzungen des Beckens und des Hüftgelenkes chirurgisch behandelbar. Speziell für die Traumatologie stehen Zugangswege, zum Teil kombiniert angewandt, dem Chirurgen zur Verfügung. Auch ausgeprägte Verletzungen wurden so behandelbar und es sind Rekonstruktionen möglich, die selbst bei zerstörter Gelenkfläche Vorraussetzungen schaffen können für eine weitere Rekonstruktion zur soliden funktionellen Wiederherstellung.

Die Endoprothetik des Hüftgelenkes hat heute eine sehr große Bedeutung. Unterschiedliche endoprothetische Versorgungen benötigen differenzierte Vorgehensweisen. Der Trend geht zu immer kleineren Zugängen, die konkurrieren mit den „klassischen" anatomisch präparatorisch entwickelten Zugängen. Für die Revisionsendoprothetik sind eine Vielzahl von Vorgehensweisen und Verfahren entwickelt worden. Die Tumorendoprothetik ermöglicht Rekonstruktionen auch bei großem Substanzverlust des Beckens und Femurs.

Durch die Verfeinerung der Diagnostik werden neue Pathologien wie die des Labrums erkannt. In der Diagnostik dominieren nichtinvasive Verfahren. Für die Therapie wird die Arthroskopie des Hüftgelenkes zunehmend bedeutsam. Navigationsverfahren werden zu einem wichtigen Handwerkszeug für die komplexe Hüftchirurgie. Biomechanisch stand bislang fast ausschließlich die Überdachung und Zentrierung des Hüftkopfes im Zentrum des Interesses. In den letzten Jahren wurde erst die Bedeutung des Impingements, d.h. des Anschlagens des Gelenkes durch Veränderung am Schenkelhals und/oder am Azetabulum bei Bewegung erkannt. Neue chirurgische Therapieformen sind und werden dafür entwickelt.

Auch dieses Buch stellt nur eine Momentaufnahme dar. Die Hüftgelenkschirurgie wird sich weiter verändern. Viele Orthopäden und Chirurgen haben die operative Behandlung des Hüftgelenkes entwickelt. Gerade weil diese Behandlungen verantwortungsvoll und technisch anspruchsvoll sind, entstanden aus der persönlichen Anleitung in verschiedenen Kliniken unterschiedliche Schulen. Auch dieses Buch allein ist nicht geeignet, die Hüftchirurgie zu erlernen. Es stellt lediglich eine Hilfe hierzu dar. Kritik und Ergänzungen sind erwünscht, um in weiteren Auflagen die Hüftchirurgie zu verfeinern und weiter zu entwickeln.

Wiesbaden und Frankfurt, im Oktober 2007

J. Pfeil, J. Frank
N. M. Gumpert, H. Laurer

Inhaltsverzeichnis

Allgemeiner Teil

Operative Zugangswege

Spezieller Teil

Allgemeiner Teil

1 Patientenaufklärung

Erst durch die Fortschritte der Asepsis und der Anästhesie haben operative Eingriffe am Hüftgelenk eine weite Verbreitung gefunden. Da im 18. und 19. Jahrhundert hüftchirurgische Eingriffe nur bei Verletzungen und Infektionen indiziert und durchgeführt wurden, waren die Umstände dieser Operationen dementsprechend extrem. So war das Überleben des Patienten vielfach gefährdet und wenn die Schmerzmedikation mit Laudanum in Kriegssituationen begrenzt war, so half nur Alkoholerschöpfung, Unterkühlung und Blutverlust zur ersehnten Ohnmacht.

Auch wenn der Erfolg operativer Maßnahmen durch Fortschritte der Operationstechnik und Asepsis sowie der Anästhesieverfahren sicherer geworden ist, bleibt jede Operation ein invasives Verfahren. Der Operateur hat für den Patienten eine Abwägung zu treffen, ob der zu erwartende Nutzen durch die Operation in einem vernünftigen Verhältnis zu dem von dem Patienten zu tragenden Operationsrisiko steht. Bei der Aufklärung zum chirurgischen Eingriff ist der Notfallpatient vom Elektivpatient zu unterscheiden.

Eine besondere Verantwortlichkeit kommt präventiven Eingriffen zu. Gerade am Hüftgelenk ist die Korrektur präarthrotischer Deformitäten, zumal diese meist beim Kind durchgeführt werden, mit einer besonderen Verantwortlichkeit verbunden, weil zum Zeitpunkt der Operation der Patient vielfach keine Symptome aufweist. Bei elektiven Eingriffen ist es dementsprechend notwendig, dem Patienten oder bei Kindern den Eltern die Pathologie des Hüftgelenkes zu erklären und die hierfür zur Verfügung stehenden konservativen und operativen Behandlungsmöglichkeiten darzulegen.

Prinzipiell sind konservative Therapien bei gleicher Heilungsaussicht operativen Verfahren vorzuziehen, da diese weitaus weniger komplikationsträchtig sind. Aufgrund der weitaus besseren Heilungsaussichten am Hüftgelenk ist mit Ausnahme einiger kindlicher Erkrankungen dennoch häufig die Operation die Therapieform der Wahl. Hierbei konkurrieren oftmals mehrere Operationsverfahren miteinander. Es ist deshalb notwendig den Patienten die verschiedenen operativen Varianten mit dem jeweiligen Operationsziel, aber auch der Darstellung der Komplikationsträchtigkeit, zu erklären. Die letztendlich durchgeführte Operationsform ist in Ausführlichkeit darzustellen, um den Patienten zu ermöglichen, sich selbst eine Vorstellung des Verfahrens zu machen.

In diesem Zusammenhang besteht gerade im Hüftgelenk die Notwendigkeit auch geplante oder etwaige Folgeeingriffe darzustellen. Des Weiteren ist für die Entscheidungsfindung des Patienten die Darlegung der wahrscheinlichen Dauer des Krankenhausaufenthaltes, der Arbeitsunfähigkeit sowie der Modalitäten der regelhaften und eventuellen Nachbehandlung wichtig. Über die Notwendigkeit der Anästhesieform, respektive die postoperative Schmerzbehandlung, wird der Patient in Absprache mit dem Anästhesisten aufgeklärt.

Wichtig und für den Patienten sehr bedeutsam ist bei planbaren Operationen die ausgiebige Darstellung der Erfolgsquote. Jede Operationsquote impliziert auch einen Anteil von Misserfolgen. Gerade im Hüftgelenk sind Misserfolge der häufigste Grund für Haftpflichtprozesse. Misserfolge werden vom Patienten als Komplikation aufgefasst und führen dementsprechend häufig zu Regressforderungen.

Auch bei der Entscheidung zur operativen Behandlung ist es notwendig dem Patienten Alternativen in der Operationstechnik, wie beispielsweise die Verwendung eines Operationsroboters, von Navigationssystemen oder spezifische Arten der präoperativen Planung, darzustellen. Des Weiteren ist darauf hinzuweisen, dass sich intraoperativ eine neue Situation ergeben kann, die zum Strategiewechsel führen kann.

Bei hüftchirurgischen Eingriffen kann zwischen allgemeinen Komplikationen und verfahrenstypischen Komplikationen differenziert werden.

Allgemeine Komplikationen sind:

Gefäßverletzungen: Das Hüftgelenk ist in der Tiefe der Weichteile von größeren Gefäßen umgeben. Deswegen kann es bei jeder Hüftgelenksoperation zu einer Verletzung derselben, mit entsprechendem Blutverlust und der Notwendigkeit der gefäßchirurgischen Intervention kommen. J. Fruhwirth et al. geben diese Komplikationsrate mit 0,3% an. Besonders gefährdet sind hierbei die A. iliaca externa und die Arteria femoralis communis. Diese Komplikation manifestiert sich in Abhängigkeit vom verletzten Gefäß in einer Ischämie der betroffenen Extremität 1–2 Stunden postoperativ bis hin zum hämorrhagischen Schock intraoperativ.

Nachblutungen und Hämatombildung: Auch ohne Verletzung anatomischer Gefäße sind Nachblutungen im Bereich des Hüftgelenkes häufig. Dementsprechend kann es notwendig werden Blutkonserven zu verabreichen. Dies impliziert, dass der Patient über das Risiko einer Bluttransfusion, d.h. das Übertragen von Erkrankungen sowie das Entstehen allergischer Reaktionen, aufgeklärt sein muss. Alternativen wie prä- und intraoperative Eigenblutprogramme sind dem Patienten zu erläutern und ggf. anzubieten.

Willburger et al. ermittelten, dass in der Hüftendoprothetik im Mittel 1,4 Blutkonserven verabreicht werden. Diese Zahl variiert jedoch in Abhängigkeit des Prothesenmodells, des Alters des Patienten und der gewählten Anästhesieform.

Thrombose und Embolien: Hüftchirurgische Eingriffe sind Hochrisikoeingriffe in Bezug auf die Entstehung von Thrombosen und sich daraus entwickelnden Embolien. Dies kann zum Tod oder zu dauerhaften Schädigungen des Beines führen. Folge kann die Notwendigkeit einer langfristigen Behandlung sein. Die deshalb indizierte medikamentöse Prophylaxe muss in ihrer Dauer und Komplikationshäufigkeit dem Patienten ebenfalls dargestellt werden. Trotz adäquater Thrombosetherapie mit niedermolekularem Heparin lassen sich bei 15–30% aller Patienten nach hüftendoprothetischer Versorgung klinisch stumme Unterschenkelthrombosen nachweisen, die Oberschenkelthromboserate liegt bei 7%. Nur 2–5% dieser Thrombosen werden klinisch manifest.

In ca. 12,5% aller Fälle lassen sich klinisch okkulte embolietypische Ausfälle in der Lungenperfusionsszintigraphie nachweisen.

Heterotope Ossifikationen nach hüftchirurgischen Eingriffen sind häufig. Die Klassifikation erfolgt nach Brooker (Abb. 1.1–1.4). Ossifikationen der Stufen III und IV nach Brooker führen zu erheblichen Funktionseinschränkungen des Gelenkes und können Folgeoperationen notwendig machen. Dementsprechend ist bei vielen hüftchirurgischen Eingriffen eine Prophylaxe mit nicht-steroidalen Antiphlogistika und/oder eine Bestrahlungstherapie angezeigt. Diese notwendigen Therapieformen sind per se komplikationsträchtig, so besteht bei der Gabe nicht-steroidaler Antiphlogistika die Gefahr der Entwicklung von Ulzerationen im oberen Gastrointestinaltrakt sowie Übelkeit.

Infektionen können das Operationsergebnis gefährden und zu Folgeoperationen, Befundverschlechterung und Dauerschäden führen. Insbesondere bei der häufig stattfindenden Endoprothetik des Hüftgelenkes ist dezidiert auf diese Gefahr hinzuweisen und auf die Notwendigkeit der Prophylaxe bei infektiöser Erkrankung und Zahnbehandlungen. Hier sind vielleicht auch chronische Nasennebenhöhlenerkrankungen zu nennen.

Ridgeway et al. gibt bei mehr als 16 000 untersuchten Hüftprothesen in Großbritannien eine Infektionsquote von 2,2% für die Primärimplantation und 3,8% bei Revisionseingriffen an.

Die Infektlokalisation lag 1,8% oberflächlich, in 0,2% tief und in weiteren 0,2% im Hüftgelenk. Bei Revisionseingriffen waren 2,75% oberflächlich, 0,75% tief und 0,2% im Gelenk. In mehr als 50% der Fälle konnte ein Staphylococcus aureus als Erreger isoliert werden.

Zugangsbedingt, aber auch durch Stellungsänderungen des Knochens, kann es zur Schädigung der Muskulatur, respektive Insuffizienz derselben infolge eines operativen Eingriffes kommen. Auch daraus kann sich die Notwendigkeit von Folgeoperationen ergeben, wenngleich auch dadurch z.T. keine Wiederherstellung erfolgen kann.

Nervenschäden nach Hüftgelenksoperationen sind häufig. Differenziert werden vornehmlich Schädigungen des Nervus cutaneus femoris lateralis, des Nervus gluteus superioris, des Nervus femoralis und des Nervus ischiadicus. Die Häufigkeit der Nervenschädigung ist auch abhängig vom durchgeführten Eingriff, insbesondere aber auch vom Zugang. Nervenschäden am Hüftge-

Abb. 1.1–1.4. Heterotope Ossifikationen nach Brooker (I–IV).

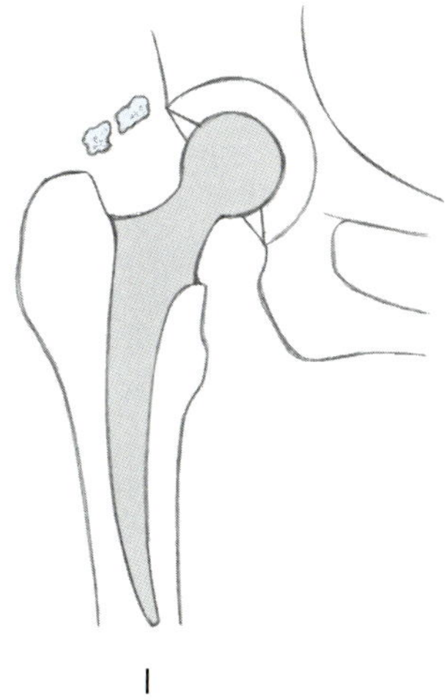

Abb. 1.1

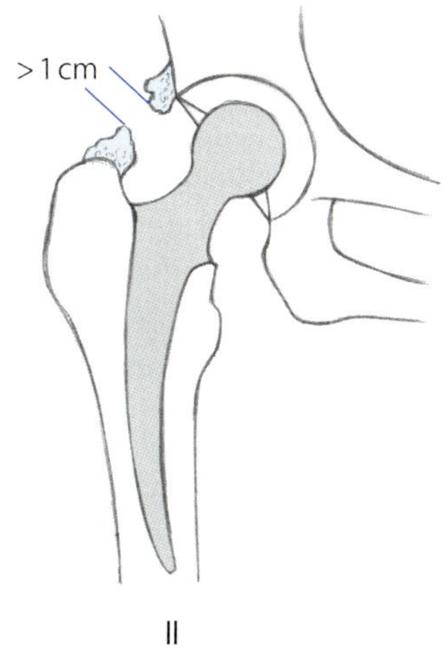

Abb. 1.2

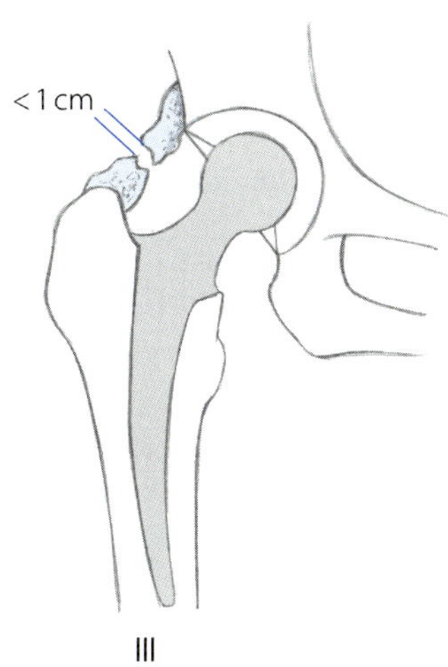

Abb. 1.3

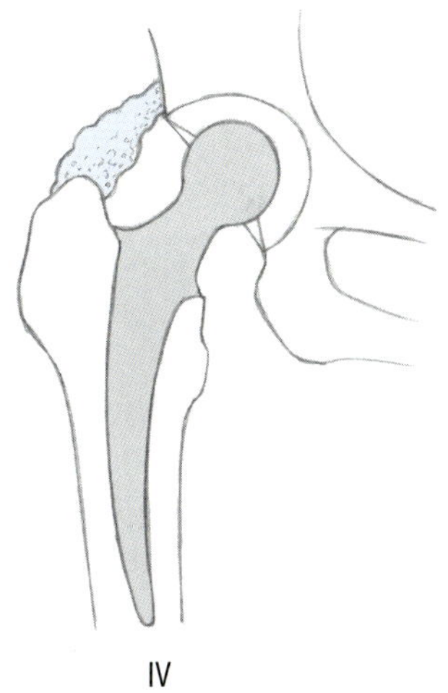

Abb. 1.4

lenk sind häufig. Ottersbach et al. konnten bei 4,3% der operierten Patienten nach korrekter Implantation einer Hüftgelenksendoprothese ein Nervenschaden klinisch nachweisen. Sie schlussfolgern, dass Nervenläsionen – sofern eine exakte postoperative Abklärung und auch operativer Art erfolgte – nicht als Behandlungsfehler, sondern als schicksalhafte, den Operationsverfahren eigene Komplikationen anzusehen sind. Hierbei ist für die Aufklärung wichtig zwischen temporären und permanenten, kompletten und inkompletten Nervenschädigungen zu differenzieren.

- **Knochenschädigung:** Bei Operationen kann es zu Frakturen, dem Ausriss vom Knochen, insbesondere dem Abriss des Trochanter majors kommen. Dies erfordert zusätzliche osteosynthetische Maßnahmen. Eine Defektheilung ist nicht ausgeschlossen. Die Nachbehandlungsmodalität kann sich durch derartige Komplikationen im Sinne einer zusätzlichen Refixation oder einer verlängerten Entlastungsnotwendigkeit verändern.

In der Literatur werden perioperative Frakturen zwischen 1–5% bei einer Primärversorgung angegeben, wobei die Frakturquote bei einer zementfreien Versorgung deutlich höher liegt.

Revisionseingriffe sind bis zu 20% frakturgefährdet, wobei auch hier ein Wechsel eines zementfreien Protheseschaftes besonders risikoreich ist.

In 80% der Fälle liegt die Fraktur proximal des Protheseschaftes im Bereich des Trochanter majors. Die übrigen Frakturen liegen im Verlauf des Schaftes. Frakturen unterhalb des Prothesenschaftes sind insgesamt gesehen selten. Spiralfrakturen des Schaftes stellen meist Kombinationen der oben genannten Frakturlokalisationen dar.

Beinlängendifferenz: Alle Osteotomien sowie endoprothetische Versorgungen des Hüftgelenkes bergen die Gefahr einer Veränderung der Beinlänge. Auch bei differenzierten präoperativen Planungsverfahren kann sich aufgrund intraoperativer Gegebenheiten dennoch eine Veränderung der Beinlänge ergeben. Z. T. ist diese durch das Verfahren an sich gegeben.

Durchblutungsstörung: Bei gelenkerhaltenden Eingriffen besteht die Gefahr einer Durchblutungsstörung des Hüftkopfes. Bei bestehenden Hüftkopfnekrosen können sich diese ausweiten. Bei hüftgelenksnahen Frakturen stellt dies – auch bei sachgerechter osteosynthetischer Versorgung – eine schicksalsmäßig bestehende Gefährdung dar.

Die unterschiedlichen hüftchirurgischen Verfahren haben spezielle komplikative Gefahren.

Hüftgelenksluxation: Sowohl bei der operativen Einstellung des kindlichen Hüftgelenkes und bei der endoprothetischen Versorgung des Gelenkes besteht die Gefahr der postoperativen Hüftgelenksluxation. Hierbei sind bei vorderen Zugängen Luxationsquoten von 2 bis 4%, bei hinteren Zugängen von 3 bis 5% sowie bei Austauschoperationen durchschnittliche Luxationsquoten von 10% beschrieben.

Korrekturverlust bei Osteosynthesen: Durch die Beschaffenheit des Knochens, durch Implantatversagen, Materialwanderung, Lockerung oder Bruch, kann es zum Korrekturverlust kommen. Dies kann auch die Notwendigkeit für Folgeoperationen sein.

Knochentransplantation: Defektsituationen, insbesondere bei der Wechselendoprothetik aber auch der Verwendung von allogenen Knochenteilen, insbesondere bei Beckenosteotomien, sind aufklärungspflichtig. Die mit dieser Transplantation verbundenen Komplikationsmöglichkeiten durch Fremdmaterial und vorhandene Risiken analog zu den Bluttransfusionen sind aufzuklären.

Implantatversagen bei Endoprothetik: Durch die Vielzahl der endoprothetischen Versorgungen, insbesondere durch Langzeituntersuchungen mit Überlebensraten anhand von Kaplan Mayer-Kurven und der schwedischen Gemeinschaftsstudie, liegen heute umfangreiche Daten über die Dauerhaftigkeit der endoprothetischen Versorgung vor. Die Patienten sind diesbezüglich aufzuklären. Bei der Endoprothetik besteht zusätzlich die Notwendigkeit über septische und aseptische Lockerungen mit den sich daraus ergebenden Konsequenzen, insbesondere der Notwendigkeit von Zweitoperationen, aufzuklären.

Metallentfernung: Bei Osteosynthesen des Hüftgelenkes des jüngeren Menschen ist die Notwendigkeit der Metallentfernung gegeben. Bereits vor dem ersten Eingriff ist auf deren Notwendigkeit hinzuweisen. Auch die Metallentfernung ist potentiell komplikationsträchtig. Bei einzelnen Verfahren (Entfernung von Osteosynthesematerial bei der Epiphyseolysis capitis femoris) kann dies sogar zur schwerwiegenden Komplikation bis zur Fraktur des Beines führen. Bei größeren Metallimplantaten muss auch gegebenenfalls auf die Notwendigkeit der Teilbelastung nach Metallentfernung hingewiesen werden.

Hilfreich für die Aufklärung vor hüftchirurgischen Eingriffen sind vorgefertigte Aufklärungsbögen, die im Handel angeboten werden. Basisinformationen zum Aufklärungsgespräch werden patientenverständlich dargestellt. Gerade bei der Vielzahl der potentiellen Risiken eines hüftchirurgischen Eingriffes ist eine solche strukturierte Darstellung für die Effizienz, insbesondere aber für das Laienverständnis wertvoll. Dennoch sollten insbesondere die spezifischen Risiken eines Verfahrens nochmals handschriftlich vermerkt werden. Dies ist insbesondere bei einem potentiellen Haftpflichtfall bedeutsam.

▮ Literatur

Anders JO, Fuhrmann R, Roth A, Zenker C (2004) Ist die Zahl thrombembolischer Ereignisse in der Hüftendoprothetik weiter verringerbar? Z Orthop Ihre Grenzgeb 142(3):328–332

Böttner F, Sculco TP, Sharrock NE, Westrich GH, Steinbeck J (2001) Thromboseprophylaxe in der Hüftendoprothetik. Der Orthopäde 30(11):890–896

Bystrom S, Espehaug B, Furnes O, Havelin LI, Norwegian Arthroplasty Register (2003) Femoral head size is a risk factor for total hip luxation: a study of 42 987 primary hip arthroplasties from the Norwegian Arthroplasty Register. Acta Orthop Scand 74(5):514–524

Fruhwirth J, Koch G, Ivanic GM, Seibert FJ, Tesch NP (1997) Gefäßläsionen in der Hüftgelenkchirurgie. Unfallchirurg 100(2):119–123

Malchau H, Herberts P, Eisler T, Garellick G, Soderman P (2002) The Swedish Total Hip Replacement Register. J Bone Joint Surg Am 84-A (Suppl) 2:2–20

Niethard FU, Pfeil J (2005) Orthopädie 5. Aufl. Thieme, Stuttgart

Ottersbach A, Suchenwirth R, Breitenfelder J (2001) Nervenschäden nach Hüftgelenksendoprothetik. Z Orthop Ihre Grenzgeb 143(6):611–615

Ridgeway S, Wilson J, Charlet A, Kafatos G, Pearson A, Coello R (2005) Infection of the surgical site after arthroplasty of the hip. J Bone Joint Surg Br 87(6):844–850

Rüttimann B (2005) Historische Aspekte der Hüftchirurgie. In: Meyer R, Gächter A, Kappeler U (Hrsg) Hüftchirurgie in der Praxis. Springer, Berlin

Valen B (2001) Luxation of hip prosthesis. Tidsskr Nor Laegeforen 121(26):3054–3056, Norwegian

Van Flandern GJ (2005) Periprosthetic fractures in total hip arthroplasty. Orthopedics 28 (Suppl 9): s1089–s1095 (review)

Willburger RE, Ruberg K, Knorth H, Casagranda O, Laubenthal H, Wiese M (2005) Medizinische und ökonomische Effizienz des Eigenblutverfahrens bei Endoprothesenimplantation des Hüft- oder Kniegelenkes. Z Orthop Ihre Grenzgeb 143(3): 360–364

2 Operative Lagerungen

Die Lagerung ist in der Hüftchirurgie von großer Wichtigkeit. In Abhängigkeit welche Strukturen des proximalen Femurs, des Azetabulums und des weiteren Beckens exponiert werden sollen, bieten sich unterschiedliche Rücken-, Seit- oder Bauchlagerungen an. Hierbei sind verschiedene Techniken wichtig, insbesondere dann, wenn mehrere anatomische Regionen während der Operation erreicht werden müssen. Eine gute Planung kann aufwendige Umlagerungen während der Operation vermeiden. Besondere Beachtung erfordert die Option einen Röntgenbildverstärker zur intraoperativen Kontrolle optimal zu positionieren.

Aus der Vielzahl möglicher Lagerungstechniken sind die gebräuchlichsten Techniken nachfolgend dargestellt.

Rückenlagerung des Patienten

Indikationen: Umstellungsosteotomien am proximalen Femur. Operationen an der kindlichen Hüfte; Hüftgelenksersatz, Exposition von Os ilium und Schambein, Frakturversorgung des Beckens, Azetabulum (vorderer Pfeiler) und proximales Femur.

Vorbereitung: Standard-Narkoseeinleitung in Rückenlagerung. Positionierung des Patienten auf dem OP-Tisch mit dem Becken in ausreichender Entfernung von der Säule des Operationstisches, so dass die Durchleuchtung mit dem Röntgenbildverstärker nicht behindert wird (Abb. 2.1).

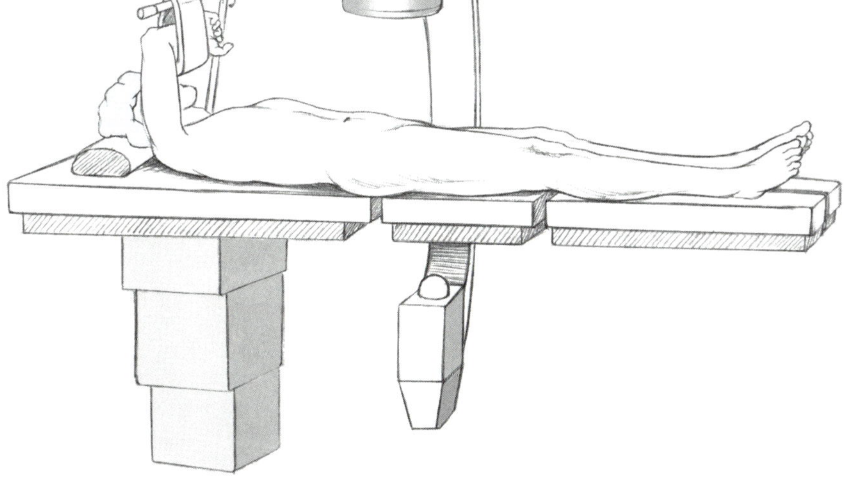

Abb. 2.1. Standardrückenlagerung mit Positionierung des Röntgenbildverstärkers.

Lagerungsdetails: Beim Erwachsenen ist die Lagerung des Armes auf der zu operierenden Seite auf einem Bügel über dem Oberkörper vorteilhaft. Das kontralaterale Bein wird mittels einer Klettverschlussbinde gesichert.

Röntgenbildverstärker: Der Röntgenbildverstärker wird von der kontralateralen Seite eingefahren. Hierbei besteht die Möglichkeit, diesen separat abzudecken und im Bedarfsfall über das OP-Gebiet einzuschieben. Alternativ kann der Röntgenbildverstärker zum Assistenten hin dauerhaft mit einem Tuch abgetrennt werden. Wird dieser nicht benötigt, kann er nach cranial lateral zurückgezogen werden.

Kommentar: Mittels eines unter den Thorax des Patienten geschobenen Polsters ist eine leichte Schräglage möglich, was speziell bei kindlichen Beckenosteotomien vorteilhaft sein kann. Des Weiteren besteht die Möglichkeit die Exposition zu erleichtern, indem der Patient am Rande des OP-Tisches gelagert wird. Dies kann auch bei Verwendung eines Extensionstisches durchgeführt werden. Hierbei wird der Patient über der Hüfte mit der Aussparung des Extensionstisches positioniert, so dass die Weichteile nach dorsal leichter verschiebbar werden. Intraoperativ hilfreich ist die Verwendung einer Rolle, die unter dem Kniegelenk positioniert wird. Die dadurch erzielte leichte Flexionsstellung des Hüftgelenkes entspannt die ventral über das Gelenk ziehende Muskulatur und den Nervus femoralis.

Seitenlagerung unter Verwendung von OP-Stützen

Indikationen: Hüftgelenksersatz von anteriorem, anterolateralem, posteriolateralem und posteriorem Zugang; Sitzbeinosteotomie nach Tönnis; Chirurgische Hüftgelenksluxation; Versorgung von Azetabulumfrakturen (hinterer Pfeiler).

Vorbereitung: Einleitung der Narkose in Rückenlage, entsprechende Positionierung der Zugänge, so dass nach Abdeckung an beiden Armen anästhesiologischerseits Zugang besteht.

Lagerungsdetails: Lagerung des Armes der zu operierenden Seite auf einer gynäkologischen Stütze, positioniert über dem kontralateralen Arm, der auf einer Standard-OP-Stütze gelagert wird. Das kontralaterale Bein wird durch ein Gelkissen unterlagert (Schutz des Nervus peroneus) und mittels eines Bandes mit Klettverschluss sicher fixiert. Auf diesem Bein wird auf Kniegelenkshöhe ein Gelkissen aufgelegt, um eine Druckschädigung am Bein zu vermeiden.

Das zu operierende Bein kann auf einem quadratischen Kissen als zusätzliche Stabilisierung gelagert werden. Sicherung der Seitlagerung durch eine Stütze an der Symphyse sowie durch zwei gegengelagerte Stützen auf der dorsalen Seite des Patienten. Unter dem Oberkörper ist adäquat zu polstern, um den Armplexus sicher zu entlasten (Abb. 2.2).

Röntgenbildverstärker: Der Röntgenbildverstärker kann von oben oder von unten durchgeschwenkt werden, so dass die Betrachtungsmöglichkeit in a.p. Projektion in der Hüfte erfolgen kann. Dabei muss darauf geachtet werden, dass die Stützen soweit vom Hüftgelenk entfernt angebracht werden, dass diese bei der Röntgendurchleuchtung nicht in der Durchstrahlungsebene liegen.

Kommentar: Speziell für den dorsalen und dorsolateralen Zugang zur endoprothetischen Versorgung des Hüftgelenkes und bei Azetabulumfrakturen wurde eine Schaumstofflagerungsschale entwickelt, bei der das kontralaterale Bein in die Aussparung einer Schaumstoffschale hineingelegt wird.

Auch die Verwendung einer Vakuummatratze ermöglicht eine schnelle und sichere Lagerung des Patienten (Abb. 2.3 a, b).

Abb. 2.2 a–c. Seitenlagerung mit Stützen.

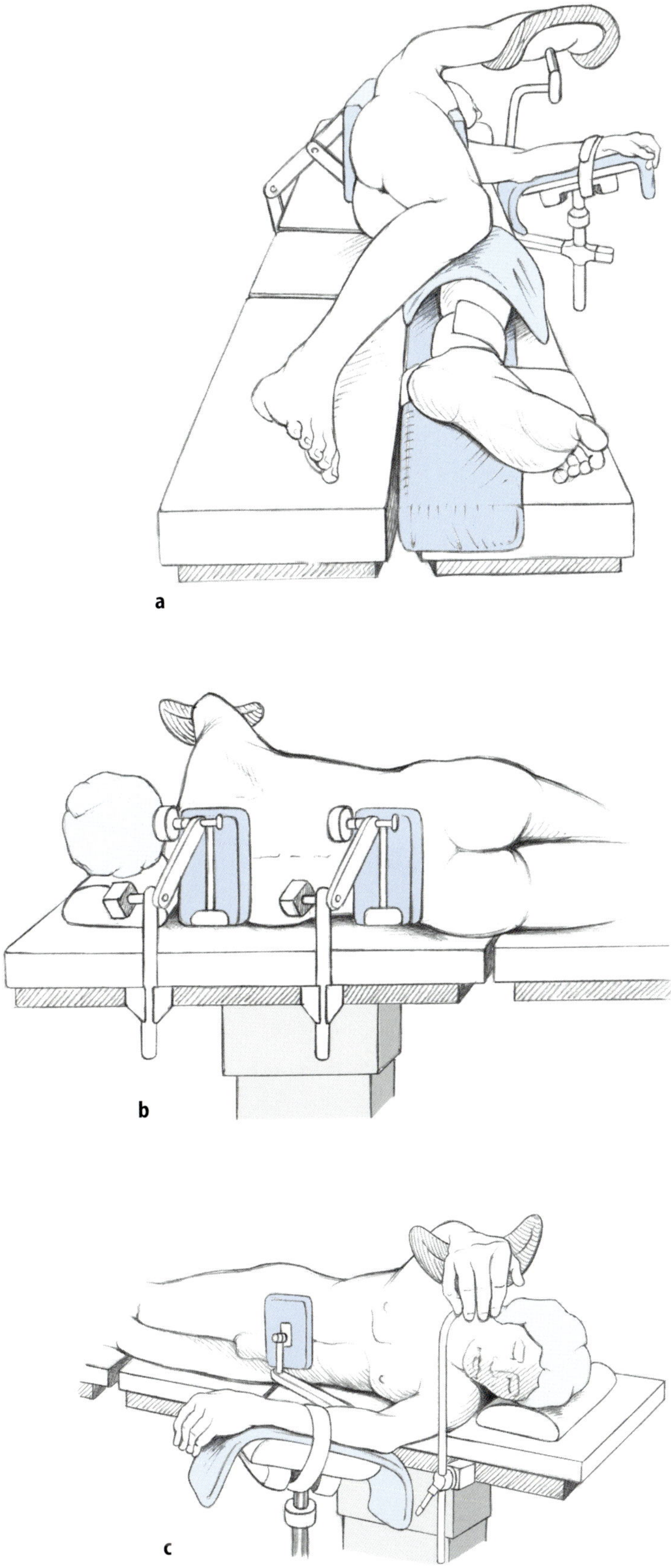

a

b

c

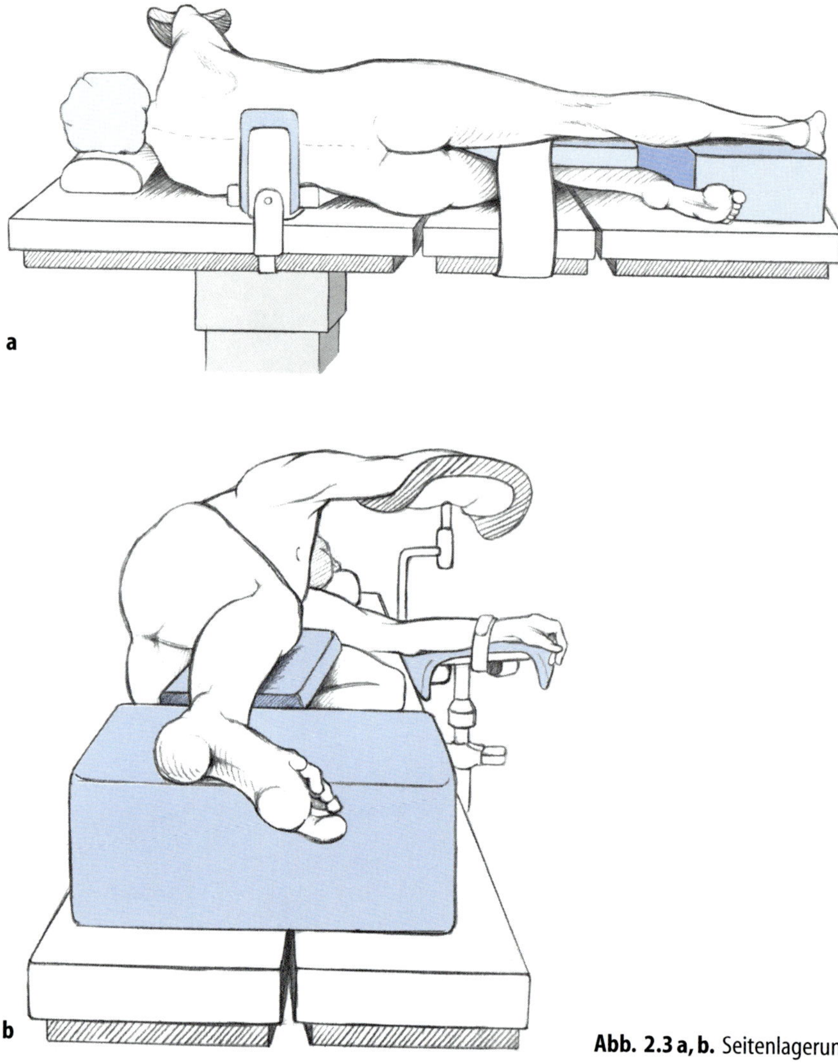

a

b

Abb. 2.3 a, b. Seitenlagerung mit Schaumstofflagerungsschale.

Methoden für die Auslagerung des Beines zur Femurexposition

Zum Hüftgelenksersatz, speziell bei minimal-invasiven Zugängen, stehen unterschiedliche Methoden zur Verfügung, um insbesondere das proximale Femur beim vorderen oder seitlichen Zugang exponieren zu können.

- Durch das Absenken des kontralateralen Unterschenkels (Abb. 2.4 a, b) besteht die Möglichkeit während der Operation das zu operierende Bein in Außenrotation und ca. 60° Kniebeugung zu adduzieren, ohne dass das kontralaterale Bein im Weg ist. Hilfreich ist eine zusätzliche Abduktion des kontralateralen Beines von ca. 15°.
- Werden beide Beine abgewaschen kann während der Operation das zu operierende Bein dann unter dem kontralateralen Bein in Außenrotation/Adduktion positioniert werden. Diese Auslagerung ist auch bei einer Kniearthrodese sowohl auf der Seite der Operation als auch auf der kontralateralen Seite durchführbar (Abb. 2.4 c).
- Das kontralaterale Bein kann auf einer gynäkologischen Stütze in Beugestellung und Abduktion gelagert werden. Das Fußteil wird auf dieser Seite abgeklappt oder entfernt.
- Bei Verwendung eines Extensionstisches kann speziell für den vorderen Zugang das Femur durch Absenken und Außenrotation zugänglich gemacht werden. Um hierbei Lagerungsschäden zu vermeiden, muss der Gegenzugstab im Schritt des Patienten und das Fußteil suffizient gepolstert werden (Abb. 2.4 d).
- In Seitlagerung besteht die Möglichkeit, das Bein in Flexion/Außenrotation auf der kontralateralen Seite des OP-Tisches abzusenken. Vorteilhaft ist hierbei die Verwendung eines Tuches oder eines Sackes, in dem das Bein eingebracht wird, um die Sterilität nicht zu gefährden (Abb. 2.4 e).

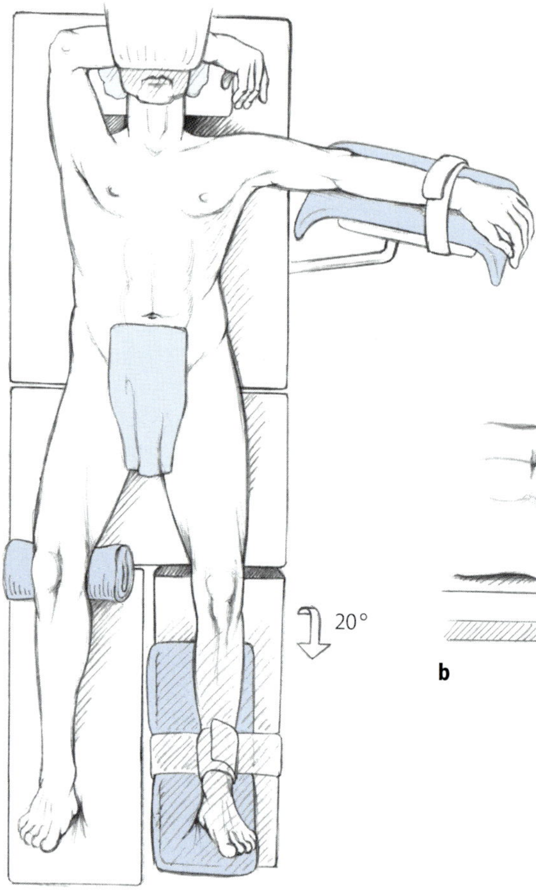

a

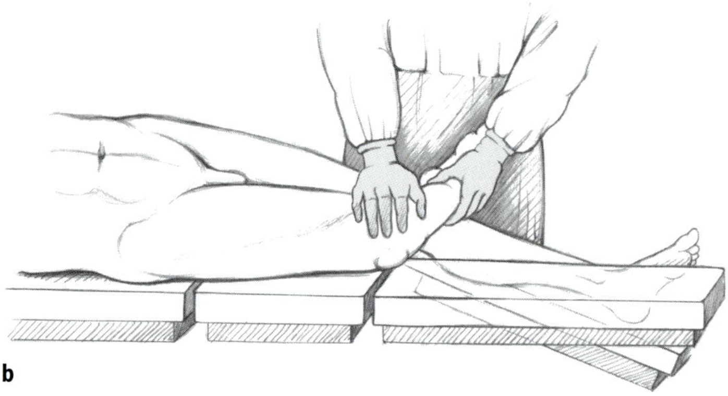

b

Abb. 2.4 a, b. Rückenlagerung mit abgesengtem kontralateralem Bein. Dies ermöglicht die Außenrotation/Adduktion des Beines.

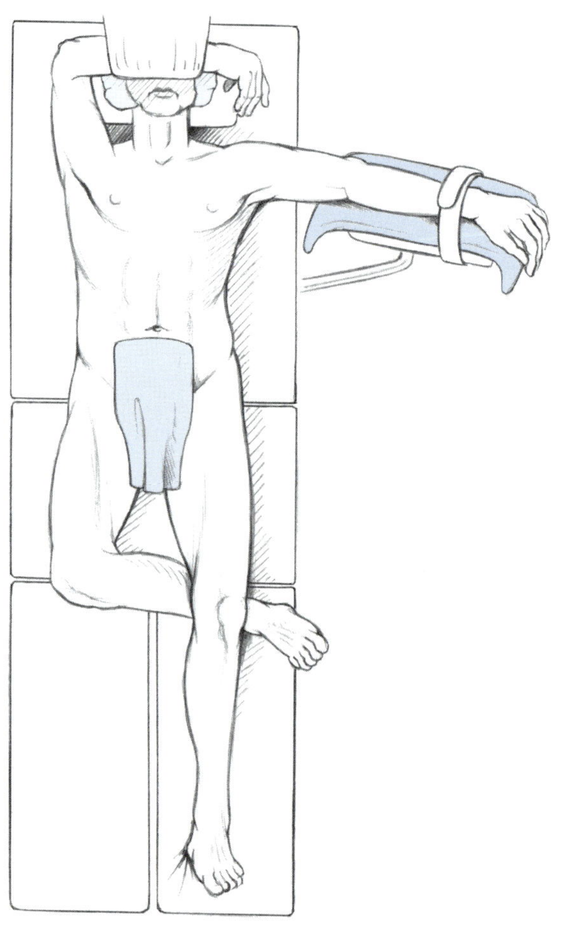

Abb. 2.4 c. Lagerung des außenrotierten/adduzierten Beines unter dem kontralateralen Bein.

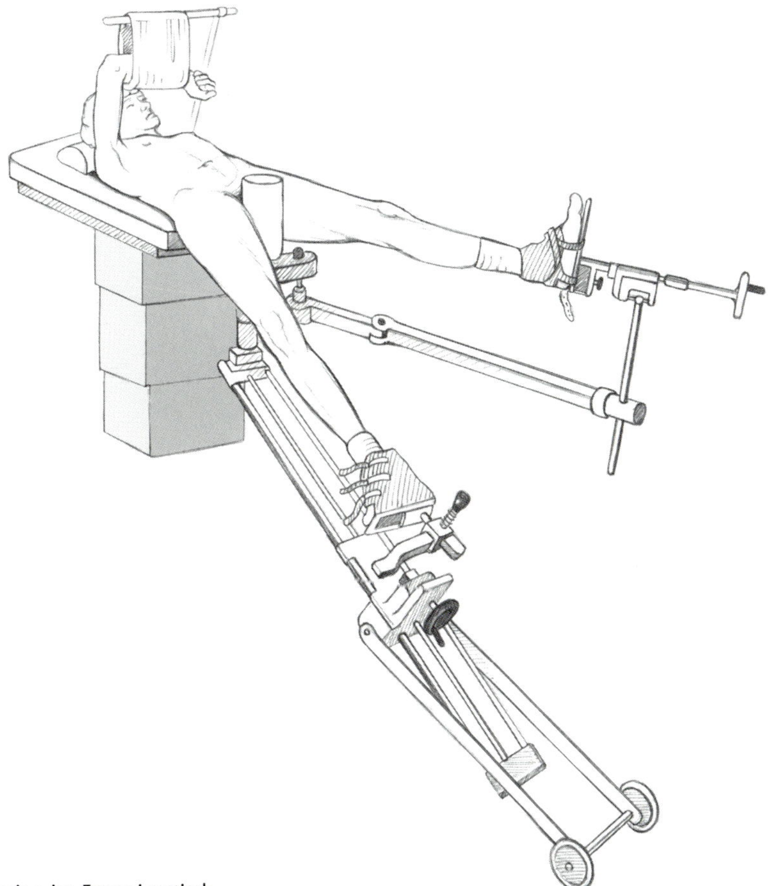

Abb. 2.4 d. Außenrotation und Hyperextension im Extensionstisch.

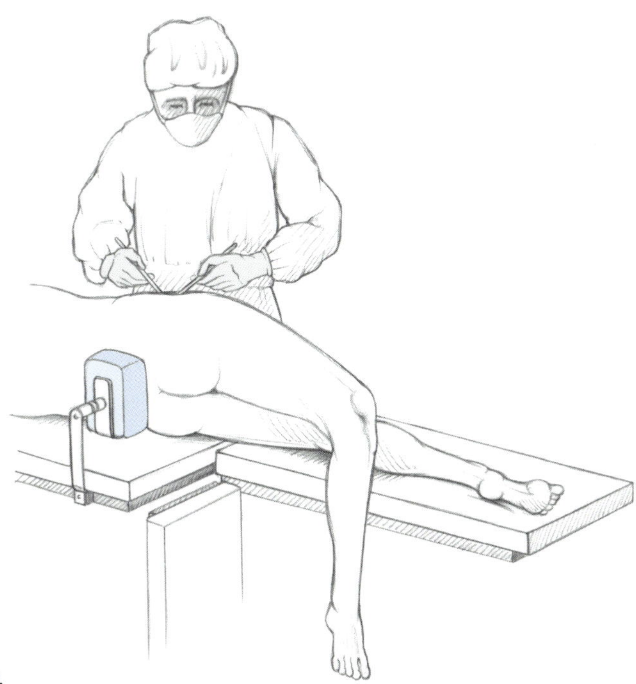

Abb. 2.4 e. Flexion/Adduktion/Außenrotation des Beines.

Lagerung des Beines zum medialen Hüftgelenkszugang

Indikation: Medialer Hüftgelenkszugang zum endoprothetischen Hüftgelenkersatz.

Vorbereitung: Einleitung der Narkose in Rückenlage. Verwendung eines OP-Tisches mit zwei getrennten Fußteilen.

Lagerungsdetails: Das kontralaterale Bein wird mittels einer Klettmanschette gesichert. Auf der zu operierenden Seite wird das Fußteil weggeklappt. Der Patient wird in unmittelbarer Nähe der Abklappungsebene gelagert (Abb. 2.5).

Röntgenbildverstärker: Der Röntgenbildverstärker kann sowohl von der zu operierenden Seite als auch von der Gegenseite eingefahren werden. Die separate Abdeckung desselben ist sinnvoll. Ein dauerhaftes Belassen des Röntgenbildverstärkers im Operationsgebiet ist hierbei nicht vorgesehen.

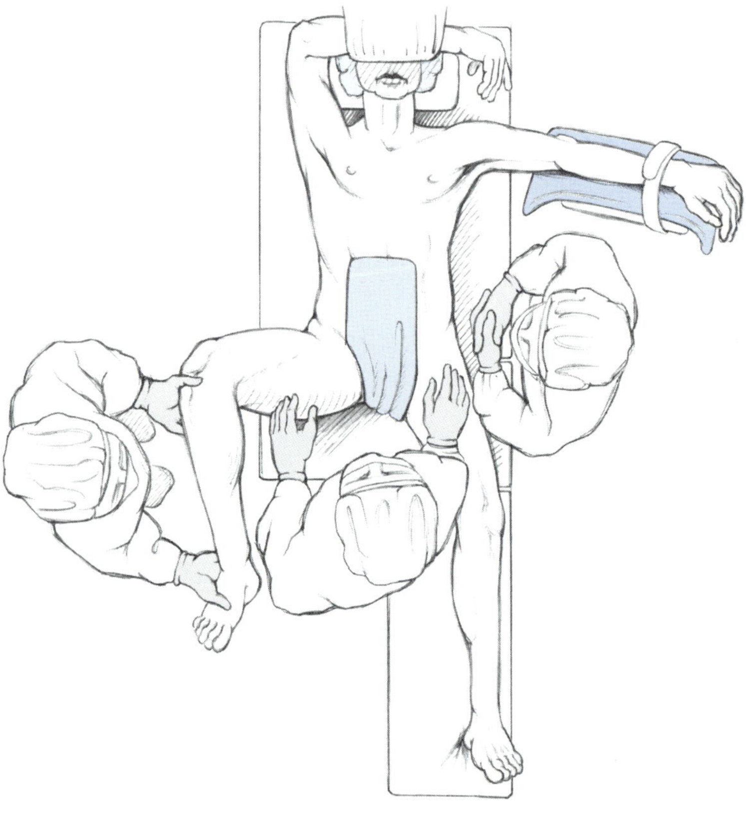

Abb. 2.5. Lagerung zum medialen Hüftgelenkszugang.

Lagerung zur Sitzbeinosteotomie nach Steel

Indikation: Sitzbeinosteotomie nach Steel.

Vorbereitung: Narkoseeinleitung in Rückenlagerung. Verwendung eines OP-Tisches mit zwei Fußteilen, die abgeklappt werden können.

Lagerungsdetails: Positionierung des Patienten in unmittelbarer Nähe der abgeklappten Stelle des Fußteils. Während der Sitzbeinosteotomie wird das Bein in 90° Hüft- und Kniegelenksbeugung von einem auf der kontralateralen Seite positionierten Assistenten gehalten. Nach Durchführung der Sitzbeinosteotomie kann durch Hochklappen des Fußteils und Unterlegen eines zusätzlichen sterilen Tuches die Standardrückenlagerung ohne erneutes Abdecken erzielt werden (Abb. 2.6).

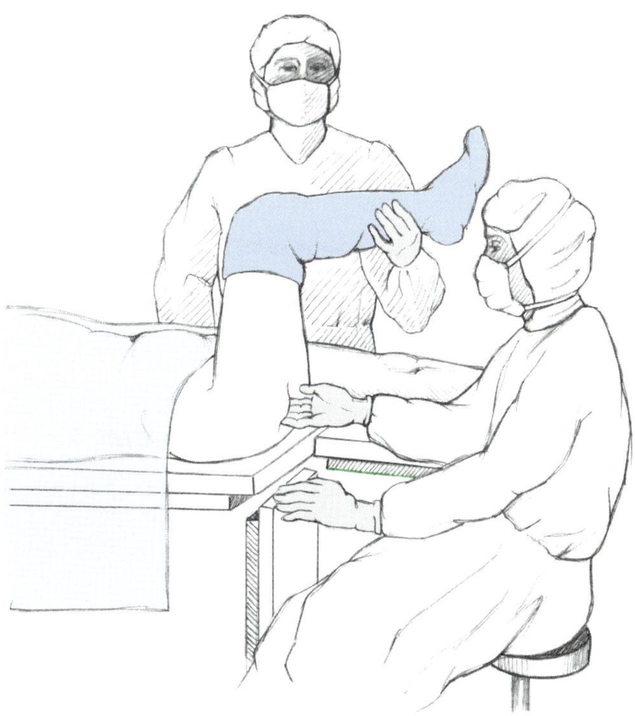

Abb. 2.6. Lagerung zur Sitzbeinosteotomie nach Steel. Nach erfolgter Sitzbeinosteotomie wird das Fußteil hochgeklappt und das Bein darauf gelagert.

Lagerung zur Sitzbeinosteotomie nach Tönnis

Indikation: Sitzbeinosteotomie nach Tönnis.

Vorbereitung: Narkosebeginn in Rückenlage. Positionierung des Patienten in „instabiler" Seitlage dergestalt, dass ein späteres intraoperatives Umlagern des Patienten in Rückenlage ohne erneutes Abdecken erfolgen kann.

Lagerungsdetails: Der Patient soll auf der vom Operateur abgewandten Seite des OP-Tisches gelagert werden. Verwendung von Thoraxstützen oder einer Vakuummatratze, damit der Patient auch bei 45°-Schrägstellung des OP-Tisches nicht vom OP-Tisch heruntergleitet. Zusätzlich kann hierbei das kontralaterale Bein mit einer Klettmanschette gesichert werden. Lagerung des oberen Armes wie bei der Seitlagerung (Abb. 2.7).

Röntgenbildverstärker: Bei der Osteotomie wird regelhaft kein Röntgenbildverstärker eingesetzt. Alternative Bauchlagerung und nachfolgende Neulagerung des Patienten in Rückenlage.

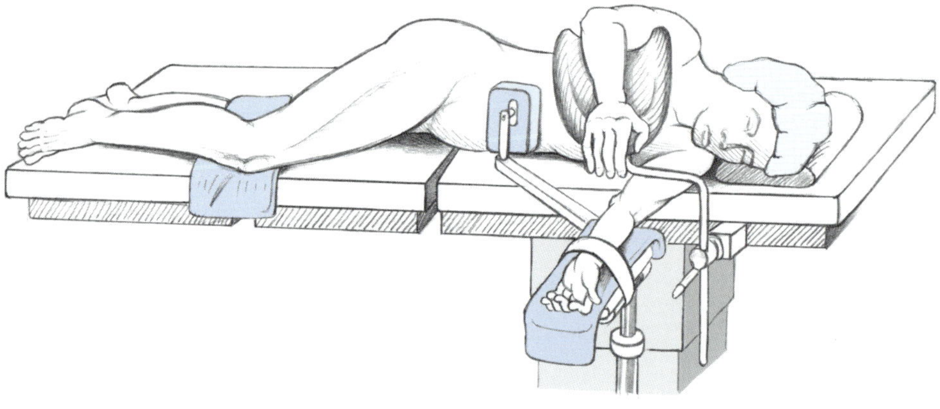

Abb. 2.7. „Instabile" Seitlagerung zur Sitzbeinosteotomie nach Tönnis. Nach erfolgter Sitzbeinosteotomie wird der Patient in Rückenlage gebracht.

Lagerung zur Hüftgelenksarthroskopie

Indikation: Hüftgelenksarthroskopie.

Lagerungsdetails: Lagerung auf dem Extensionstisch. Verwendung eines dicken Gegenzugpolsters, um im Genitalbereich eine Weichteilschädigung zu vermeiden. Gute Polsterung des Fußteiles des Extensionstisches. Um eine freie Beweglichkeit des Beines beizubehalten, sollte die Lagerung während der Arthroskopie so gestaltet werden, dass nach Inspektion der zentralen Gelenkabschnitte die Extension weggenommen werden kann. Aus diesem Grund sollen Vorbereitungen zum Einstecken eines Fußteiles nach Abnahme der Beintraktion vorgenommen werden.

Röntgenbildverstärker: Einbringen desselben von der kontralateralen Seite, so dass eine Durchleuchtung im antero-posterioren Strahlengang möglich ist. Zur Positionierung der Arthroskopiezugänge ist dies obligat.

Siehe hierzu Abb. 5.1 a, b und Abb. 5.2 im Kapitel 5: Hüftgelenksarthroskopie.

Lagerung auf dem Extensionstisch

Indikation: Frakturversorgung des proximalen Femur.

Vorbereitung: Narkoseeinleitung in Rückenlage. Einbringen des Gegenzugstabes. Abpolstern des Fußes und Anlegen der Traktion.

Lagerungsdetails: Die Polsterung des Gegenzugstabes verhindert Schädigungen im Genitalbereich. Die Lagerung erfolgt so, dass das gegenüberliegende Bein abduziert wird, was eine Adduktionsstellung des zu operierenden Beines und das Einschieben des Röntgenbildverstärkers ermöglicht (Abb. 2.8 a).

Das kontralaterale Bein kann mittels Extensionsvorrichtung ebenfalls eingespannt werden oder aber auf einer gynäkologischen Stütze gelagert werden (Abb. 2.8 b).

Der Arm der zu operierenden Seite wird mittels Stütze über dem Patienten positioniert (Abb. 2.8 c).

Röntgenbildverstärker: Die Abdeckung mittels durchsichtigem und vertikal fixiertem Plastiktuch erleichtert die Regulierung des Röntgenbildverstärkers, der von der Gegenseite eingefahren wird.

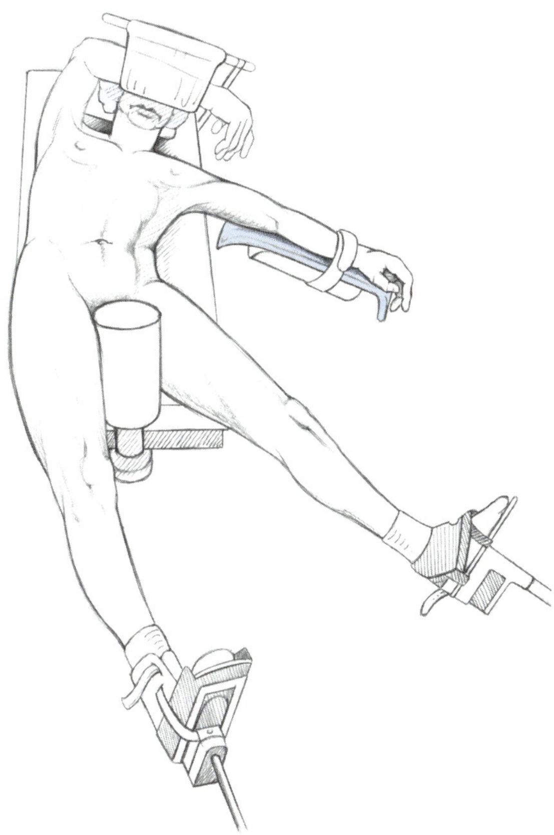

Abb. 2.8 a. Lagerung mit abgespreiztem kontralateralen Bein.

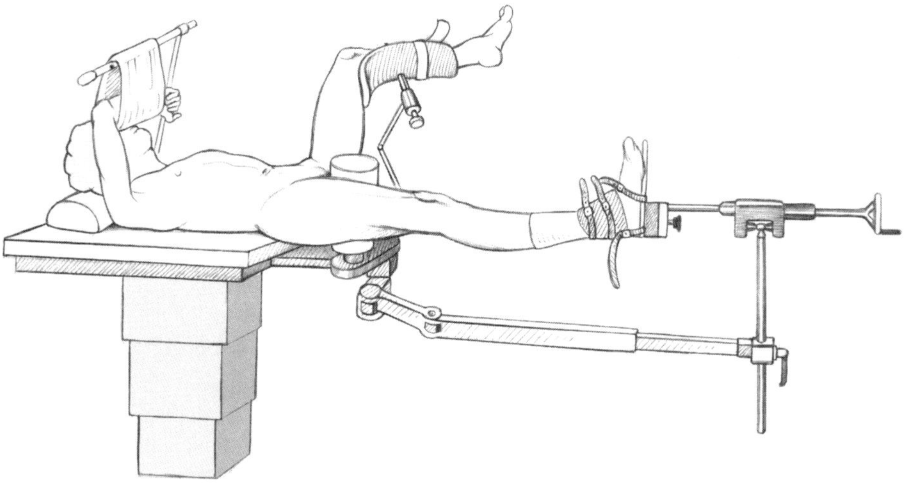

Abb. 2.8 b. Lagerung mit flektiertem kontralateralen Bein.

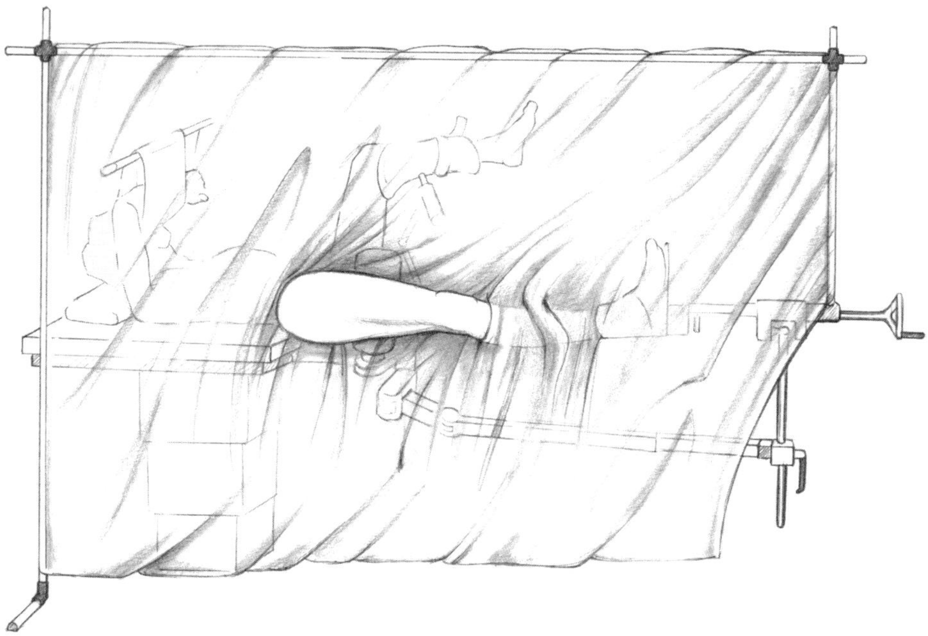

Abb. 2.8 c. Abdeckung mit durchsichtiger Folie.

Lagerung für dorsalen Zugang Beckenring und Sakrum

Indikation: Frakturversorgung des hinteren Beckenringes und Sakrums.

Lagerungsdetails: Lagerung mit Umbau des Tisches, so dass im sakralen Übergang der Tisch abgewinkelt werden kann. Hierzu Umbau des Tisches so, dass Oberkörper und Kopf über der Säule zum Liegen kommen (Abb. 2.9).

Röntgenbildverstärker: Die Verwendung eines 3-D Röntgenbildverstärkers ist zur Implantatkontrolle in allen Ebenen vorteilhaft. Hierzu empfiehlt sich die Verwendung eines Karbontisches.

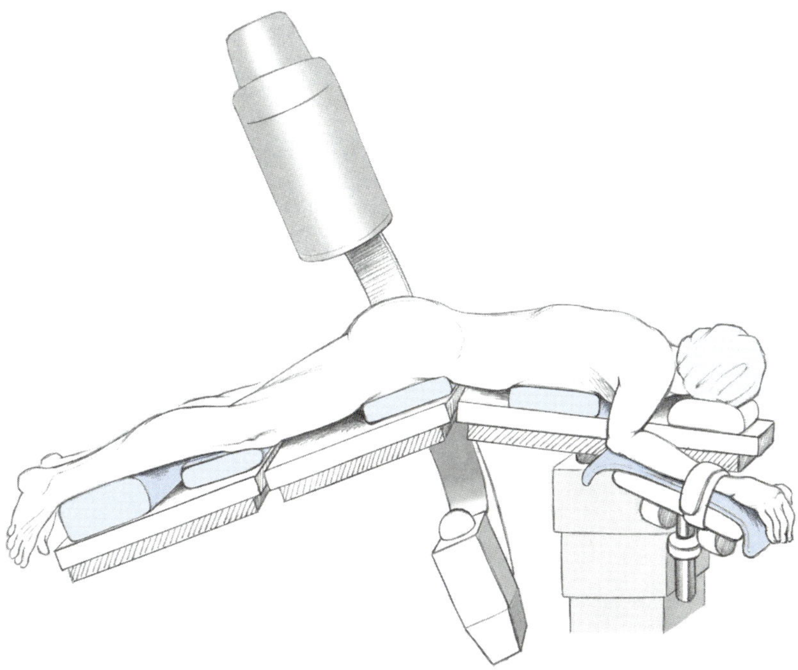

Abb. 2.9. Lagerung zur Frakturversorgung des hinteren Beckenringes und Sakrums.

3 Anästhesieverfahren und postoperative Schmerztherapie

Anästhesieverfahren bei hüftchirurgischen Eingriffen

Hüftoperationen können grundsätzlich in Allgemein- oder Regionalanästhesie durchgeführt werden.

An Allgemeinanästhesieverfahren steht aufgrund der Notwendigkeit einer Muskelrelaxierung während der Operation nur die Intubationsnarkose zur Verfügung.

Als besondere Risiken dieses Verfahrens müssen Intubationsschäden wie Fehlintubation in den Ösophagus, orodentale Verletzungen mit Zahnschäden, sowie die Aspiration von Mageninhalt, intraoperativen Wachzuständen und postoperative Heiserkeit genannt werden.

Als regionalanästhetisches Verfahren kann eine Spinalanästhesie durchgeführt werden. Hierbei wird ein Lokalanästhetikum in den Subarachnoidalraum in Höhe L3/L4 appliziert, welches eine Nervenblockade im Ausbreitungsgebiet des Lokalanästhetikums vermittelt. Je nach gewünschter Wirkungsdauer wird ein hyper- oder isobares Lokalanästhetikum mit entsprechender Halbwertszeit gewählt. Durch den Erhalt des Atemschutzreflexes sind die Patienten bei dem Eingriff wach und können wahlweise Musik hören oder durch ein kurzwirksames Benzodiazepin in Schlaf versetzt werden. Die Spinalanästhesie führt durch ihre Wirkung über das OP-Ende hinaus zu einer guten postoperativen Analgesie.

In Fällen einer verlängerten Operationszeit bei limitierter Wirkungsdauer der Spinalanästhesie kann der Übergang auf eine Vollnarkose notwendig werden.

Besonderes Problem dieser Anästhesieform ist der postspinale Kopfschmerz, der je nach Literatur in bis zu 10% aller Fälle auftreten kann. Besonders jüngere Patienten sind betroffen. Ursache für den Kopfschmerz ist ein Liquorverlustsyndrom über die Injektionsstelle, was zu einer Absenkung des Liquorschädeldrucks führt. Daher sollte der Patient nach einer Spinalanästhesie für mindestens 24 h flach gelagert werden. In Ausnahmefällen kann das Leck durch Injektion einer kleinen Menge Blut in den Subarachnoidalraum durch ein Blutpatch verschlossen werden. Dünne Punktionsnadeln und atraumatische Punktion verringern das Risiko.

Die Wahl des jeweiligen Anästhesieverfahrens hängt von den individuellen Komorbiditäten (insbesondere kardiopulmonalen Risiken) und Patientenwunsch ab.

Postoperativ auftretende Übelkeit ist in den meisten Fällen als Nebenwirkung der intra- und postoperativ verwendeten Opioide zu sehen.

Leitungsanästhesieverfahren wie bei der Kniechirurgie sind aus anatomischen Gründen nicht möglich.

Postoperative Schmerztherapie nach hüftchirurgischen Eingriffen

Eine schmerzadaptierte postoperative Analgesie senkt die Nebenwirkungs- und Komplikationsrate, verbessert die frühfunktionellen Ergebnisse und die Patientenzufriedenheit.

Schmerzen führen zu einem erhöhten Muskeltonus und erschweren somit die Mobilisation. Im Rahmen einer postoperativen schmerzbedingten Stressantwort auf den operativen Eingriff entstehen metabolische Reaktionen, die postoperative Komplikationen, wie Wundheilungsstörungen und regionale Durchblutungsstörungen, erhöhen.

Auch aus juristischem Aspekt ist eine ausbleibende/insuffiziente Schmerztherapie als unterlassene Hilfeleistung (§ 323c StGB) zu werten.

Letztendlich führt eine balancierte Schmerztherapie zu einer verkürzten stationären Verweildauer, was aus Sicht des Patienten und der Wirtschaftlichkeit begrüßenswert ist.

Für die postoperative Analgesie und heterotoper Ossifikationsprophylaxe stehen verschiedene Wirkstoffgruppen zur Verfügung.

Zur Prophylaxe heterotoper Ossifikation sollte für den Zeitraum von 14 Tagen ein Medikament aus der Gruppe der nichtsteroidalen Antirheumatika gegeben werden. Zusätzlich sollte weiterhin ein Magenschutz mittels eines Protonenpumpeninhibitors durchgeführt werden.

Beispielhafter Therapievorschlag:

Intraoperativ

- Umspritzen der Kapselansätze und Unterspritzen des Subkutanbereiches mit einem Lokalanästhetikum mit Adrenalinzusatz.

Basismedikation

- Voltaren resinat (Diclofenac 75 mg) 1-0-1
- Nexium 20 (Esomeprazol) 0-0-1

Bedarfsmedikation

Bei mittleren Schmerzen bei Bedarf:
- Valoron Tropfen (Tilidin/Naloxon) 30–40° (Dosis 1-1-1, max. 6×tgl.) oder
- Tramal Tropfen (Tramadol) 30–40° (Dosis 1-1-1, max. 6×tgl.)

Bei starken Schmerzen bei Bedarf:
- 1. Kurzinfusion Perfalgan (1 g Paracetamol) alle 4–6 h
- 2. ½ Amp. Dipidolor (7,5 mg Piritramid) alle 4–6 h

Die letztendliche Wahl des Analgetikums und Dosierungen müssen individuell an die Bedürfnisse und Erkrankung des Patienten angepasst werden.

Vermieden werden sollte die zeitgleiche Gabe von schwachen und starken Morphinderivaten, da es durch eine kompetitive Hemmung am Morphinrezeptor zu einer Wirkungsabschwächung des jeweils stärkeren Opioids kommt.

Eine bereits präoperative Gabe eines Analgetikums senkt den postoperativen Analgetikaverbrauch nicht. Dagegen senkt die Gabe eines starken Opioids in der direkten postoperativen Phase den Analgetikaverbrauch und verbessert zeitgleich das frühfunktionelle Outcome.

Weiterhin hat sich als intraoperative Schmerztherapie und Blutungsprophylaxe ein Unterspritzen der Kapsel- und Muskelansätze sowie der Subkutis im Bereich des Hüftgelenkes mit einer Lokalanästhetikum-Adrenalin-Kombination bewährt.

Adrenalin führt zu einer regional begrenzten Vasokonstriktion, was die Blutstillung unterstützt und zeitgleich das Abfluten des Lokalanästhetikums verlangsamt.

Verschiedene Wirkstoffkombinationen sind erhältlich. Diese enthalten Adrenalin in der Dosierung 1:100 000 oder 1:200 000. Als Lokalanästhetikum wird Lidocain, Prilocain, Articain oder Bupivacain eingesetzt. Langwirksame Anästhetika wie Bupivacain (bis 12 h) sind kürzer wirksamen Betäubungsmitteln wie Lidocain (1–3 h), Articain (1,5–3 h) oder Prilocain (3–6 h) vorzuziehen.

Literatur

Bourke M et al (2000) A comparison of regularly administered sustained release oral morphine with intramuscular morphine for control of postoperative pain. Anesth Analg 90(2):427–430

Giesa M et al (2006) Postoperative Schmerztherapie in der Orthopädie und Unfallchirurgie. Der Orthopäde 35(2):211–220

Neugebauer E et al (2006) S3-Leitlinie „Behandlung akuter perioperativer und posttraumatischer Schmerzen". S 206–212

4 Hüftgelenkspunktion

Prinzip

Die Hüftgelenkspunktion erfolgt für diagnostische und therapeutische Belange.

Das Hüftgelenk kann von verschiedenen Richtungen punktiert werden. Beim Säugling hat sich die Punktion von kaudal, beim Erwachsenen die Punktion von ventral oder anteriolateral als praktikabelste Methode etabliert. Obgleich anatomische Landmarken das Aufsuchen des Hüftgelenkes auch ohne Bildgebung ermöglichen, ist die Verwendung von Ultraschall oder besser noch die Röntgendurchleuchtung hilfreich und erhöht die Treffsicherheit.

Indikation

Bei der geschlossenen Reposition des Hüftgelenkes des Säuglings ermöglicht die Arthrographie mit Röntgenkontrastmittel die Beurteilung der Einstellung. Auch bei der Magnetresonanztomographie ist die Arthrographie der Hüfte mit MR-Kontrastmitteln zur Labrumdiagnostik, zum Beispiel bei der Abklärung eines Impingements, des Hüftgelenkes hilfreich. Zur Abklärung des Infektstatus, wichtig insbesondere vor geplanten endoprothetischen Wechseloperationen, ist die Hüftpunktion eine unerlässliche diagnostische Maßnahme. Beim Säugling dient die Punktion zusätzlich zur akuten Entlastung des Gelenkes.

Zur intraartikulären Verabreichung von Medikamenten wird die Hüfte häufig punktiert.

Kommentar

Ohne Bildgebung ist die Punktion des Gelenkes unsicher. Auch bei der Punktion unter Röntgendurchleuchtung ist eine sichere intraartikuläre Lage der Kanülenspitze nur bei der Applikation von Kontrastmittel gesichert. Dies gilt auch für die Gabe von Gadolinium für die MRA-Untersuchung. Deshalb wird empfohlen dem Gadolinium eine geringe Menge von jodhaltigem Kontrastmittel beizumischen, sodass unter Durchleuchtung die intraartikuläre Lage sicher verifiziert werden kann.

Technik

Beim Säugling wird in Narkose von einer zweiten Person das Gelenk angebeugt und abgespreizt. Von kaudal wird eine Punktionsnadel über die Haut gehalten und mit Hilfe des Röntgenbildverstärkers so positioniert, dass sie lateral des Hüftkopfes liegt. Die Einstichstelle liegt lateral vom palpablen Sitzbeinhöcker. Vorführen der Nadel in horizontaler Richtung bis lateral des Azetabulum. Überprüfen der intraartikulären Lage zunächst mit physiologischer Kochsalzlösung. Hinweis hierfür ist die leichte Injizierbarkeit und das Abtropfen der Flüssigkeit aus der Kanüle bei Abnahme der Spritze. Danach wird unter Röntgendurchleuchtung das Kontrastmittel eingebracht (Abb. 4.1).

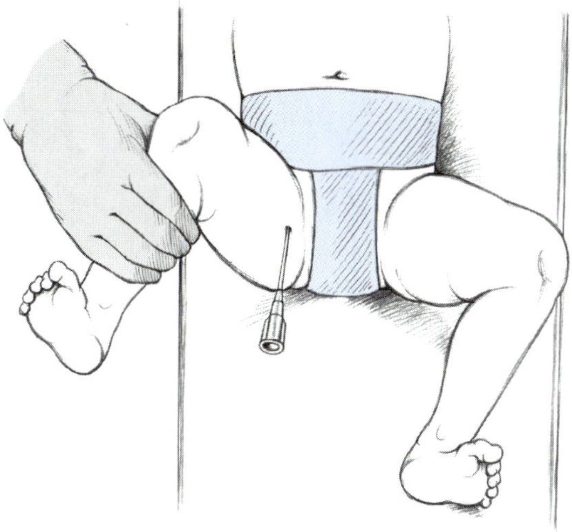

Abb. 4.1. Punktion des Hüftgelenkes beim Säugling von kaudal.

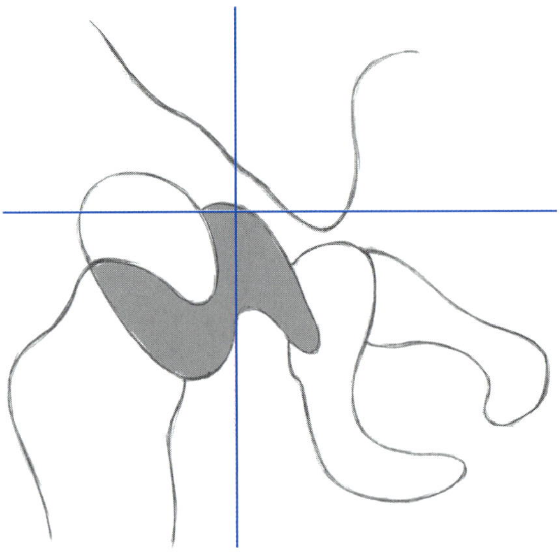

Abb. 4.3. Arthrographische Darstellung einer Hüftgelenksreposition beim Säugling (Skizze).

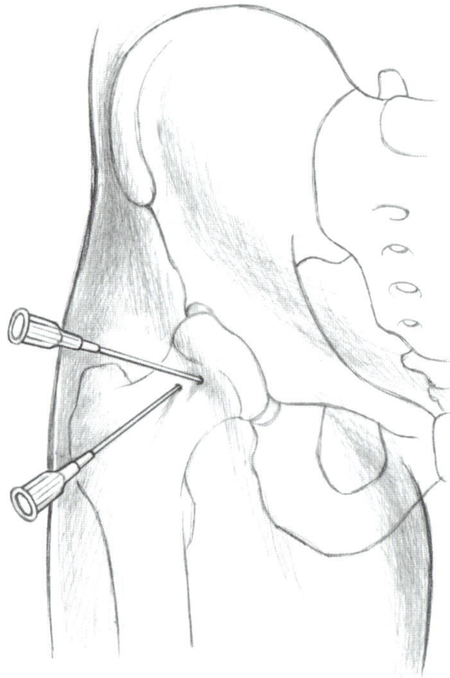

Abb. 4.4. Hüftgelenkspunktion beim Erwachsenen.

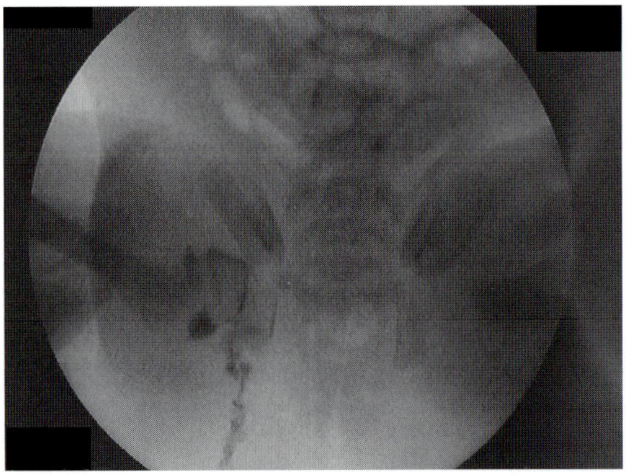

Abb. 4.2. Arthrographische Darstellung der Hüftgelenksluxation beim Säugling (Skizze).

Beim Erwachsenen erleichtern verschiedene Landmarken das Auffinden des Gelenkes.

Am einfachsten ist die Punktion von dem anterolateralen Zugangsweg, der auch bei der Hüftgelenksarthroskopie Anwendung findet. Die Einstichstelle ist der Schnittpunkt der nach distal verlängerten vertikalen Linie durch die Spina iliaca anterior superior und der horizontalen Linie durch die Oberkante des Trochanter majors. Die Punktionsnadel wird ca. 30° nach medial geneigt und zielt auf den ventralen Schenkelhals-Hüftkopf-Übergang (Abb. 4.4).

In der Mitte zwischen der Spina iliaca anterior superior und der Symphyse liegt das palpable Gefäßnervenbündel (von medial nach lateral – Vene–Arterie–Nerv), darunter die mediale kraniale Begrenzung des Hüftgelenkes. Zwei Querfinger lateral und zwei Querfinger kaudal ist die Eintrittstelle für die ventrale Punktion. Hierbei wird die Nadel 20° nach medial und 20° nach kranial verkippt.

Hilfreich beim Verwenden eines Röntgenbildverstärkers ist es, an der geplanten Eintrittstelle der Punktionskanüle diese über der Haut zu halten und unter Durchleuchtung zu kontrollieren.

Die sichere intraartikuläre Lage kann mittels Arthrographie überprüft werden (Abb. 4.3).

Komplikationen

Die größte Gefahr ist, das Gelenk nicht sicher zu erreichen. Beim Verwenden feiner Kanülen ist die Gefahr der iatrogenen Gefäß- oder Nervenverletzung gering. Die Regeln der Asepsis sind zu beachten, um kein Gelenkempyem zu verursachen.

Literatur

Bauer R, Kerschbaumer F, Poisel S (1994) Orthopädische Operationslehre: Becken und untere Extremität, Teil 1. Thieme, Stuttgart

Byrd JWT (2006) Hüftarthroskopie. Portaltechnik und arthroskopische Anatomie. Orthopäde 35:41–53

Konermann W, Gruber G, Tschauner C (1999) Die Hüftreifungsstörung. Steinkopff, Darmstadt

Schneider G, Maßmann A, Fries P, Kusma M, Dienst M (2006) Magnetresonanztomographie und Arthrographie des Hüftgelenkes. Orthopäde 35:22–32

5 Hüftgelenksarthroskopie

Prinzip

Die Hüftgelenksarthroskopie (ASK) wird in Rücken- oder Seitenlage durchgeführt. Routinemäßig werden für die ASK des zentralen Gelenkabschnittes (Gelenkcavum) drei Portale verwendet. Um ausreichend Einblick in das Gelenkcavum zu erhalten, ist eine Traktion des Gelenkes notwendig. Für die ASK der peripheren Gelenkanteile (Übergang Hüftkopf/Schenkelhals und Pfannenlimbus) ist dieselbe nicht notwendig. Hierfür ist hingegen die freie Beweglichkeit des Gelenkes wichtig.

Zur ASK der peripheren Gelenkanteile werden in der Regel zwei anteriorlaterale Portale angelegt. Aufgrund des Weichteilmantels ist die ASK der Hüfte schwieriger als die ASK oberflächennah gelegener Gelenke.

Indikation

Durch die Standardisierung und Verbesserung der Techniken ist die ASK der Hüfte mittlerweile nicht nur diagnostisch – bei unklaren Hüftschmerzen – sondern auch therapeutisch bei einer Vielzahl von Hüftgelenkspathologien bedeutsam.

Beim Kind kann mittels der ASK das Gelenkempyem behandelt werden, solange noch keine begleitende Osteomyelitis vorliegt. Synovitiden unterschiedlicher Genese, Läsionen des Labrums und des Ligamentum capitis femoris sowie die Entfernung freier Gelenkkörper können arthroskopisch therapiert werden. Auch beim Impingementsyndrom wird die ASK angewendet. Bedingen femorale Fehlformen (asphärischer Femurkopf CAM-Form) das Impingement, so sind diese einfacher arthroskopisch behandelbar als azetabuläre Fehlformen mit einer zu großen Überdachung (Pincer-Form).

Kommentar

Hüftgelenksarthroskopien werden derzeit vorwiegend in Zentren durchgeführt. Lagerungsschäden und iatrogene Läsionen durch die Portale sind bei dem arthroskopisch schwieriger zugänglichen Hüftgelenk beschrieben. Mit zunehmender Erfahrung, präziser Indikationsstellung und Verbesserung der Techniken wird die Bedeutung dieses Verfahrens zunehmen.

Technik

Die Lagerung erfolgt auf dem Extensionstisch (Abb. 5.1 a, b). Um eine ausreichende Traktion von maximal 500 N zur ASK des zentralen Gelenkabschnittes durchführen zu können werden beide Füße gut gepolstert mit Lederschuhen des Extensionstisches in Neutralstellung der Sprunggelenke versehen. Zwischen den Beinen, dem Genitalbereich direkt anliegend, wird ein gut gepolsterter Gegenzugstab positioniert (Abb. 5.2). Beide Beine werden zunächst manuell in die Länge gezogen und arretiert. Das kontralaterale Bein wird in Extensionsstellung des Hüftgelenkes ca. 20° abduziert. Die zur Arthroskopie vorgesehene Hüfte wird ca. 10° flektiert und in einer Abduktionsstellung von ca. 10° eingestellt. Zur Portalanlage wird die Traktion erhöht, bis sich radiologisch der kraniale Gelenkspalt erweitert zeigt. Nach Anlage der Portale wird unter arthroskopischer Kontrolle die Traktionskraft meist reduziert, um die Gefahr von Nervenschädigungen zu verringern. Die Gelenkspaltweite sollte mindestens 2–3 mm weiter sein als der Außendurchmesser des Arthroskopes. Ist dies nicht erzielbar, kann die zentrale ASK des Gelenkes nicht durchgeführt werden.

Abb. 5.1 a, b. Positionierung des Patienten auf dem Extensionstisch.

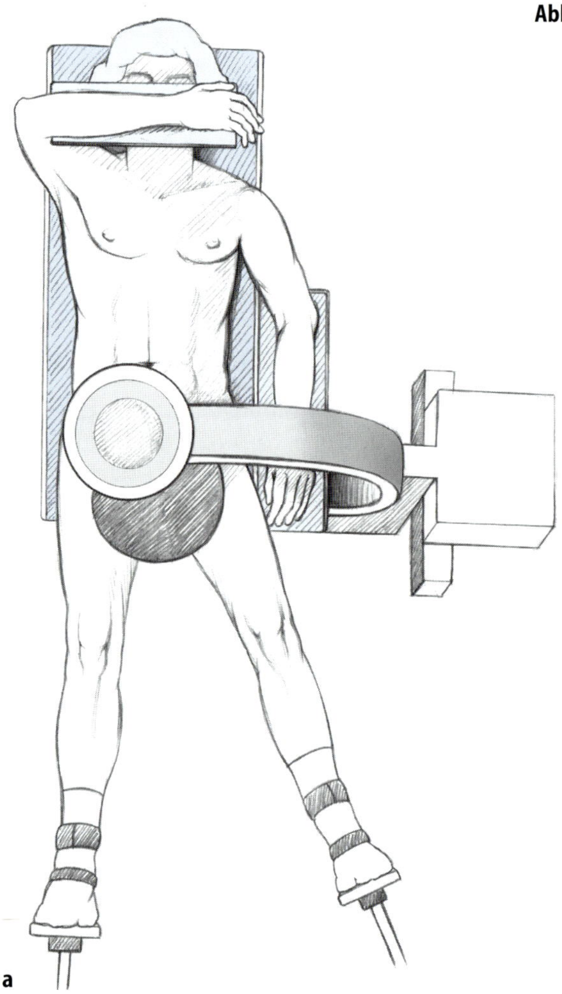

a

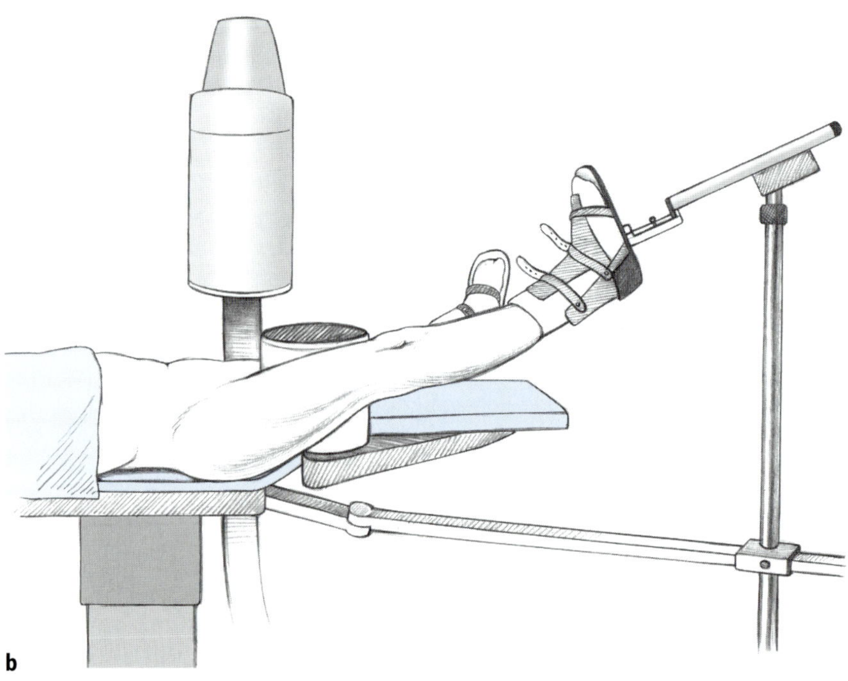

b

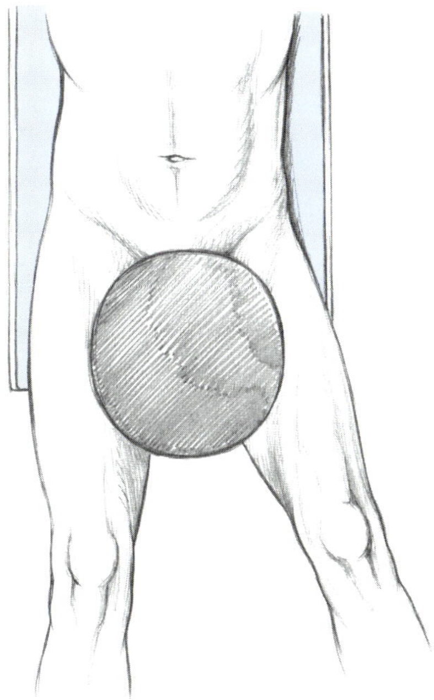

Abb. 5.2. Positionierung des gepolsterten Gegenzugstabes.

Nach sterilem Abdecken werden die anatomischen Landmarken und die geplanten Portale mit einem Filzschreiber markiert. Es erfolgt eine Distension des Gelenkes durch Injektion von physiologischer Flüssigkeit von anteriolateral an den Kopfhalsübergang (s. Kapitel Hüftgelenkspunktion).

Danach wird das anterolaterale Portal gelegt. Unter Kontrolle mit dem Röntgenbildverstärker wird direkt oberhalb des Trochanters von anterolateral eine Punktionskanüle durch den Gluteus medius zwischen Hüftkopf und Azetabulum positioniert und das Arthroskop über einen Führungsdraht mit Hilfe von Dilatationshülsen eingebracht. Die 30°-Optik zeigt die korrekte intraartikuläre Lage des Arthroskopes (Abb. 5.3). Alternativ (Technik beschrieben von M. Dienst) kann zunächst über die am Kopfhalsübergang eingebrachte Distensionskanüle das Arthroskop dort positioniert werden und nach Inspektion des peripheren Gelenkabschnittes unter arthroskopischer Kontrolle das ventrolaterale Portal gelegt werden (Abb. 5.4).

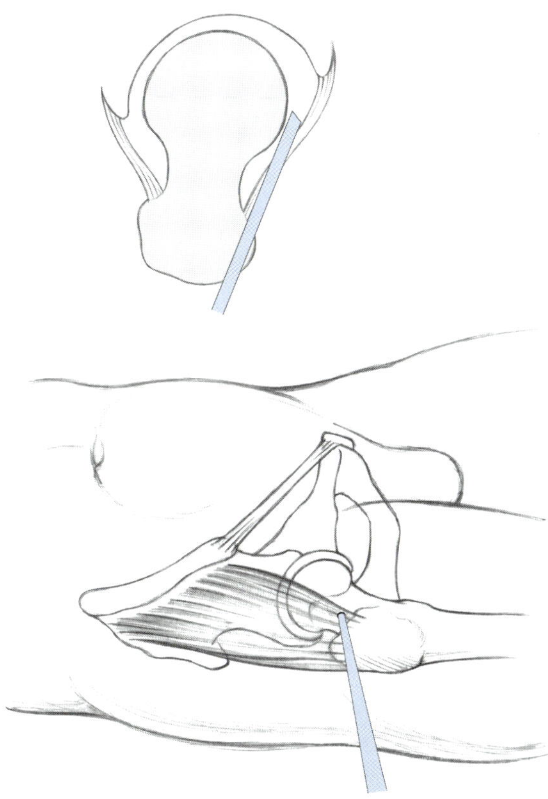

Abb. 5.3. Positionierung des anterolateralen Portals zur zentralen Gelenkinspektion.

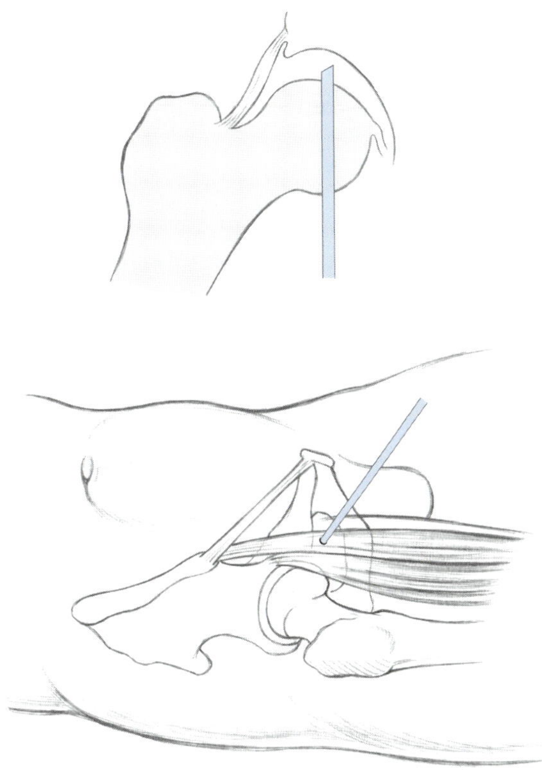

Abb. 5.4. Positionierung des ventralen Portals zur zentralen Gelenkinspektion.

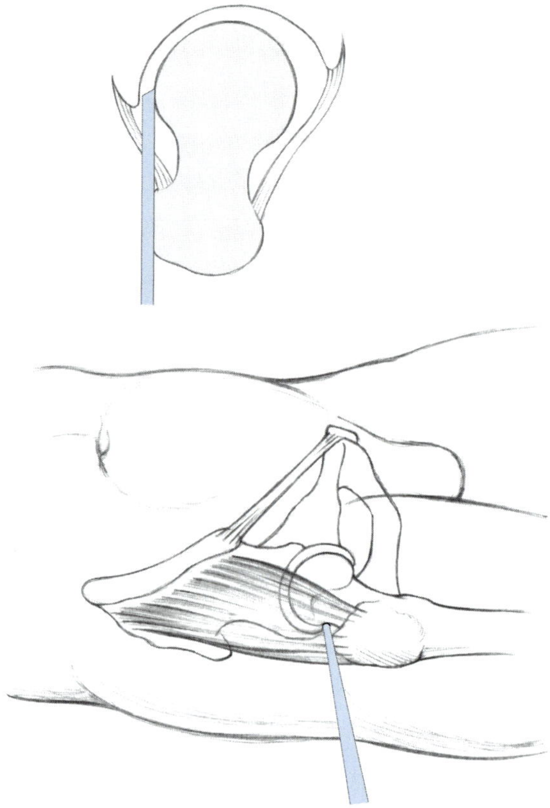

Abb. 5.5. Positionierung des posterolateralen Portals zur zentralen Gelenkinspektion.

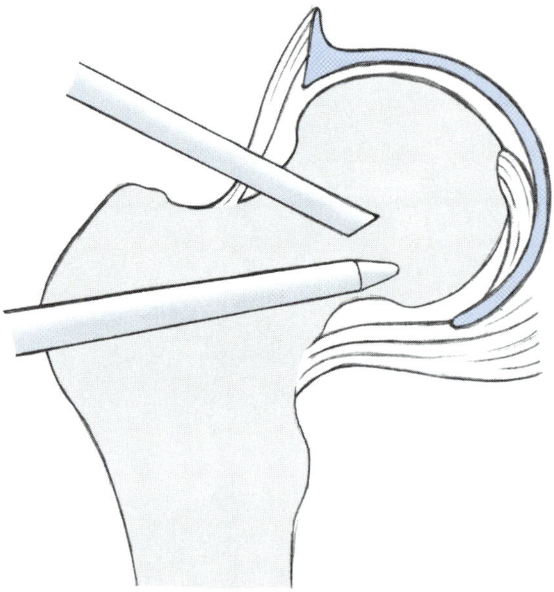

Abb. 5.6. Positionierung der Portale zur peripheren Gelenkinspektion und Gelenktherapie.

Die beiden weiteren Portale für die ASK des zentralen Gelenkanteils werden arthroskopisch kontrolliert (Verwendung der 70°-Optik im ventrolateralen Portal) gelegt.

Das posterolaterale Portal wird direkt oberhalb des Trochanters, durch den Hinterrand des Gluteus medius perforierend, vor dem Ansatz des M. piriformis gelegt (Abb. 5.5).

Das ventrale Portal durchdringt in schräger Richtung die Muskelbäuche des M. sartorius und M. rectus femoris. Das Arthroskop wird vom anterolateralen Portal, das die beste Sicht auf die ventralen Gelenkanteile bietet, in das ventrale Portal, von dem die Lagebeziehung der beiden lateralen Portale aus sichtbar ist, und nachfolgend in das dorsolaterale Portal umgesetzt.

Für die ASK der peripheren Gelenkanteile wird die Traktion des Beines sowie der gepolsterte Gegenstab entfernt und das Beinteil des Extensionstisches eingefügt. Der Fuß wird in einen sterilen Sack eingehüllt. Dies ermöglicht die freie Bewegung des Gelenkes. Zwei Portale werden von anterolateral im Abstand von 5 cm positioniert. Hierbei erleichtert die Flexion durch die Entspannung der ventralen Kapsel und der Muskulatur die Portalanlage und die Durchführung der Arthroskopie (Abb. 5.6).

Komplikationen

Durch die kräftige Traktion sind die Weichteile der Genitalregion gefährdet. Schäden des N. pudendus sind beschrieben. Im Bereich des Fußes können im distalen Anteil des N. peroneus superficialis und N. saphenus Schäden entstehen.

Nervenschäden und Gefäßverletzungen sind beschrieben (Abb. 5.7).

Byrd et al. haben an acht Leichenpräparationen den Abstand der drei für die zentrale ASK notwendigen Portale zu wichtigen anatomischen Strukturen ermittelt (Tabelle 5.1).

Tabelle 5.1. Abstand der Portale (in cm) zu verschiedenen anatomischen Strukturen (nach Byrd)

Portal	Anatomische Struktur	∅ Distanz	Bereich
▮ Anterior	Spina iliaca anterior superior	6,3	6,0–7,0
▮ Anterior	N. cutaneus femoris lateralis	0,3	0,2–1,0
▮ Anterior	N. femoralis auf Niveau von:		
	– M. sartorius	4,3	3,8–5,0
	– M. rectus femoris	3,8	2,7–5,0
	– Gelenkkapsel	3,7	2,9–5,0
▮ Anterior	A. femoris circumflexa lateralis:		
	– Aufsteigender Ast	3,7	1,0–6,0
	– Endast	0,3	0,2–0,4
▮ Anterolateral	N. gluteus superior	4,4	3,2–5,5
▮ Posterolateral	N. ischiadicus	2,9	2,0–4,3

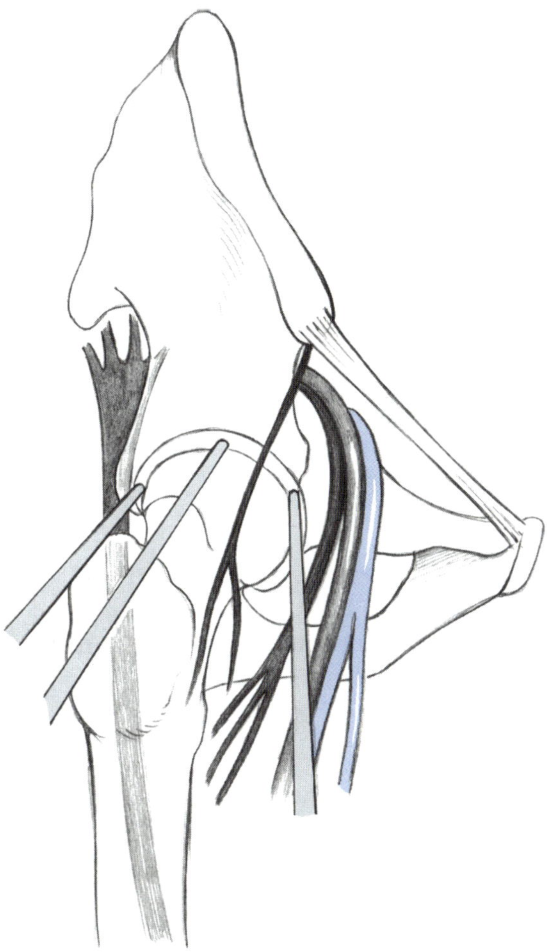

Abb. 5.7. Beziehungen der wichtigen neurovaskulären Strukturen zu den Standardportalen der zentralen Gelenkinspektion.

Nachbehandlung

Lagerung des Beines in einer Schaumstoffschiene. Mobilisation und Belastung in Abhängigkeit von den durchgeführten operativen Maßnahmen.

Literatur

Byrd JWT (2006) Hüftarthroskopie. Portaltechnik und arthroskopische Anatomie. Orthopäde 35:41–53

Byrd JWT, Pappas JN, Pedley MJ (1995) Hip arthroscopy: an anatomical study of portal placement and relationship to the extraarticular structures. Arthroscopy 11(4):418–423

Dienst M, Kohn D (2004) In: Wirth CJ, Zichner L, Tschauner C (Hrsg) Arthroskopie des Hüftgelenkes in Orthopädie und Orthopädischer Chirurgie. Thieme, Stuttgart, S 78–81

Dienst M (2006) Hüftarthroskopie, Lagerungs- und Distraktionstechnik. Orthopäde 35:33–40

Lamper C, Hesse B (2005) Arthroskopie des Hüftgelenkes - Technik und Indikationen. In: Meyer RP, Gächter A, Kappeler U (Hrsg) Hüftchirurgie in der Praxis. Springer, Berlin, S 51–66

Wettstein M, Dienst M (2006) Arthroskopische Behandlung des femoroazetabulären Impingementes. Orthopäde 35:85–93

6 Perioperative Maßnahmen

- Operationen am Hüftgelenk erfordern ein komplexes perioperatives Management.
- Prophylaxen reduzieren zum einen Komplikationen, erleichtern darüber hinaus aber auch die Frühmobilisation.
- Hüftchirurgische Maßnahmen bedürfen immer einer Nachbehandlung. Diese variiert von der Art des Eingriffes, den intraoperativen Besonderheiten und Komplikationen und dem Alter. Beeinflusst wird sie von einer etwaigen Grunderkrankung wie auch Begleiterkrankungen des Patienten.
- Rehabilitationsmaßnahmen haben das Ziel der funktionellen Wiederherstellung und der beruflichen und persönlichen Wiedereingliederung des Patienten.

Nachfolgend werden die einzelnen in der Hüftchirurgie angewandten Verfahren dargestellt.

Thromboseprophylaxe

- Durch intraoperative Homöostase und postoperative Immobilisation sind hüftendoprothetische Eingriffe besonders mit thrombembolischen Komplikationen behaftet.
  Daher bekommt die Thromboseprophylaxe einen besonderen Stellenwert.
- Als Standard hat sich eine medikamentöse Thromboseprophylaxe mit niedermolekularen Heparinen etabliert. Sie sind in der Regel nur einmal täglich zu applizieren. Eine Kontrolle der antikoagulatorischen Aktivität ist nicht notwendig. Regelmäßige Thrombozytenkontrollen müssen aufgrund der unter niedermolekularen Heparinen seltener werdenden heparininduzierten Thrombozytopenie regelmäßig durchgeführt werden.
- Eine Alternative zu Heparinderivaten stellen synthetisch hergestellte Faktor-Xa-Inhibitoren dar. Fondaparinux als Vertreter dieser Gruppe senkt nach Studienlage das Risiko thrombembolischer Ereignisse bei hüftendoprothetischen Eingriffen, allerdings bei leicht ansteigendem Blutungsrisiko. Die Therapiekosten sind unter Fondaparinux gegenüber niedermolekularem Heparin etwa um das 3fache erhöht.
- In Kürze werden auch orale Antithrombotika zur Thromboseprophylaxe zur Verfügung stehen.
- Physikalische Prophylaxen haben das Ziel durch Kompression das venöse Pooling im Unterschenkelbereich zu reduzieren und somit die Strömungsgeschwindigkeit zu erhöhen und die fibrinolytische Aktivität des Blutes zu steigern.
- Der Antithrombosestrumpf weist fußaufwärts eine absteigende Kompression auf. Dabei sollte die Kompression im Knöchelbereich doppelt so hoch liegen wie am proximalen Oberschenkel. Für eine optimale Wirksamkeit ist ein der Anatomie des Patienten konfektionierter Strumpf wichtig. Durch einen passenden Antithrombosestrumpf wird die Evidenz einer Thrombose halbiert.
- Durch eine intermittierende pneumatische Kompression der Fußsohle kann ebenfalls das Risiko einer Thrombose reduziert werden. Durch eine kontinuierlich wiederholende Entleerung des Fußsohlenplexus kommt es ebenfalls zu einer Beschleunigung der Strömungsgeschwindigkeit im tiefen Venensystem und einer Aktivierung der Fibrinolyse.
  Im Vergleich der Anwendung von niedermolekularem Heparin gegenüber niedermolekularem Heparin und einer intermittierenden pneumatischen Kompression kann in der Kombinationsprophylaxe die Thromboserate weiter signifikant gesenkt werden.
- Eine weitere präventive Maßnahme ist die Frühmobilisation. Am ersten postoperativen Tag sollte eine Mobilisation an der Bettkante und ab dem zweiten postoperativen Tag eine Mobilisation an Unterarmgehstützen erfolgen.
- Zusätzlich können noch isometrische Anspannungsübungen der Unterschenkelmuskulatur und Atemgymnastik durchgeführt werden.

Antibiotikaprophylaxe

- Bei jedem hüftendoprothetischen Eingriff sollte eine Antibiotikaprophylaxe mit einer 1. oder 2. Generation Cephalosporin erfolgen. Die Gabe sollte 30 min vor dem Hautschnitt als „single shot" erfolgen.
- Beim Überschreiten einer Operationsdauer von 3 Stunden wird eine Zweitgabe empfohlen.
- Eine mehrtägige, meist 72-stündige, Antibiotikaprophylaxe ist nur bei Revisionseingriffen der „single shot"-Gabe überlegen.

Prophylaxe heterotoper Ossifikationen – Indikation und Durchführung

- Ohne Prophylaxe treten in ca. 30–60% heterotope Ossifikationen auf.
  Bekanntermaßen gibt es verschiedene Risikofaktoren, die das Auftreten einer heterotopen Ossifikation begünstigen. Hierzu zählen das Operationstrauma an sich, besonders die Verletzung von Muskelgewebe, das männliche Geschlecht, ein hoher Body-Mass-Index, eine lange Operationszeit, präoperativ ausgeprägte Osteophyten, eine zementfreie Versorgung und Revisionseingriffe.
- Belegte prophylaktische Maßnahmen sind das gewebeschonende Operieren, ausgiebige Spülung während der Operation, eine medikamentöse Prophylaxe mit einem NSAR sowie die perioperative Radiotherapie.
- Eine medikamentöse Prophylaxe kann mit einem Medikament der Gruppe der nichtsteroidalen Antirheumatiker (NSAR) wie beispielsweise Diclofenac, Ibuprofen, Indometacin durchgeführt werden. Auch Medikamente aus der Gruppe der Cox-2-Hemmer wie Celecoxib weisen eine etwa gleichwertige Wirksamkeit auf.
  Eine medikamentöse Prophylaxe sollte über einen Zeitraum von 14 Tagen erfolgen. Die größte Wirksamkeit ist in der ersten postoperativen Woche nachweisbar, ab der dritten postoperativen Woche besteht kein positiver Effekt hinsichtlich der Verminderung heterotoper Ossifikationsprophylaxe.
  Hauptnebenwirkung der NSAR sind gastrointestinale Beschwerden, die im Rahmen des postoperativen Stresses häufig auftreten. Eine zeitgleiche Gabe eines Protonenpumpeninhibitors, z. B. Omeprazol oder Pantoprazol, hat sich effektiv in Bezug auf Reduktion der gastrointestinalen Ereignisse erwiesen.
- Alternativ kann Ossifikationsprophylaxe durch eine Radiotherapie, die einfach oder fraktioniert und sowohl prä- wie auch postoperativ durchgeführt werden kann, betrieben werden.
  In der Regel wird eine Bestrahlung direkt prä- oder postoperativ mit 6–7 Gy durchgeführt. Alternativ werden auch fraktionierte Gaben in 3×3 Gy beschrieben.
  Im Vergleich ist die Strahlentherapie gegenüber der medikamentösen Prophylaxe hinsichtlich der Verhinderung von Ossifikationen überlegen. Berücksichtigen muss man jedoch die höheren Kosten, das mutagene Risiko und eine höhere Rate an Wundheilungsstörungen. Besonders wirksam ist die Radiatio bei Revisionseingriffen oder wenn bereits heterotope Ossifikationen bei der hüftendoprothetischen Versorgung der Gegenseite aufgetreten sind.

Lagerung

- Die postoperative Lagerung verfolgt das Ziel Schmerzen zu reduzieren, Komplikationen zu vermeiden bzw. das operative Ergebnis bis zur Konsolidierung zu fixieren.
  Die Form der Lagerung ist operationsspezifisch.
- Eine Hüfttotalendoprothese wird in der Regel postoperativ in einer flachen Schaumstoffschiene gelagert (Abb. 6.1). Hohe Schaumstoffschienen führen zu einer zeitgleichen Hüft- und Kniebeugung. Hierdurch kommt es zu einer Entlastung des N. ischiadicus und N. femoralis (Abb. 6.2).
- Besonders kindliche Hüftoperationen fordern eine spezielle Gipsnachbehandlung. Ein Beispiel hierfür ist der Becken-Bein-Gips (Fettweis-Gips) = BBF-Gips (Abb. 6.3).
- Nach Hüftprothesenluxation oder Revisionsoperation, die häufiger von einer Luxation betroffen sein können, kann mit einer Antiluxationsorthese nachbehandelt werden. Diese Orthesen limitieren gezielt die Außenrotation und Flexion im Hüftgelenk.

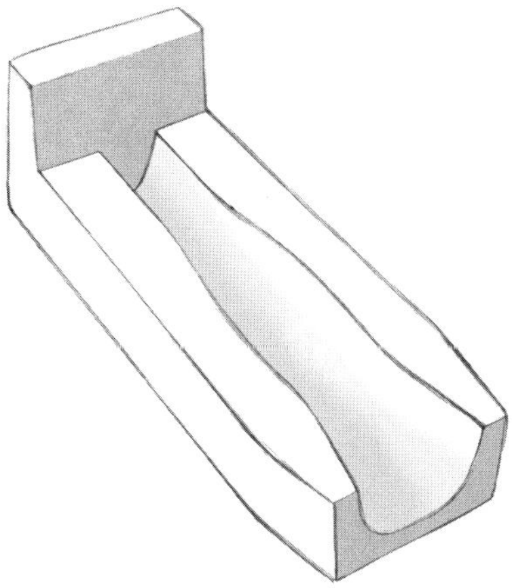

Abb. 6.1. Flache Schaumstoffschiene.

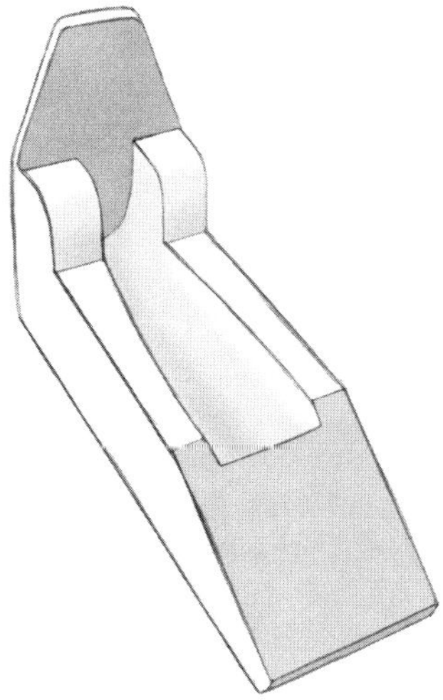

Abb. 6.2. Hohe Schaumstoffschiene.

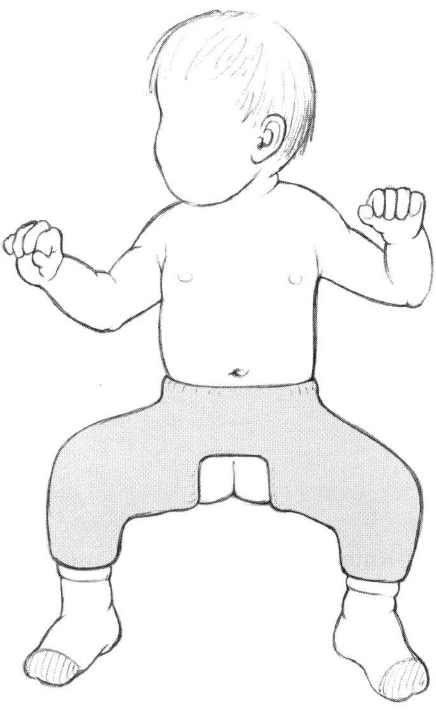

Abb. 6.3. Fettweis-Gips.

Orthopädietechnische Hilfsmittel

Um postoperative Komplikationen zu vermindern werden verschiedene Hilfsmittel eingesetzt.

Um eine zu starke Hüftbeugung und damit verbundene Komplikationsgefahr zu verhindern, werden Keilkissen, Toilettenerhöhung und Greifzangen eingesetzt.

Mobilisationsmöglichkeiten

In der postoperativen Mobilisation unterscheidet man zwischen dem entlastenden Gang, dem minimal belastenden Gang (5–10 kg), dem teilbelastenden Gang und dem voll belastenden Gang.

Entlastungen können mit Hilfsmitteln wie Aiopiloten, Gehwagen, Unterarmgehstützen (UAG) u. a. durchgeführt werden.

- Der Zweipunktegang wird zur vollständigen Entlastung des operierten Beines verwendet. Beide Unterarmgehstöcke werden zeitgleich mit der zu entlastenden Extremität vorgebracht. Das zu entlastende Bein berührt dabei nicht den Boden. Daher ist der Zweipunktegang nur zur vollständigen Entlastung geeignet und wird bei Teilbelastung des operierten Beines definitionsgemäß zum Dreipunktegang.
- Beim Dreipunktegang, der auch als Beistellschritt bezeichnet wird, wird die Belastung des Beines nach Vorgabe des Arztes reduziert, indem beide Unterarmgehstützen das operierte Bein entlastend begleiten und dadurch das erforderliche Gewicht abnehmen.
  Der Dreipunktegang ist für minimal- oder teil belastendes sowie voll belastendes Gehen geeignet.
- Der Vierpunktegang wird zur Teil- oder Vollbelastung eines oder beider Beine eingesetzt. Hierbei wird die Unterarmgehstütze und das kontralaterale Bein zeitgleich vorgebracht, danach folgt die Stütze oder Bein der jeweiligen Gegenseite. Der stärker belastende Vierpunktegang ist dann erlaubt, wenn ein schmerzfreier und sicherer Stand auf dem operierten Bein möglich ist und wenn die vom Operateur vorgeschlagene Entlastungszeit erfüllt ist.
  Der Vierpunktegang wird in der Literatur teilweise auch als Zweipunktegang, Kreuzschritt oder Wechselschritt bezeichnet.
- Eine Unterarmgehstütze, die auf der nicht operierten Seite getragen werden muss, ist erst empfehlenswert, wenn ein sicheres und harmonisches Gangbild erreicht ist. Dabei sollte die Unterarmgehstütze nur für längere Gehstrecken benutzt werden. Die Verwendung eines Stockes soll vor einer Ermüdung der Muskulatur und einer daraus resultierenden Fehlbelastung des Gelenkes schützen.

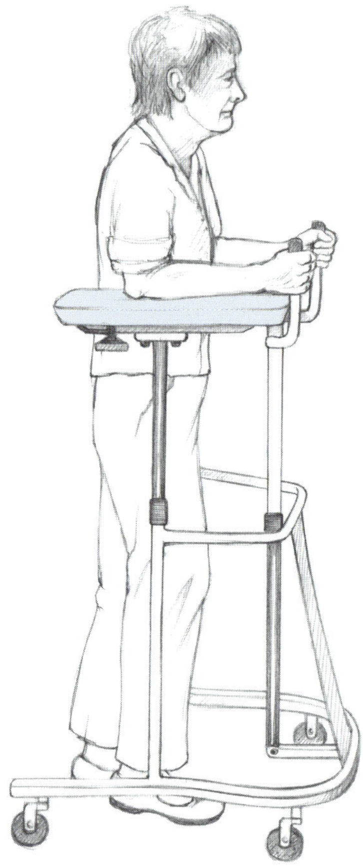

Abb. 6.4. Aiopilot.

Ist ein Patient aus verschiedenen Gründen wie Alter oder Gangunsicherheit etc. nicht in der Lage, an Unterarmgehstützen mobilisiert zu werden, eignet sich der Aiopilot zur sicheren Mobilisation. Beim Aiopiloten kann der Patient beide Unterarme sicher auf eine gepolsterte Unterlage ablegen und mit beiden Händen die Haltegriffe sicher umfassen.

Hierdurch ist eine Teilentlastung bei zeitgleicher Stabilisierung des Patienten über das Mobilisationsgerät gewährleistet. Die Sturzgefahr des frisch operierten Patienten wird hierdurch minimiert (Abb. 6.4).

Physiotherapie

Der Nutzen der Physiotherapie in der postoperativen Phase ist unumstritten. Ziele der Physiotherapie sind eine Verbesserung der Gelenkbeweglichkeit, die Entspannung und Dehnung der Muskulatur sowie die Förderung von Kraft, Ausdauer und Koordination. Verkürzte Muskelgruppen sollen gezielt wieder aufgedehnt werden.

Über eine Gangschulung können gestörte Gehmuster korrigiert und somit kann Überlastungen anderer Strukturen durch ein unphysiologisches Gangbild entgegengewirkt werden.

Die in der Physiotherapie erlernten Übungen müssen selbständig zuhause weitergeführt und zu einem regelmäßigen Bestandteil des täglichen Lebens werden.

Im Rahmen der Hüftarthrose bildet sich typischerweise über Jahre hinweg unbemerkt eine Huftbeuge- und Adduktionskontraktur. Als Folge kippt das Becken nach vorne und die Lendenlordose verstärkt sich.

Um die oben genannten Therapieziele zu erreichen, werden verschiedene Physiotherapieformen angewendet.

Die physiotherapeutische Nachbehandlung erfolgt standardisiert mittels isometrischer und isotonischer Anspannungsübungen. In der ersten postoperativen Phase wird die Quadricepsmuskulatur durch alternatives Anheben des im Kniegelenk gestreckten Beins und die gluteale Muskelgruppe durch Strecken des in der Hüfte gebeugten Gelenkes beübt. Im weiteren Verlauf wird die Quadriceps- und Hamstringgruppe durch aktives Beugen und Strecken im Kniegelenk bei gleichzeitiger aktiver Bewegung im Hüftgelenk trainiert. Die Hüftabduktion wird zunächst gezielt in Rückenlage trainiert. Im weiteren Verlauf werden Trainingsübungen für den M. tensor fascia lata und M. iliopsoas ergänzt. Besonders in der Rehabilitationsphase mit dem Übergang auf Vollbelastung des operierten Hüftgelenkes muss ein besonderes Augenmerk auf das weitere Training der Hüftabduktoren gelegt werden, da nur hierdurch ein hinkfreies Gangbild erreicht werden kann.

Auf eine Hüftbeugung über 90°, Adduktions- und Außenrotationsübungen wird aufgrund der Luxationsgefahr gezielt verzichtet. Eine Gangschule mit Erlernen des Zwei-, Drei- und Vierpunktegangs sowie des Treppensteigens wird durchgeführt.

Über die Physiotherapie werden die Patienten hinsichtlich luxationsgefährdender Bewegungen instruiert.

Rehabilitationsmaßnahmen

- Rehabilitationsmaßnahmen nach der Operation verbessern nachweislich das funktionelle Langzeitergebnis. Langzeitbeobachtungen werden in der Regel mit dem Harris-Hip-Score erfasst.
- Ziel der rehabilitativen Maßnahmen ist in der Regel die Verbesserung der Gehfähigkeit, die Beweglichkeit, die funktionellen Kapazitäten sowie die Reduktion des Schmerzes. Weiterhin geht es um das Erlernen der Koordination alter Bewegungsabläufe unter neuen biomechanischen Bedingungen – zuerst in einer klinischen Umgebung, dann in ihrem gewohnten Zuhause und teilweise in regulärer Erwerbstätigkeit.
- Durch verschiedene Übungsformen in Form von Physiotherapie (Einzel- und Gruppentherapie), physikalischer Therapie, Balneotherapie, propriozeptivem Training und Gangschule soll die periartikuläre Muskelschwäche und das Koordinationsdefizit behoben werden. Besonderes Augenmerk wird hierbei auf ein Training der Hüftabduktoren und Dehnung der verkürzten Adduktoren gelegt. Der Erfolg dieses Trainings kann in Form von Ganganalysen validiert werden.
  Physiotherapeutisch wird gezielt auf eine Verbesserung der Beweglichkeit hin trainiert. Hierzu kommen aktive und passive Bewegungsübungen sowie Dehnungsübungen zur Anwendung.
- Physikalisch werden Massagen, Stromtherapie (Mikrowellen, Ultrakurz- und Kurzwellen) eingesetzt. Ultraschallbehandlungen, Behandlungen mit mittelfrequenten Stromformen, sowie Stangerbad oder 2-Zellenbäder sollten wegen der Gefahr der Erwärmung des Prothesenmaterials unterbleiben.
- Wasseranwendungen eignen sich besonders gut, da durch den Auftrieb des Wassers die Belastung auf das künstliche Gelenk sinkt. Besonders jüngere Patienten profitieren vom Aquajogging.
- Rehabilitationen können stationär, teilstationär, aber auch ambulant durchgeführt werden.
  Eine stationäre Rehabilitation lässt den Harris-Hip-Score in der Regel um 25% steigen. Auch ambulante Rehabilitationsmaßnahmen verbes-

sern den Score deutlich. Ein Vergleich der Rehabilitationsformen ist aufgrund der deutlich jungen Patienten im ambulanten Bereich nur schwierig möglich.

- Nicht nur die direkte postoperative Rehabilitation, sondern auch eine kontinuierliche Fortführung von Übungsprogrammen, insbesondere der hüftabduktorischen Muskulatur, ist entscheidend für ein gutes Langzeitergebnis.

Literatur

Ewerbeck V, Wentzensen A, Holz F, Cotta H (2003) Standardverfahren in der operativen Orthopädie und Unfallchirurgie, 2. Aufl. Thieme, Stuttgart

Föll J (2004) Gangentwicklung und Bewegungswahrnehmung im Hüftgelenk in der Rehabilitation nach TEP-Implantation bei Dysplasiekoxarthrose. Doktorarbeit, Medizinische Fakultät der Charité. Universitätsmedizin, Berlin

Handel M, Brettschneider J, Kock FX, Anders S, Perlick L, Sell S (2004) Risk factors associated with heterotopic ossifications in primary total hip arthroplasty. Z Orthop Ihre Grenzgeb 142(5): 564–570

Hunfeld KP, Wichelhaus TA, Schafer V, Rittmeister (2003) Perioperative Antibiotikaprophylaxe bei aseptischen Eingriffen in der Orthopädie. Der Orthopäde 32(12):1070–1077

Johnsson R, Melander A, Önnerfeld R (1988) Physiotherapy after total hip replacement for primary arthrosis. Scan J Rehab Med 20:43–45

Kladny B, Albrecht C, Haase I, Swoboda B (2001) Stationäre Rehabilitation nach Hüftendoprothetik – Eine Verlaufsbeobachtung mit dem Harris-Hip-Score. Z Orthop Ihre Grenzgeb 139(6):536–540

Pakos EE, Ioannidis JP (2004) Radiotherapy vs. nonsteroidal anti-inflammatory drugs for the prevention of heterotopic ossification after major hip procedures: a meta-analysis of randomized trials. Int J Radiat Oncol Biol Phys 60(3):888–895

Stannard JP, Lopez-Ben RR, Volgas DA, Anderson ER, Busbee M, Karr DK, McGwin GR Jr, Alonso JE (2006) Prophylaxis against deep-vein thrombosis following trauma: a prospective, randomized comparison of mechanical and pharmacologic prophylaxis. J Bone Joint Surg Am 88(2):261–266

Vastel L, Rosencher N, Siney H, Courpied JP (2005) Prevention of heterotopic ossifications in hip arthroplasty: effectiveness of selective Cox-2 inhibitors (celecoxib) versus ketoprofen. Rev Chir Orthop Reparatrice Appar Mot 91(1):64–69

Operative Zugangswege

7 Hüftgelenksanatomie

7.1 Entwicklung des kindlichen Hüftgelenkes

Das Wachstum des kindlichen Hüftgelenkes ist zum einen genetisch vorgegeben, zum anderen von biomechanischen Faktoren abhängig. Das Azetabulum wird geformt durch das Darmbein, das Schambein und das Sitzbein. Die knöchernen Anteile werden durch die durch das Azetabulum laufende knorpelige Y-Fuge, die sich erst im 2. Lebensjahrzehnt durch die fortschreitende Ossifikation verschließt, getrennt. Kaudal zentral im Pfannengrund ist der Ursprung des Ligamentum capitis femoris (Abb. 7.1).

Auch im Erwachsenenalter überzieht der Gelenkknorpel die Pfanne nicht vollständig. Er verläuft in Hufeisenform, der zum unteren Pfannenrand geöffnet ist. Die eigentliche Gelenkfläche wird als Facies lunata bezeichnet. In der Mitte entsteht deshalb eine Vertiefung. Diese Fossa acetabuli ist von Fett ausgefüllt, das bei der kindlichen Hüftluxation oftmals vermehrt ist. Zwischen den Enden der Fascies lunata spannt sich das Ligamentum transversum, das somit das Azetabulum kaudal verschließt.

Femoral ist der Hüftkopf und der Trochanter major beim Neugeborenen noch eine durchgehende knorpelige Wachstumszone. Nach Ausbildung der zentralen Ossifikation im Hüftkopf und des Apophysenkerns am Trochanter vergrößert sich der knöcherne Schenkelhals vorrangig an der Epiphysenlinie des Hüftkopfes, aber auch an der gesamten lateralen Seite des Schenkelhalses bis zum Trochanter. Deshalb können dort Traumen und Ischämien die Entwicklung des kindlichen Schenkelhalses beeinflussen. Die azetabuläre Überdachung des Hüftkopfes wird durch das knöcherne und knorpelige Pfannendach und randständig davon durch das Labrum acetabulare, das im Erwachsenenalter dann als Limbus articularis bezeichnet wird, gebildet. Der Limbus liegt intraartiku-

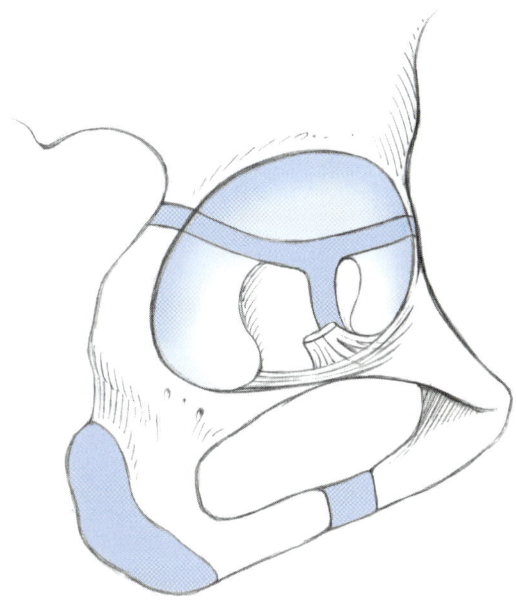

Abb. 7.1. Zentraler Blick auf die kindliche Hüftgelenkspfanne. Die knorpelige Fascia lunata überkreuzt die knorpelige Y-Fuge. Das Ligamentum capitis femoris hat seinen Ursprung medial und kranial des Ligamentum transversum im kaudalen Bereich des Azetabulum.

lär. Die Gelenkkapsel inseriert proximal vom Limbus (Abb. 7.2). Bei Instabilität des Hüftgelenkes bleibt das Wachstum an dem Pfannendach zurück. Es kommt zur Elongation des Ligamentum capitis femoris und der gesamten Hüftgelenkskapsel. Der Hüftkopf kranialisiert und lateralisiert.

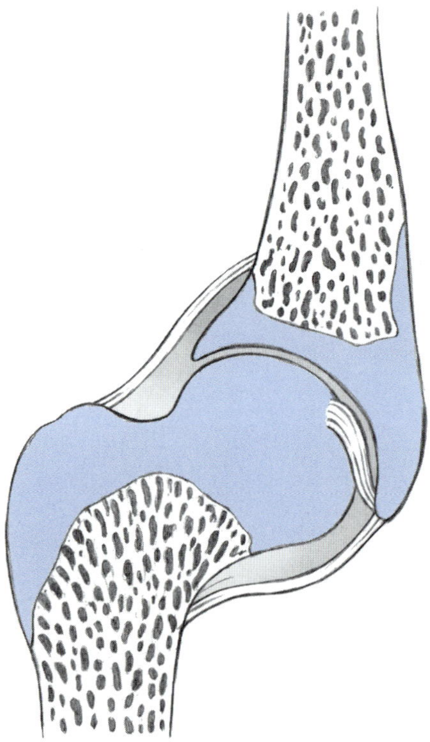

Abb. 7.2. Frontalschnitt durch das Hüftgelenk eines Neugeborenen. Die Überdachung erfolgt durch den knorpeligen und knöchernen Anteil des Pfannendaches sowie randständig davon durch das Labrum acetabulare. Das Ligamentum capitis femoris entspringt kaudal in der Fossa acetabuli. Das proximale Femurende ist zunächst knorpelig ausgebildet und bildet zum Trochanter hin eine gemeinsame Wachstumszone. Die Ossifikation des Femur erfolgt zunächst nur in der Diaphyse und Metaphyse. Der knöcherne Hüftkopfkern und die Trochanterapophyse sind noch nicht vorhanden.

7.2 Anatomie des Hüftgelenkes beim Erwachsenen

Das Hüftgelenk liegt in der Tiefe, die Hüftgelenkskapsel ist komplett von Muskulatur umgeben. Die Funktion der Muskulatur ist durch deren Verlauf ableitbar. Die Ursprünge und Ansätze der hüftumspannenden Muskulatur sind in Abbildung 7.3 und in Abbildung 7.4 dargestellt. In diesen Zeichnungen sind auch der Ansatz der Hüftgelenkskapsel und die Lage der Epiphysenfuge eingezeichnet. Das Caput reflexum des M. rectus femoris inseriert kranial auf der ventralen Hüftgelenkskapsel.

Für die chirurgische Hüftgelenksanatomie ist die Unterscheidung zwischen der oberflächlichen und tiefen Muskulatur bedeutsam. Die oberflächliche Muskulatur in Höhe des Hüftgelenkes besteht ventral aus dem M. sartorius, lateral davon gelegen aus dem M. tensor fasciae latae, übergehend in die Faszie des Tractus iliotibialis, in den dorsal der M. gluteus maximus einstrahlt (Abb. 7.5). In Abbildung 7.6 ist dies im Schnittbild dargestellt.

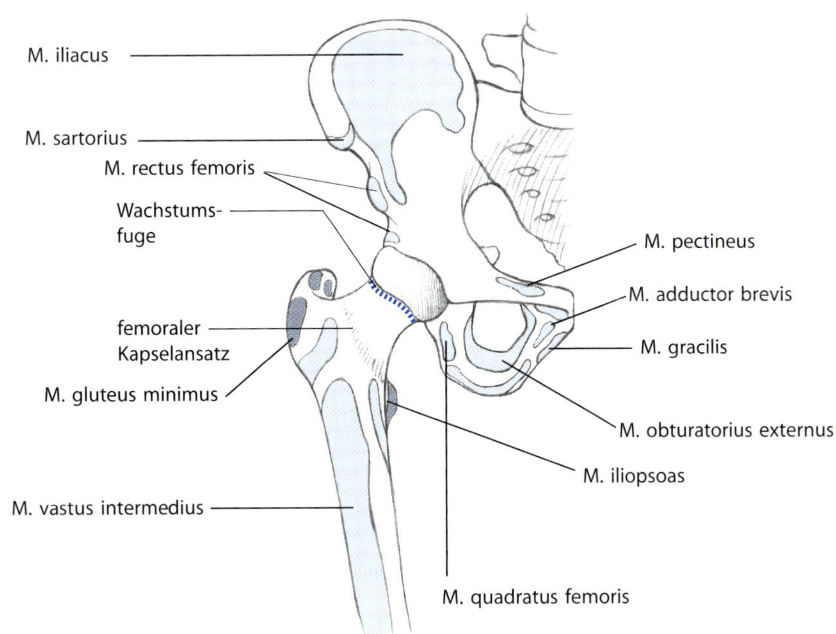

Abb. 7.3. Ursprünge und Ansätze der hüftumspannenden Muskulatur von ventral.
■ Ursprung, ■ Ansatz

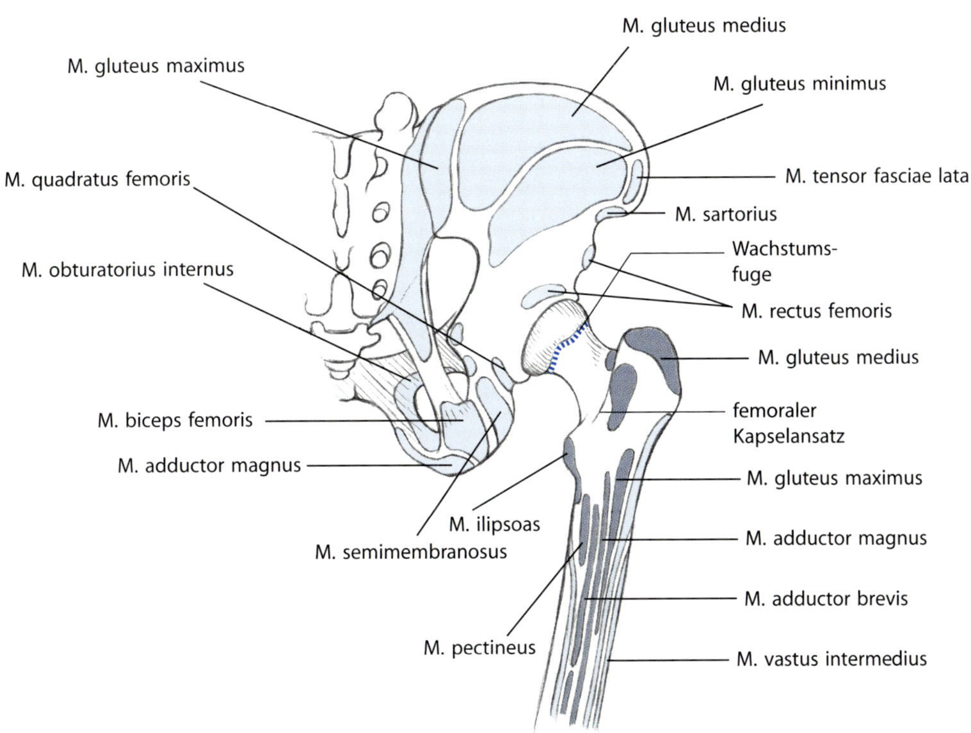

Abb. 7.4. Ursprünge und Ansätze der hüftumspannenden Muskulatur von dorsal.
■ Ursprung, ■ Ansatz

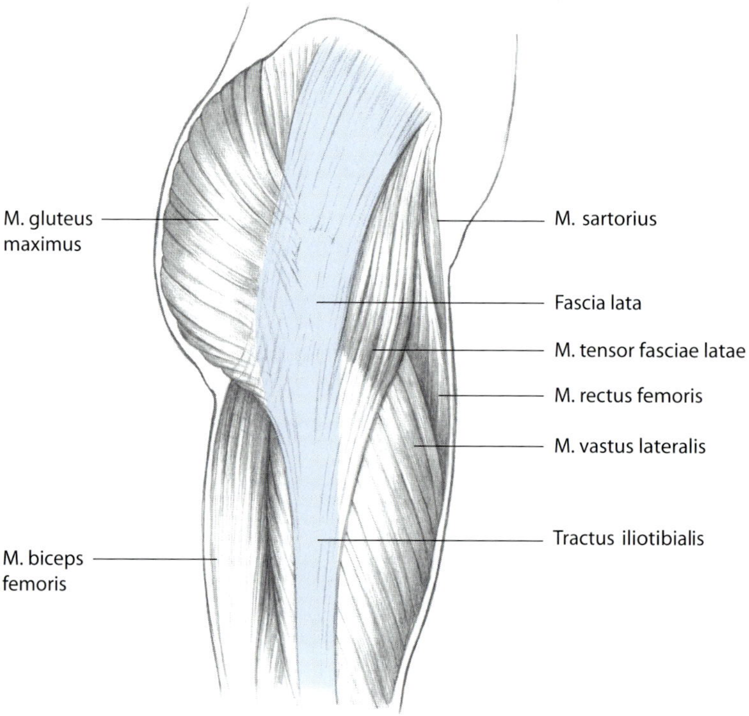

Abb. 7.5. Oberflächliche Muskulatur im anatomischen Seitbild.

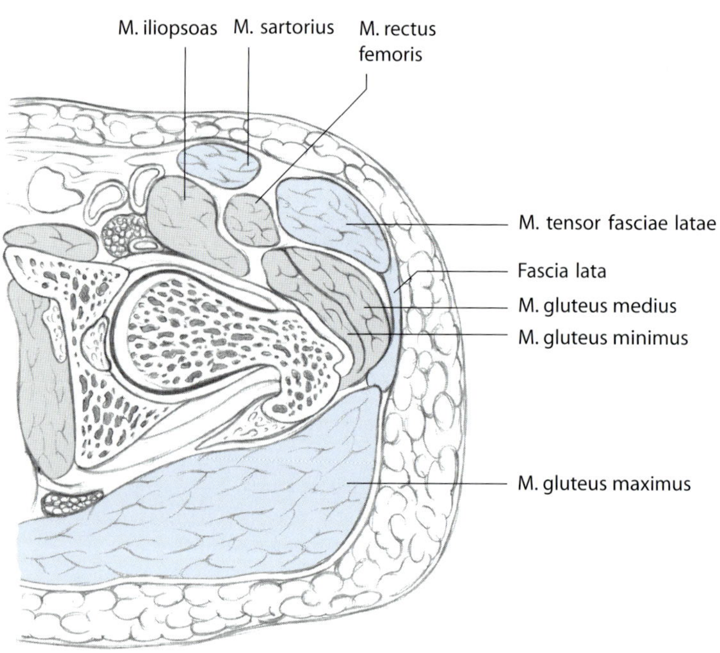

Abb. 7.6. Hüftumspannende Muskulatur im axialen Schnittbild.

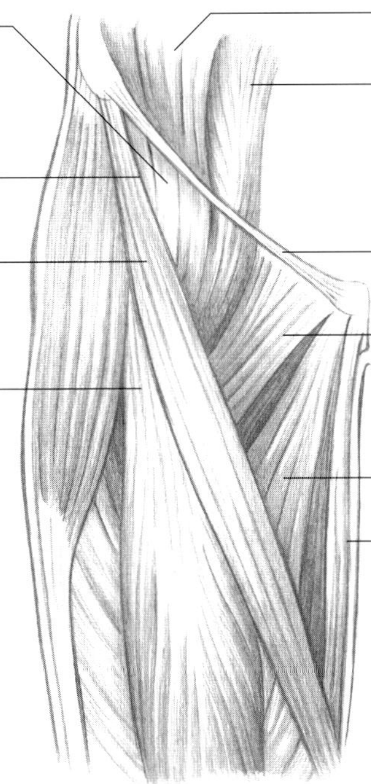

Abb. 7.7. Ventrale oberflächliche hüftumspannende Muskulatur.

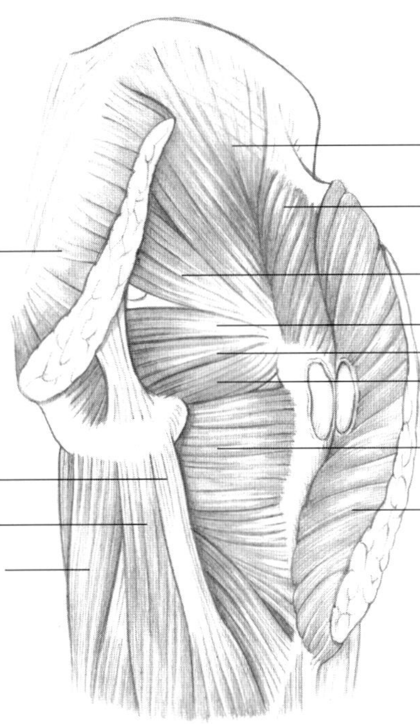

Abb. 7.8. Dorsalseitige hüftumspannende Muskulatur.

7.3 Nerven in anatomischer Nähe des Hüftgelenkes

Für die operativen Zugänge zum Hüftgelenk sind die in anatomischer Nachbarschaft verlaufenden Nerven entscheidend. Nur wenn diese nicht gefährdet werden, ist ein sicheres Zugehen zum Gelenk möglich. Insbesondere in der traumatologischen Versorgung ist deren präparatorische Darstellung zur Verminderung des Risikos einer iatrogenen Schädigung wichtig.

Bei der chirurgischen Hüftgelenksexposition sind fünf Nerven bedeutsam. Dies ist der Nervus femoralis, der Nervus cutaneus femoris lateralis, der Nervus gluteus superior und der Nervus gluteus inferior sowie der größte Nerv des Menschen, der Nervus ischiadicus.

Nervus femoralis

Ursprung: Der Nervus femoralis hat seinen Ursprung im Plexus lumbosacralis, gebildet aus dem 1–4. Lendensegment.

Verlauf: Der Nervus femoralis liegt lateralseitig von Vena und Arteria femoralis. Er zieht unter dem Leistenband dem Musculus iliacus aufliegend hindurch (Abb. 7.9).

Innervation: Der Nervus femoralis innerviert den M. psoas major und minor, den M. iliacus, den M. quadriceps femoris, den M. sartorius und den M. pectineus.

Gefährdung: Durch seine Lokalisation ventral des vorderen Pfannenrandes ist der Nerv bei Exposition des Gelenkes durch die Hakenposition am vorderen Pfannenrand im Sinne einer Druckschädigung gefährdet. Wird irrtümlich ventral des Musculus psoas eingegangen, kann auch eine direkte Verletzung erfolgen. Insbesondere beim ilioinguinalen Zugang ist die Präparation des Nerven wichtig, um eine Schädigung zu vermeiden. Die Erweiterung des anterioren Zuganges zum Hüftgelenk nach kaudal führt zur Traumatisierung der abgehenden Nervenäste zum Musculus sartorius und M. quadriceps femoris.

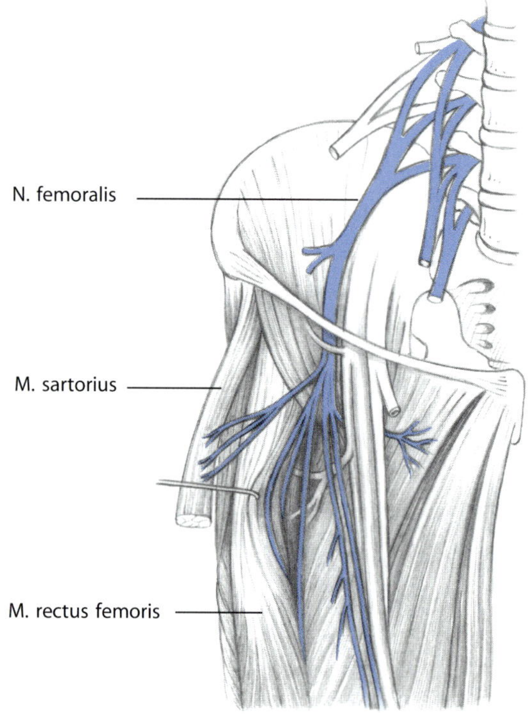

Abb. 7.9. Verlauf des N. femoralis mit Darstellung der proximalen Abgänge zum M. sartorius und M. rectus femoris.

Nervus cutaneus femoris lateralis

Ursprung: Der Nervus cutaneus femoralis lateralis ist ein rein sensibler Ast des Plexus lumbalis mit Ursprung im 2. und 3. Lendensegment.

Verlauf und Innervation: Der Nervus cutaneus femoris lateralis zieht dem Musculus iliacus aufliegend, direkt medial der Spina iliaca superior, unter dem Leistenband hindurch und teilt sich dort in mehrere Äste auf, die über den Musculus sartorius hinwegziehen, durch die Faszie hindurchtreten, und unter weiterer Aufzweigung dann die Haut des lateralseitigen Oberschenkels sensibel versorgen (Abb. 7.10).

Gefährdung: Beim anterioren Hüftgelenkszugang ist der Nerv in direkter anatomischer Nähe. Auch bei Schwellung in der Hüftgelenksregion, insbesondere nach dem Operationstrauma, kann es unter dem Leistenband zu einem direkten Nervenkompressionssyndrom kommen, welches sich als Meralgia paraesthetica manifestiert. Beim anterioren Hüftgelenkszugang kann eine Lateralisation des Hautschnittes um ca. 2 cm weg von der Spina iliaca anterior superior die Gefährdung dieses Nerven deutlich reduzieren.

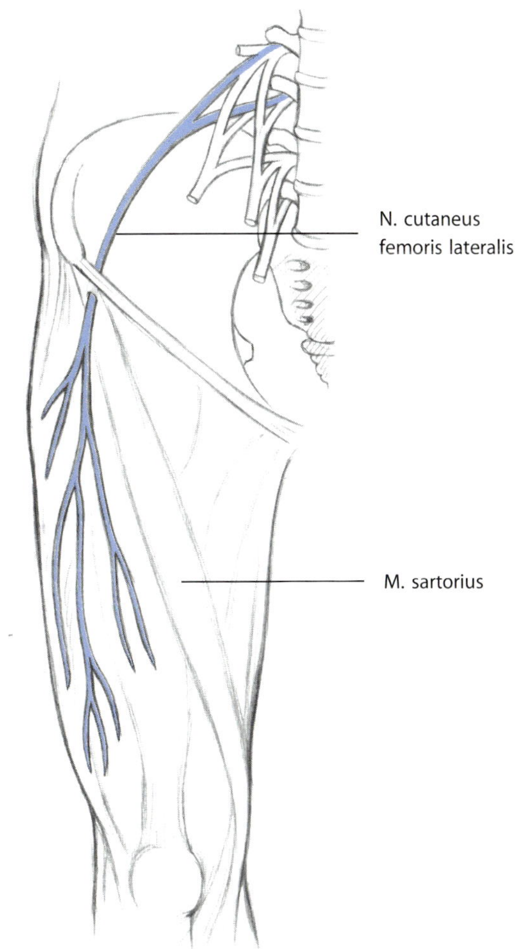

Abb. 7.10. Verlauf des N. cutaneus femoris lateralis.

Nervus gluteus superior

Ursprung: Der Nervus gluteus superior ist ein Nerv des Plexus lumbosacralis mit Ursprung vom 1. Lendenwirbel bis zum Sakrum.

Verlauf: Der Nerv zieht zusammen mit der gleichnamigen Arterie und Vene durch das Foramen suprapiriforme, dem Teil des Foramen ischiadicum oberhalb des Musculus piriformis (Abb. 7.11).

Innervation: Der Nervus gluteus superior hat fast ausschließlich motorische Nervenfasern und innerviert den Musculus gluteus medius und minimus sowie Teile des Musculus tensor fasciae latae.

Gefährdung: Eine Dissektion des Gluteus minimus oder medius führt zur Schädigung einzelner peripherer Verzweigungen. Es besteht auch die Gefahr der indirekten Schädigung durch Hakendruck. Auch eine unsachgemäße intramuskuläre Injektion in das Gefäß können eine iatrogene Schädigung des Nerven verursachen.

Nervus gluteus inferior

Ursprung: Der Nervus gluteus inferior hat seinen Ursprung ebenfalls im Plexus lumbosacralis, ausgehend von den Nervenenden L5–S2.

Verlauf: Der Nerv zieht zusammen mit den gleichnamigen Gefäßen, dem Nervus ischiadicus sowie dem N. cutaneus femoris posterior, dem N. pudendus sowie der Arteria pudenda interna durch das so genannte Foramen infrapiriforme, d.h. den Teil des Foramen ischiadicus kaudal des Musculus piriformis.

Innervationsgebiet: Der Nervus gluteus superior enthält nahezu ausschließlich motorische Nervenfasern und innerviert den M. gluteus maximus.

Gefährdung: Bei unsachgemäßer intramuskulärer Injektion in das Gesäß kann der Nerv verletzt werden. Beim transmuskulären Zugang sind einzelne Nervenfasern, die die Peripherie versorgen, potentiell gefährdet.

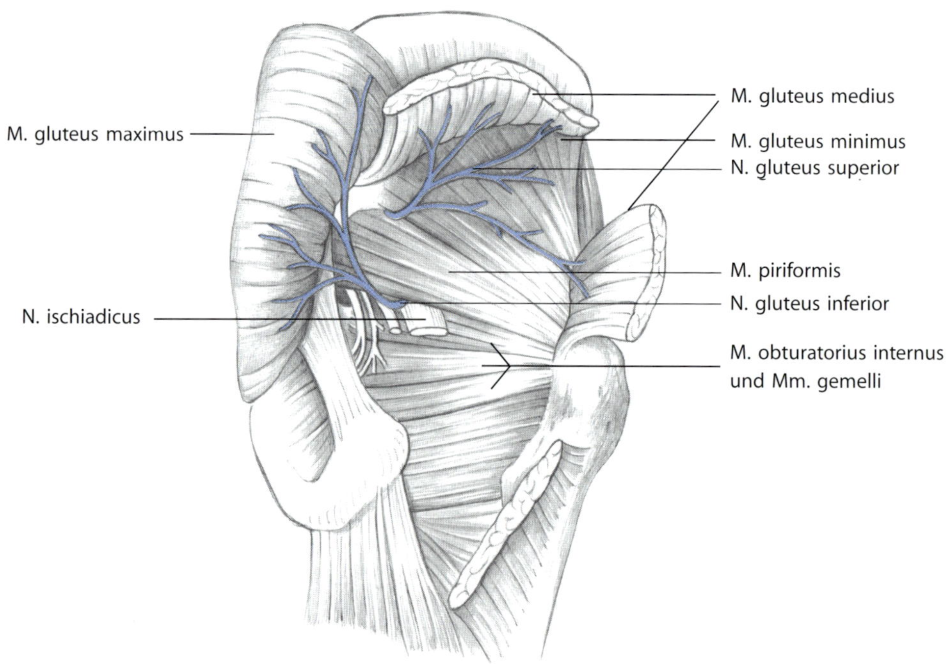

Abb. 7.11. Verlauf der N. glutaei superiores und inferiores.

Nervus ischiadicus

Ursprung: Der Nervus ischiadicus entspringt dem Plexus lumbosacralis. Seinen Ursprung hat er von L4–S5.

Verlauf: Er tritt durch das Foramen infrapiriforme, d.h. den Teil des Foramen ischiadicums unterhalb des M. piriformis. In der Hüftgelenksregion liegt er dorsal dem M. obturatorius internus und dem M. quadratus femoris auf. Unterhalb des Hüftgelenks erfolgt dann die Aufzweigung in den Nervus peroneus communis und den Nervus tibialis.

Innervation: Der Nervus ischiadicus versorgt große Teile der Oberschenkelmuskulatur: Mm. gemelli, M. quadratus femoris, M. obturatorius internus, M. biceps femoris, M. semitendinosus und M. semimembranosus. Bei Schädigung des Nerven imponiert darüber hinaus auch eine motorische und sensible Schädigung im Unterschenkel- und Fußbereich.

Gefährdung: Nervenlähmungen treten oft im Zusammenhang mit Beckenfrakturen, Oberschenkelfrakturen oder Luxationen des Kreuzdarmbeingelenkes auf. Iatrogen ist der Nerv durch intramuskuläre Injektionen, aber auch durch Hakendruck, insbesondere bei posterioren und posterolateralen Zugängen zum Hüftgelenk gefährdet.

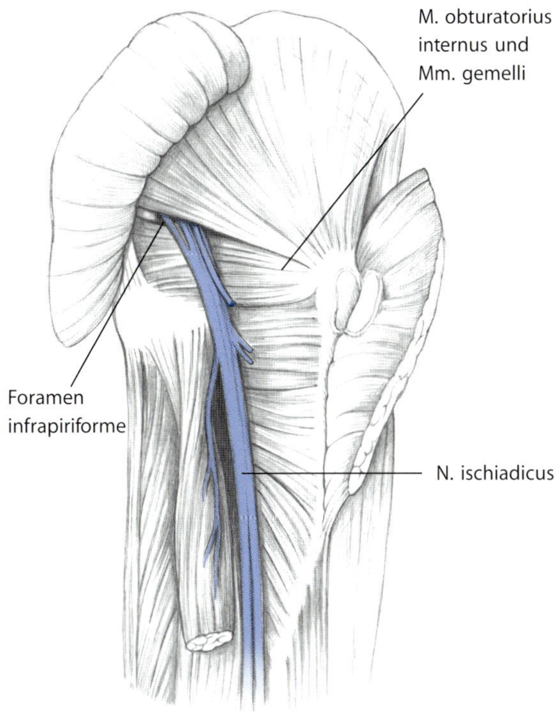

Abb. 7.12. Verlauf des N. ischiadicus.

8 Zugänge

Das Hüftgelenk kann von verschiedenen Zugängen erreicht werden. Insbesondere die um das Hüftgelenk herum lokalisierten Nerven und Gefäße limitieren die Zugangsmöglichkeiten. Fast alle Operateure favorisieren einen Zugang basierend auf ihrer Ausbildung, Erfahrung und ihrer Interpretation publizierter Ergebnisse. Spezielle Pathologien aber auch die Verwendung unterschiedlicher Implantate und Instrumente sind vielfach mit einem Zugang vorteilhaft zu adressieren bzw. durchzuführen. Alle Zugänge am Hüftgelenk haben eine langjährige Historie. In den letzten Jahren hat das Interesse an kleinen, „minimal invasiven" Zugängen stark zugenommen. Alle diese minimierten Zugänge basieren auf den bereits bekannten Zugängen. Im Folgenden werden deshalb die klassischen Zugänge und die jeweils minimal invasiven Varianten dargestellt. Viele Zugänge sind mit mehreren Autorennamen bezeichnet. Der Vergleich verschiedener Zugänge ist aus mehreren Gründen erschwert. So wurde beispielsweise bislang keine Standardterminologie entwickelt um die verschiedenen Techniken zu klassifizieren. Der Sprachgebrauch ist demensprechend unpräzise. Begriffe wie transgluteal, direkt lateral oder anteriolateral werden von vielen Chirurgen aber auch Autoren sowohl für unterschiedliche als auch für gleiche Vorgehensweisen benutzt. Die publizierten Beschreibungen sind oft kurz und bedienen sich keiner oder mangelhafter Illustrationen. Die chirurgische Anatomie des Hüftge-

Tabelle 8.1. Zugänge nach anatomischer Klassifikation

Anatomische Klassifikation	Anatomische Beschreibung	Klassische Autoren	Minizugang Autoren
Posterior	Split des M. gluteus maximus	Moore, Osborne, Kocher, Langenbeck, „Südlicher Zugang"	Wenz, Sculco, Roth, Nakamura
Posterolateral	Intervall zwischen M. gluteus maximus und Fascia lata	Henry, Marcy und Fletcher	Goldstein
Transgluteal	Split des M. gluteus medius	Bauer, Hardinge, Learmonth	Berger, Higuchi
Transtrochantär	Trochanterosteotomie am Trochanter major mit Erhalt der Muskelansätze am Trochanterfragment	Ollier, Vidal Digastrique, Courpied, Mercati	Ganz
Anterolateral	Intervall zwischen M. gluteus medius und M. tensor fasciae latae	Watson Jones, McKee Farrar	Röttinger, Jerosch
Anterior	Intervall zwischen M. tensor fasciae latae und M. sartorius	Smith-Peterson, Hüter, Judet	Lesur, Keggi, Matta, Rachbauer
Medial	Medialer Zugang mit Abtrennung des M. adductor longus im sehnigen Ansatz	Ludloff Thomas und Benecke	
Mehrinzision	Zwei oder mehr separate Zugangswege zum Gelenk		Irving, Berger, Wetzel

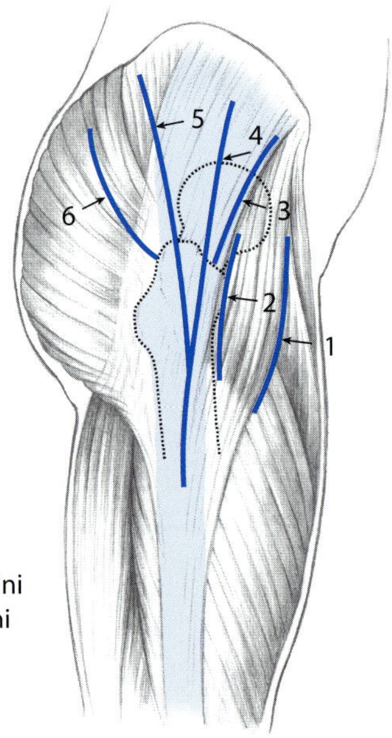

Hautschnittführung

1 Anteriorer Zugang
2 Anterolateraler Zugang, Rückenlage mini
3 Anterolateraler Zugang, Seitenlage mini
4 Transglutealer Zugang
5 Posteriorer Zugang
6 Posteriorer Zugang mini

Abb. 8.1. Zugangswege zum Hüftgelenk in seitlicher Betrachtung.

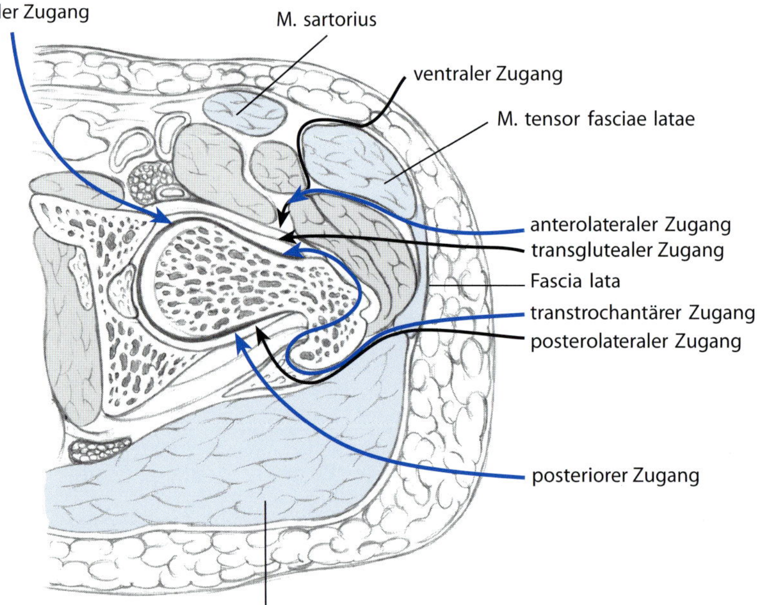

Abb. 8.2. Zugangswege zum Hüftgelenk im axialen Schnitt. Die oberflächliche Muskelschicht ist blau dargestellt.

lenkes ist nicht gründlich in der orthopädischen Literatur verankert. Des Weiteren variieren die Zugänge beim Hautschnitt (Abb. 8.1), im Management der oberflächlichen und tiefen Muskulatur sowie der Gelenkkapsel (Abb. 8.2).

Vorteilhaft ist deshalb eine anatomische Klassifikation. Zur Verständniserleichterung sind in der Tabelle 8.1 die Autorennamen der anatomischen Nomenklatur zugeordnet.

▮ Literatur

Bauer R, Kerschbaumer F, Poisel S, Oberthaler W (1979) The transgluteal approach to the hip joint. Arch Orthop Traum Surg 95:47–49

Berger RA (2004) Mini-incision total hip replacement using an anterolateral approach: technique and results. Orthop Clin North Am 35(2):143–151

Ganz R, Gill TJ, Gautier E, Ganz K, Krugel N, Berlemann U (2001) Surgical dislocation of the adult hip a technique with full access to the femoral head and acetabulum without the risk of avascular necrosis. J Bone Joint Surg Br 83(8): 1119–1124

Goldstein WM, Branson JJ (2004) Posterior-lateral approach to minimal incision total hip arthroplasty. Orthop Clin North Am 35(2):131–136

Hardinge K (1982) The direct lateral approach to the hip. J Bone Joint Surg 64B:17–19

Higuchi F, Gotoh M, Yamaguchi N, Suzuki R, Kunou Y, Ooishi K, Nagata K (2003) Minimally invasive uncemented total hip arthroplasty through an anterolateral approach with a shorter skin incision. J Orthop Sci 8(6):812–817

Hueter C (1885) Die Verletzungen und Krankheiten des Huftgelenkes, der Hüftgegend und der oberen Hälfte des Oberschenkels. In: Vogel FCW (Hrsg) Grundriss der Chirurgie. Leipzig, S 125–195

Hunter SC (1986) Southern hip exposure. Orthopedics 9(10):1425–1428

Irving JF (2004) Direct two-incision total hip replacement without fluoroscopy. Orthop Clin North Am 35(2):173–181

Judet J, Judet H (1985) Anterior approach in total hip arthroplasty. Presse Med 14(18):1031–1033

Judet J, Judet R (1950) The use of an artificial femoral head for arthroplasty of the hip joint. J Bone Joint Surg Br 32B:166–173

Keggi KJ, Huo MH, Zatorski LE (1993) Anterior approach to total hip replacement: surgical technique and clinical results of our first one thousand cases using non-cemented prostheses. Yale J Biol Med 66(3):243–256

Kennon RE, Keggi JM, Wetmore RS, Zatorski LE, Huo MH, Keggi KJ (2003) Total hip arthroplasty through a minimally invasive anterior surgical approach. J Bone Joint Surg Am 85-A (Suppl 4): 39–48

Kocher T (1902) Resectio coxae. In: Chirurgische Operationslehre. Gustav Fischer, Jena, S 523–530

Kocher T (1903) Textbook of Operative Surgery. Adam and Charles Black, London

Langenbeck B v (1874) Über die Schussverletzungen des Hüftgelenks. Archiv für Klinische Chirurgie 16:263–338

Learmonth ID, Allen FE (1996) The omega lateral approach to the hip. J Bone Joint Surg (Br) 78(4):559–561

Matta JM, Shahrdar C, Ferguson T (2005) Single-incision anterior approach for total hip arthroplasty on an orthopaedic table. Clin Orthop Relat Res 441:115–124

Matta JM, Wilson JC (2003) The anterior approach for total hip replacement: Background and operative technique. Los Angeles

Mercati E, Guary A, Myquel C, Bourgeon A (1972) A posterior-external approach to the hip joint: value of the formation of a digastric muscle. J Chir (Paris) 10:499–504

Nakamura S, Matsuda K, Arai N, Wakimoto N, Matsushita T (2004) Mini-incision posterior approach for total hip arthroplasty. Int Orthop 28(4):214–217

Ogonda L, Wilson R, Archbold P, Lawlor M, Humphreys P, O'Brien S, Beverland D (2005) A minimal-incision technique in total hip arthroplasty does not improve early postoperative outcomes. A prospective, randomized, controlled trial. J Bone Joint Surg Am 87(4):701–710

Ollier P (1885) Traite des Resections et des operations conservatrices. Paris

Rachbauer F (2006) Minimal-invasive Hüftendoprothetik. Orthopäde 35:723–730

Röttinger H (2006) Minimal invasiver anterolateraler Zugang in der Hüftendoprothetik. Orthopäde 35:708–715

Sculco TP, Jordan LC, Walter WL (2004) Minimally invasive total hip arthroplasty: the Hospital for Special Surgery experience. Orthop Clin North Am 35(2):137–142

Smith-Petersen MN (1949) Approach to and exposure of the hip joint for mold arthroplasty. J Bone Joint Surg 31 A:40–46

Smith-Petersen MN (1917) A new supra-articular subperiosteal approach to the hip joint. Am J Orthop Surg 15:592–595

Watson-Jones R (1936) Fractures of the neck of the femur. Br J Surg 23:787–808

Wenz JF, Gurkan I, Jibodh SR (2002) Mini-incision total hip arthroplasty: a comparative assessment of perioperative outcomes. Orthopedics 25(10): 1031–1043

Wetzel R, Dorsch M (2006) Der minimal invasive Zugang zur Implantation der Hüftendoprothese. Orthopäde 35:738–743

8.1 Anteriorer Zugang

Prinzip

Beim anterioren Zugang wird das Hüftgelenk in der Lücke zwischen dem M. tensor fasciae latae und dem M. sartorius erreicht (Abb. 8.1.1).

Indikation

Dieser Zugang ist am besten geeignet um eine offene Reposition bei der Hüftgelenksluxation des Säuglings durchzuführen. Repositionshindernisse im Pfannengrund können bei guter Sicht erreicht und entfernt werden. Beim ventralen Impingement kann sowohl eine Schenkelhalsrekonfiguration (kranial, ventral und medial) durchgeführt als auch das ventrale und kraniale Azetabulum bearbeitet werden. Auch in der Endoprothetik, insbesondere im Bereich minimal invasiver Techniken, findet dieser Zugang seine Anwendung. Hierzu ist die Verwendung speziell gebogener Instrumente sinnvoll. Der Femurschaft wird hierzu in Hyperextension und Außenrotation exponiert.

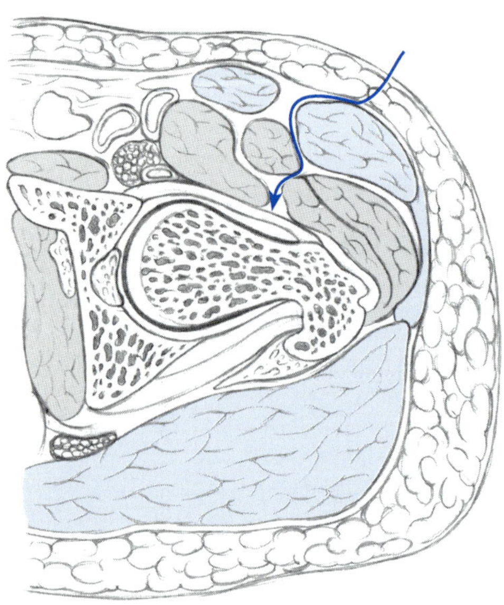

Abb. 8.1.1. Anteriorer Zugangsweg zum Hüftgelenk im axialen Schnitt.

Technik

Der anteriore Zugang zum Hüftgelenk kann in Seitlage oder in der häufiger angewandten Rückenlage erfolgen. Bei der Rückenlage ist eine Unterlagerung des Kniegelenkes beim Zugang hilfreich, um die ventralen Strukturen am Hüftgelenk zu entspannen. Markierung der Spina anterior superior und des Trochanter major zur Höhenlokalisation des Schnittes insbesondere beim minimal invasiven Zugang. Hautschnittführung in schräger Richtung nach distal lateral beginnend ca. zwei (Patienten-) Querfinger lateral der Spina iliaca anterior superior (Abb. 8.1.2). Darstellung der Faszie, die in Richtung des Hautschnittes vorsichtig eröffnet wird, um bei einer Kreuzung Äste des Nervus cutaneus femoris lateralis nicht zu gefährden. Anheben der Faszie und stumpfe Präparation unter der Faszie nach medi-

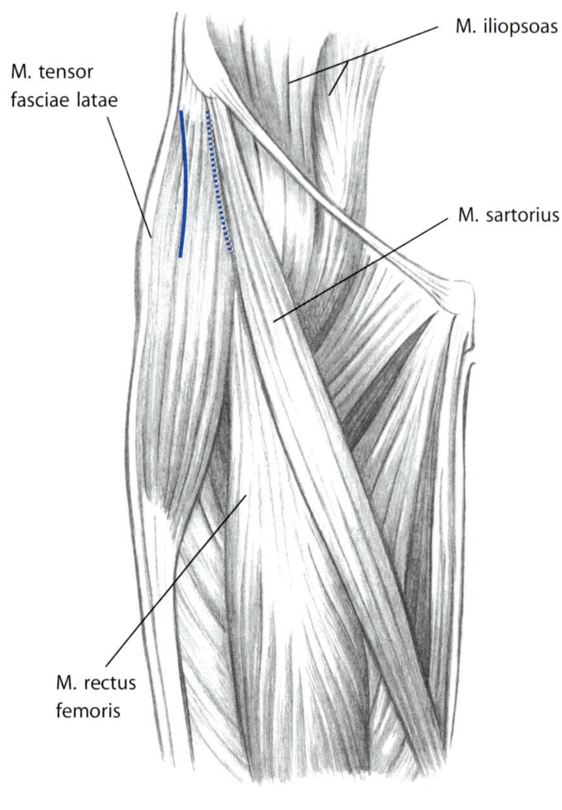

Abb. 8.1.2. Hautschnittführung über dem M. tensor fasciae latae. Beachte die mehr laterale Hautschnittführung (—) als die Präparation in die Tiefe (······).

al, um den medialen Rand des M. tensor fasciae latae zu erreichen. Am Muskelrand stumpfe Präparation in die Tiefe direkt auf die Hüftgelenkskapsel. Umfahren des Schenkelhalses mit Retraktionshebeln. Medial wird der M. sartorius und darunterliegend der M. rectus femoris und der M. psoas damit weggehalten, lateralseitig die Mm. gluteus medius und minimus (s. Abb. 8.1.1). Auf der Hüftgelenkskapsel im distalen Anteil der Wunde wird der aufsteigende Ast der A. circumflexa femoris mit den Begleitvenen identifiziert und koaguliert oder unterbunden. Zur besseren Übersicht kann das kraniomedial an der Hüftgelenkskapsel lokalisierte Caput reflexum des M. rectus femoris abgetrennt werden.

Kapseleröffnung und Umsetzen der Retraktoren intrakapsulär.

Kommentar

Die am stärksten gefährdete Struktur ist der Nervus cutaneus femoris lateralis, der in einer Vielzahl anatomischer Varianten angelegt ist. Im Falle einer zu weiten lateralen Inzision besteht die Gefahr, in die Lücke zwischen dem M. gluteus medius und M. tensor fasciae latae zu gelangen, bei mehr medialer Schnittführung erhöht sich die Gefahr der Schädigung des Nervus cutaneus femoris lateralis.

Dieser Zugang kann nicht nach distal erweitert werden, da sonst muskuläre Äste des Nervus femoralis geschädigt werden. Nach proximal ist der Zugang hingegen zu einem iliofemoralen Zugang erweiterbar.

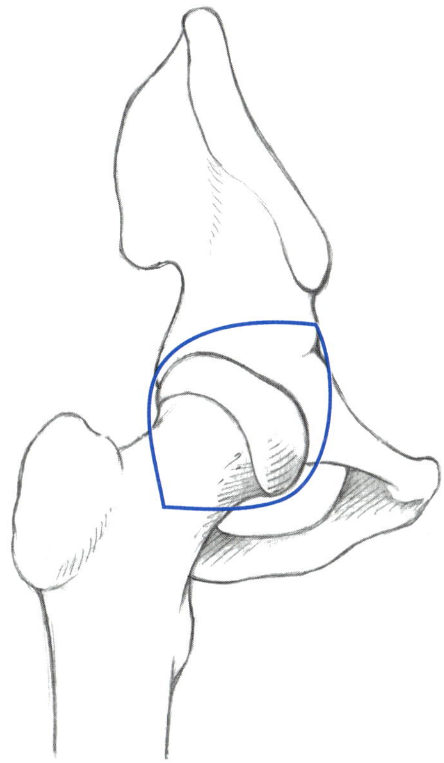

Abb. 8.1.3. Übersicht über das Hüftgelenk „operatives Fenster" beim minimal invasiven anterioren Zugang.

Minimal invasiver Zugang

Hautinzision beim Erwachsenen ca. 6–7 cm lang beginnend ca. 2 Querfinger distal und lateral der Spina iliaca anterior superior (Abb. 8.1.3).

Literatur

Matta JM, Shahrdar C, Ferguson T (2005) Single-incision anterior approach for total hip arthroplasty on an orthopaedic table. Clin Orthop Relat Res 441:115–124

Rachbauer F (2006) Minimal-invasive Hüftendoprothetik. Orthopäde 35:723–730

Smith-Petersen MN (1949) Approach to and exposure of the hip joint for mold arthroplasty. J Bone Joint Surg 31A:40–46

Smith-Petersen MN (1917) A new supra-articular subperiosteal approach to the hip joint. Am J Orthop Surg 15:592–595

8.2 Anterolateraler Zugang

Prinzip

Beim anterolateralen Zugang wird das Hüftgelenk in der Lücke zwischen dem M. gluteus medius und dem M. tensor fasciae latae erreicht (Abb. 8.2.1). Hierbei kann der anterolaterale Zugang mit oder ohne teilweise Absetzung der vorderen Muskelinsertion des M. gluteus medius erfolgen. Entscheidend ist das Zugehen auf die Hüftgelenkskapsel anterior des M. gluteus medius mit Retraktion desselben nach dorsal seitlich; eine Aufspaltung desselben (transglutealer Zugang) unterbleibt.

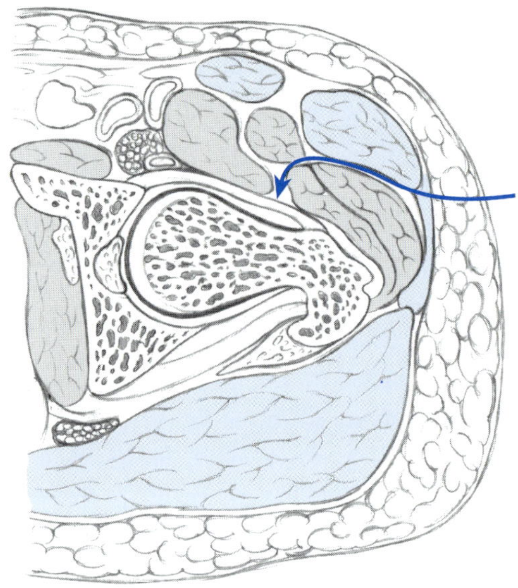

Abb. 8.2.1. Anterolateraler Zugangsweg zum Hüftgelenk im axialen Schnitt.

Indikation

Die meisten Endoprothesenversorgungen bei Schenkelhalsfrakturen werden mit diesem Zugang durchgeführt. In Europa wird der anterolaterale Zugang für die Endoprothetik sowohl bei den klassischen Zugangsformen als auch bei den minimal invasiven Zugängen am häufigsten verwendet. Auch für Synovektomien, Schenkelhalsrekonfigurationen und Schenkelhalsosteotomien wird dieser Zugang verwendet.

Technik

Dieser Zugang kann sowohl in Rückenlage (häufiger) als auch in Seitlage durchgeführt werden. Zur Entlastung, bei Rückenlagerung des Patienten, dient eine unter dem Knie liegende Rolle für den Zugang und die azetabuläre Präparation. Wichtigste anatomische Landmarke ist die ventrale proximale Begrenzung des Trochanter majors. Bei weichteilkräftigen Patienten dient die Spina iliaca superior als zusätzliche Orientierung. Die Hautschnittführung erfolgt in Körperlängsrichtung an der ventralen Begrenzung des Trochanter majors, zentriert auf die Trochanterspitze (Abb. 8.2.2). Subkutane Präparation und Spaltung der Faszie (Fascia lata) in gleicher Ausrichtung wie die Hautinzision. Identifikation des Vorderrandes des M. gluteus medius. Dies ist am einfachsten an der ventralen Insertion des Muskels am Trochanter major. Von dort stumpfe Präparation im muskelfreien Intervall zwischen dem Vorderrand des M. gluteus medius (und in der Tiefe des M. gluteus

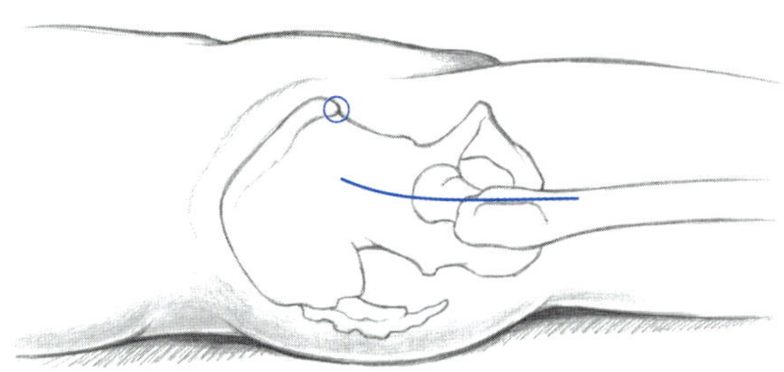

Abb. 8.2.2. Zentrierung der Schnittführung auf die ventrale Trochanterspitze. Beim adipösen Patienten Orientierung des proximalen Schnittendes am von der Spina iliaca anterior superior gefälltem Lot.

minimus) proximal lateralseitig und dem M. tensor fasciae latae (und in der Tiefe dem M. rectus femoris und M. psoas) medialseitig auf die Hüftgelenkskapsel (Abb. 8.2.1). Hierbei ist der Vorderrand des M. gluteus medius die anatomisch beste Hilfe, da dieser direkt auf die Hüftgelenkskapsel führt.

Der anterolaterale Zugang kann gänzlich ohne Muskelablösung durchgeführt werden. Verschiedene Techniken der Teilablösung des M. gluteus medius an seiner ventralen Insertion sind beschrieben. Muskeleinkerbungen haben den Nachteil, dass aufgrund des fehlenden sehnigen Ansatzes eine Reinserierung nicht durchführbar ist. Miniosteotomien im ventralen Ansatzbereich bedürfen einer Osteosynthese.

Die Hüftgelenkskapsel wird mit einem proximal und einem kaudal um den Schenkelhals geführten Retraktor dargestellt. Danach stumpfe Präparation auf der Kapsel nach medioventral zum ventralen Rand des Azetabulums. Dort Einsetzen eines dritten Retraktors mit stumpfer Spitze. Befreiung der Gelenkkapsel von Muskelresten und Koagulieren von ventralen Kapselgefäßen. Danach Inzision (bevorzugt T-förmig) oder Resektion der ventralen Kapsel. Umsetzen der beiden um den Schenkelhals geführten Retraktoren nach intrakapsulär.

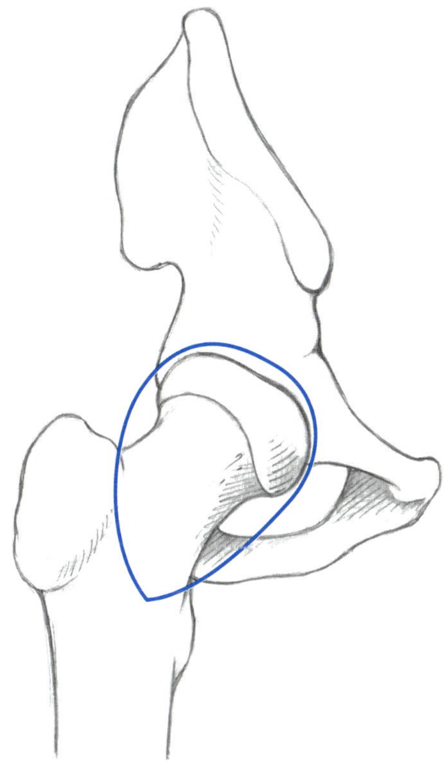

Abb. 8.2.3. Übersicht über das Hüftgelenk „operatives Fenster" beim minimal invasiven anterolateralen Zugang.

▮ Kommentar

Mit diesem Zugang kann sowohl das Azetabulum als auch das proximale Femur gut erreicht werden (Abb. 8.2.3). Für die femorale Präparation sind hierbei verschiedene „Aus"-Lagerungstechniken möglich. Der um das Azetabulum gesetzte Hebel kann bei forciertem Einsatz eine Druckschädigung des Nervus femoralis verursachen. Eine Schädigung des M. gluteus medius durch scharfkantige Retraktoren birgt das Risiko von vermehrten heterotopen Ossifikationen. Der Zugang ist nach proximal (iliofemoral) und nach distal durch L-förmiges Ablösen des Musculus vastus lateralis erweiterbar.

▮ Minimal invasiver Zugang

Hautinzision beim Erwachsenen minimal ca. 6–7 cm lang. Bei muskelkräftigen Männern ist ein etwas größerer Schnitt sinnvoll. Bei Operation in Seitlage (Röttinger) erfolgt die Schnittführung proximal etwas mehr ventralseitig. Durch entsprechende Auslagerungstechniken (s. Kap. 2, S. 12) ist die Hüftexposition ohne Muskelablösung durchführbar.

▮ Literatur

Graf R, Azizbaig-Mohajer M (2006) Der minimal invasive Hüftgelenkersatz in Rückenlage mit hochgelagertem kontralateralem Bein. Oper Orthop Traumatol 4:317–329

Jerosch J, Theising C, Fayaz HC (2005) Minimal-invasive Hüftendoprothetik in der ALMI-Technik. Orthopädische Praxis 41(11):575–582

Röttinger H (2006) Minimal invasiver anterolateraler Zugang in der Hüftendoprothetik. Orthopäde 35: 708–715

Watson-Jones R (1936) Fractures of the neck of the femur. Br J Surg 23:787–808

8.3 Transglutealer Zugang

Prinzip

Exposition des Hüftgelenkes durch ein transmuskuläres Vorgehen. Längsschnitt durch die Fascia lata (Abb. 8.3.1, 8.3.2). Darunter wird der M. gluteus medius im Verbund mit dem M. vastus lateralis jeweils in ihrem vorderen Drittel im Faserverlauf gespalten. Hierdurch Exposition der Hüftgelenkskapsel.

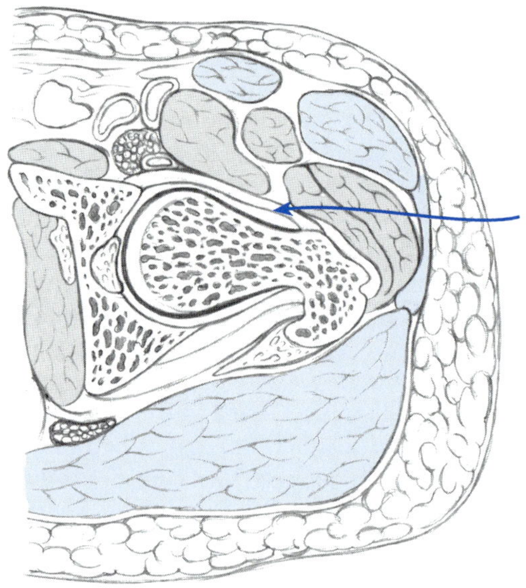

Abb. 8.3.1. Transglutealer Zugangsweg zum Hüftgelenk im axialen Schnitt.

Indikation

Dieser Zugang wird am häufigsten zum endoprothetischen Gelenkersatz verwandt. Durch die gute Einsicht auf das Azetabulum und Schenkelhals ist die anatomische Orientierung übersichtlich.

Technik

Rückenlagerung mit fakultativer Kissenunterlagerung des Beckens. Wichtigste Landmarke ist der Trochanter major, über dem eine gerade Schnittführung in Körperlängsrichtung erfolgt. Die Subkutis und Faszie (Fascia lata) werden wie beim anterolateralen Zugang in gleicher Ausrichtung wie die Hautinzision durchtrennt. Spaltung des Faserverlaufs des M. gluteus medius (und darunter lokalisiert des M. gluteus minimus) sowie des M. vastus lateralis in ihrem vorderen Drittel. Dabei wird das periostale Gewebe zwischen den Muskeln am Trochanter in einer Schicht zusammenhängend mit dem Elektromesser abgelöst.

Der ventrale Anteil der abgelösten Muskulatur wird nach medial weggehalten und somit die Gelenkkapsel exponiert. Setzen von Retraktoren proximal und distal um den Schenkelhals sowie eines stumpfen Retraktors auf der Kapsel um den ventralen Pfannenrand. Befreiung der Gelenkkapsel von Muskelresten und Koagulieren von ventralen Kapselgefäßen. Danach Inzision (bevorzugt T-förmig) oder Resektion der ventralen Kapsel. Umsetzen der beiden um den Schenkelhals geführten Retraktoren nach intrakapsulär.

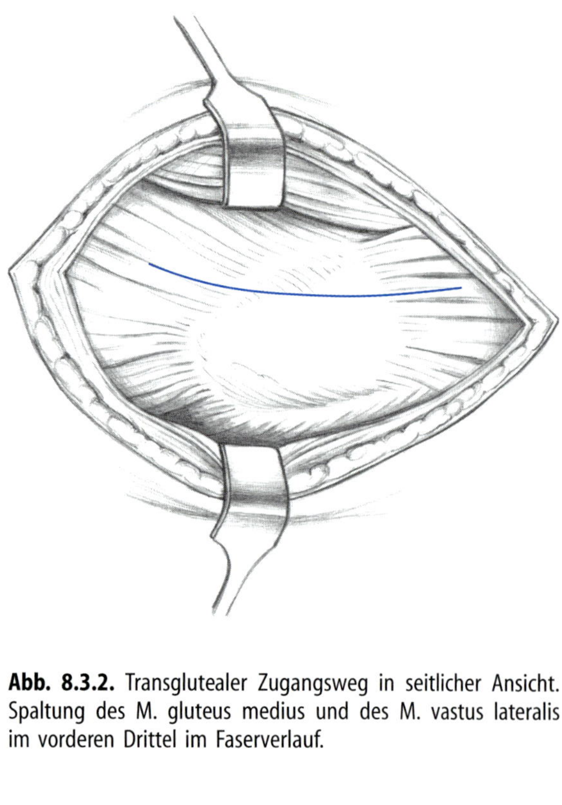

Abb. 8.3.2. Transglutealer Zugangsweg in seitlicher Ansicht. Spaltung des M. gluteus medius und des M. vastus lateralis im vorderen Drittel im Faserverlauf.

Kommentar

Bei zu weit proximaler transglutealer Spaltung besteht eine Gefahr für den Nervus gluteus superior. Die sichere Zone wird im Mittel mit 3 cm von der Insertion des M. gluteus medius angegeben. Bei ungenügender Muskelrefixation wie auch bei Nervenverletzung besteht die Gefahr des Hinkens durch muskuläre Insuffizienz. Nur das Belassen des Verbundes zwischen der Glutealmuskulatur und dem M. vastus lateralis ermöglicht eine gute Refixation.

Minimal invasiver Zugang

Schneider et al. beschreiben eine „Kurzinzision" dieses Zugangs.

Für diesen Zugang werden des Weiteren von Berger als auch von Higuchi minimal invasive Varianten beschrieben. Obgleich als anterolateraler Zugang publiziert, handelt es sich um ein transgluteales Verfahren.

Literatur

Bauer R, Kerschbaumer F, Poisel S (Hrsg) (1990) Transglutealer Zugang nach Bauer. In: Operative Zugangswege in der Orthopädie und Traumatologie. Thieme, Stuttgart, S 114–116

Berger RA (2004) Mini-incision total hip replacement using an anterolateral approach: technique and results. Orthop Clin North Am 35(2):143–151

Higuchi F, Gotoh M, Yamaguchi N, Suzuki R, Kunou Y, Ooishi K, Nagata K (2003) Minimally invasive uncemented total hip arthroplasty through an anterolateral approach with a shorter skin incision. J Orthop Sci 8(6):812–817

Schneider M, Kawahara I, Breusch SJ (2006) Modifizierter Hardinge-Zugang mit Kurzinzision. Orthopäde 35:751–760

8.4 Transtrochantärer Zugang – Transfemoraler Zugang – Chirurgische Hüftgelenksluxation

Prinzip

Die Trochanterosteotomie mobilisiert die Insertion von M. gluteus medius und M. gluteus minimus (Abb. 8.4.1, 8.4.2).

Charnley führte routinemäßig diese Osteotomie für den zementierten Hüftgelenksersatz durch (mit Cerclagenrefixation des Trochanterfragmentes). Bei der digastrischen Osteotomie wird der Ansatz von Mm. gluteus medius und minimus im Verbund mit dem Ansatz des M. vastus lateralis gelassen. Dieser Zugang erlaubt eine exzellente Übersicht über das Azetabulum (ventrale, kraniale und dorsale Zirkumferenz) und das proximale Femur. Hierbei kann die für die epiphysäre Durchblutung wichtige Arteria circumflexa femoris medialis erhalten werden, was für die Durchführung einer chirurgischen Hüftgelenksluxation wesentliche Voraussetzung zur Vermeidung einer avaskulären Hüftkopfnekrose ist.

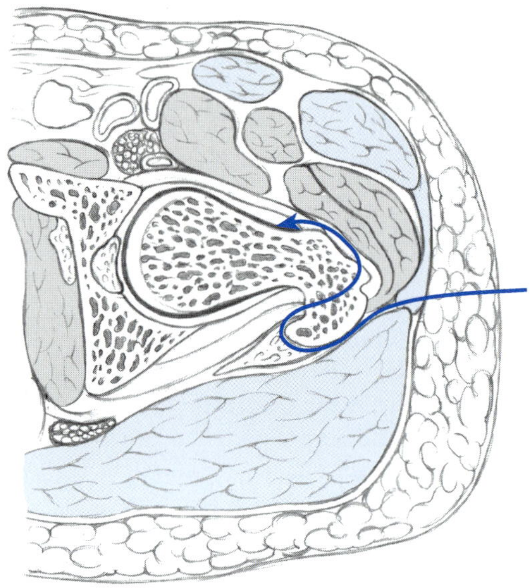

Abb. 8.4.1. Transtrochantärer Zugangsweg zum Hüftgelenk im axialen Schnitt.

Indikation

Dieser Zugang kann bei der Versorgung von Azetabulumfrakturen gewählt werden, da eine gleichzeitige Exposition des ventralen als auch dorsalen Azetabulumanteils von einem Zugang aus erfolgen kann. Wertvoll ist dieser Zugang bei der Mobilisation der Hüftgelenksarthrodese und bei der endoprothetischen Versorgung ankylotischer Gelenke. Bei hochstehenden Hüftgelenksluxationen erlaubt dieser Zugang eine Femurverkürzung und Reinsertion des Trochanters an gewünschter Lokalisation. Ganz beschreibt diesen Zugang für die chirurgische Hüftgelenksluxation.

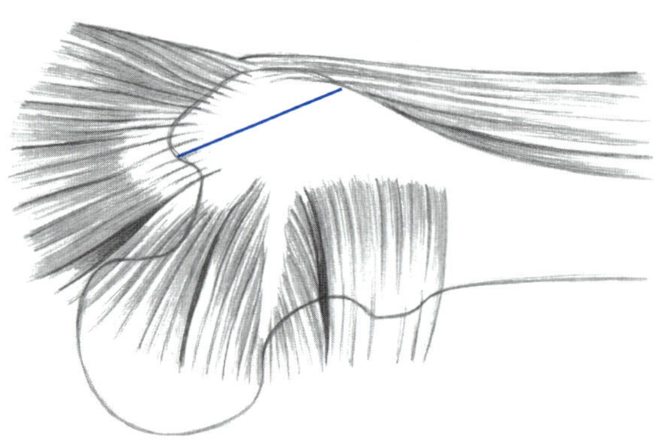

Abb. 8.4.2. Digastrische Trochanterosteotomie. Die Insertionen von M. gluteus medius, M. gluteus minimus und M. vastus lateralis bleiben im Verbund mit dem osteotomierten Trochanter.

Technik des digastrischen transtrochantären Zugangs

Seitlagerung des Patienten mit Abstützung an der Symphyse und dem Kreuzbein.

Gerade Hautinzision auf das dorsale Drittel des Trochanters zentriert. Durchtrennung der Subcutis und der Fascia lata in gleicher Richtung wie die Hautinzision. Innenrotation des Beines und Identifikation des Hinterrandes des M. gluteus medius am Trochanter. Inzision von der posteriorsuperioren Kante des Trochanter majors (Hinterrand der Insertion des M. gluteus medius) zum Hinterrand des Ansatzes des M. vastus lateralis. Trochanterosteotomie mit einer maximalen Dicke von 15 mm entlang der Inzision mit einer oszillierenden Säge.

Diese Osteotomie kann auch stufenförmig durchgeführt werden (Abb. 8.4.3).

Das Trochanterfragment wird nach ventral mobilisiert. Hierbei wird der daran inserierende M. vastus lateralis nach distal am Femur mobilisiert (Abb. 8.4.4).

In leichter Außenrotation und Flexion des Beines wird der M. vastus lateralis weiter zusammen mit dem M. vastus intermedius von der Außen- und Ventralseite des proximalen Femurs mobilisiert. Wenn der Nervus ischiadicus, welcher normalerweise unter dem M. piriformis liegt, zum Teil durch denselben zieht, sollte der M. piriformis am Ansatz abgelöst werden, um eine Nervendehnung zu vermeiden; dies gilt insbesondere bei voroperiertem Situs mit Vernarbungen. Durch die ventrale Mobilisierung des Trochanterfragmentes mit der daran inserierenden Muskulatur wird unter weiterer Außenrotation und Flexion des Beines die vordere, obere und hintere Gelenkkapsel exponiert und der M. gluteus minimus von der Kapsel gelöst. Die Gelenkkapsel wird Z-förmig wie in Abbildung 8.4.5 dargestellt eröffnet.

Hierbei erfolgt zunächst die Inzision entlang des Schenkelhalses, um das Labrum acetabulare zu identifizieren. Die Kapseleröffnung am ventralen Pfannenrand wird am Rande des Labrums getätigt. Die Inzision am Pfannenrand nach dorsal endet unter dem mit einem Haken weggehaltenen Musculus piriformis. Sowohl medial als auch an der Schenkelhalsbasis soll ein Kapselrest verbleiben für den späteren Kapselverschluss. Mit dieser Inzisionstechnik der Gelenkkapsel wird eine Verletzung der Arteria circumflexa femoris medialis vermieden.

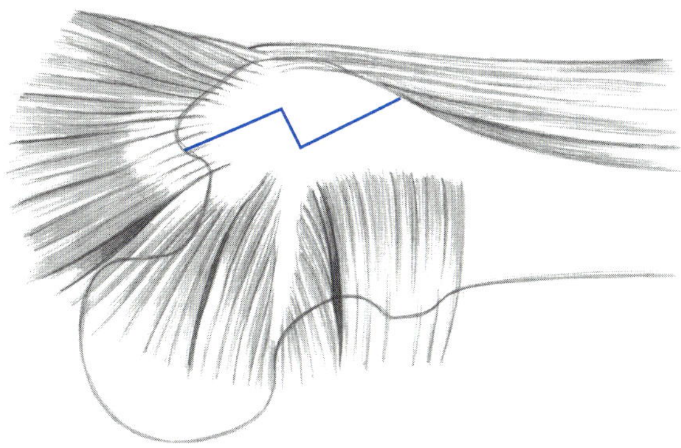

Abb. 8.4.3. Stufenförmige Modifikation der digastrischen Trochanterosteotomie.

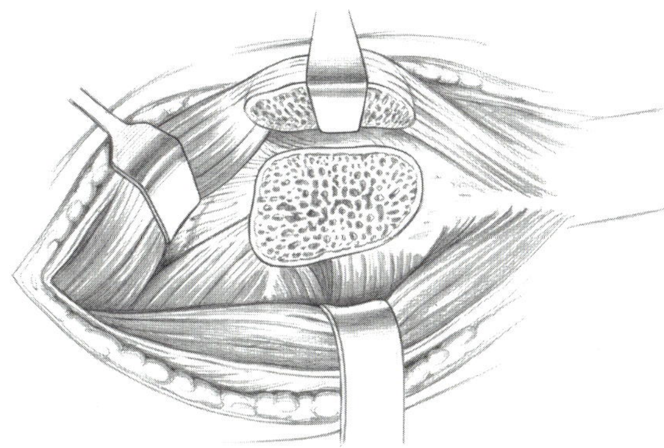

Abb. 8.4.4. Wegklappen des Trochanterfragmentes nach ventral.

Kommentar

Für die Routine des endoprothetischen Hüftgelenksersatzes ist der transtrochantäre Zugang durch die Komplikationsmöglichkeit der Trochanterpseudarthrose weniger favorabel. Für den Oberflächenersatz des Hüftgelenkes bietet dieser Zugang zwar eine exzellente Übersicht von einem kleinen Zugang aus, ist aber, trotz einer vorsichtigen Nachbehandlung, mit einer hohen Komplikationsrate an der Trochanterosteotomie behaftet. Für die chirurgische Hüftgelenksluxation speziell bei der Behandlung des azetabulär verursachten Impingements hat sich dieser Zugang bewährt. Eine stufenförmige Osteotomie des Trochanters verspricht eine Reduktion der Gefahr einer Pseudarthrosenbildung.

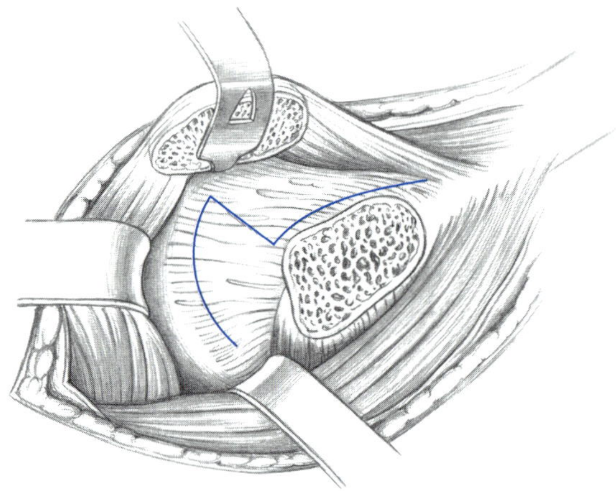

Abb. 8.4.5. Verlauf der Z-förmigen Kapselinzision zum sicheren Erhalt der Arteria circumflexa femoris medialis.

Minimal invasiver Zugang

In der von Ganz beschriebenen Technik ist die chirurgische Hüftgelenksluxation mit einer kurzen Hautinzision durchführbar. Wie bei allen minimal invasiven Verfahren ist hierbei die präzise Lokalisation der Hautinzision wesentlich.

Literatur

Ganz R, Gill TJ, Gautier E, Ganz K, Krugel N, Berlemann U (2001) Surgical dislocation of the adult hip a technique with full access to the femoral head and acetabulum without the risk of avascular necrosis. J Bone Joint Surg Br 83(8): 1119–1124

Mercati E, Guary A, Myquel C, Bourgeon A (1972) A posterior-external approach to the hip joint: value of the formation of a digastric muscle. J Chir, Paris 10:499–504

Ollier P (1885) Traite des Resections et des operations conservatrices. Paris

Siebenrock KA, Gautier E, Woo AKH, Ganz R (2002) Surgical dislocation of the femoral head for joint debridement and acute reduction of the acetabulum. J Orthop trauma 16:543–552

8.5 Posterolateraler Zugang

▮ Prinzip

Zugang zum Hüftgelenk im Zwischenraum zwischen dem Vorderrand des M. gluteus maximus und dem Hinterrand der Fascia lata und in der Tiefe dem M. gluteus medius.

▮ Indikation

Primäre und Wechselendoprothetik. Gerade bei der Wechselendoprothetik ist die distale Erweiterungsmöglichkeit vorteilhaft ebenso bei Frakturen des hinteren Beckenpfeilers.

▮ Technik

Seitlagerung des Patienten mit Abstützung an der Symphyse und dem Kreuzbein. Gebogener Hautschnitt an der Oberschenkelaußenseite an der Trochanterspitze nach hinten gezogen (s. Abb. 8.5.1). Durchtrennung der Subkutis und des Hinterrands der Fascia lata. In der Tiefe Eingehen im Intervall zwischen M. gluteus medius und M. gluteus maximus. In maximaler Innenrotation Tenotomie der Außenrotatoren einen cm vom Ursprung, um eine Reinsertion derselben am Operationsende zu ermöglichen (Abb. 8.5.2). Hierbei dient der Ansatz des M. piriformis als anatomische Leitstruktur. Der N. ischiadicus muss beachtet werden. Dieser verläuft unter dem M. piriformis und oberhalb der weiteren Außenrotatoren. In Varianten zieht ein Ast des N. ischiadicus auch durch den M. piriformis hindurch.

Weghalten der Außenrotatoren nach dorsal und Mm. gluteus medius und minimus nach ventral. T-förmige Inzision der Hüftgelenkskapsel und intrakapsuläre Einbringung von Retraktoren (s. Abb. 8.9.2 c).

▮ Kommentar

Dieser Zugang wird in den USA zum endoprothetischen Gelenkersatz am häufigsten angewandt. Der posterolaterale Zugang kann entlang der Linea aspera nach distal bis zum Kniegelenk erweitert werden. Vorteil dieses Zugangs ist die gute Exposition des proximalen Femurs. Damit ist dieser Zugang insbesondere bei der Wechselendoprothetik vorteilhaft. Nachteilig sind die höhere postoperative Luxationsquote und die bei den klassischen Zugängen größere Hautinzision.

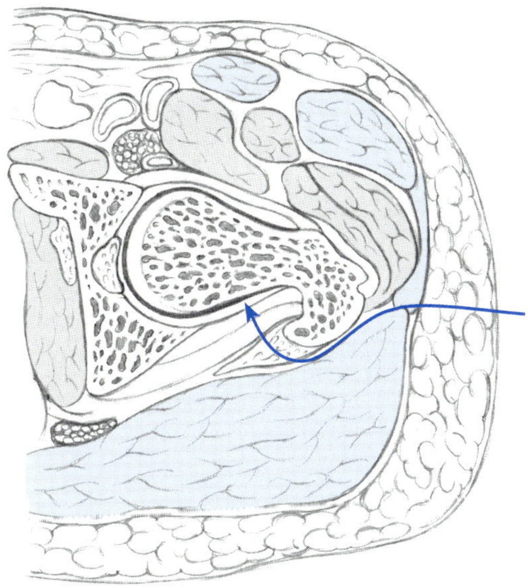

Abb. 8.5.1. Posterolateraler Zugangsweg zum Hüftgelenk im axialen Schnitt.

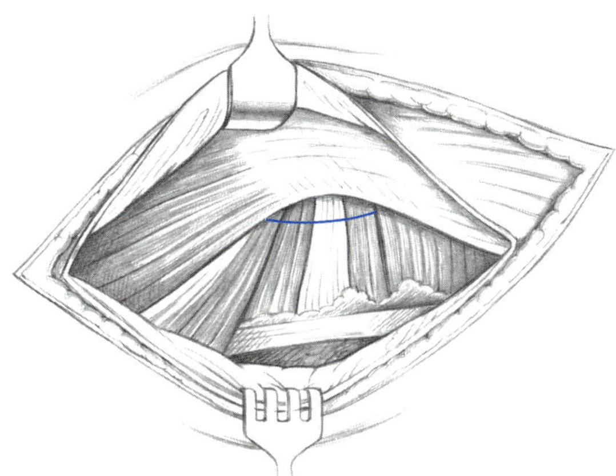

Abb. 8.5.2. Tenotomie der Außenrotatoren.

Minimal invasiver Zugang

Eine Vielzahl von kleinen Varianten des posterolateralen Zugangs sind beschrieben. Die Exposition des Femurs ist hierbei einfacher als die des Azetabulums. Speziell gebogene Instrumente erleichtern den Zugang zum Azetabulum, die Orientierung wird aber durch dieselben erschwert.

Literatur

Goldstein WM, Branson JJ (2004) Posterior-lateral approach to minimal incision total hip arthroplasty. Orthop Clin North Am 35(2):131–136

Hueter C (1885) Die Verletzungen und Krankheiten des Hüftgelenkes, der Hüftgegend und der oberen Hälfte des Oberschenkels. In: Vogel FCW (Hrsg) Grundriss der Chirurgie. Leipzig, S 125–195

Sculco TP, Jordan LC, Walter WL (2004) Minimally invasive total hip arthroplasty: the Hospital for Special Surgery experience. Orthop Clin North Am 35(2):137–142

8.6 Posteriorer Zugang

Prinzip

Zugang zum Hüftgelenk durch Spaltung der Fasern des M. gluteus maximus (Abb. 8.6.1, 8.6.2).

Indikation

Primäre Endoprothetik und Wechselendoprothetik.

Technik

Analoge Vorgehensweise wie beim posterolateralen Zugang. Anstatt im Intervall zwischen M. gluteus medius und M. gluteus maximus einzugehen, wird der Musculus gluteus maximus in Faserrichtung gespalten.

Kommentar

Der posteriore Zugang und der posterolaterale Zugang haben beim endoprothetischen Hüftgelenksersatz eine höhere Dislokationsquote im Vergleich zu anderen Zugängen.

Ein weit proximaler Split des M. gluteus maximus kann den Nervus gluteus inferior gefährden.

Minimal invasiver Zugang

Bei minimal invasiven Varianten wird der posteriore Zugang häufiger als der posterolaterale Zugang verwandt, weil die femorale Präparation in direkter Linie möglich ist (Abb. 8.6.3–8.6.6). Eine weitere Variante stellen die Zweiinzisionstechniken dar. Hier wird ein ventraler Zugang zur Präparation des Azetabulums mit einem posterioren Minizugang zur femoralen Präparation kombiniert.

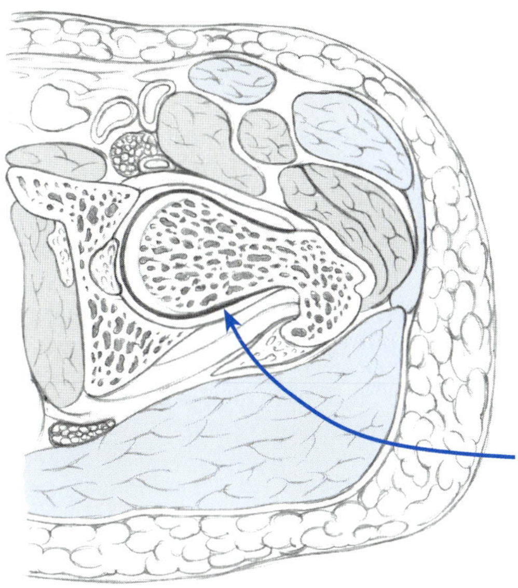

Abb. 8.6.1. Posteriorer Zugangsweg zum Hüftgelenk im axialen Schnitt.

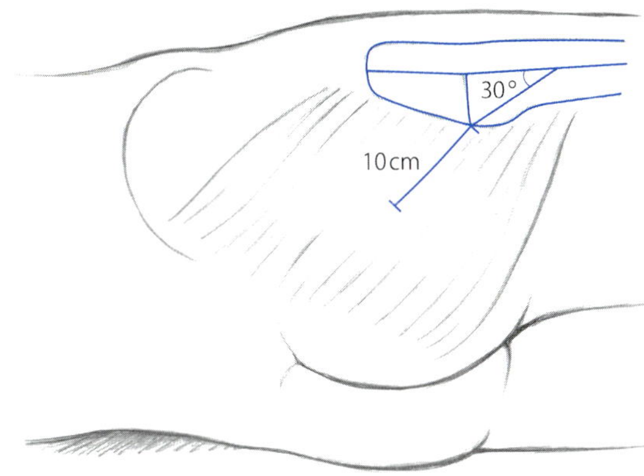

Abb. 8.6.3. Minimal invasiver posteriorer Zugang zum Hüftgelenk. 10 cm lange Inzision im 30°-Winkel nach dorsal verlaufend, 4 cm distal der Trochanterspitze am Hinterrand des Trochanters beginnend.

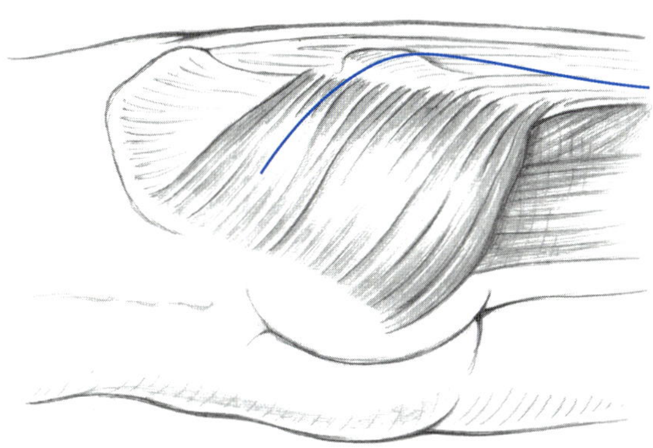

Abb. 8.6.2. Posteriorer Zugangsweg Inzision in den M. gluteus maximus und distal in die Fascia lata.

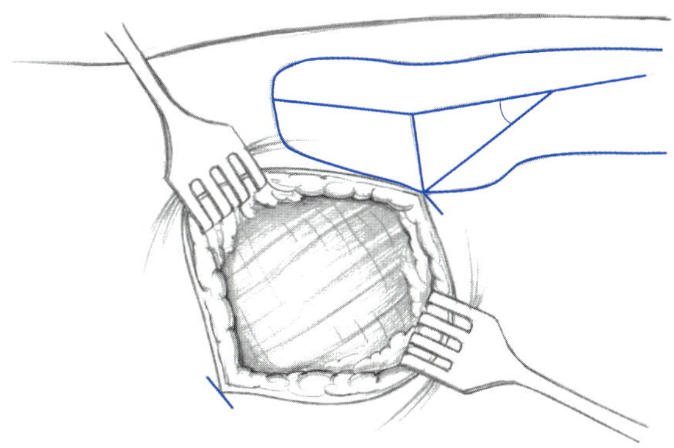

Abb. 8.6.4. Exposition des M. gluteus maximus vor dem Spalten der Muskelfasern in gleicher Orientierung wie der Hautschnitt.

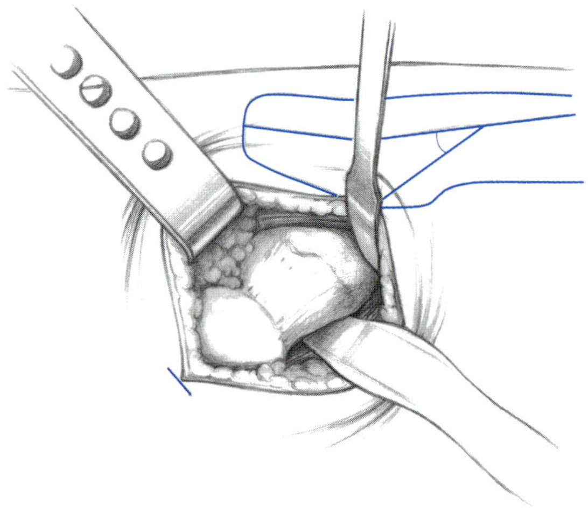

Abb. 8.6.5. Situs nach Abtrennung der Außenrotatoren und Kapseleröffnung.

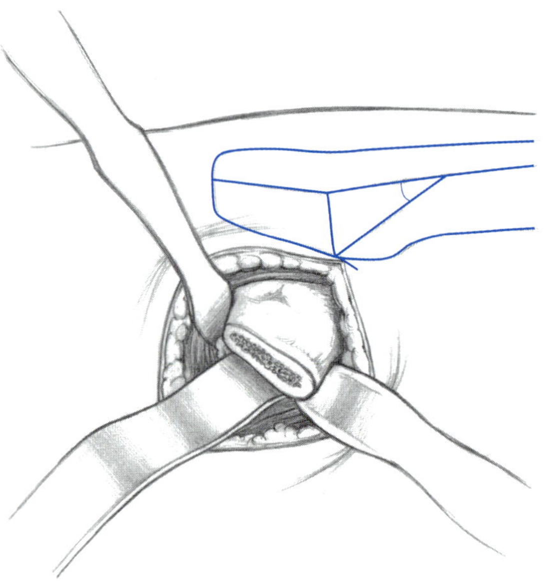

Abb. 8.6.6. Femorale Präparation.

Literatur

Hueter C (1885) Die Verletzungen und Krankheiten des Huftgelenkes, der Hüftgegend und der oberen Hälfte des Oberschenkels. In: Vogel FCW (Hrsg) Grundriss der Chirurgie. Leipzig, S 125–195

Hunter SC (1986) Southern hip exposure. Orthopedics 9(10):1425–1428

Irving JF (2004) Direct two-incision total hip replacement without fluoroscopy. Orthop Clin North Am 35(2):173–181

Kocher T (1902) Resectio coxae. In: Chirurgische Operationslehre. Gustav Fischer, Jena, S 523–530

Kocher T (1903) Textbook of Operative Surgery. Adam and Charles Black, London

Langenbeck B v (1874) Über die Schussverletzungen des Hüftgelenks. Archiv für Klinische Chirurgie 16:263–338

Nakamura S, Matsuda K, Arai N, Wakimoto N, Matsushita T (2004) Mini-incision posterior approach for total hip arthroplasty. Int Orthop 28(4):214–217

Sculco TP, Jordan LC, Walter WL (2004) Minimally invasive total hip arthroplasty: the Hospital for Special Surgery experience. Orthop Clin North Am 35(2):137–142

Wenz JF, Gurkan I, Jibodh SR (2002) Mini-incision total hip arthroplasty: a comparative assessment of perioperative outcomes. Orthopedics 25(10): 1031–1043

Wetzel R, Dorsch M (2006) Der minimal invasive Zugang zur Implantation der Hüftendoprothese. Orthopäde 35:738–743

8.7 Medialer Zugang

Prinzip

Eingehen auf das Hüftgelenk von medialseitig durch die Adduktoren (Abb. 8.7.1).

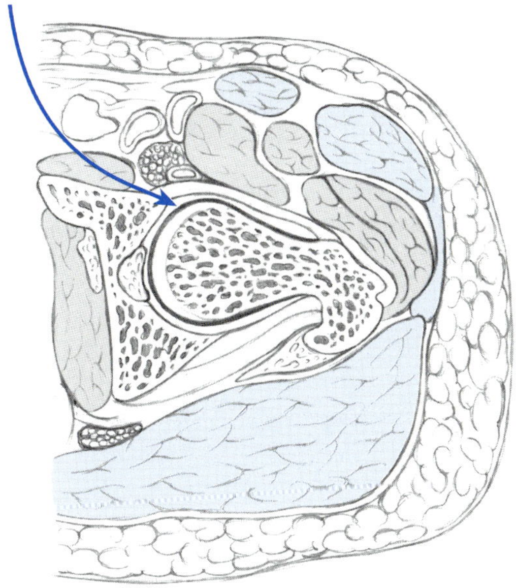

Abb. 8.7.1. Medialer Zugangsweg zum Hüftgelenk im axialen Schnitt.

Indikation

Mediale Implantationstechnik zum Hüftgelenksersatz. Resektion von medial des Hüftgelenks lokalisierter Tumoren, operative Hüftgelenkseinrichtung.

Technik

Operation bei gebeugtem und abgespreiztem Oberschenkel. Medialer Transversalschnitt 5 cm distal der Leistenbeuge. Abtrennung und spätere Refixation des M. adductor longus in seinem sehnigen Ursprung und fakultative Einkerbung der weiteren Adduktoren. Direktes Zugehen und Eröffnen der darunterliegenden Hüftgelenkskapsel. Luxation des Hüftkopfes nach medial und distal. Für die Endoprothesenimplantation folgt die Schenkelhalsosteotomie und Kopfhalsresektion. Azetabuläre Präparation. Unter weiterer Beugung und Abduktion gelingt die Präparation des proximalen Femurendes (Abb. 8.7.2–8.7.4).

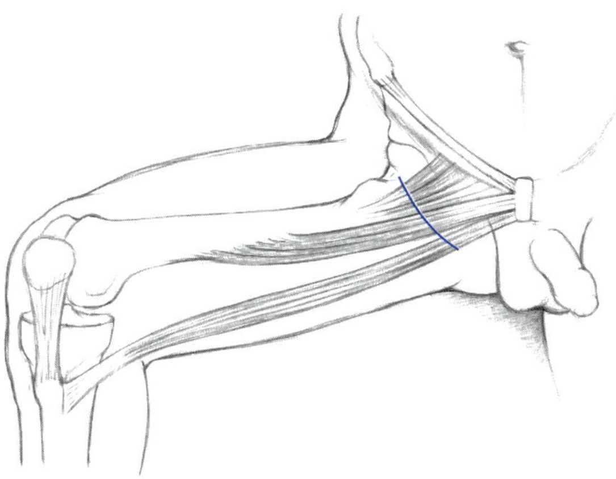

Abb. 8.7.2. Beim 90° gebeugten und 50° abgespreizten Bein quere Hautinzision 5 cm distal der Leistenbeuge.

Literatur

Thomas W, Bernecke P (2004) Der mediale Zugang zum Hüftgelenk zur Implantation von Endoprothesen. Orthop Traumatol 16:288–299

Thomas W, Lucente L, Benecke B, Busch CL, Grundei H (2006) Der mediale Zugang am Hüftgelenk zur Implantation von Endoprothesen. Orthopäde 35:769–775

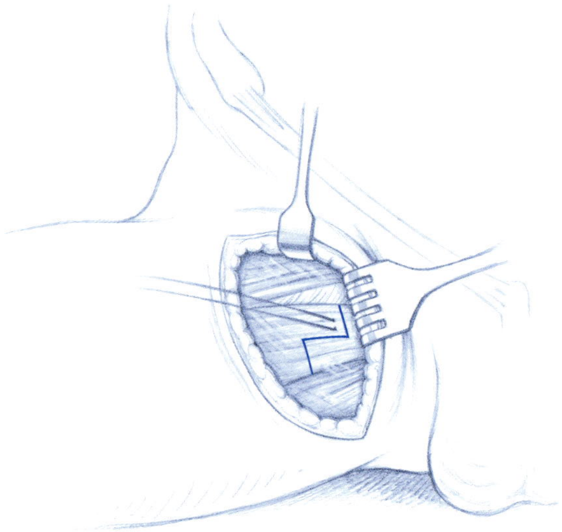

Abb. 8.7.3. Anschlingen und Z-förmiges Abtrennen der Sehne des M. adductor longus. Der M. pectineus liegt proximal, die Mm. gracilis, adductor brevis und adductor magnus liegen distal des Zugangsweges und werden bei kräftiger Ausbildung fakultativ mit eingekerbt.

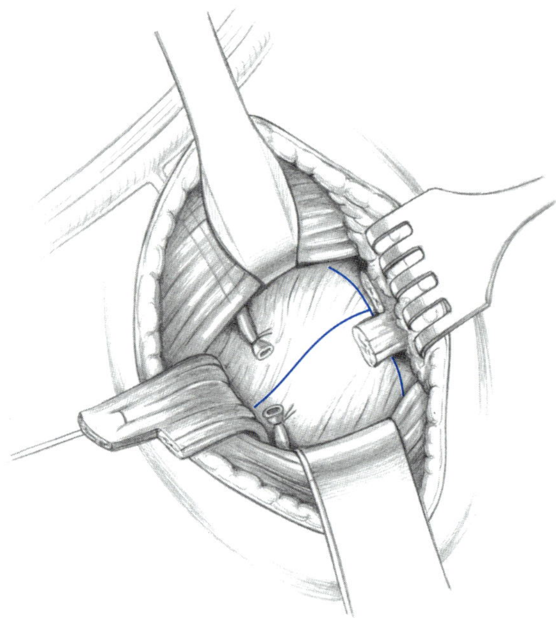

Abb. 8.7.4. Darunter liegt die Hüftgelenkskapsel. Ligatur der Arteria circumflexa femoris medialis und T-förmige Kapseleröffnung.

8.8 Zugänge zum Beckenring

Entsprechend der Lokalisation der Läsion, verschiedenen Begleitverletzungen und der Gesamtsituation des Patienten wird der entsprechende Zugang zum Beckenring gewählt.

Der Zugang zum vorderen Beckenring erfolgt üblicherweise wie z. B. bei der Symphysensprengung durch einen queren suprapubischen Zugang bzw. einen ileoinguinalen Zugang (s. Kap. 8.9, Abb. 8.9.1 a–c).

Querer suprapubischer Zugang (Pfannenstielschnitt)

Der Zugang erfolgt in Rückenlage, die Inzision orientiert sich an der Symphyse, Tuberculum pubicum und Ramus superior des Os pubis. Sie erfolgt ca. 2 cm oberhalb der Symphyse und beträgt ca. 10 cm. Das Fettgewebe wird durchtrennt, beim Mann die Samenstränge dargestellt. Die Linea albea wird nach kranial inzidiert und das Spatium Retzii stumpf präpariert. Nach sparsamer Ablösung der Rektusmuskulatur werden die Anteile des Os pubis dargestellt. Die Blase und der venöse Plexus der Prostata werden entsprechend durch Tücher und Spatel geschützt (Abb. 8.8.1 a–c). Durch Einlegen eines Blasenkatheters vor der Operation kann das Risiko einer Harnröhrenverletzung minimiert werden. Das freie sterile Abdecken beider Beine kann bei einer schwierigen Reposition hilfreich sein. Die sparsame Ablösung der Rektusaponeurose und sorgfältige Reinsertion der Rektusaponeurose verhindert Narbenhernien.

Die Darstellung des hinteren Beckenrings ist über mehrere Zugänge möglich, die im Folgenden einzeln ausgeführt werden.

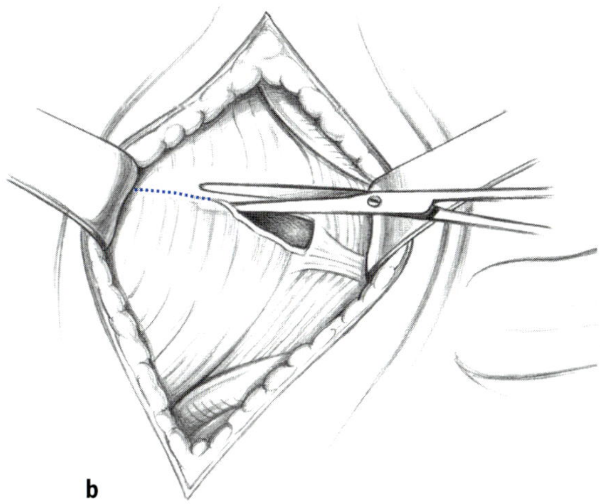

b

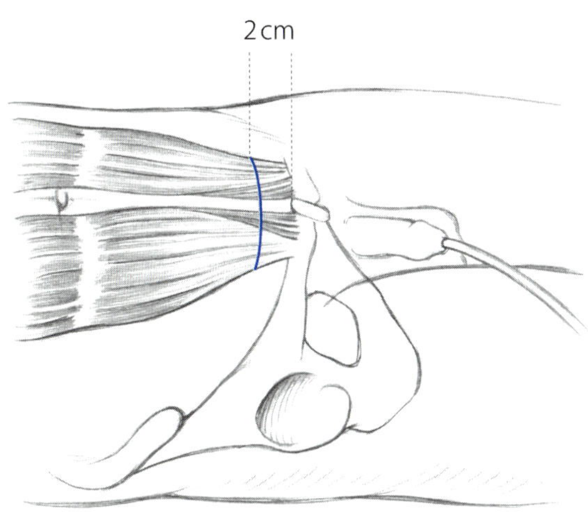

a

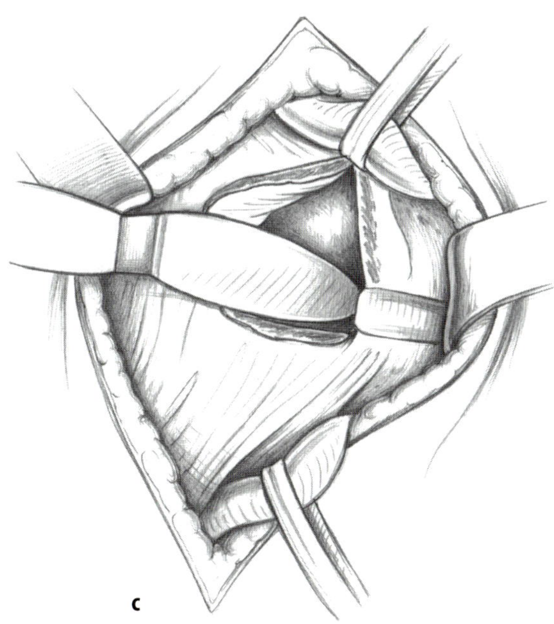

c

Abb. 8.8.1. Querer suprapubischer Zugang: **a** Hautschnitt, **b** Darstellung der tieferen anatomischen Strukturen, **c** Exposition des Os pubis.

Anterolateraler Zugang (nach Olerud)

In Rückenlage beginnt die Hautinzision am höchsten Abschnitt der Crista iliaca und verläuft nach ventral bis zur Spina iliaca anterior superior. Nach Darstellung und Inzision der Aponeurose des M. obliquus externus wird die Muskulatur subperiostal von der Crista iliaca abgelöst. Der M. iliacus wird mit Haken oder Hohmann-Hebeln nach medial gehalten. Nach Darstellung des Ileosakralgelenkes kann subperiostal der Pars lateralis des Os sacrum dargestellt werden (Abb. 8.8.2 a–c). Der Zugang kann durch Anheben mittels Lagerungskissen erleichtert werden. Die freie Abdeckung der unteren Extremität auf der betroffenen Seite ermöglicht eine gute Manipulation und durch Flexion kann der M. iliopsoas entlastet werden. Das Risiko für Schäden des Truncus lumbosacralis und des N. cutaneus femoris lateralis könne damit minimiert werden. Bei der Freilegung muss auch auf die A. glutealis superior und den N. gluteus superior Rücksicht genommen werden. Dies gilt insbesondere bei adipösen Patienten, wo oftmals eine Verlängerung des Zugangs nach dorsal erforderlich ist.

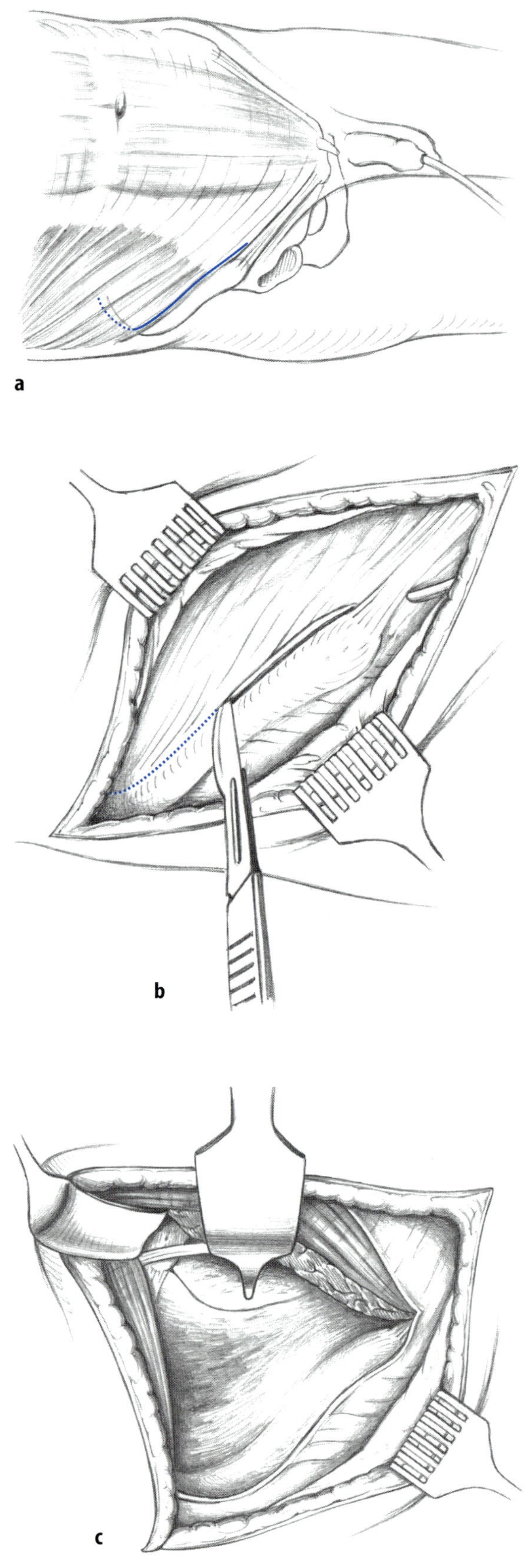

Abb. 8.8.2. Anterolateraler Zugang: **a** Hautinzision von der Crista iliaca zur Spina iliaca anterior superior, **b** Inzision der Aponeurose und Ablösung der Muskulatur subperiostal von der Crista iliaca, **c** Exposition der Pars lateralis des Os sacrum.

Transperitonealer Zugang

Der Zugang zum hinteren Beckenring wird nur selten verwendet und ergibt sich meist im Rahmen einer Notlaparotomie. In Rückenlage verläuft die Hautinzision vom Oberbauch bis zur Symphyse. Nach Versorgung der intraabdominellen Verletzungen wird nach Mobilisierung des Colons ein retroperitoneales Fenster präpariert. Bei komplexen Verletzungen ist das Peritoneum meist zerrissen und der Zugang vorgegeben. Die Vasa testicularia bzw. ovarica und der M. iliopsoas mit N. genitofemoralis und N. cutaneus femoris lateralis werden mit einem Haken nach lateral gehalten. Der Ureter und die Vasa iliaca communis werden nach medial gehalten. Nach Darstellung des Truncus lumbosacralis kommt die hintere Beckenregion um das Ileosakralgelenk zur Darstellung (Abb. 8.8.3). Insbesondere bei massiver Blutung aus dem spongiösen Knochen besteht das Risiko einer iatrogenen Läsion. Die Blutung erfordert häufig eine Tamponade zur Blutungskontrolle.

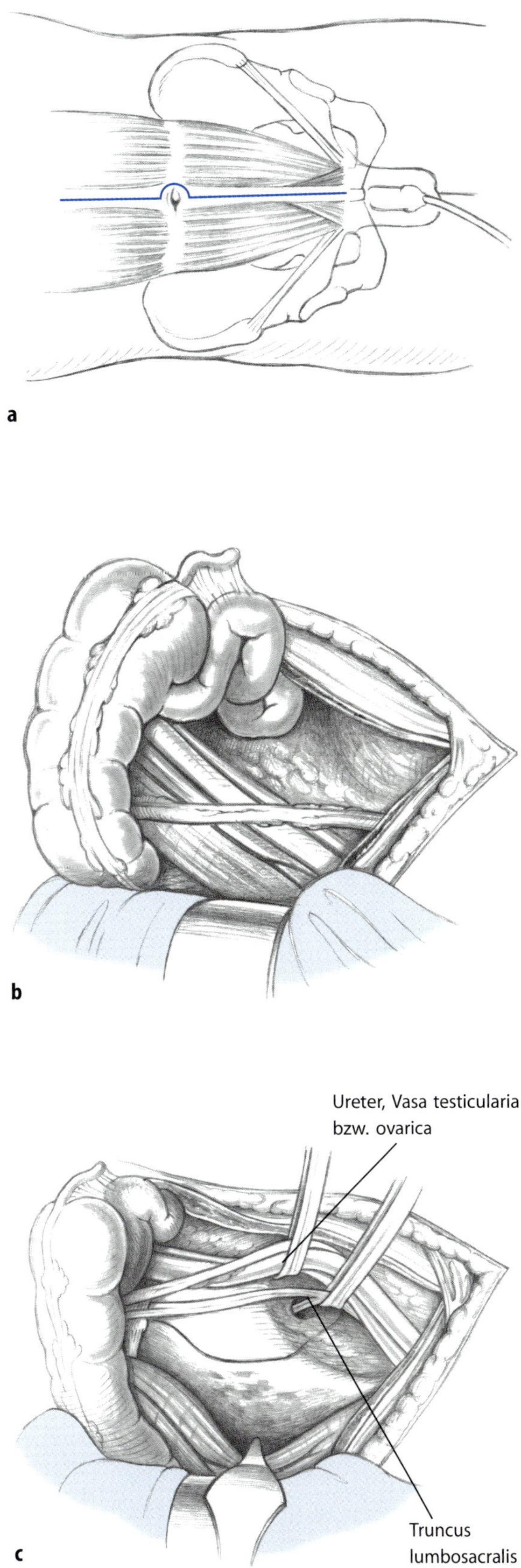

Abb. 8.8.3. Transperitonealer Zugang: **a** Hautschnitt vom Oberbauch bis zur Symphyse (Notlaparotomie), **b** Präparation des retroperitonealen Fensters, **c** Retraktion der sensiblen anatomischen Strukturen und Darstellung der hinteren Beckenregion um das Ileosakralgelenk.

Dorsaler Zugang zum Os ilium bzw. SI-Gelenk

In Bauchlage erfolgt ein bogenförmiger Zugang etwas kaudal der Crista iliaca zur Darstellung des Ileosakralgelenkes und des Os ilium. Als Orientierung dient die Crista iliaca, Spina iliaca posterior superior und inferior. Nach Spaltung der Glutealaponeurose und Faszie werden die Mm. glutei subperiostal bis zum Foramen suprapiriforme abgeschoben. Die Vasa glutea superior kommen zur Darstellung. Frakturen im dorsalen Anteil des Os ilium und dorsale Stabilisierungen des SI-Gelenkes können dann durchgeführt werden (Abb. 8.8.4).

Dorsaler Zugang zum Os sacrum

Die laterale Längsinzision parallel zur Wirbelsäule erlaubt nach Durchtrennung der Fascia lumbosacralis und Abschieben der Rückenmuskulatur die einseitige Freilegung des Sakrums. Zur Freilegung beider Seiten erfolgt eine mediane Längsinzision (Abb. 8.8.5). Aufgrund der kritischen Weichteilsituation und der Belastung der Wunden (Rückenlage bzw. Lagerungsrisiken) wird der Zugang in Ausnahmefällen angewendet, meist im Zusammenhang mit Sakrumfrakturen.

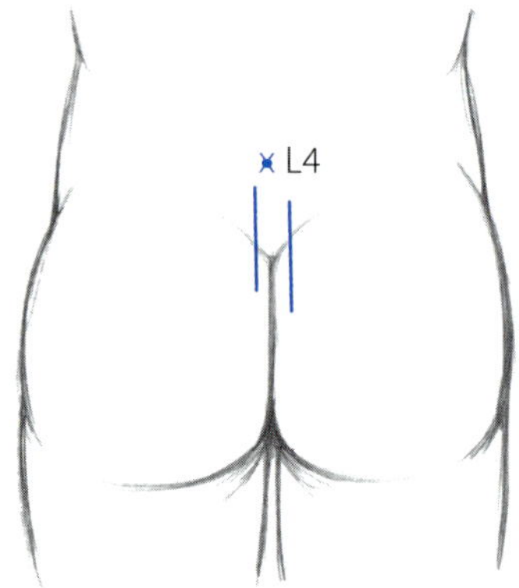

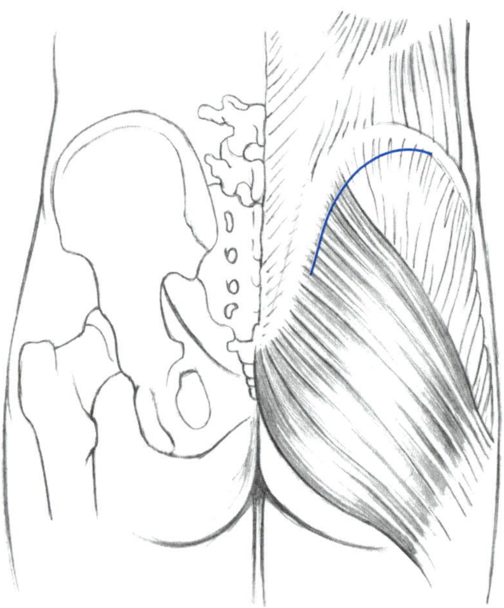

Abb. 8.8.4. Dorsaler Zugang für Os ilium bzw. SI-Gelenk: In Bauchlage erfolgt ein bogenförmiger Zugang zur Darstellung des Ileosakralgelenkes und des Os ilium.

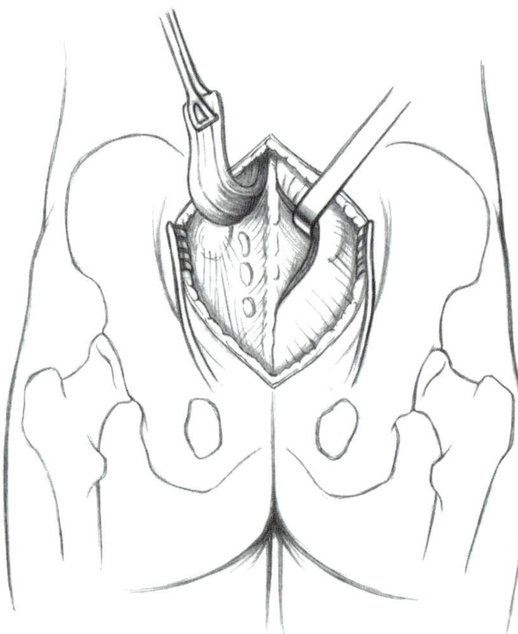

Abb. 8.8.5. Dorsaler Zugang zum Os sacrum: Die laterale Längsinzision parallel zur Wirbelsäule erlaubt die einseitige Freilegung des Sakrums. Zur Freilegung beider Seiten erfolgt eine mediane Längsinzision.

8.9 Zugänge zum Azetabulum

Ileoinguinaler Zugang zum vorderen Beckenring und Hüftpfeiler
(nach Letournel)

Die Inzision beginnt am höchsten Punkt der Crista iliaca und verläuft bogenförmig bis ca. 2 cm oberhalb der Symphyse. Nach Spaltung der Aponeurose wird die Bauchwandmuskulatur ansatznah an der Crista iliaca scharf abgelöst und der M. iliacus subperiostal nach medial geschoben. An der Spina iliaca anterior superior wird der N. cutaneus femoris lateralis dargestellt und geschont. Nach Eröffnung des Leistenkanals werden der Funiculus spermaticus bzw. Lig. teres uteri und der N. ilioinguinalis präpariert und angeschlungen. Das Leistenband wird durchtrennt und M. obliquus internus und M. transversus weggehalten. Lateral des Arcus iliopectineus findet sich die Lacuna musculorum mit M. iliopsoas und N. femoralis und medial die Lacuna vasorum. Der Arcus wird bis zur Eminentia iliopubica durchtrennt. Dadurch kann knochennah M. iliopsoas und N. femoralis unterfahren und mit N. cutaneus femoris lateralis angeschlungen werden. Die Gefäße mit umliegenden Gefäßen werden ebenso unterfahren und angeschlungen (Abb. 8.9.1).

Durch Retraktion des M. iliopsoas wird die Fossa iliaca und der obere Anteil des vorderen Pfeilers sichtbar (laterales bzw. erstes Fenster). Das Weghalten von M. iliopsoas nach lateral und der Gefäße nach medial erlaubt den Zugang

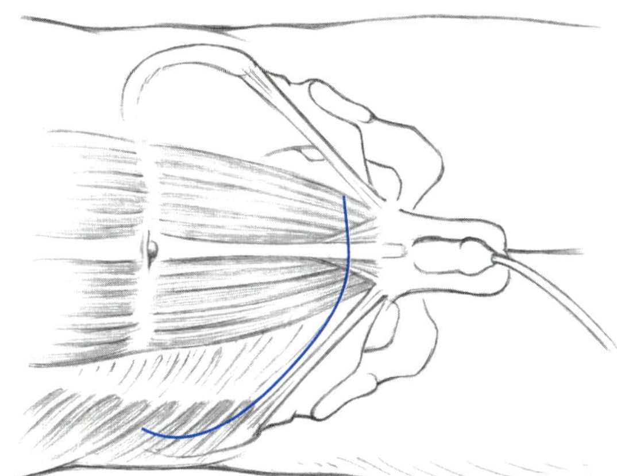
a

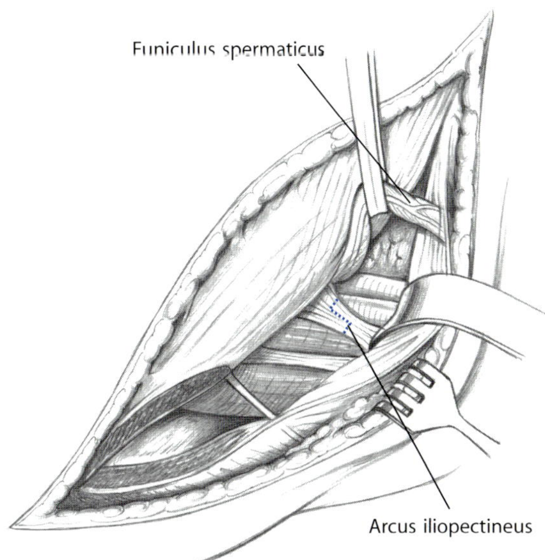

b

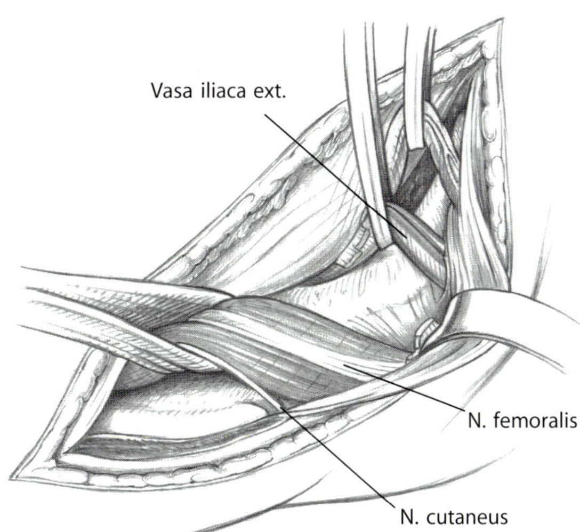

c

Abb. 8.9.1. Ileoinguinaler Zugang zum vorderen Beckenring und Hüftpfeiler: **a** Inzision bogenförmig oberhalb der Symphyse. **b** Präparation der Lacuna musculorum mit M. iliopsoas und N. femoralis, medial der Lacuna vasorum und lateral des N. cutaneus femoris lateralis. **c** Die Fossa iliaca und der obere Anteil des vorderen Pfeilers wird sichtbar (laterales bzw. erstes Fenster). Durch entsprechendes Weghalten der Weichteile wird der Zugang zum zentralen Anteil des vorderen Pfeilers (mittleres bzw. zweites Fenster) bzw. zum Ramus superior des Os pubis (mediales bzw. drittes Fenster) ermöglicht.

zum zentralen Anteil des vorderen Pfeilers (mittleres bzw. zweites Fenster). Die Retraktion der Gefäße nach lateral ermöglicht dann den Zugang zum Ramus superior des Os pubis (mediales bzw. drittes Fenster).

Besonders gefährdet ist der N. cutaneus femoris lateralis, der ausreichend nach kranial frei präpariert werden muss, um ihn nicht zu überdehnen. Die Gefäße werden nicht vom umliegenden Gewebe befreit, um Schäden, Thrombosen zu vermeiden und den Lymphabfluss nicht zu stören. Bei Vorliegen einer kräftigen Anastomose zwischen A. epigastrica inferior und der A. obturatoria bzw. wenn diese direkt aus der A. iliaca externa entspringt, muss diese über dem vorderen Pfeiler ligiert werden, um Nachblutungen zu verhindern.

Bei der Präparation über das Iliosakralgelenk ist der Truncus lumbosacralis gefährdet. Die Muskulatur lässt sich durch Unterlagerung des Kniegelenkes (z. B. mittels Rolle) deutlich entlasten und erleichtert die Reposition und den Zugang insbesondere am mittleren und medialen Fenster.

Dorsaler Zugang zum Azetabulum
(nach Kocher-Langenbeck)

In Seitlage erfolgt die Hautinzision im Bereich der Spina iliaca posterior superior und zieht im Bogen über den Bereich des Trochanter major dann gerade am proximalen Femur entlang. Der Tractus iliotibialis und der M. gluteus maximus werden gespalten und N. ischiadicus und die Außenrotatoren dargestellt. Nach Durchtrennung der Außenrotatoren und Retraktion der Muskulatur inklusive des M. gluteus medius wird der dorsale Azetabulumpfeiler mit Spina ischiadica und Tuber ischiadicum sichtbar (Abb. 8.9.2).

Besonderes Augenmerk gilt bei diesem Zugang dem N. ischiadicus. Durch Kniebeugung kann er entlastet werden. Die durchtrennten Außenrotatoren werden als zusätzliches Polster verwendet. Auch Blutungen aus der A. glutealis superior können Probleme bereiten und müssen vermieden werden. Diese können nicht nur zu akuten postoperativen Problemen führen, sondern das ohnehin vorhandene Risiko heterotoper Ossifikationen weiter fördern. In der gleichen anatomischen Region findet sich der N. gluteus inferior, der gefährdet ist und bei Läsion zu einer Schwäche des M. gluteus maximus führt.

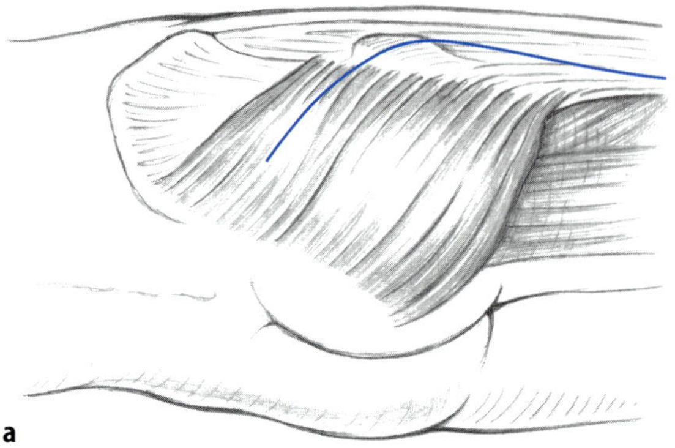

a

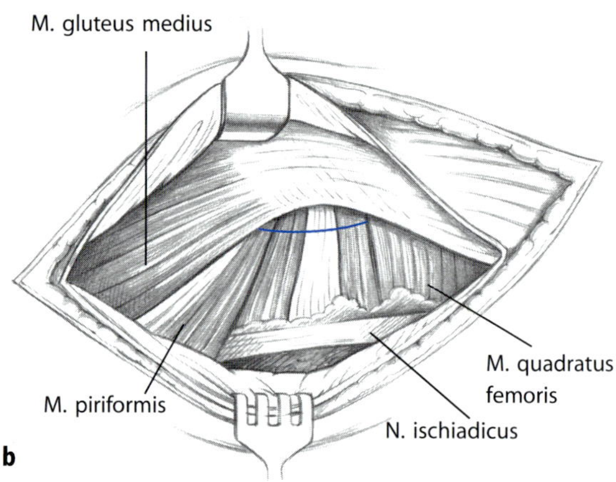

b

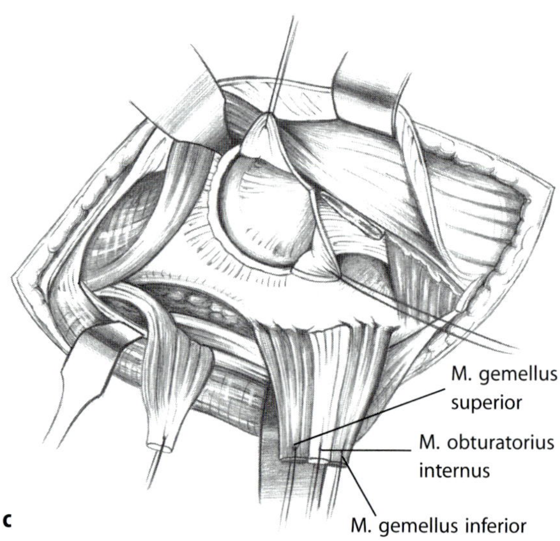

c

Abb. 8.9.2. Dorsaler Zugang zum Azetabulum (nach Kocher-Langenbeck): **a** In Seitlage erfolgt die Hautinzision von der Spina iliaca posterior superior im Bogen zum proximalen Femur. **b** Darstellung von N. ischiadicus und Außenrotatoren. **c** Nach Durchtrennung der Außenrotatoren wird der dorsale Azetabulumpfeiler mit Spina ischiadica und Tuber ischiadicum sichtbar.

Ileofemoraler Zugang zum ventralen und dorsalen Hüftpfeiler (Maryland-Modifikation)

Dieser Zugang gehört zu den erweiterten Zugängen, die eine Darstellung des vorderen und hinteren Pfeilers erlauben. Diese Zugänge haben ein hohes Risiko, Weichteilprobleme zu verursachen und im Verlauf periartikuläre Ossifikationen zu provozieren. Der Maryland-Zugang erlaubt eine stufenweise Erweiterung und damit eine Minimierung auf das Notwendige.

Die erste Hautinzision erfolgt über eine Länge von ca. 10 cm parallel zur Crista iliaca und die zweite Inzision senkrecht dazu beginnend etwa in der Mitte der ersten bogenförmig nach dorsal über den Trochanter major zum proximalen Femur auslaufend. Nach Präparation des Hautlappens wird der Tractus iliotibialis quer eingeschnitten und nach proximal zwischen M. tensor fasciae latae und M. sartorius präpariert. Die Vasa circumflexa lateralis werden ligiert. Die Spina iliaca anterior superior, die Crista iliaca und der Trochanter major werden hiernach osteotomiert. Je nach Frakturverlauf kann nach der Trochanterosteotomie auf die Osteotomie der Crista oder gar der Spina iliaca anterior superior verzichtet werden. Ansonsten ermöglicht die Durchführung aller 3 Osteotomien über diesen Zugang die Darstellung des gesamten Ileums auf der Außen- und Innenseite, ebenso die Hüftgelenkskapsel dorsal und kranial. Ein sicherer Verschluss dieses erweiterten Zugangs erfolgt u.a. durch die solide Reposition und Stabilisierung der Osteotomien mittels Schraubenosteosynthesen (Abb. 8.9.3). Es muss auch beachtet werden, dass nach Durchtrennung der Vasa circumflexa lateralis lediglich die A. glutea superior verbleibt, um die Glutealmuskulatur zu versorgen. Ist diese durch den Frakturverlauf (Incisura ischiadica) gefährdet, muss die Intaktheit möglichst vorher überprüft werden.

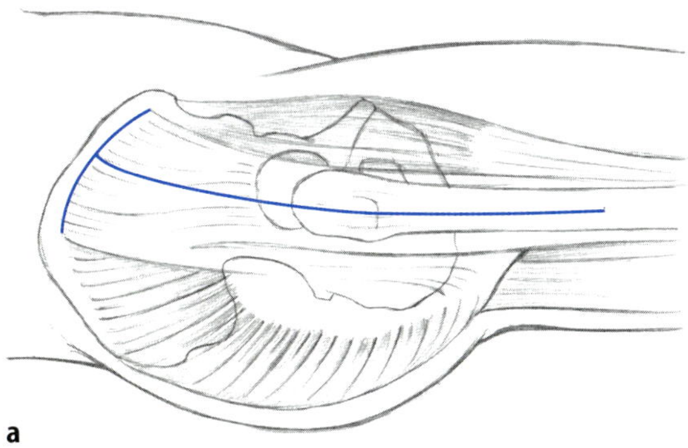

a

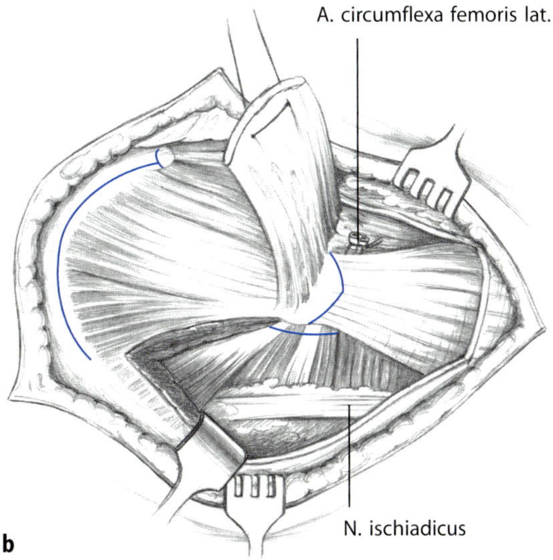

b

Abb. 8.9.3. Ileofemoraler Zugang (Maryland-Modifikation) zum ventralen und dorsalen Hüftpfeiler: **a** Die erste Hautinzision erfolgt parallel zur Crista iliaca und die zweite Inzision senkrecht dazu zum proximalen Femur auslaufend. **b** Die Vasa circumflexa lateralis werden ligiert. Die Spina iliaca anterior superior, die Crista iliaca und der Trochanter major werden hiernach osteotomiert.

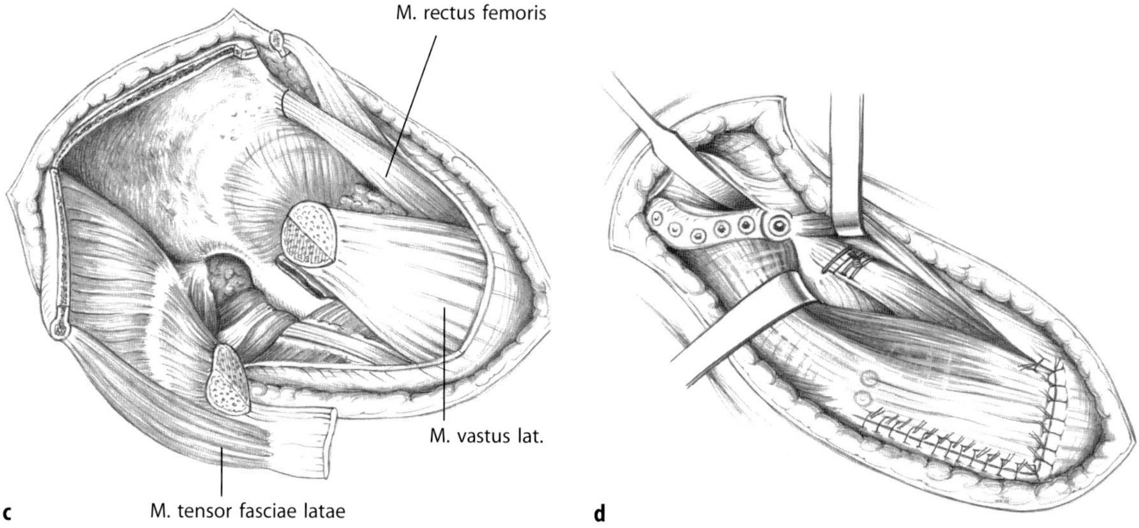

c d

Abb. 8.9.3 c Darstellung der Außen- und Innenseite des Os ileum und der Hüftgelenkskapsel.
d Verschluss dieses erweiterten Zugangs.

8.10 Zugang zum proximalen Femur und Technik der proximalen Femurosteotomien

Rückenlagerung des Patienten auf röntgendurchlässigem, flachem Operationstisch. Das Bein wird beweglich abgedeckt. Der Röntgenbildverstärker wird auf der gegenüberliegenden Seite positioniert. Hierbei ist die Single shot-Technik sinnvoll um die Durchleuchtungszeit zu minimieren.

Längslateraler Hautschnitt über die Mitte des Trochanter majors. Beim Erwachsenen sollte ca. 2 cm kranial des Trochanters begonnen werden. Die Gesamtschnittlänge ist abhängig von dem operativen Verfahren. Plattenosteosynthesen benötigen oftmals Inzisionslängen von 20 cm und mehr (Abb. 8.10.1).

Spaltung der Fascia lata in gleicher Orientierung wie die Hautinzision. Markieren und L-förmige subperiostale Abpräparation des M. vastus lateralis an seiner dorsalen Insertion proximal am Tuberculum innominatum beginnend nach distal führend (Abb. 8.10.2). Hierzu wird das Bein in Innenrotation gehalten und der M. vastus lateralis mit Haken nach ventral gehalten, um die dorsale Insertion zu erreichen. Sukzessiver Einsatz von Hohmannhebeln, um das Femur zu exponieren (Abb. 8.10.3).

Proximale Femurosteomien bewirken eine Veränderung der Stellung des Femurkopfes und/oder des Schenkelhalses. Hierbei sind Änderungen in allen Ebenen möglich:

- Frontalebene
  - Valgisation/Varisation sowie Medialisierung/Lateralisierung
- Sagittalebene
  - Extension/Flexion sowie Ventralisierung/Dorsalisierung
- Axialebene
  - Innen-/Außenrotation.

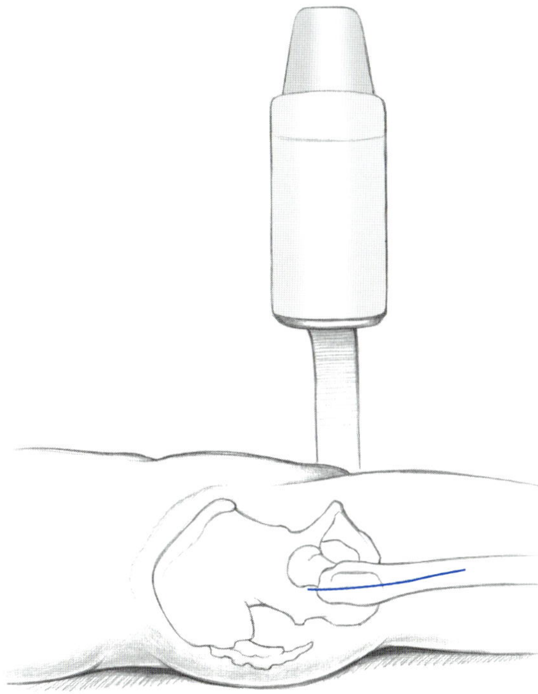

Abb. 8.10.1. Positionierung von Patient und Bildwandler und Hautinzision für proximale Femurosteotomien.

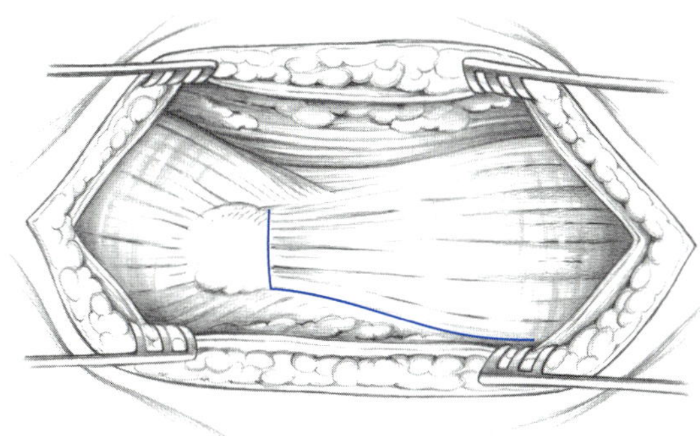

Abb. 8.10.2. L-förmiges Ablösen des M. vastus lateralis.

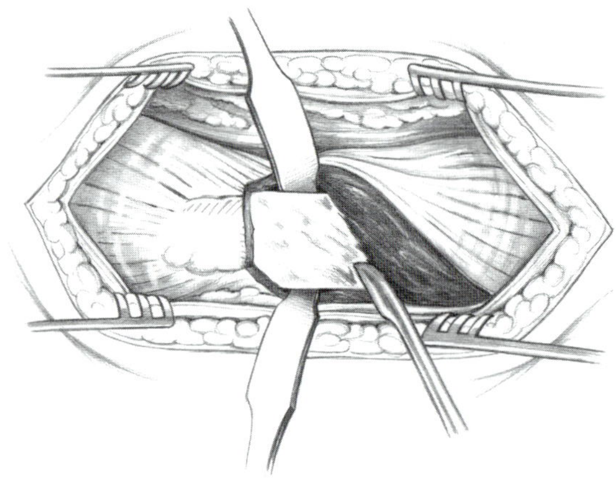

Abb. 8.10.3. Subperiostale Exposition des proximalen Femurs.

Des Weiteren kann mit diesen Osteotomien die Beinlänge, die Trochanterposition und die Schenkelhalslänge verändert werden.

Eine präoperative Planung ist obligat. Hierbei werden die Höhe und der Verlauf der Osteotomie mit oder ohne Keilentnahme, die Positionsänderung der Knochenfragmente sowie das verwendete Osteosynthesematerial und dessen Lage bestimmt. Winkelplatten werden für proximale Femurosteotomien am häufigsten verwendet. Diese sind unterschiedlich in der Materialstärke (Kleinkind, Kinder, Jugendlichen- und Erwachsenenplatten) dimensioniert. Sie haben unterschiedliche Winkelgrade, Unterstellungen, unterschiedliche Klingen und Plattenlängen. Für die konventionelle Planung werden Planungsfolien mit den unterschiedlichen Platten verwendet. Diese sind auch in digitalen Planungssystemen verfügbar. Die verschiedenen Unterstellungen erlauben die gewünschte Translation der Knochenfragmente.

Bei Umstellungen in der Frontalebene berechnet sich der Einschlagwinkel des Plattensetzinstrumentes wie folgt:

> 180° abzüglich Winkel der Platte abzüglich geplanter Varisationswinkel oder zuzüglich geplanter Valgisationswinkel.

▌ **Beispiele:** Geplante Varisation von 15° unter Verwendung einer 100° Winkelplatte: 180°–100°–15° ergibt einen Einstellungswinkel des Plattensetzinstrumentes von 65°. Geplante Valgisation von 15° unter Verwendung einer 120° Winkelplatte: 180°–120°+15° ergibt einen Einstellungswinkel von 75°.

Zur konventionellen Planung wird mit transparentem Papier eine Umrisszeichnung des a.-p. Röntgenbildes des Hüftgelenkes und des proximalen Femurs gefertigt. Die anatomische Achse der proximalen Femurdiaphyse und die zentrale Linie im Schenkelhals werden eingezeichnet. Die Kreuzung dieser Linien zeigt den CCD-Winkel. Der CCD-Winkel wird zur Festlegung der Korrektur in der Frontalebene vermessen. Dann wird die geplante Osteotomie mit oder ohne Keilentnahme eingezeichnet. Bei Varisationen wird bevorzugt auf eine Keilentnahme verzichtet, um die allfällige Beinverkürzung zu begrenzen. Auf Höhe der Kreuzung wird zwischen der Osteotomie und der anatomischen Achse eine Linie mit dem erwünschten Korrekturwinkel eingezeichnet. Die Zeichnung wird dann auf dem Röntgenbild (mit Drehzentrum in Hüftkopfmitte!) gedreht und das Fragment distal der Osteotomie gezeichnet. Hierzu wird das distale Fragment zusätzlich entlang der mechanischen Achse verschoben, dass die Fragmente Kontakt zueinander bekommen (Abb. 8.10.4).

Mittels Planungsfolie wird die zur Fixation geeignete Platte (Winkel, Unterstellung und Klingenlänge) ermittelt und eingezeichnet (Abb. 8.10.5).

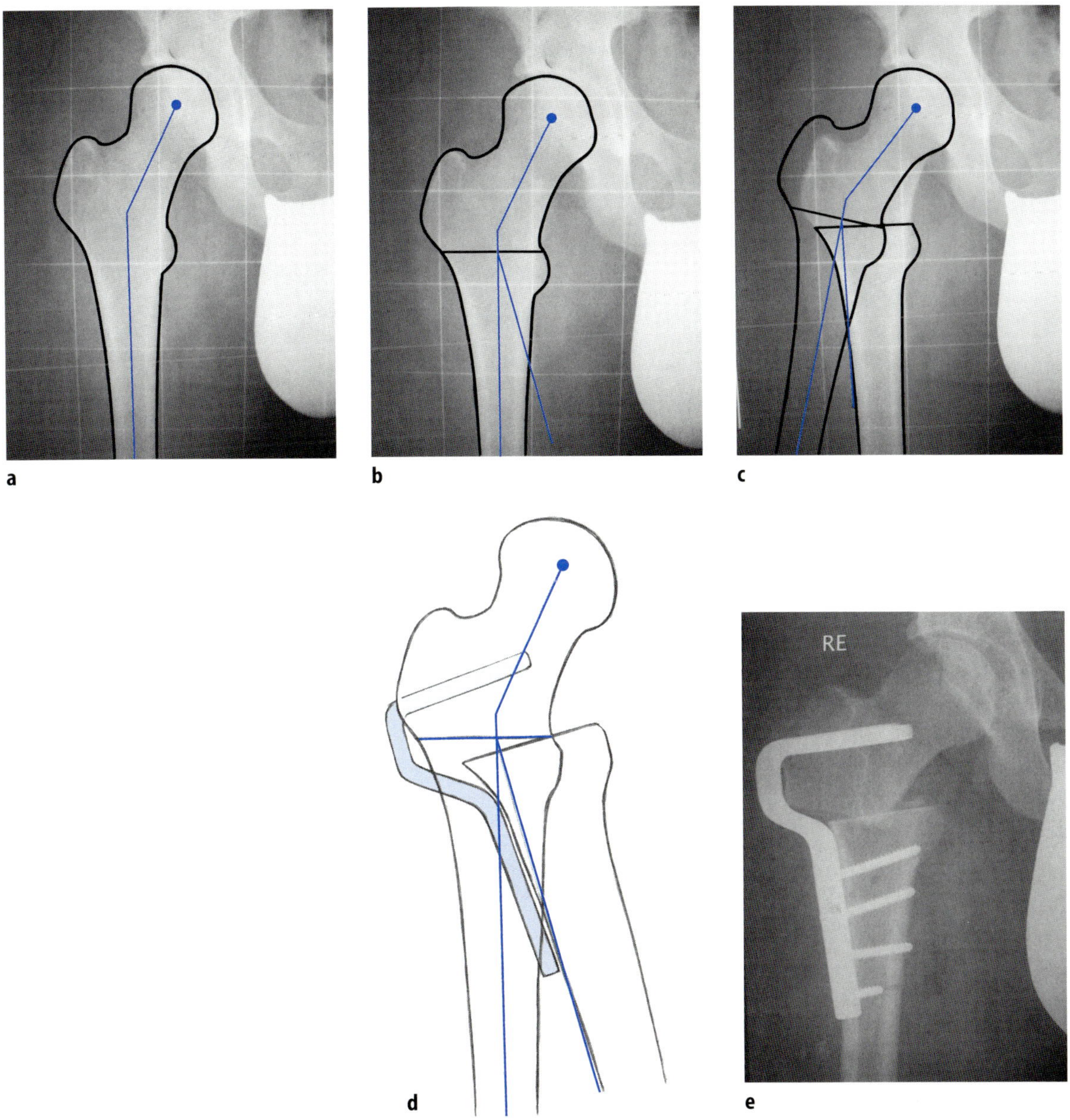

Abb. 8.10.4 a–e. Durchführung der Planung für eine Varisationsosteotomie mittels transparentem Papier (**a–d**) und operative Umsetzung (**e**).

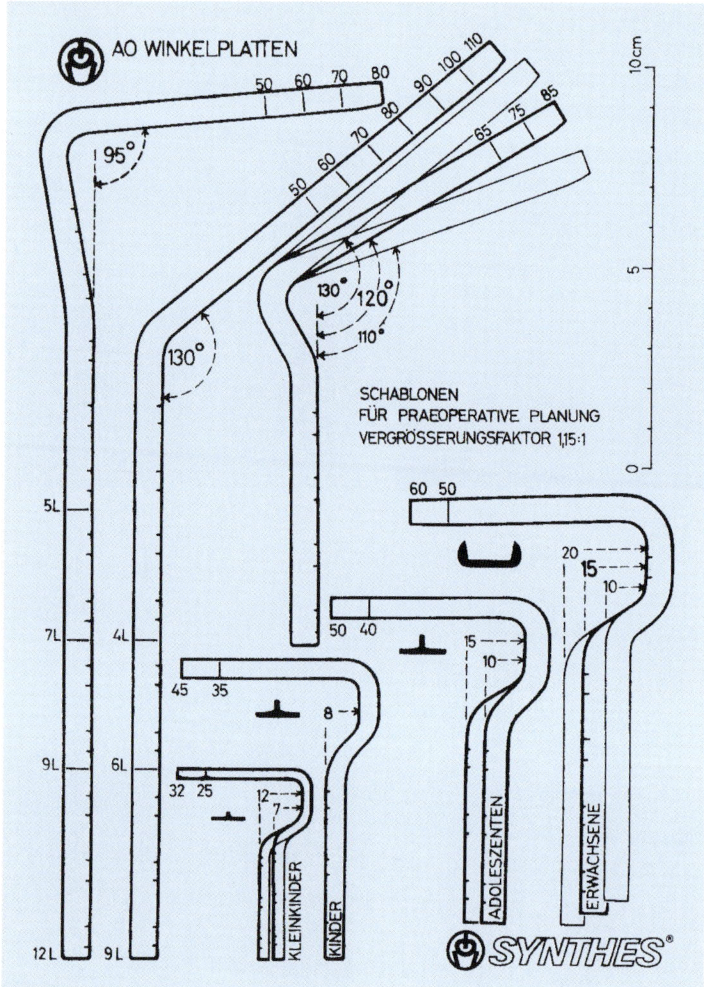

Abb. 8.10.5. Planungsfolie mit unterschiedlichen Winkelplatten.

Indikation

Proximale Femurosteomien werden bei einer Zielzahl von Erkrankungen und Verletzungen des Hüftgelenkes und des Schenkelhalses eingesetzt. In den nachfolgenden Kapiteln dieses Buches werden die unterschiedlichen Indikationen dargestellt.

Kommentar

Vielfach wird mit der inter- oder subtrochantären (somit extraartikulären) Osteotomie eine Stellungskorrektur des Hüftkopfes im Gelenk beabsichtigt. Wichtig ist hierbei die Auswirkung auf die Gesamtstatik des Beines zu beachten. Wenn keine Änderung der Gesamtstatik des Beines erfolgen soll, muss das Drehzentrum der Umstellung im Zentrum des Hüftkopfes positioniert werden. Dementsprechend ergibt sich für die - nicht am Ort des Drehzentrums gelegene - Osteotomie die Notwendigkeit einer Translation der Fragmente um die Beinstatik nicht zu verändern. Bei der Varisation ist eine Medialisierung, bei der Valgisation eine Lateralisierung des distalen Fragmentes notwendig. Bei der Flexion ist eine Ventralisierung, bei der Extension eine Dorsalisierung des distalen Fragmentes notwendig (Abb. 8.10.6, 8.10.7).

Die Umstellung kann mit oder ohne Keilentnahme durchgeführt werden. Gerade durch die für eine mechanisch korrekte Umstellung notwendige Translation entsteht auch ohne Keilentnahme ein direkter Kontakt der Knochenfragmente.

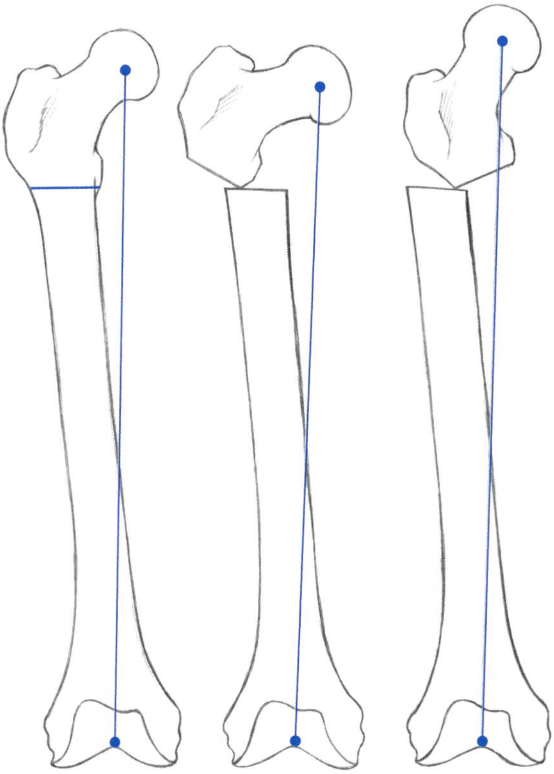

Abb. 8.10.6. Translationsbestimmung bei Umstellungen in der Frontalebene.

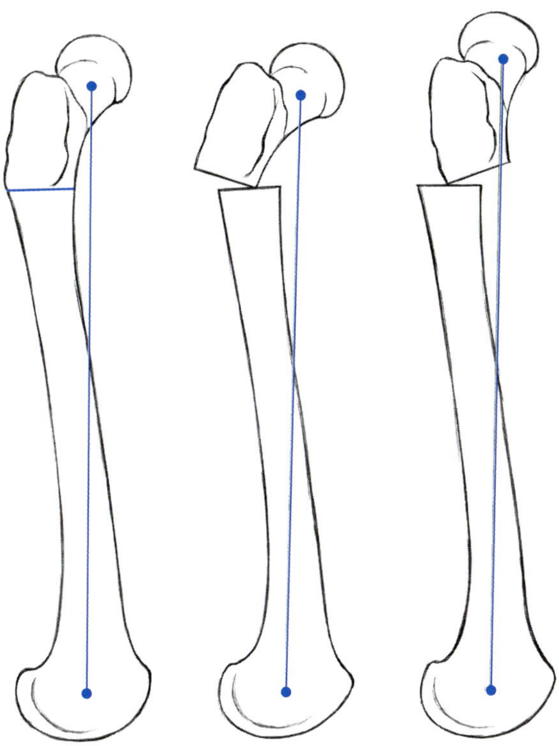

Abb. 8.10.7. Translationsbestimmung bei Umstellungen in der Sagittalebene.

Technik

Zur Vorbereitung des Klingensitzes wird in Innenrotation ein Kirschnerdraht auf dem Schenkelhals bereits in geplanter Richtung der späteren Klingenlage vorgeschoben, um die Antetorsion des Schenkelhalses zu erfassen, die Klingenposition zu simulieren und die Eintrittsstelle für das Plattensetzinstrument zu bestimmen. Als Orientierung kann das Plattensetzinstrument (Winkeleinstellung siehe oben) hierbei an das proximale Femur gehalten werden. Dieser Kirschnerdraht wird solange korrigiert bis er in der BV-Durchleuchtung dem geplanten Verlauf der Klinge entspricht (Abb. 8.10.8).

Beim Erwachsenen wird die dadurch erkennbare Eintrittsstelle für die Klinge durch Bohrungen mit einem 3,2 mm-Bohrer geschwächt, damit es beim Eintreiben der Klinge nicht zur Knochenzersplitterung kommt.

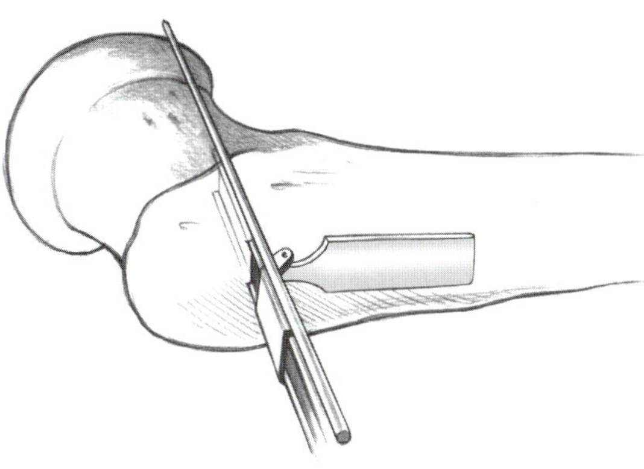

Abb. 8.10.8. Positionierung eines Kirschnerdrahtes ventral am Schenkelhals aufliegend in der vorgedachten Richtung des Klingensitzes.

Beim Kind ist dies nicht notwendig; dafür kann es sinnvoll sein, bei diffizilen Verhältnissen zunächst einen Kirschnerdraht im Verlauf der geplanten Klinge in den Schenkelhals einzubringen. Dies erlaubt die Überprüfung der erwünschten zentralen Lage in zwei Ebenen mittels des Röntgenbildverstärkers.

Ansetzen des Plattensetzinstrumentes und Einschlagen desselben unter Röntgenkontrolle in zwei Ebenen. Abmessen der Klingenlänge am Plattensetzinstrument, welches nachfolgend gelockert wird (Abb. 8.10.9).

Von ventral wird in das geplante distale Fragment senkrecht zur Klinge mit dem 3,2 mm-Bohrer eine Rotationsmarkierung gebohrt. Alternativ kann bikortikal ein kräftiger Kirschnerdraht verwendet werden. Hierbei muss bereits die Lage der Osteotomie bedacht werden, damit die Markierung sicher im distalen Fragment lokalisiert wird (Abb. 8.10.10).

Höhenmarkierung der Osteotomie(n) mit einem Meißel unter Zuhilfenahme eines auf dem Knochen aufgelegten Kirschnerdrahtes unter Durchleuchtung.

Durchführen der Osteotomie(n) mit einem scharfen Sägeblatt unter Dauerspülung, um eine Hitzeschädigung der Osteotomieflächen zu vermeiden. Entnahme des Knochenkeiles, wenn eine Keilentnahme vorgesehen ist.

Das proximale Fragment wird mit einer großen Knochenfasszange von proximal gefasst und die Klinge des Plattensetzinstrumentes gegen die Originalplatte ausgetauscht (Abb. 8.10.11). Zum Teil muss für die Plattenkröpfung ein Knochenstückchen mit der Säge entfernt werden, damit die Klinge tief eingeschlagen werden kann.

Verschieben der Fragmente zueinander und Fixation der Platte an das distale Fragment mittels zweier Fasszangen unter Beachtung der Rotation. Hierbei ist die Rotationsmarkierung hilfreich. Bei erwünschter Rotationskorrektur wird diese dabei vorgenommen (Abb. 8.10.12).

Die interfragmentäre Kompression der Osteotomien wird entweder mit einem Plattenspanngerät oder, wie bei Kindern fast immer, durch asymmetrisches Bohren des ersten Plattenloches getätigt (Bohrkanal am distalen Ende des Schraubenloches) (Abb. 8.10.13).

Nach Setzen der ersten Schraube ist eine klinische Rotationskontrolle sinnvoll.

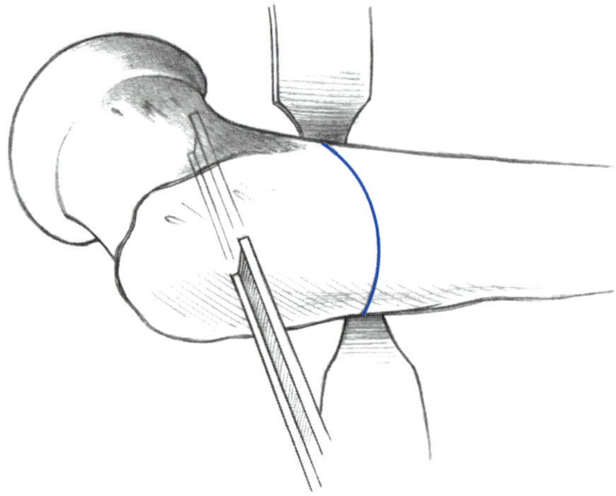

Abb. 8.10.9. Plattensetzinstrument in situ. Subperiostale Exposition an der geplanten Osteotomie mit Hohmannhebeln.

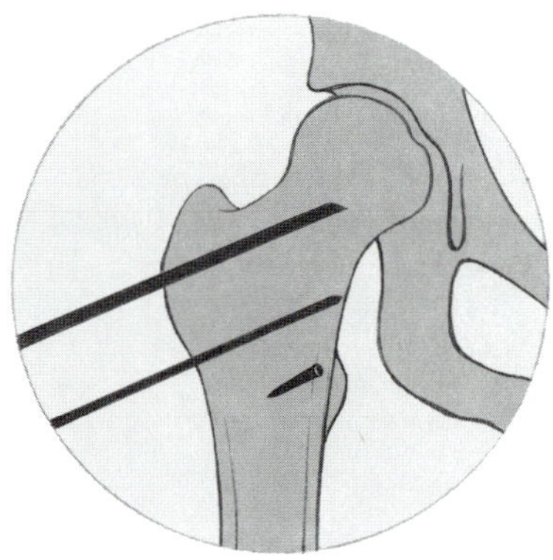

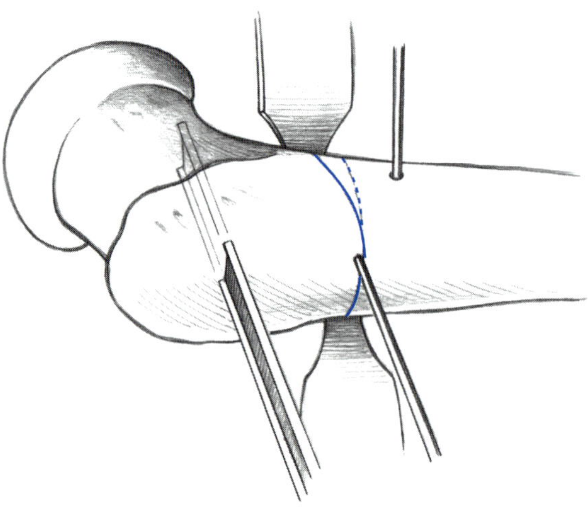

Abb. 8.10.10. Setzen der Rotationsmarkierung 90° zum Klingensitz und Festlegung der Osteotomie mit dem Röntgenbildverstärker.

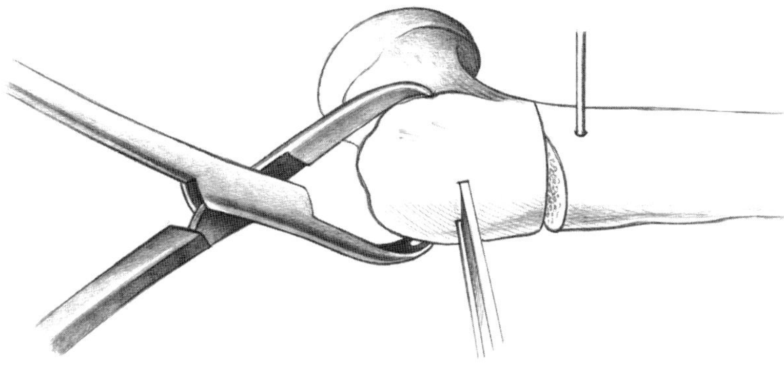

Abb. 8.10.11. Fassen des proximalen Fragmentes beim Austausch des Plattensetzinstrumentes gegen die Winkelplatte.

Besetzen der restlichen Schraubenlöcher und abschließende Röntgenkontrolle in zwei Ebenen. Bei Keilentnahmen kann fakultativ mit dem Knochenmaterial noch eine lokale Spongiosaplastik an der Osteotomie erfolgen.

Wichtig beim Wundverschluss ist eine möglichst anatomische Refixation des M. vastus lateralis, da ansonsten der Muskelbauch distalisiert.

Komplikationen

Die Durchführung einer intertrochantären Umstellungsosteotomie ist technisch anspruchsvoll.

Fehler können bereits durch die präoperative Planung (falscher Einschlagwinkel des Plattensetzinstrumentes) auftreten. Überkorrekturen können, insbesondere bei Varisationen, zu einer muskulären Insuffizienz und/oder zu einer Impingementproblematik des Gelenkes führen. Intraoperativ können Fehler durch falsche Plattenlage (falsche Einbringung des Plattensetzinstrumentes, Via falsa beim Austausch des Plattensetzinstrumentes durch die Klinge der Platte oder falsch angelegte Osteotomie) auftreten. Bei fehlender oder instabiler Rotationskontrolle kann die Rotationsstellung fehlerhaft sein. Werden die Osteotomieränder durch Hitzeentwicklung beim Sägen geschädigt und/oder besteht ein mangelhafter Kontakt der Fragmente, droht eine Falschgelenksbildung.

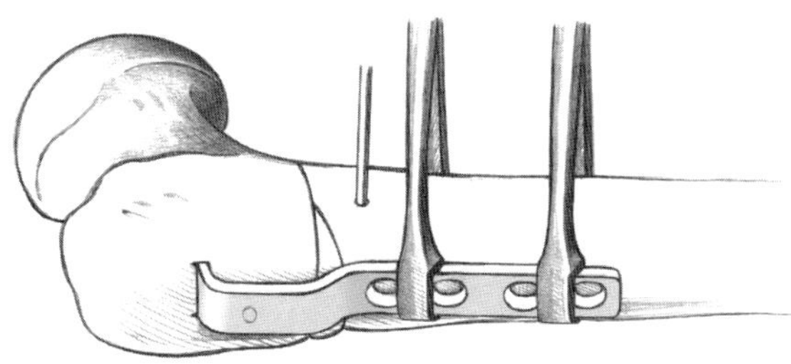

Abb. 8.10.12. Temporäre Fixation der Fragmente mittels zweier Fasszangen.

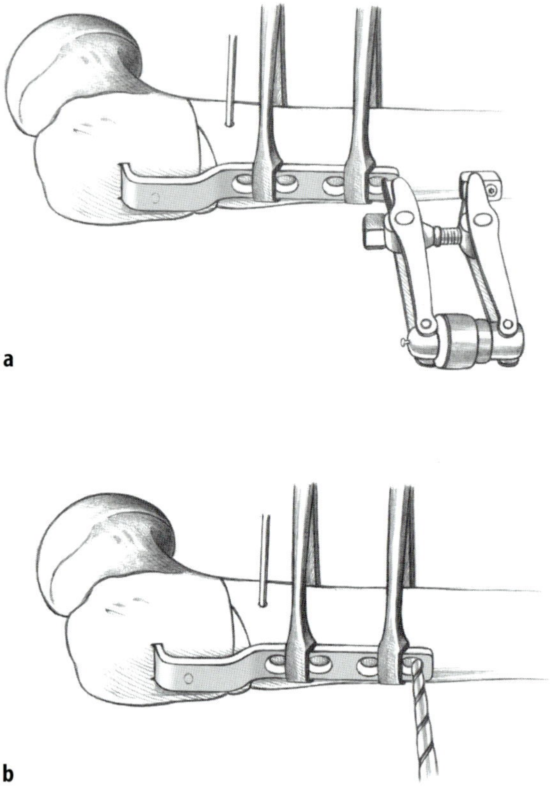

a

b

Abb. 8.10.13 a, b. Interfragmentäre Kompression durch Plattenspanngerät (**a**) oder asymmetrische Bohrung des ersten Schraubensitzes (**b**).

Nachbehandlung

Lagerung in Braunschiene. Postoperative Röntgenkontrolle in zwei Ebenen. Mobilisation am ersten postoperativen Tag mit Sohlenkontakt für 6 Wochen. Isometrisches Muskeltraining und assistive Bewegungsübungen. Die weitere Belastung wird anhand von Röntgenkontrollen festgelegt.

Alternative Technik

Umstellungen können auch in perkutaner Technik mit einem Fixateur externe durchgeführt werden. Eine Verbesserung der Kopfpfannenrelation kann auch mit Osteotomien der Pfanne oder als Kombinationseingriff erfolgen.

Literatur

Bauer R, Kerschbaumer F, Poisel S (Hrsg) (1994) Intertrochantere Derotations-Varisationsosteotomie. In: Orthopädische Operationslehre Becken und untere Extremität Teil 1. Thieme, Stuttgart

Carstens C, Krämer K-L (2004) Intertrochantere Umstellungsosteotomie. In: Ewerbeck V, Wentzensen A, Holz F, Krämer K-L, Pfeil J, Sabo D (Hrsg) Standardverfahren in der operativen Orthopädie und Unfallchirurgie, 2. Aufl. Thieme, Stuttgart, S 593–596

Siebenrock K-A et al (2000) Intertrochantere Osteotomie ohne Knochenkeilentnahme. Operat Orthop Traumatol 12:3–15

Spezieller Teil

9 Eingriffe bei Hüftdysplasie, Hüftluxation und Folgezuständen

9.1 Offene Reposition der Säuglingshüfte

Prinzip

Operative Einrenkung des luxierten Hüftkopfes in das Azetabulum. Dies erfolgt durch Resektion des elongierten Ligamentum capitis femoris, Reduktion des Pulvinarfettes und Beseitigung sonstiger Repositionshindernisse (Kapselisthmus, verengtes Ligamentum transversum). Postoperative Fixation im Gipsverband unter fakultativer Verwendung eines Kirschnerdrahtes zur temporären Gelenkstabilisation. Die offene Reposition kann isoliert oder in Kombination mit pfannendachverbessernden Eingriffen und/oder Femurosteotomien (Derotation, Varisation und/oder Verkürzungen) erfolgen.

Indikation

Im ersten Lebensjahr, sofern eine geschlossene Reposition nicht gelingt. (Ausnahme: teratologische Luxation und bei der Arthrogryphose). Im zweiten Lebensjahr bei hochstehender Luxation. Ab dem zweiten Lebensjahr nach vorausgehender Overheadextension. Bei veralteten Luxationen in Kombination mit Femurosteotomien und pfannendachverbessernden Eingriffen. Oft wird die offene Reposition kombiniert mit einer Adduktorentenotomie durchgeführt.

Kommentar

Die geschlossene Reposition erfolgt mittels arthrographischer Kontrolle. Gelingt keine tiefe Einstellung des Gelenkes, wird in gleicher Sitzung die offene Einstellung durchgeführt. Wegen der Gefahr der Hüftkopfnekrose ist bei älteren Kindern fast immer die Femurverkürzung und/oder eine Varisation-Derotation notwendig. Die Indikation zu pfannendachverbessernden Eingriffen ist bei ausgeprägter Dysplasie beim älteren Kind fast immer gegeben.

Technik

Die offene Reposition ist mittels aller Zugangswege zum Hüftgelenk möglich. Die beste Übersicht ist vom ventralen Zugang aus gegeben. Mitbestimmend für den Zugangsweg ist die geplante Kombination mit Becken- und/oder Femurosteotomien. Pfannendachverbessernde Eingriffe können durch Verlängerung des Schnittes nach proximal beim ventralen Zugang durchgeführt werden. Wegen der Begrenzung der ventralen Zugangsmöglichkeit nach kaudal ist für Femurosteotomien zusätzlich ein lateraler Zugang notwendig.

Der Hautschnitt zum ventralen Zugang kann aus kosmetischen Gründen als Leistenschnitt durchgeführt werden. Der N. cutaneus femoris lateralis muss in diesem Fall dargestellt werden.

Bei einer Hautschnittführung distal lateral der Spina iliaca anterior superior wird die Faszie des M. tensor fasciae latae eröffnet und die Faszie dann am Muskelbauch nach medial mobilisiert. Auf diese Weise wird eine Verletzung des Nerven vermieden (s. Kap. 8 Zugänge). Im Intervall zwischen dem M. tensor fasciae latae und dem M. sartorius wird die ventrale Hüftgelenkskapsel erreicht (Abb. 9.1.1). Die Abtrennung der Insertion des M. rectus femoris an der Spina iliaca anterior inferior und Durchtrennung des Caput reflexums erlaubt eine gute Übersicht. T-förmige Eröffnung der Hüftgelenkskapsel weit nach kaudal. Durch Außendrehung des Beines Darstellung des Ligamentum capitis femoris am Hüftkopf und Verfolgen desselben als Leitstruktur in die Tiefe der Hüftgelenkspfanne.

Setzen eines Kocherhakens oder Minihohmannhebels an den Pfannenunterrand und Weghalten des Femurs nach lateral. Meist genügt dies, um eine ausreichende Übersicht über die Pfanne zu erlangen und um die Repositionshindernisse zu entfernen. Die Resektion des Ligamentum capitis femoris und Reduktion des Pulvinarfettes ist obligat. Oft wird durch Inzision des Ligamentum transversums das tiefe Eintreten des Kopfes in das Azetabulum erleichtert (Abb. 9.1.2).

Gelingt keine ausreichende Übersicht oder tritt der Kopf beim Repositionsversuch nicht tief genug in die Pfanne ein, kann der M. iliacus zusammen mit dem N. femoralis nach lateral mobilisiert werden. Dies verbessert die Übersicht über das Azetabulum.

Resektion der elongierten Kapselanteile und Verschluss der Kapsel zur Repositionssicherung.

Reinsertion des M. rectus an der Spina iliaca inferior.

Am Operationsende wird fakultativ ein Kirschnerdraht über den Schenkelhals in das Azetabulum eingebracht, um eine temporäre Sicherung der Reposition in der Position der Gipsanlage zu ermöglichen.

Komplikationen

Gefürchtete Komplikation der offenen Reposition ist die Gefahr einer Hüftkopfnekrose. Die Rate der Hüftkopfnekrose wird mit 5,5 bis 50% angegeben. Hierbei ist die Gefährdung abhängig von vielen Faktoren, wie vorausgegangene frustrane geschlossene Repositionsversuche, Alter des Kindes, Zugangsweg (höhere Nekroseraten beim medialen Zugang) und Zugangseingriffen. Bei großer Weichteilspannung vermindern Tenotomien (Adduktoren, Spinamuskulatur) insbesondere aber Femurverkürzungsosteotomien (eine intertrochantäre Osteotomie führt durch die Wegnahme des Ansatzes des M. psoas zu einer weiteren Spannungsreduktion) tendenziell die Nekroserate.

Nachbehandlung

Sechswöchige Ruhigstellung im Beckenbeinfußgips. Bei älteren Kindern kann (wenn keine temporäre Kirschnerdrahtarthrodese erfolgt und keine ausgeprägte Reluxationsneigung besteht) in der zweiten Woche aus dem geschalten Gips heraus das Bein in Flexion beübt werden, um einer Gelenksteife vorzubeugen.

Literatur

Brunner R (2000) Rekonstruktion des luxierten Hüftgelenkes bei Zerebralparese. Operat Orthop Traumatol 12:24–39

Graf R, Roth-Schiffl E (2001) Offene Reposition der so genannten kongenitalen Hüftluxation. Operat Orthop Traumatol 1:43–53

Hefti F (1999) Offene Repositionsverfahren im Säuglings- und Kleinkindalter. In: Konermann W, Gruber G, Tschauner C (Hrsg) Die Hüftreifungsstörung. Steinkopff, Darmstadt, S 421–437

Tönnis D (1984) Technik der operativen Einstellung der angeborenen Hüftluxation: In: Tönnis D (Hrsg) Die angeborene Hüftdysplasie und Hüftluxation. Springer, Berlin Heidelberg, S 251–274

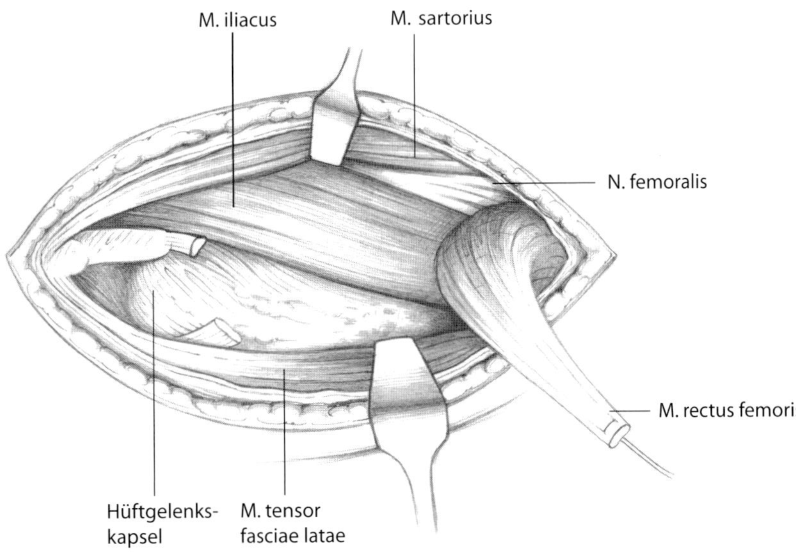

Abb. 9.1.1. Operationssitus beim ventralen Zugang zum Hüftgelenk. Der M. tensor fasciae latae ist nach lateral, der M. sartorius nach medial gehalten. Der M. rectus femoris ist am Caput rectum und an der Pars reflecta abgetrennt. Nachfolgend wird die Hüftgelenkskapsel eröffnet.

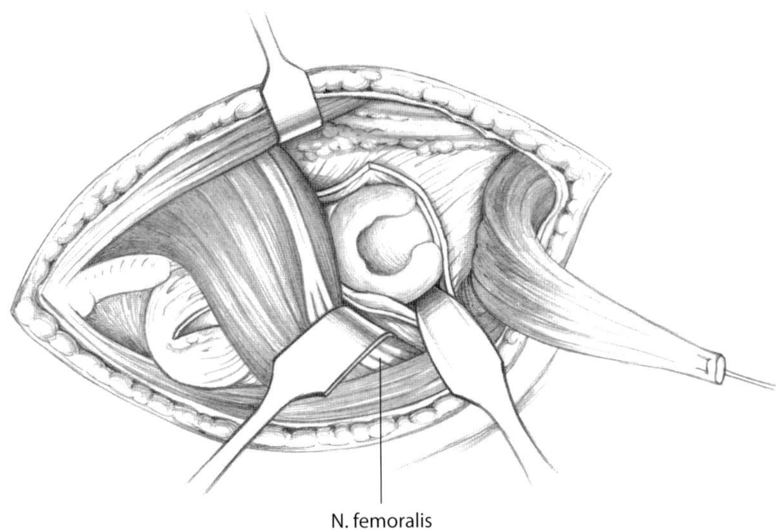

Abb. 9.1.2. Fakultative Verziehung des M. iliopsoas zusammen mit dem N. femoralis nach lateral zur besseren Exposition des Azetabulums.

9.2 Pfannendachplastiken (Azetabuloplastik)

Prinzip

Verbesserung der Hüftkopfüberdachung durch Herunterbiegen des Pfannendaches. Hierzu wird eine Osteotomie oberhalb der Pfanne mit Richtung zur Y-Fuge getätigt. Der Spalt wird durch einen Knochenkeil aufgefüllt. Das Verfahren ist von vielen Autoren (Pemperton, Dega, Staheli, Tönnis) in unterschiedlicher Technik beschrieben worden (Abb. 9.2.1, 9.2.2).

Abb. 9.2.1. Durchführung der Azetabuloplastik. Ausgangsbefund.

Indikation

Voraussetzung ist eine offene Y-Fuge. Das Verfahren wird zwischen 18 Monaten bis ca. 9 Jahren verwandt. Die Indikation besteht bei schweren Pfannendysplasien außerhalb der zweifachen Standardabweichung. Eine Kombination mit einer offenen Reposition ist wegen dem erhöhten Druck auf den Hüftkopf und somit der Gefahr der Entstehung einer Hüftkopfnekrose bedenklich.

Kommentar

Mit der Azetabuloplastik können vor allem bei jüngeren Kindern auch ausgeprägt dysplastische Pfannen korrigiert werden, da der Drehpunkt in der Y-Fuge und nicht wie bei der Salterosteotomie in der Symphyse lokalisiert ist. Das Risiko von Wachstumsstörungen am kranialen Rand des Azetabulums und an der Y-Fuge ist bei nicht exakter Lokalisation der Osteotomie größer als bei der sicher extraartikulär liegenden Salterosteotomie.

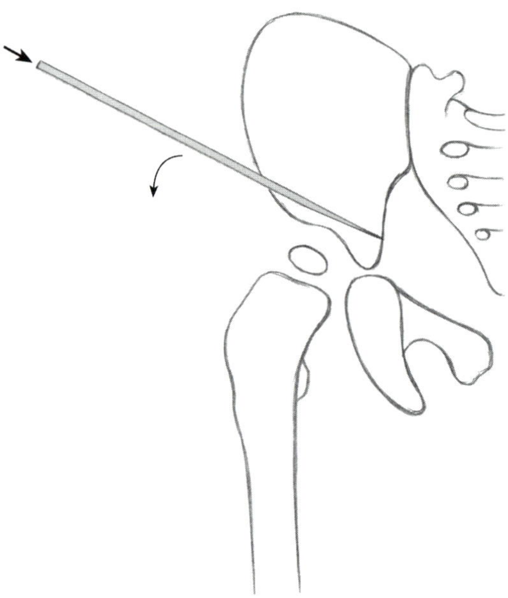

Abb. 9.2.2. Durchführung der Azetabuloplastik. Osteotomie oberhalb des Azetabulums beginnend schräg nach medial kaudal auf die Y-Fuge zielend.

Technik

Hautschnitt in der Leistenbeuge zum Außenrand des Iliums parallel zum Leistenband. Identifikation und Anschlingen des N. cutaneus femoris lateralis zur Schonung desselbigen. Ablösen und Abschieben der Bauchmuskulatur subperiostal nach medial sowie des M. gluteus medius subperiostal kranial der Hüftkapsel und des Ansatzes des M. rectus femoris mit einer kleinen Leiste der Beckenkammapophyse, bis ein Hebel in das Foramen ischiadicum eingesetzt werden kann. Röntgenkontrolle des Ansatzes und des Verlaufs der Osteotomie mit einem

Kirschnerdraht. Die Spitze sollte auf den hinteren Punkt der Y-Fuge zielen, aber nicht in dieselbe hinein gehen. Durchführung der Osteotomie mit einem schmalen Lexer Meißel mit breiter Klinge. Digitale Kontrolle der kompletten Osteotomie. Danach wird mit einem osteotomiebereiten Lambottmeißel das Pfannendach herunter gebogen. Hierbei wird eine Überkorrektur (AC-Winkel 5–10°) angestrebt. Auffüllen des sich ergebenden Zwischenraums durch einen individuell konfigurierten kortikospongiösen Keil aus der Knochenbank (Abb. 9.2.3, 9.2.4).

Fakultative Sicherung durch einen Kirschnerdraht. Refixation der abgelösten Muskulatur und Wundverschluss. Röntgenkontrolle und Dokumentation vor Anlage des Beckenbeinfußgipses.

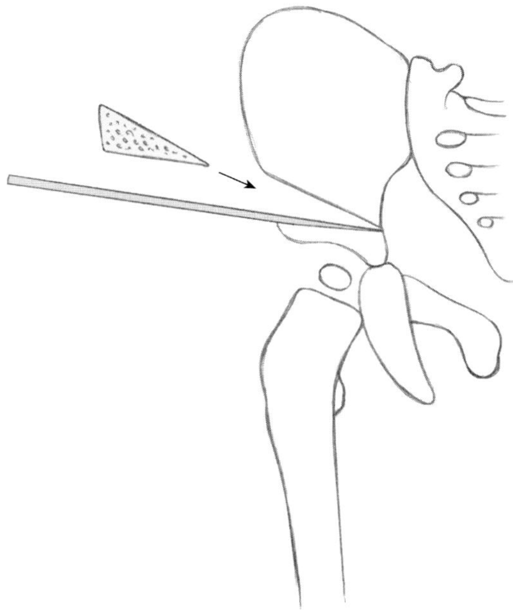

Abb. 9.2.3. Durchführung der Azetabuloplastik. Herunterbiegen des Pfannendaches.

Nachbehandlung

8- bis 12-wöchige Ruhigstellung im Beckenbeinfußgips.

Alternative Technik

Beckenosteotomie nach Salter im Kleinkind- und Kindesalter. Dreifachbeckenosteotomien im Jugendlichen- und Erwachsenenalter.

Literatur

Pemperton PA (1965) Pericapsular osteotomy of the ilium; treatment of congenital subluxation and dislocation of the hip. J Bone and Joint Surg A 47:65–86

Staheli LT (1990) Surgical management of acetabular dysplasia. Clin Orthop 264:111

Tönnis D (1984) Die angeborene Hüftdysplasie und Hüftluxation im Kindes- und Jugendalter. Springer, Heidelberg

Tönnis D, Brunken D (1968) Eine Abgrenzung normaler und pathologischer Pfannendachwinkel zur Diagnose der Hüftdysplasie. Arch Orthop Trauma 64:197–228

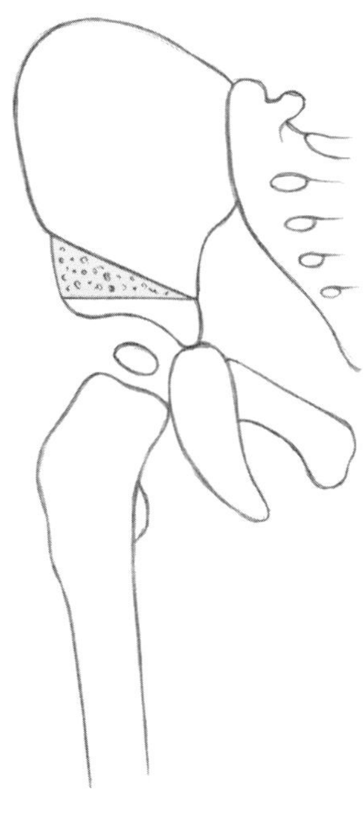

Abb. 9.2.4. Durchführung der Azetabuloplastik. Situs nach Einbringen eines Fremdknochenkeiles.

9.3 Beckenosteotomie nach Salter

Prinzip

Transversale Durchtrennung des Os ilium kranial des Hüftgelenks. Schwenkung des Azetabulums nach lateroventral mit Verringerung der Anteversion der Pfanne. Der Drehpunkt der Schwenkung ist in der Symphyse lokalisiert. Sicherung der Korrektur durch Knochenkeilinterposition und Kirschnerdrahtosteosynthese (Abb. 9.3.1, 9.3.2).

Indikation

Pfannenrestdysplasien mit AC-Winkel über 30° bei Kindern über 2 Jahren. Die Beckenosteotomie nach Salter (Innominate osteotomy) kann bei Kindern bis 8 Jahren problemlos durchgeführt werden. Zum Teil wird sie auch noch bis ins junge Erwachsenenalter durchgeführt (Abb. 9.3.3, 9.3.4).

Kommentar

Im Gegensatz zur Azetabuloplastik, bei der ein Korrekturverlust im späteren Wachstum regelhaft eintritt und somit initial eine Überkorrektur angestrebt wird, kommt es bei der Beckenosteotomie nach Salter im weiteren Verlauf noch zu einer Nachreifung des Azetabulums. Durch die azetabulumferne Osteotomie sind sekundäre Wachstumsschädigungen am Azetabulum nicht zu befürchten.

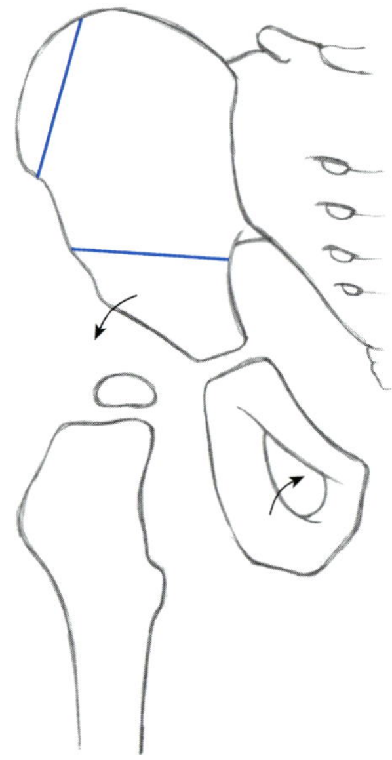

Abb. 9.3.1. Osteotomie der Beckenkammapophyse. Transversale Durchtrennung des Iliums oberhalb des Azetabulums.

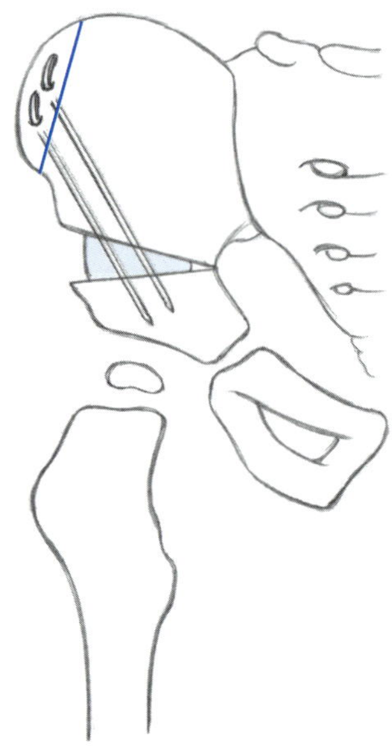

Abb. 9.3.2. Lateralisation und Ventralisierung des distalen Fragmentes durch Drehung in der Symphyse. Durch die Torsion des distalen Fragmentes (Verringerung der Anteversion der Pfanne) kommt es auch zum Zurückweichen des Sitzbeines und somit zur verkleinerten Projektion des Foramen obturatums in der a.-p. Röntgenprojektion. Knochenkeilinterposition und Kirschnerdrahtfixation der Osteotomie.

Technik

Rückenlage des Kindes. Hautschnitt direkt lateral des Os iliums zur Leiste hin auslaufend.

Subkutane Präparation. Hierbei wird am distalen Wundpol auf den N. cutaneus femoris lateralis geachtet und falls sichtbar angeschlungen. Osteotomie der Beckenkammapophyse von lateralseitig und Abschieben der Muskulatur subperiostal auf beiden Seiten des Os iliums. Höhenmarkierung der transversalen Osteotomie oberhalb des Azetabulums. Unter Schutz mit um die Incisura ischiadica herum gesetzten Retraktoren wird die Osteotomie mit einer Stichsäge (Originalbeschreibung mit einer Gigglisäge) durchgeführt. Mobilisation der Osteotomie mit Spreizern. Bei sehr rigidem Periost kann die partielle Durchtrennung desselben notwendig werden. Die Schwenkung des distalen Fragmentes gelingt am besten mit einer in der Gegend der Spina iliaca anterior superior eingesetzten Backhausklemme. Durch Zug nach ventral und lateral wird das Pfannendach ventral über den Hüftkopf gezogen. Die Osteotomiefragmente bleiben hierbei in Kontakt, sodass die Osteotomie nur ventral geöffnet ist. Interposition eines Knochenkeiles (aus der Knochenbank oder Verwenden des Knochenkeils bei gleichzeitiger Varisationsosteotomie des Femurs). Mit von kraniolateral eingebrachten Kirschnerdrähten wird sowohl die Beckenkammapophyse als auch die eigentliche Osteotomie stabilisiert. Hierbei sollte mindestens ein Kirschnerdraht auch den Knochenkeil fassen. Nach Durchleuchtungskontrolle Umbiegen und Kürzen der Kirschnerdrähte. Durch Rotation derselben werden sie dem Beckenkamm angenähert. Für die spätere Metallentfernung ist es hilfreich, die Drahtenden eng zueinander zu positionieren.

Komplikationen

Die Salterosteotomie ist ein relativ einfach durchzuführendes Verfahren. Die Platzierung von jeweils einem Hebel von medial und lateral des Os Iliums, die sich im Foramen ischiadicum kreuzen, sichert die Gefäße und den Nervus ischiadicus bei der Osteotomie.

Nachbehandlung

6-wöchige Anlage eines Beckenbeingipses.

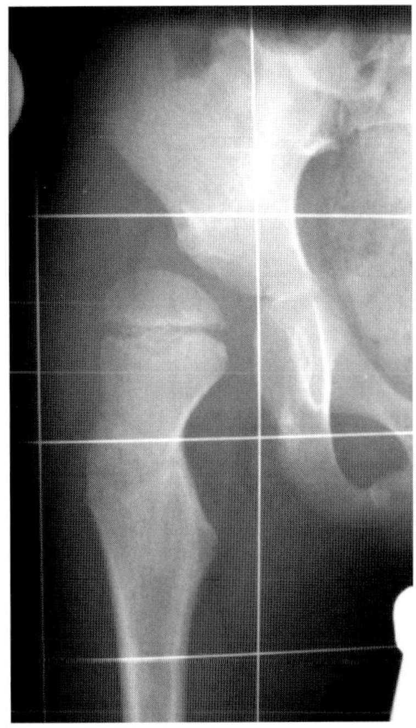

Abb. 9.3.3. Präoperatives Röntgenbild einer Hüftluxation mit ausgedehnter Pfannendysplasie.

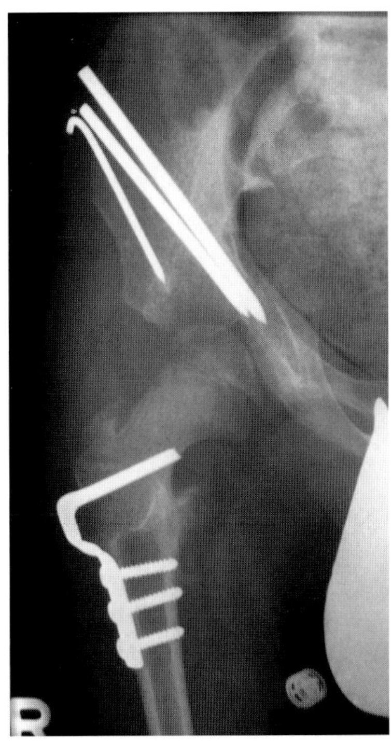

Abb. 9.3.4. Offene Reposition; Beckenosteotomie nach Salter und Varisationsderotationsosteotomie.

Alternative Technik

Azetabuloplastik bei jungen Kindern. Ab dem 10. Lebensjahr ist auch eine Dreifachosteotomie insbesondere bei höhergradigen Dysplasien und/oder fortgeschrittener Knochenreifung das Alternativverfahren.

Literatur

Krauspe R, Korn S (1993) Die Entwicklung des Azetabulums nach Beckenosteotomie im Wachstumsalter. Orthop Praxis 29:126–130

Salter RB (1961) Innominate osteotomy in the treatment of congenital dislocation and subluxation of the hip. J Bone and Joint Surg (Br) 43:518–539

Salter RB (1966) Role of innominate osteotomy in the treatment of congenital dislocation and subluxation of the hip in the older child. J Bone and Joint Surg (A) 48:1413–1439

Tönnis D (1984) Die angeborene Hüftdysplasie und Hüftluxation. Springer, Heidelberg Berlin New York

9.4 Dreifachosteotomien

Prinzip

Das Azetabulum wird mittels Osteotomien mobilisiert und entsprechend des Überdachungsdefizites über den Hüftkopf geschwenkt. Der Eingriff wird oft isoliert, bei ausgeprägter Fehlform des proximalen Femurs auch in Kombination mit einer Femurosteotomie durchgeführt. Die Fixation erfolgt meist mittels Schraubenosteosynthese.

Indikation

Restdysplasien der Pfanne im späten Kindesalter, Jugendlichen- und Erwachsenenalter. Voraussetzung ist eine gute Hüftgelenksbeweglichkeit und eine sphärische und nicht zu kurze Pfannenanlage.

Bei älteren Patienten und ab Arthrosegrad II nach Tönnis ist differentialtherapeutisch der endoprothetische Gelenkersatz abzuwägen.

Kommentar

Entscheidend für alle Korrekturen der Restdysplasie ist die Quantifizierung der Pfannenschwenkung. Wird diese zu gering ausgeführt wird der erwünschte biomechanische Effekt nur teilweise erreicht.

Röntgenaufnahmen für die Quantifizierung der Pfannenschwenkung sind die

- Beckenübersichtsaufnahme (Bestimmung des CE-Winkels nach Wiberg und des AC-Winkels der Belastungszone nach Tönnis) (Abb. 9.4.1, 9.4.2).
- Aufnahme in Faux Profil Projektion (VCA-Winkel nach Lequesne und de Seze als Quantifizierung der anterolateralen Überdachung) (Abb. 9.4.3).
- Abduktionsaufnahme des Gelenkes (Überprüfung der Gelenkkongruenz).
- Rippstein II-Aufnahme (Bestimmung der femoralen Antetorsion – zur Differentialindikation einer femoralen Korrektur).

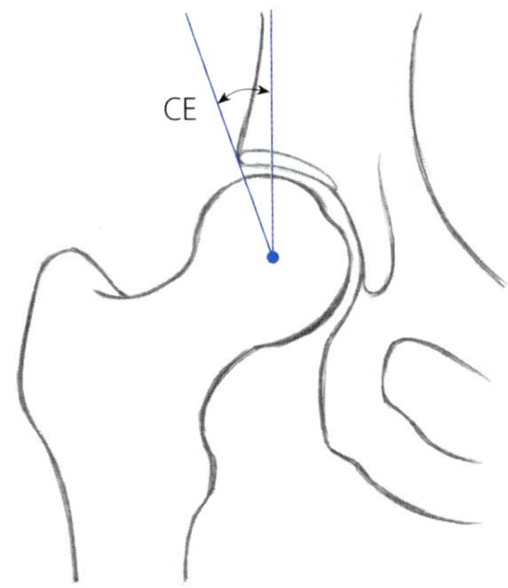

Abb. 9.4.1. Röntgenologische Quantifizierung der Pfannendysplasie beim Erwachsenen. CE-Winkel nach Wiberg.

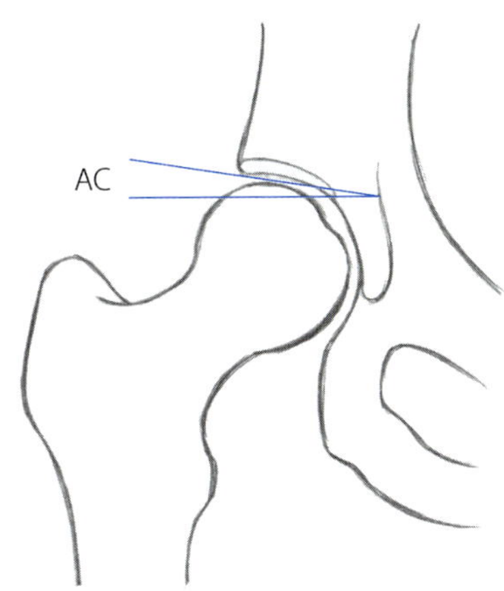

Abb. 9.4.2. Röntgenologische Quantifizierung der Pfannendysplasie beim Erwachsenen. AC-Winkel der Belastungszone nach Tönnis (Tragflächenwinkel TF nach Tschauner).

Bei Nachuntersuchungen wurden die besten Ergebnisse bei Korrekturen sowohl des CE-Winkels als auch des VCA-Winkels auf 30–35° und des AC-Winkels der Belastungszone von 0° gesehen.

Bei einer Überkorrektur kann ein iatrogenes Impingement des Gelenkes resultieren (CE- und oder VCA-Winkel über 40° und/oder AC-Winkel der Belastungszone minus 10°).

Operativ hilfreich bei allen Dreifachosteotomien ist die Verwendung eines Beckenmodells zur Erleichterung der dreidimensionalen intraoperativen Orientierung. Die Hospitanz an für diese Eingriffe spezialisierten Kliniken wird empfohlen.

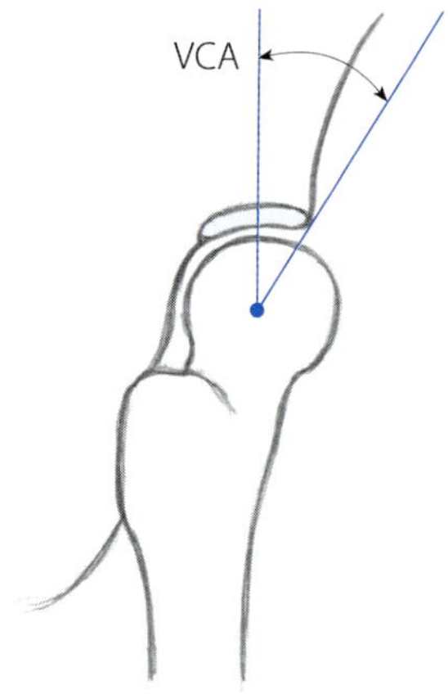

Abb. 9.4.3. Röntgenologische Quantifizierung der Pfannendysplasie beim Erwachsenen. VCA-Winkel nach Lequesne und de Seze (synonyme Bezeichnung: **A**nterior **C**enter **E**dge Winkel).

Dreifachosteotomie nach Steel

Prinzip

Die Osteotomien des Os ilium und des Os pubis werden von einem ilioinguinalen Zugang durchgeführt. Die Osteotomie des Sitzbeines erfolgt durch einen separaten Schnitt kaudal direkt über dem Sitzbein (Abb. 9.4.4).

Technik

Rückenlage des Patienten auf einem röntgendurchlässigen OP-Tisch. Das Fußteil auf der zu operierenden Seite wird zunächst abgeklappt. Abdecken mit Abkleben der Genitalregion bei freiem Zugang zum Sitzbein. Das Bein wird von einem auf der kontralateralen Seite stehenden Assistenten in 90° Hüft- und Knieflexion gehalten. Der Operateur sitzt mit direkter Blickrichtung auf die Sitzbeinregion (s. Abb. 2.6 und Abb. 9.4.5). Querschnitt zweifingerbreit beugeseitig der Gesäßfalte. Bei schlanken Patienten ist das Sitzbein tastbar und dient als Leitstruktur für die mittige Platzierung des Hautschnittes. Direktes stumpfes Zugehen auf das Sitzbein. Der M. gluteus maximus und der (nicht sicht-

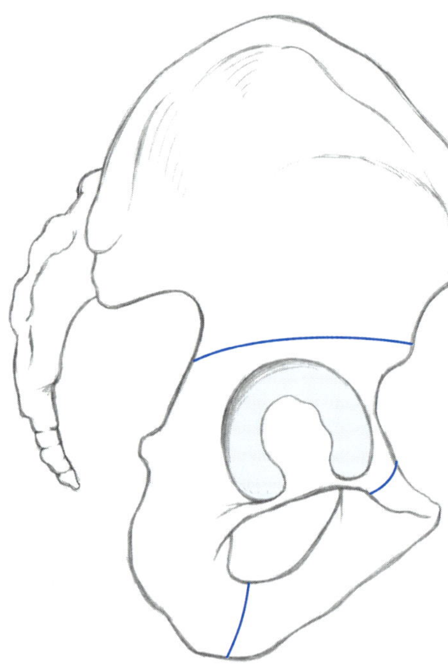

Abb. 9.4.4. Lage der Osteotomien bei der Dreifachosteotomie nach Steel.

bare) N. ischiadicus liegen hierbei lateralseitig und werden zunächst mit einem Langenbeckhaken abgehalten. Am Sitzbein sind kräftige Muskelansätze, insbesondere der M. biceps femoris, lokalisiert. Kurzstreckiges scharfes Abtrennen derselben, sodass zunächst subperiostal lateralseitig ein schlanker, an der Spitze leicht gebogener Hebel bis zur hinteren Kante des Sitzbeines in das Foramen obturatorium vorgeführt werden kann. Subperiostales Setzen eines zweiten Hakens auf der Medialseite. Osteotomie mit einem Meißel in der Breite des Sitzbeines. An der Stelle der Osteotomie (distal und ventral des Tuber ischiadicums) hat das Sitzbein seine maximale Breite an der Vorderkante. Queres Durchmeißeln des Sitzbeines in paralleler Orientierung zum OP-Tisch in leicht schräger Richtung nach medial auf die Spitze der Schutzhebel (Abb. 9.4.5). Das Sitzbein hat an dieser Stelle eine Tiefe von ca. 2 cm. Überprüfung der Osteotomie durch Verkanten des Meißels in der Osteotomie (Abb. 9.4.6). Bei vollständiger Durchtrennung weichen die Fragmente deutlich auseinander. Verschluss der Wunde mit Rückstichnähten ohne Einlegen einer Drainage. Handschuh- und Instrumentenwechsel. Hochklappen des Fußteiles und Unterlegung einer Knierolle zur leichten Flexion des Hüftgelenkes.

Zweiter Hautschnitt zentriert auf die Spina iliaca anterior superior proximal direkt lateral des Beckenkammes beginnend, dann in Verlaufsrichtung des M. tensor fasciae latae distal umschwenkend. Beachten des N. cutaneus femoris lateralis. Abtrennung der Ansätze der Spinamuskulatur und des Ansatzes des M. rectus femoris. Osteotomie des Schambeines nach subperiostaler Umfahrung desselben medial des Hüftgelenkes (alternative Schambeindurchtrennung, Dreifachosteotomie nach Tönnis).

Beidseitiges subperiostales Abschieben der Muskulatur vom Beckenkamm und Einsetzen von Hebeln von lateral und medial in das Foramen ischiadicum. Osteotomie des Os ilium in gleicher Technik wie die Osteotomie nach Salter (s. Kap. 9.3). Bikortikales Eindrehen einer 6 mm dicken Fixateur externe-Schraube in das Os ilium mit einem daran befestigten AO Bohrfutter ventrolateral. Bei der Schwenkung des Pfannenfragmentes (erleichtert durch Zug am Bein) dient diese Schraube sowohl als Hebel als auch zur Orientierung bezüglich des Ausmaßes der Schwenkung.

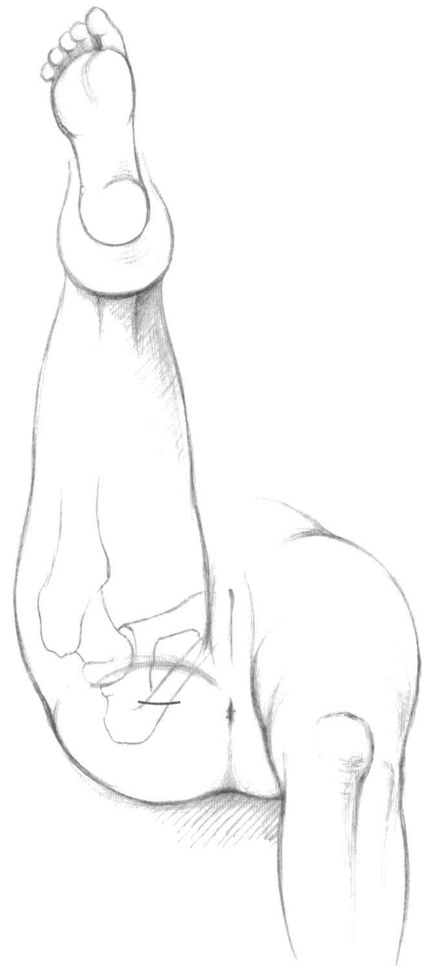

Abb. 9.4.5. Hautinzision für die Sitzbeinosteotomie nach Steel.

Röntgenkontrolle des Ausmaßes der Korrektur. Einfügen eines Knochenkeiles (gewonnen aus dem proximalen Anteil des Os ilium) in die Iliumosteotomie und Fixation mittels kräftiger Kirschnerdrähte. Erneute radiologische Kontrolle. Die Stabilität der Osteotomie kann durch Verwenden von Schrauben erhöht werden. Refixation der abgelösten Muskulatur und Wundverschluss (Abb. 9.4.7, 9.4.8).

Nachbehandlung

Sohlenkontakt und Vermeidung von einer Hüftflexion von mehr als 60° für sechs Wochen. Nach dieser Zeit Flexion bis 90° erlaubt. Vollbelastung in der Regel nach drei Monaten.

Kommentar

Die Sitzbeinosteotomie lässt sich von einem relativ kleinen kosmetisch wenig störenden Hautschnitt durchführen. Durch die pfannenferne Osteotomie des Sitzbeines (das Ligamentum sacrospinale verbleibt am Pfannenfragment) ist die Schwenkungsmöglichkeit theoretisch begrenzt.

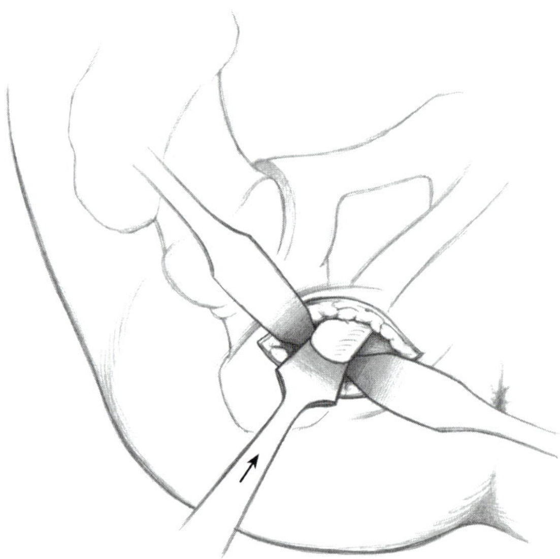

Abb. 9.4.6. Situs bei der Sitzbeinosteotomie bei der Dreifachosteotomie nach Steel.

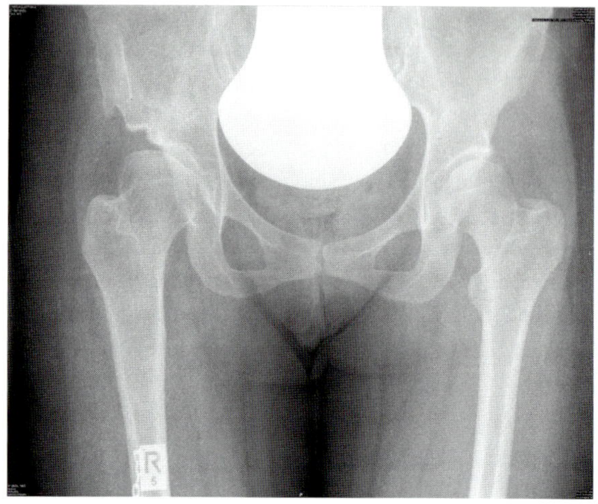

Abb. 9.4.7. Hochgradige Dysplasie und Coxa valga; Zustand nach Chiaribeckenosteotomie.

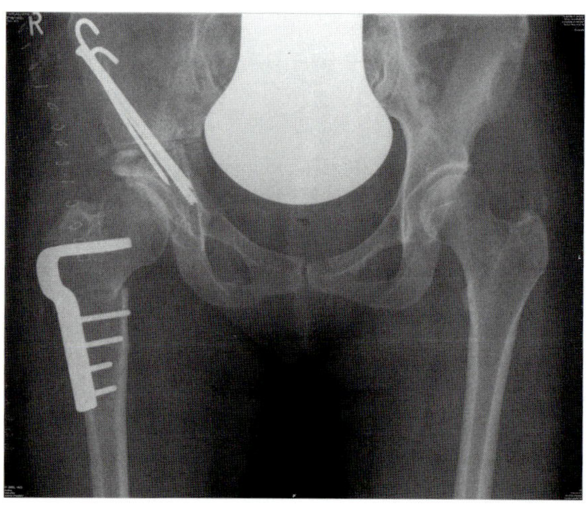

Abb. 9.4.8. Korrektur mittels Dreifachosteotomie nach Steel und Varisationsosteotomie.

Dreifachosteotomie nach Tönnis und Kalchschmidt

Prinzip

Die Osteotomie des Os ilium und des Os pubis wird von zwei streckseitigen Schnitten durchgeführt. Die Osteotomie des Sitzbeines erfolgt durch einen separaten Schnitt orientiert am Verlauf des Ligamentum sacrotuberale am Gesäß (Abb. 9.4.9).

Technik

Lagerung in instabiler Seitenlage (mehr nach ventral verkippt) mit ausschließlich thorakaler Abstützung, um intraoperativ den Patienten in Rückenlage drehen zu können, ohne erneut abdecken zu müssen.

Beginn mit der **Sitzbeinosteotomie**: Hautschnitt 2 Querfinger lateral des tastbaren Ligamentum sacrotuberale. Aufspreizen des M. gluteus maximus und Darstellen des Ligamentum sacrotuberale. Die Außenrotatoren, die über dem Sitzbein sichtbar werden, werden aber nur zur Seite geschoben und nicht durchtrennt. Setzen von Hebeln in das Foramen obturatorium und eines Hebels oberhalb der Spina iliaca posterior und des Ligamentum sacrospinale in das Foramen ischiadicum. Osteotomie mit dem Meißel und Überprüfung deren Vollständigkeit. Wundverschluss und Wechsel zur Rückenlagerung (Abb. 9.4.10–9.4.12).

Zur **Osteotomie des Schambeines** wird ein Schnitt direkt über demselben durchgeführt. Vorgehen in die Tiefe unter Weghalten der Gefäße nach lateral. Ablösen des M. pectineus und subperiostale Präparation nach lateral. Sicherung mit Hebeln und pfannennahe Osteotomie des Schambeinastes mittels oszillierender Säge in Zielrichtung auf das gleichseitige Iliosakralgelenk.

Zur **Osteotomie des Darmbeines**: Schnittführung am Außenrand des Beckenkammes nach distal auf die Lücke zwischen M. tensor fasciae latae und M. sartorius umschwenkend. N. cutaneus femoris lateralis beachten. Ablösen der Spinamuskulatur und Einsetzen von Hebeln in die Incisura ischiadica. Verlauf der Osteotomie vom Hinterrand der Spina iliaca anterior inferior beginnend in schräger Richtung ca. 4 cm tief, dann 90° umschwenkend auf die Incisura ischiadica.

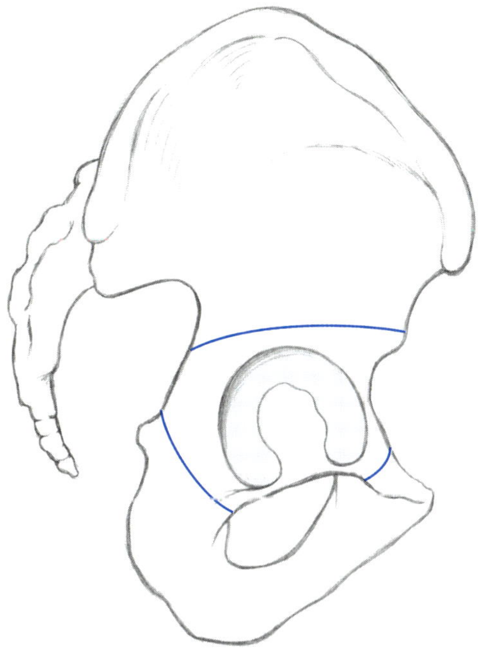

Abb. 9.4.9. Lage der Osteotomien bei der Dreifachosteotomie nach Tönnis und Kalchschmidt.

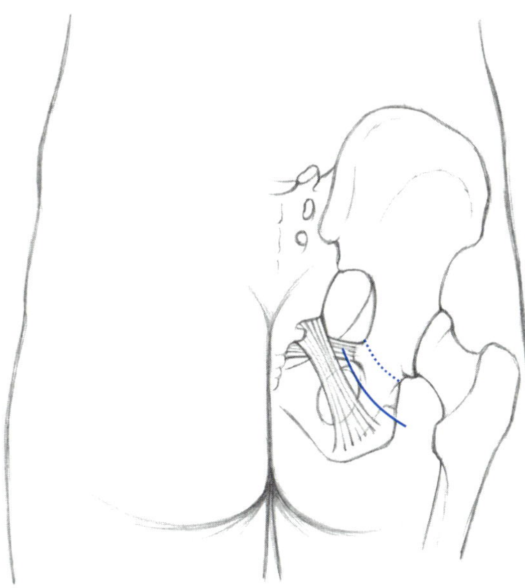

Abb. 9.4.10. Hautschnittführung für die Sitzbeinosteotomie nach Tönnis und Kalchschmidt.

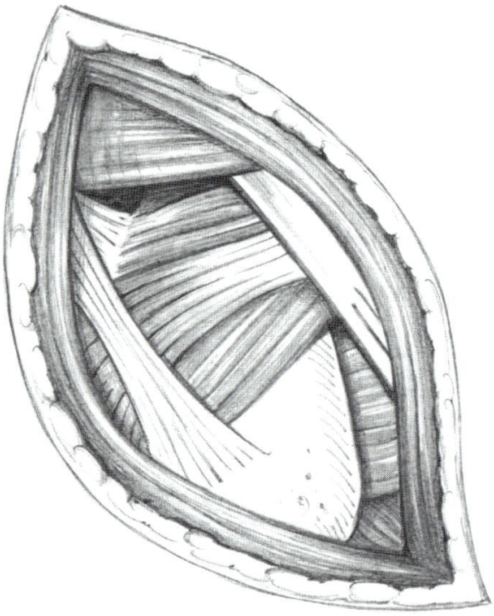

Abb. 9.4.11. Operationssitus nach Aufspreizen des M. gluteus maximus mit Sicht auf die Außenrotatoren.

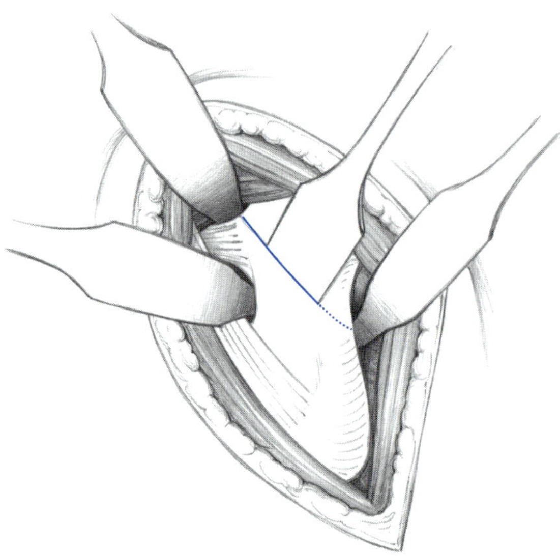

Abb. 9.4.12. Orientierung der Sitzbeinosteotomie. Sie läuft vom Foramen ischiadicum zum Foramen obturatorium.

Direktion der Pfannenschwenkung mittels einer in das azetabuläre Fragment des Os iliums eingebrachten 6 mm dicken Fixateur externe-Schraube, an der ein AO-Bohrfutter befestigt wurde. Diese Schraube wird vorteilhaft bereits vor der Iliumosteotomie von ventrolateral eingebracht.

Temporäre Kirschnerdrahtfixation der Korrektur und Röntgenkontrollen, ggf. Nachkorrekturen. Definitive Osteosynthese der Iliumosteotomie mittels Schrauben (z. B. 6,5 mm durchmessenden Spongiosaschrauben). Singuläre Schraubenfixation der Osteotomie des Schambeines. Reinsertion der abgelösten Muskulatur.

Nachbehandlung

Sohlenkontakt und Vermeidung von einer Hüftflexion von mehr als 60° für sechs Wochen. Nach dieser Zeit Flexion bis 90° erlaubt. Vollbelastung in der Regel nach drei Monaten.

Kommentar

Bei der Dreifachbeckenosteotomie nach Tönnis und Kalchschmidt erfolgen die Osteotomien azetabulumnah unter optischer Kontrolle. Die Schwenkung ist frei möglich und es besteht eine gute Fixationsmöglichkeit des Os ilium und des Os pubis. Dies sind die Gründe, weshalb diese Dreifachosteotomie die größte Verbreitung gefunden hat. Nachteilig sind die kosmetisch beeinträchtigende Inzision über dem Gesäß und die anatomisch ungewohnte Orientierung bei der Sitzbeinosteotomie.

Periazetabuläre Osteotomie nach Ganz

Prinzip

Durchführung der Pfannenreorientierung über einen Zugang. Die Osteotomien werden von der Beckeninnenseite durchgeführt. Voraussetzung ist ein Verschluss der Y-Fuge (Abb. 9.4.13).

Technik

Rückenlagerung des Patienten auf röntgendurchlässigem Tisch. Präparation bei angebeugtem Hüftgelenk (Knierolle). Schnittführung entlang des Beckenkammes distal umschwenkend auf den Muskelbauch des M. tensor fasciae latae mit Zentrierung auf die Spina anterior superior. Beachten des N. cutaneus femoris lateralis. Eröffnen der Faszie des M. tensor fasciae latae und Verziehen desselben nach lateral. V-förmige Osteotomie der Spina iliaca anterior superior und Wegklappen derselben mit dem Ansatz des M. sartorius und dem Leistenband nach medial. Subperiostale Präparation der Innenseite des Os ilium bis zur Linea terminalis und Darstellen des Ansatzes des M. rectus femoris, der Pars reflecta und der Hüftgelenkskapsel. Abtrennung des bifiden Ansatzes des M. rectus femoris. Verziehen des M. iliacus nach Ablösen seiner kapsulären Anheftung unter starker Hüftbeugung nach medial unter Eröffnung des Psoasgleitlagers. Retraktion des M. iliopsoas durch einen in das Schambein innenseitig eingetriebenen spitzen Hohmannhebel. Mobilisation des Kapselunterrandes bis zum Os ischium.

Weitere subperiostale Präparation an der Beckeninnenseite zum kleinen Becken. Setzen eines Hebels an die Spina ischiadica sowie Setzen von Hebeln an den azetabulumnahen Bereich des Schambeins. Sparsame Ablösung der Muskulatur an der Außenseite des Os ilium zum Setzen eines Hebels in die Incisura ischiadica. Zum Teil wird auf diesen präparatorischen Schritt verzichtet.

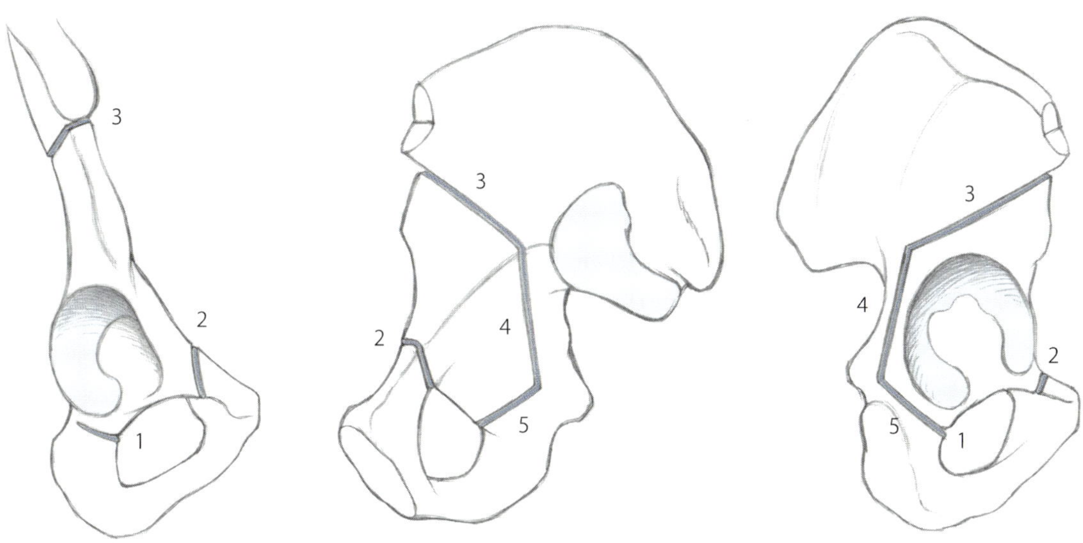

Abb. 9.4.13. Lokalisation der Osteotomien und deren Abfolge bei der periazetabulären Osteotomie nach Ganz.

Abfolge der Osteotomien

- **Sitzbeinosteotomie:** Bei flektierter Hüfte Einbringen eines gebogenen Meißels (Abb. 9.4.14) auf das Sitzbein am Unterrand der Gelenkkapsel zwischen der Sehne des M. psoas und dem M. obturator externus. Einschlagen des Meißels ca. 2 cm tief ohne komplette Durchtrennung des Sitzbeines.
- **Schambeinosteotomie:** Unter Schutz von um das Schambein herum positionierten Hebeln bei flektiertem und adduziertem Gelenk quere Osteotomie des Schambeines schräg nach medial absteigend.
- **Supraazetabuläre Osteotomie:** Proximal rechtwinklig zum Beckenkamm orientiert mit einer oszillierenden Säge durchgeführt, vom Unterrand der Spina iliaca anterior superior beginnend bis hinter den dorsalen Rand der Gelenkkapsel reichend (ca. 1 cm vor der Linea arcuata).
- **Retroazetabuläre Osteotomie:** 115° zur supraazetabulären Osteotomie wird an deren Ende (Zielrichtung Spina ischiadica) mit einem speziellen gebogenen Meißel hinter dem Azetabulum durchgemeißelt.
  Vor Vollendung der letzten Osteotomie Einbringen einer Schanzschraube in das azetabuläre Fragment zur späteren Mobilisation und Orientierung des Azetabulums.
- **Mobilisierung der Ischiumosteotomie:** Durch Einbringen von Spreizern in die supraazetabuläre Osteotomie und Manipulation an der Schanzschraube kann bereits die kontrollierte Frakturierung erfolgen. Tritt dies nicht ein wird von der Innenseite mit der Schneide parallel zur Linea terminalis ein gebogener Meißel auf die Lamina quadrangularis angesetzt und die Osteotomie vollendet.
- **Mobilisierung des Azetabulums und Durchführung der Pfannenschwenkung** unter Zuhilfenahme der Schanzschraube eventuell von zusätzlichen dirigierenden Hohmannhebeln.
  Temporäre Kirschnerdrahtfixation. Röntgenkontrollen, ggf. Nachkorrekturen. Überprüfung ob ein ventrales Impingement vorliegt. Ggf. Beseitigung desselben durch Teilrücknahme der Schwenkung oder intraartikuläre Maßnahmen (s. Kap. 15).

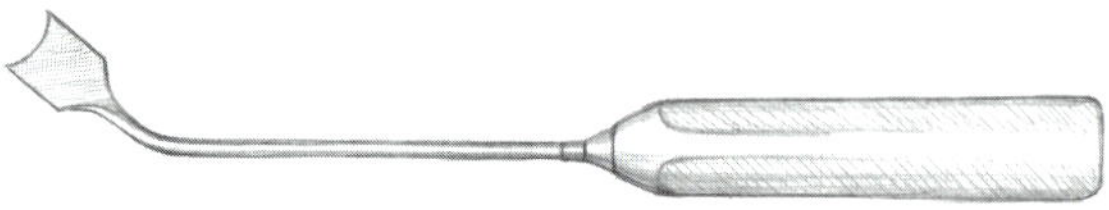

Abb. 9.4.14. Spezialmeißel mit abgewinkelter Spitze.

Femoroazetabuläres Impingement. Nach Festlegen der Korrektur definitive Fixation mit drei 3,5 mm Kortikalisschrauben, welche das azetabuläre Fragment in einer dreieckförmigen Anordnung fixieren.

Nachbehandlung

Nach initialer Bettruhe von zwei Tagen Mobilisation des Patienten mit Sohlenkontakt für 8 Wochen und Verbot der aktiven Hüftflexion. Bereits in diesem Zeitraum freie passive Hüftgelenksbeweglichkeit.

Kommentar

Die periazetabuläre Osteotomie nach Ganz hat mehrere Vorteile. Der Beckenring bleibt erhalten, was postoperativ im Vergleich zu anderen Osteotomien Stabilitätsvorteile hat. Sie kann von einer Hautinzision aus durchgeführt werden und bietet die Option gleichzeitiger intraartikulärer Korrekturen. Nachteilig bei dieser technisch anspruchsvollen Korrektur ist die Durchführung einzelner Osteotomien ohne visuelle Kontrolle. Es besteht somit die Gefahr einer intraartikulären Lage der Osteotomie.

Literatur

Ganz R, Klaue K, Vinh TS, Mast JW (1988) A new periacetabular osteotomy for the treatment of hip dysplasia. Clin Orthop 232:26–36

Isler B (2005) Die periacetabuläre Osteotomie. In: Meyer RP, Gächter A, Kappeler U (Hrsg) Hüftchirurgie in der Praxis. Springer, Heidelberg, S 165–171

Kalchschmidt K, Buckup K (2005) Die operative Behandlung der Hüftdysplasie – Dreifachbeckenosteotomie nach Tönnis/Kalchschmidt. In: Meyer RP, Gächter A, Kappeler U (Hrsg) Hüftchirurgie in der Praxis. Springer, Heidelberg, S 173–180

Krauspe R (1999) Hüftpfannenschwenkung durch Dreifachosteotomie des Beckens nach Tönnis. In: Konermann W, Gruber G, Tschauner C (Hrsg) Die Hüftreifungsstörung. Steinkopff, S 459–478

Lequesne M, de Seze S (1961) Le faux profil du bassin. Nouvelle incidence radiographique pour l'etude de la hanche. Rev Rhum Mal Osteoartic 28:643–652

Leuning M, Siebenrock KA, Ganz R (2004) Periazetabuläre Osteotomie (PAO) nach Ganz. In: Tschauner C (Hrsg) Orthopädie und orthopädische Chirurgie. Thieme, Stuttgart New York, S 177–181

Siebenrock K, Schöll E, Lotterbach M, Ganz R (1999) Periacetabular osteotomy. A minimal follow-up of 10 years. Clin Orthop 363:9–20

Steel HH (1982) Triple-osteotomy of the innominate bone. In: Tachdjian MO (ed) Congenital dislocation of the Hip. Livingstone, New York, S 567–594

Tönnis D, Behrens K, Tscharani F (1981) A modified technique of the triple pelvic osteotomy. Early results. J Pediatr Orthop 1:241–249

Tönnis D (1984) Die angeborene Hüftdysplasie und Hüftluxation. Springer, Berlin

Tschauner C, Hofmann S (2004) Restdysplasie und Dysplasiecoxarthrose. In: Tschauner C (Hrsg) Orthopädie und Orthopädische Chirurgie Becken, Hüfte. Thieme, Stuttgart New York, S 156–169

Von Bremen-Kühne R, de la Vega-Salgado H, Steffen R (2006) Die Dreifachosteotomie nach Tönnis und Kalchschmidt in der Behandlung der Pfannendysplasie – Mittelfristige Ergebnisse. Z Orthop 144:484–491

Wiberg G (1939) Studies on dysplastic acetabulum and congenital subluxation of the hip with special reference to the complication of osteoarthritis. Acta Chir scand, S 83 (58)

9.5 Osteotomie nach Chiari

Prinzip

Osteotomie direkt kranial der Hüftgelenkskapsel (Abb. 9.5.1). Verschieben der distalen Beckenanteile mit Drehpunkt in der Symphyse nach mediokranial und des kranialen Anteils des Os ilium nach laterokaudal über den Hüftkopf. Fixation mit einem oder mehreren kräftigen Kirschnerdrähten oder einer Schraube (Abb. 9.5.2).

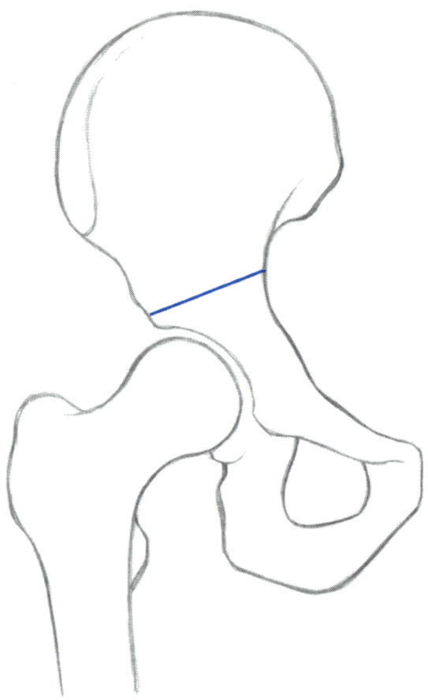

Abb. 9.5.1. Verlauf der Osteotomie.

Indikation

Diese Osteotomie ist bei zu kurzen und/oder asphärischer Pfannenanlage sowie bei in Subluxation stehenden Hüftköpfen des Jugendlichen oder Erwachsenen indiziert. Im Gegensatz zu den Dreifachosteotomien wird der Hüftkopf nicht durch Pfannenknorpel überdacht, sondern nur von der fibrösen Kapsel und dem Knochen des Os iliums. Chiari postuliert die Umwandlung von Kapselanteilen in fibrösen Knorpel. Häufig wird die Chiariosteotomie mit einer Varisationsderotationsosteotomie des proximalen Femurs kombiniert.

Kommentar

Bei Kindern lässt sich mittels Salter-Osteotomie oder Pfannendachplastik ein verlässlicheres Ergebnis erzielen. Dreifachosteotomien sind zu präferieren, wenn durch die Pfannenform eine gute Überdachung erzielbar ist. Bei geringer präoperativer Bewegungseinschränkung und Arthrosegrad ist die Langzeitprognose gut.

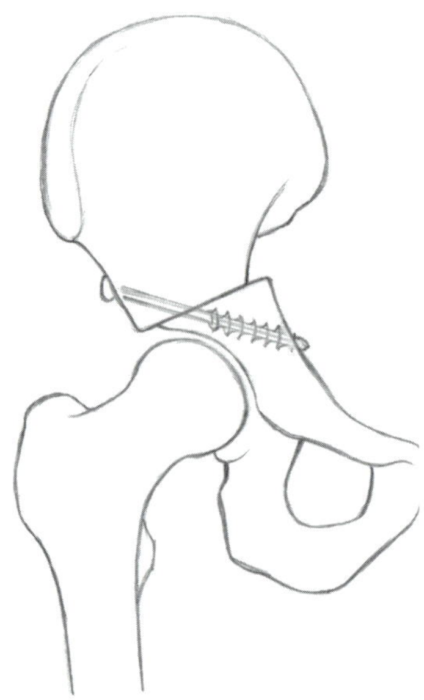

Abb. 9.5.2. Translation und Fixation.

Technik

Rückenlagerung des Patienten auf röntgendurchlässigem Operationstisch.

10 cm langer Hautschnitt zentriert auf die Spina iliaca anterior superior, proximal direkt lateral des Beckenkammes beginnend, dann in Verlaufrichtung des M. tensor fasciae latae distal umschwenkend. Beachten des Nervus cutaneus femoris lateralis. Eingehen zwischen M. sartorius und M. tensor fasciae lata auf den vorderen Pfannenrand (s. Kap. 8.1). Beidseitiges subperiostales Abschieben der Muskulatur vom Beckenkamm und Einsetzen von Hebeln von late-

ral und medial in das Foramen ischiadicum. Abtrennen des M. rectus femoris an seinem Ursprung an der Spina iliaca inferior und sorgfältige präparatorische Darstellung der kranialen Hüftgelenkskapsel (welche nicht eröffnet wird), da direkt darüber die Osteotomie durchgeführt werden muss. Markieren des Verlaufs der Osteotomie mit einem Kirschnerdraht, der leicht nach medial ansteigend direkt oberhalb der Hüftgelenkskapsel von lateral eingebohrt wird. Durchführen der Osteotomie entweder mit der Stichsäge oder mit Meißeln. Hierbei kann um die kraniale Begrenzung der Hüftgelenkskapsel eine domförmige Osteotomie zur besseren Überdachung vorteilhaft mit Hilfe eines gebogenen Meißels erfolgen. Ventral und dorsal des Gelenkes wird transversal osteotomiert (Abb. 9.5.3).

Mobilisation der Osteotomie mit einem Knochenspreizer. Medialisierung des distalen Fragmentes durch Verkanten eines von ventral eingebrachten breiten Osteotoms unter gleichzeitigem Druck auf den Trochanter major. Fixation der Osteotomie durch dicke Kirschnerdrähte oder bei ausreichend breiten BV-Verhältnissen mittels Spongiosaschrauben mit kurzem Gewinde. Einbringen des Osteosynthesematerials von kraniolateral (unter dem Beckenkamm nach mediokaudal).

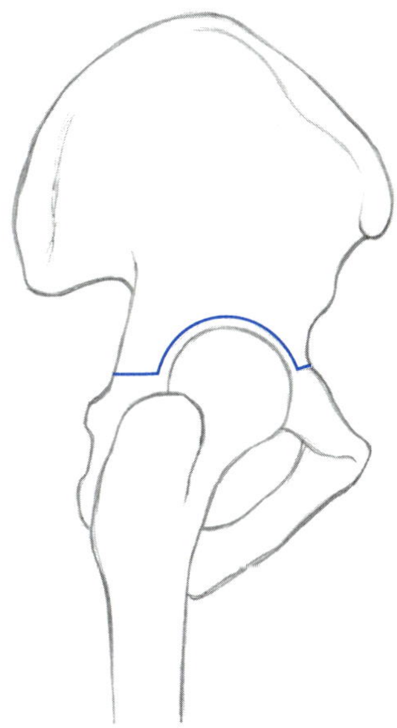

Abb. 9.5.3. Domförmige Modifikation der Chiari-Osteotomie; Betrachtung von lateral.

Komplikationen

Kritisch bei der Chiari-Osteotomie ist die Höhe und Verlaufsrichtung der Osteotomie. Bei zu tiefer Lage der Osteotomie kann der Hüftkopf geschädigt werden, bei zu hoher Osteotomie (häufiger) wirkt das biomechanische Prinzip der Abstützung des Hüftkopfes nicht.

Nachbehandlung

Sohlenkontakt für 6 Wochen. Bei Zweifel an der Stabilität der Osteosynthese ist ein Gipsverband für vier Wochen indiziert. Entfernung des Osteosynthesematerials nach ca. 3 Monaten.

Literatur

Chiari K (1953) Beckenosteotomie zur Pfannendachplastik. Wien Med Wochenschrift 103:707–713

Chiari K (1974) Medial displacement osteotomy of the pelvis. Clin Orthop 98:55–71

Windhager R, Pongarz N, Schönecker W, Kotz R (1991) Chiari osteotomy for congenital dislocation and subluxation of the hip. J Bone Joint Surg 73-B: 890–895

9.6 Hüftrekonstruktion nach Ilisarov

Prinzip

Diaphysäre Valgisationsextensionsderotationsosteotomie des proximalen Femurs kombiniert mit einer diaphysären Varisation und Verlängerung am distalen Femur. Die Verlängerung strebt einen Beinlängenausgleich an. Bei beidseitig hochstehenden Hüftluxationen ist eine Verlängerung nicht obligat. Ziel ist die schmerzfreie Stabilisation der Hüfte (proximale Osteotomie) mit gleichzeitiger Wiederherstellung des Alignements und der Beinlängengleichheit (distale Osteotomie).

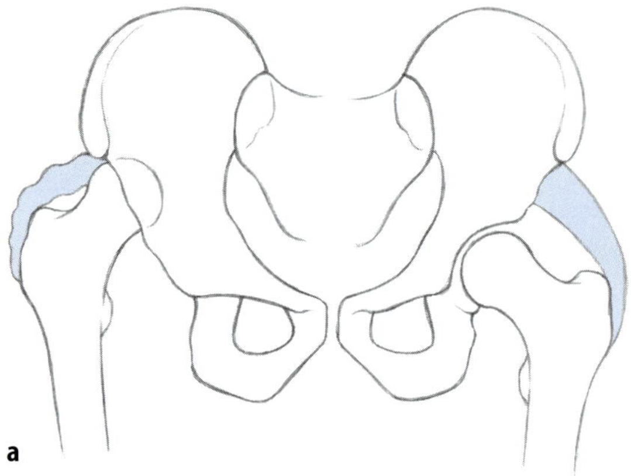

a

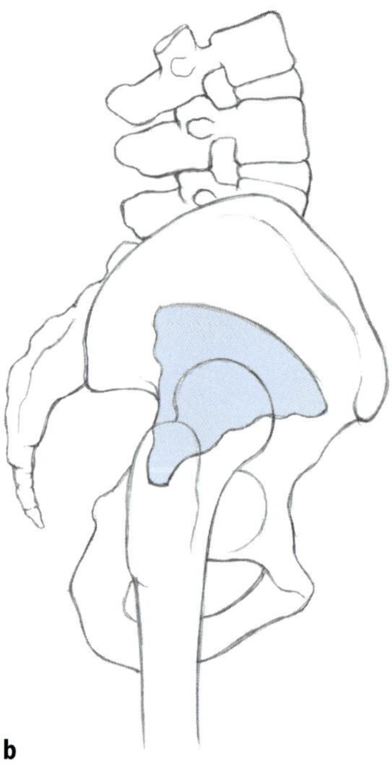

b

Abb. 9.6.1 a, b. Folgen der hochstehenden Hüftgelenksluxation mit Insuffizienz der abduktorischen Muskulatur und Hyperextension der lumbalen Wirbelsäule.

Indikation

Ein- oder beidseitig hochstehende Hüftgelenksluxation des jungen Erwachsenen mit Insuffizienzhinken und/oder Schmerzhaftigkeit. Ätiologisch sind neben veralteten Hüftgelenksluxationen auch Zustände nach septischer Coxitis bedeutsam, bei denen dieses Verfahren vorteilhaft angewandt wird (Abb. 9.6.1).

Kommentar

Korrekturosteotomien nach Schanz (alleinige ausgedehnte Valgisation am proximalen Femur) waren langfristig durch das gestörte Alignement mit einer Valgusbelastung des Kniegelenkes verbunden, was bei der Hüftrekonstruktion nach Ilisarov entfällt. Durch die Fortschritte der Endoprothetik ist die Hüftrekonstruktion nach Ilisarov heute im Wesentlichen nur bei den hochstehenden Luxationen und/oder Gelenkdestruktionen indiziert, dort aber sehr hilfreich. Eine Rückkonversion in einen totalendoprothetischen Gelenkersatz ist selten notwendig, prinzipiell aber möglich.

Technik

Das Ausmaß der proximalen Valgisation entspricht dem Winkelwert der Adduktionsaufnahme der Hüfte zuzüglich 10°. Die Extension beträgt ca. 15°. Die Osteotomie wird auf Höhe des Sitzbeinhöckers lokalisiert. Das Ausmaß der distalen Varisation wird am Ende der Verlängerung anhand einer Ganzbeinstandaufnahme bestimmt. Aufgrund der knienahen Lage der Osteotomie ist das Ausmaß der Varisation gering, meist in der Größenordnung von 8–10°.

Vormontage des Fixateurs (unilaterale Systeme sind einfacher anwendbar und haben eine größere Patientenakzeptanz). Hierbei wird die proximale Korrektur als Akutkorrektur geplant. Durch die ausgeprägte Stellungsänderung sind die Hautizisionen für die proximalen Knochenschrauben distaler zu tätigen, da nach der Akutkorrektur die Schauben ihre Position verändern. Praktisch wird so vorgegangen, dass der Fixateur mit eingesteckten Gewebeschutzhülsen im späteren Korrekturzustand ventral auf die Haut aufgelegt wird und die sich dann ergebenden Schraubenpositionen eingezeichnet werden, die maßgeblich für die Hautinzision sind. Danach Verstellen des Fixateurs entsprechend dem gewünschten Ausmaß der Valgisation (meist 55°) und Extension. Für das Einbringen der proximalen Schrauben wird dann die Haut entsprechend verzogen. Nach Positionierung der Schrauben Wegnahme des Fixateurs und Durchführung der Knochendurchtrennungen in perkutaner Technik (fächerförmiges Anbohren und Durchmeißeln). Wiederanlegen des Fixateurs im korrigierten Zustand. Überprüfung der Translation mit dem Röntgenbildverstärker. Durchbewegen des Kniegelenkes noch in Narkose zur Erleichterung der späteren Beübung. Beginn der Distraktion an der distalen Osteotomie 10 Tage postoperativ (Abb. 9.6.2–9.6.4).

Komplikationen

Die knienahe Osteotomie führt insbesondere bei größeren Verlängerungsstrecken zu einer ausgeprägten Kontrakturneigung des Kniegelenkes. Während der Distraktionszeit sind deshalb eine dauerhafte orthetische Versorgung sowie eine kontinuierliche physiotherapeutische Behandlung notwendig, um eine Gelenkschädigung zu vermeiden.

Nachbehandlung

Die Ausheilungszeit hängt wesentlich vom Ausmaß der Verlängerung der kniegelenksnahen Osteotomie ab. Bis zu diesem Zeitpunkt ist nur eine Teilbelastung möglich.

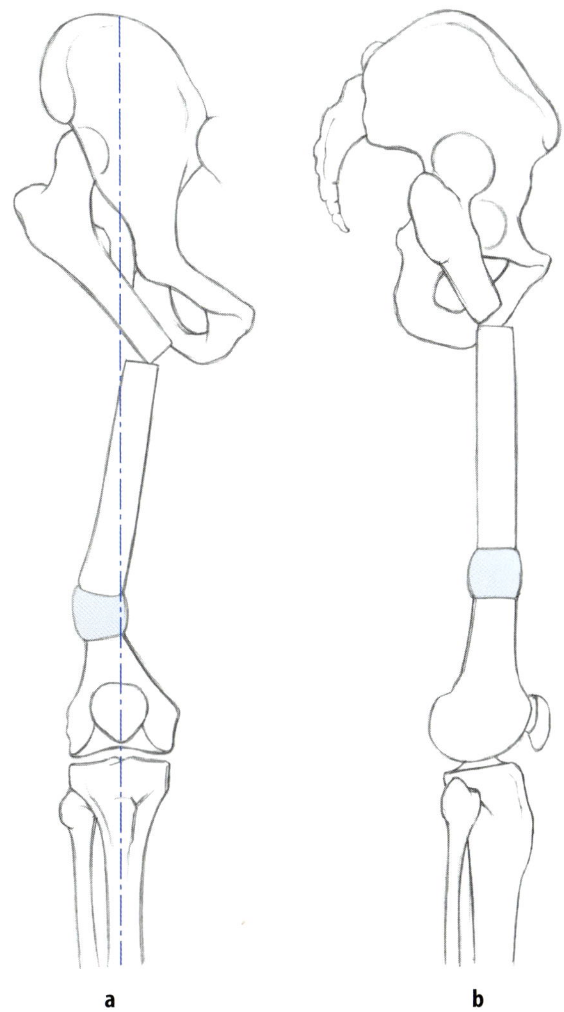

Abb. 9.6.2. Lokalisation der Osteotomien bei der Hüftrekonstruktion nach Ilisarov **a** in der ap Ansicht und **b** in der seitlichen Ansicht.

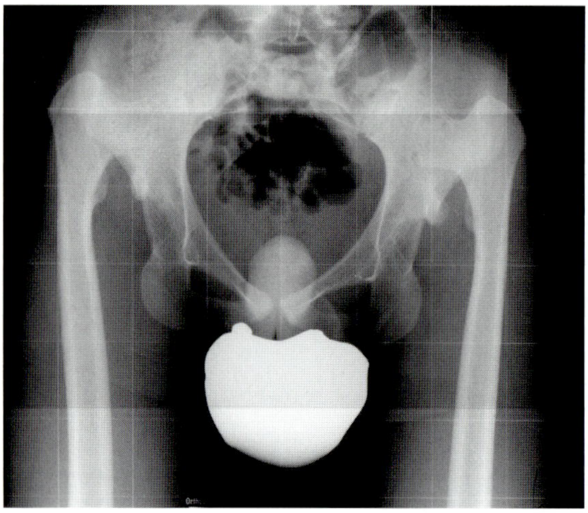

Abb. 9.6.3. Ausgangsbefund einer beidseits hochstehenden Hüftluxation.

Alternative Technik

Beim Kind wird das Verfahren der operativen Hüftgelenksreposition kombiniert mit pfannendachverbessernden Maßnahmen sowie Femurosteotomien angewendet. Beim Erwachsenen erfolgt der endoprothetische Gelenkersatz. Meist ist hierzu eine Femurverkürzungsosteotomie notwendig.

Literatur

El-Mowafi H (2005) Outcome of pelvic support osteotomy with the Ilisarov method in the treatment of the unstable hip joint. Acta Orthop Belg 71:686–691

Ilisarov GA (1992) Transosseous osteosynthesis: theoretical and clinical aspect of the regeneration and growth of tissue. Springer, Berlin Heidelberg New York

Inan M, Bomar JD, Kucukkava M, Harma A (2004) A comparison between the use of a monolateral external fixator and the Ilisarov technique for pelvic support osteotomies. Acta Orthop Traumatol Turc 38(4):252–260

Milch H (1989) The classic: the pelvic support osteotomy. Clin Orthop 249:4–11

Paley D (2002) Principles of deformity correction. Springer, Berlin Heidelberg New York, S 689–694

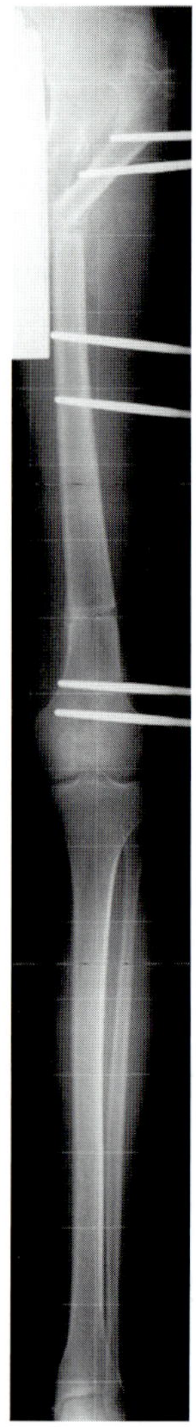

Abb. 9.6.4. Hüftrekonstruktion nach Ilisarov in unilateraler Technik.

10 Eingriffe bei der Epiphyseolysis capitis femoris

Prinzip

Die Epiphyseolysis capitis femoris (Ecf) ist eine Dislokation der proximalen Femurepiphyse.

Die Epiphyse selbst bleibt in der Hüftgelenkspfanne fixiert, der Schenkelhals „gleitet" in kranioventraler Richtung, so dass die Femurepiphyse dorsokaudal verbleibt.

Die Ecf tritt akut (Ecf acuta), chronisch (Ecf lenta) oder als Akutform bei bereits bestehender Ecf lenta („acute on chronic") auf. Die Ecf lenta ist bei Diagnosestellung in 10–50% doppelseitig, bei Nachuntersuchungen steigt die Rate der Doppelseitigkeit auf über 50% an.

Indikation

Eine Ecf wird stets operativ behandelt. Die akute Form ist eine Notfallindikation. Bei der Ecf acuta wird die Reposition angestrebt.

Hierbei wird intraoperativ vor Querung der Epiphyse durch Implantate am leicht flektierten Bein gezogen unter gleichzeitiger Abduktion und Innenrotation („wie ein Pferd ausschlägt") (Abb. 10.1). Eine Hämatomentlastung durch Kapseleröffnung wird gefordert.

Die operative Strategie der Therapie der Ecf lenta wird von deren Ausmaß bestimmt. Die Quantifizierung erfolgt an der orthograden Aufnahme des Schenkelhalses nach Imhäuser in Rückenlage mit 90° Flexion und 45° Abduktion, bei schmerzhaft eingeschränkter Abspreizung muss die gegenseitige Hüfte hochgelagert werden. Bis 30° wird eine Fixation in situ empfohlen, bei 30–50° aber die Fixation in situ als auch die Korrekturosteotomie nach Imhäuser, die bei über 50° obligat ist (Leitlinien Kinderorthopädie). Aufgrund der Problematik des Impingements durch den Abrutsch der Epiphyse ist die Grenze für die Korrekturosteotomie eher bereits bei 30° anzusiedeln. Für die Entscheidungsfindung ist auch die a.-p. Projektion des Gelenkes, die die varische Komponente der Epiphyseolysis zeigt, mit zu

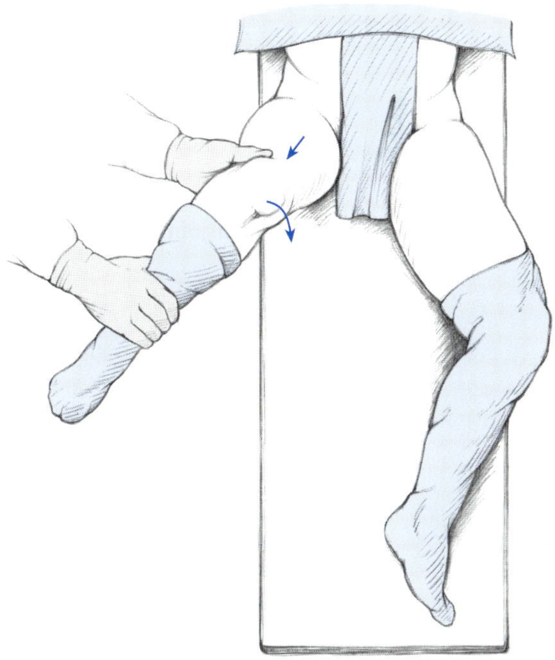

Abb. 10.1. Repositionsmanöver bei der Epiphyseolysis capitis femoris.

berücksichtigen. Bei hochgradigen Ecf besteht die Option zur subkapitalen, subtraktiven Korrekturosteotomie. Diese wird vorteilhaft mit einem anatomischen Hüftzugang (Trochanterflip-osteotomie mit chirurgischer Hüftluxation, s. Kap. 8.4) durchgeführt. Auch bei der Ecf lenta wird vor Querung der Epiphyse durch Implantate das Bein in „Repositionsstellung" gehalten, um einen potentiellen „Akutanteil" zu reponieren.

Kommentar

Die Frage der gleichzeitigen Stabilisierung der kontralateralen Seite bei der Ecf lenta wird kontrovers diskutiert. Insbesondere die beobachteten Komplikationen bei der „prophylaktischen" Versorgung werden gegen die Versorgung der kontralateralen Seite angeführt. Die hohe Rate der Beidseitigkeit, die ausgeprägte Bedeutung bereits auch geringerer Gleitvorgänge und die Möglichkeit mittels wenig komplikationsträchtiger Verfahren die prophylaktische Stabilisierung vorzunehmen, sprechen für die beidseitige Versorgung.

Komplikationen

Die akute Ecf ist mit einer hohen Quote von Hüftkopfnekrosen belastet. Das Risiko einer avaskulären Nekrose bei der Ecf lenta ist vom Ausmaß des Abrutsches aber auch von der Therapie abhängig. Gefürchtet sind iatrogene Schädigungen, wenn Implantate transartikulär eingebracht werden. Aber auch bei lege artis durchgeführter operativer Stabilisierung kann eine Chondrolyse bei der Ecf eintreten. Die Anzahl der Hüften, die eine Chondrolyse ohne sonstig erkennbare Ursache entwickeln, ist aber sehr gering.

Literatur

Imhäuser G (1997) Spätergebnisse der sogenannten Imhäuserosteotomie bei der Epiphysenlösung. Z Orthop, S 716

Jerre R, Billing L, Hansson G, Wallin J (1996) Bilaterability in slipped capital femoral epiphysis: Importance of a reliable radiological method. J Pediatr Orthop 5-B:80

Niethard FU, Pfeil J (2005) Orthopädie, 5. Aufl. Thieme, Stuttgart

10.1 Kirschnerdrahtfixation bei der Epiphyseolysis capitis femoris und bei der traumatischen Epiphysenlösung

Prinzip

Vom Femur lateralseitig werden Kirschnerdrähte durch den Schenkelhals in die Epiphyse eingebracht. Die Dimensionierung der Drähte ist gewichtsabhängig. In der Regel werden drei Drähte (Durchmesser 2–3,5 cm) verwandt. Wird eine größere Anzahl an Drähten verwendet, steigt das Risiko der iatrogenen transartikulären Fixation.

Indikation

Das Verfahren wird sowohl bei der Ecf acuta, der traumatischen Epiphysenlösung als auch bei der Ecf lenta angewandt. Die Indikation ist alters- und geschlechtsabhängig. Mädchen unter 10 und Jungen unter 12 Jahren werden bevorzugt mittels Kirschnerdrahtfixation behandelt, weil diese das Wachstum nicht oder weniger häufig beeinträchtigen als Schraubenfixationen und somit Verkürzungen des Schenkelhalses und asphärische Kopfformen seltener resultieren.

Kommentar

Das Verfahren ist im Gegensatz zur Schraubenfixation nicht perkutan anwendbar. Die Kirschnerdrahtfixation erfordert Nachkontrollen bis zum Wachstumsende. Beim Herauswachsen der transepiphysären Fixation muss nachoperiert werden, entweder mit erneuter Kirschnerdrahtspickung transepiphysär oder mittels Schraubenfixation. Die definitive Metallentfernung darf erst nach Schluss der Wachstumsfuge erfolgen.

Technik

Rückenlage des Patienten. Auflegen eines Kirschnerdrahtes unter BV-Kontrolle mittig auf den Schenkelhals und Einzeichnen der Drahtposition (Abb. 10.1.1). Hautschnitt zentriert auf die Drahtposition lateralseitig am Oberschenkelrand und die Mitte des (palpierten) Femurs.

Faszieneröffnung und kurzstreckige transmuskuläre Exposition des lateralseitigen Femurs.

Fächerförmiges Einbringen von drei Kirschnerdrähten in die Epiphyse unter Röntgenbildverstärkerkontrolle in zwei Ebenen. Hierbei muss die Lage der Epiphyse zum Schenkelhals (kaudalbeugeseitig) bedacht werden. Vor dem Durchqueren der Epiphyse mit dem ersten Kirschnerdraht Positionierung des Beines in Repositionsstellung, d.h. Traktion in leichter Beugung mit Abduktion und Innenrotation. Nachdem alle Drähte eingebracht sind, werden dieselben nach kranial umgebogen und ca. 1 cm lang aus dem Knochen herausragend mit dem Seidenschneider abgekniffen. Drehen der Kirschnerdrähte in kaudale Richtung, bis sie dem Femur direkt anliegen (Abb. 10.1.2). Für die Metallentfernung ist es hilfreich, wenn die Drahtenden eng zusammengeführt werden (Abb. 10.1.3). Abschließendes Durchbewegen des Femurs unter Dauerdurchleuchtung mit dem

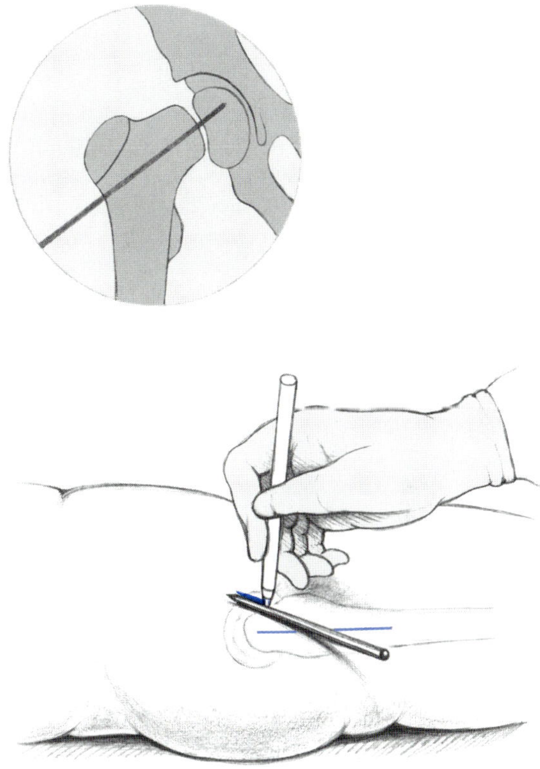

Abb. 10.1.1. K-Draht auf der Haut zur Markierung.

Röntgenbildverstärker, um sicher zu gehen, dass keine Transfixation des Gelenkes durch einen Draht besteht. Bei der Ecf acuta ist die ventralseitige Kapselfensterung angezeigt. Dies wird vorteilhaft durch ein anterolateralseitiges Zugehen auf die Kapsel, das vom gleichen Hautschnitt aus durchgeführt wird.

Komplikationen

Die Transfixation des Gelenkes ist die gefürchtetste Komplikation. Wenn das Kind in den ersten postoperativen Tagen das Hüftgelenk nicht weitgehend frei bewegen kann, muss radiologisch konsequent diese Transfixation ausgeschlossen werden.

Chondrolysen können durch eine Transfixation aber auch eigenständig auftreten. Femurkopfnekrosen sind insbesondere bei der Ecf acuta gefürchtet. Bei in situ-Fixation der Ecf lenta mit Abrutschwinkeln bis 30° sind die Ergebnisse langfristig in über 90% gut. Bei höhergradigem Abrutsch steigt die Arthroserate beträchtlich. Hierbei ist das Impingement des Gelenkes bedeutsam.

Nachbehandlung

Die abgerutschte Seite wird für sechs Wochen mit 5 kg teilbelastet. Die prophylaktisch versorgte Seite kann sofort vollbelastet werden. Röntgenkontrollen sind bis zum Wachstumsabschluss notwendig. Das physiologische Wachstum der proximalen Femurepiphyse beträgt 3–4 mm jährlich. In Abhängigkeit der transepiphysären Drahtlänge kann dies für die Abschätzung des nächsten Kontrolltermins verwendet werden.

Alternative Technik

Schraubenfixation bei älteren Kindern. Korrekturosteotomien bei höhergradigem Gleiten.

Literatur

Aronson DD, Peterson DA, Miller DV (1992) Slipped capital femoral epiphysis. The case for internal fixation in situ. Clin Orthop 281:115

Engelhardt P (1998) Das Risiko der sekundären Koxarthrose. Thieme, Stuttgart

König A, Krauspe R, Fella E, Eulert J (1996) Die Entwicklung des koxalen Femurendes nach operativer Therapie der Epiphyseolysis capitis femoris. Orthop Praxis 32:515

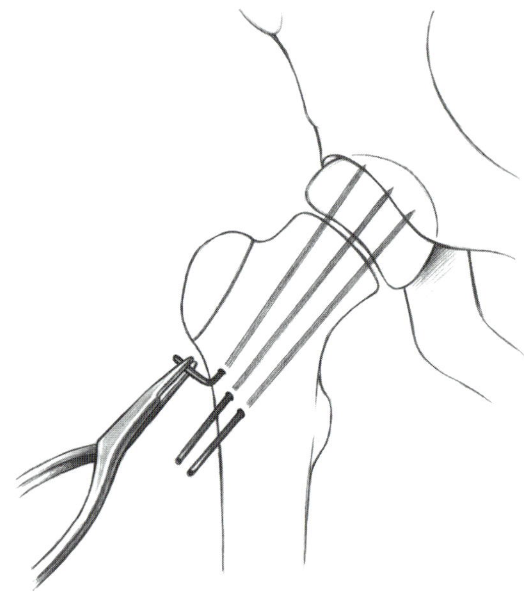

Abb. 10.1.2. Umbiegen der Drähte nach kranial, danach Rotation der Drahtenden dem Femur anliegend.

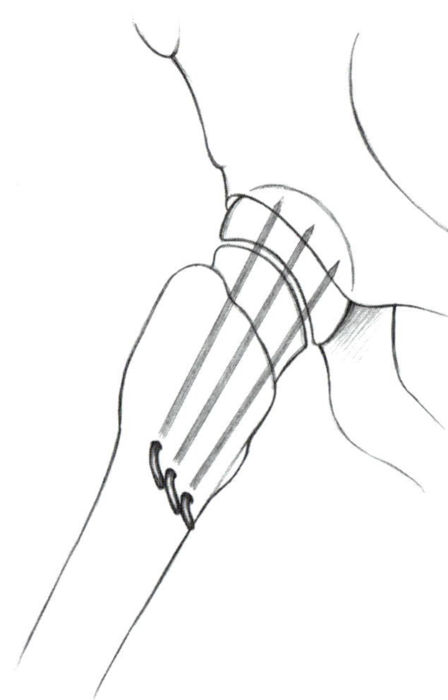

Abb. 10.1.3. Am Femur anliegende Drähte nach der Operation.

10.2 Schraubenfixation bei der Epiphyseolysis capitis femoris und der traumatischen Epiphysenlösung

Prinzip

Von der Lateralseite des Femur werden ein oder zwei Schrauben durch den Schenkelhals in die Epiphyse eingebracht. Die Schrauben können perkutan oder in offener Technik als Vollschrauben oder in kanülierter Technik verwandt werden. 6 oder 6,5 mm durchmessende Schrauben mit kurzem Gewinde kommen in der Regel zur Anwendung.

Indikation

Das Verfahren wird sowohl bei der Ecf acuta, der traumatischen Epiphysenlösung als auch bei der Ecf lenta angewandt. Mittels kanülierter Schrauben kann bei der Ecf acuta die Reposition zunächst mittels Kirschnerdrähte stabilisiert werden, über die dann die Schrauben eingebracht werden.

Die Indikation ist alters- und geschlechtsabhängig. Mädchen unter 10 und Jungen unter 12 Jahren werden bevorzugt mittels Kirschnerdrahtfixation behandelt, weil diese das Wachstum nicht oder weniger häufig beeinträchtigt als die Schraubenfixation. Kinder über diesem Alter werden bevorzugt mittels Schrauben versorgt. Dieses Verfahren ist in offener Technik oder perkutan anwendbar, Folgeoperationen außer der Metallentfernung nach Verschluss der Epiphyse sind regelhaft nicht notwendig. Dies reduziert auch die notwendigen Röntgenkontrollen.

Kommentar

Die abgeglittene Epiphyse wird meist mit zwei Schrauben fixiert. Wenn gleichzeitig eine Korrekturosteotomie geplant ist, erfolgt die Schraubeneinbringung vom ventralen Schenkelhals. Ist dies wie bei der Kirschnerdrahtspickung nicht der Fall, erfolgt die Schraubeneinbringung von lateralseitig. Auf der prophylaktisch versorgten Seite genügt die Verwendung einer Schraube. Voraussetzung ist deren zentrale Lage in der Epiphyse. Gelingt dies nicht, ist die Verwendung einer zweiten Schraube sinnvoll. Die Verwendung von kanülierten Schrauben macht die perkutane Einbringung einfacher und ist Voraussetzung für eine perkutane Entfernung.

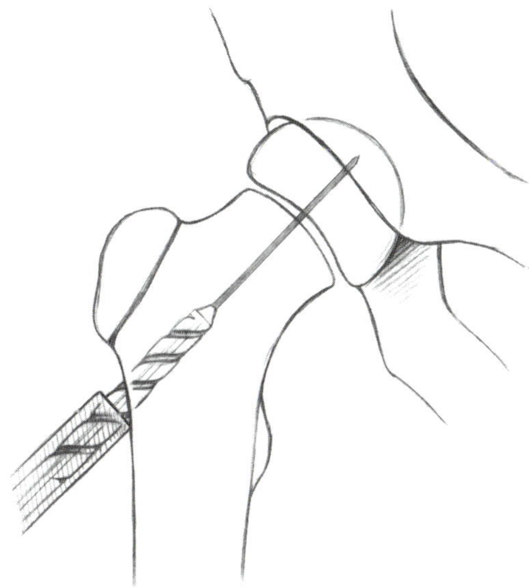

Abb. 10.2.1. Kirschnerdrahtpositionierung zentral in die Epiphyse und Aufbohren über den Kirschnerdraht.

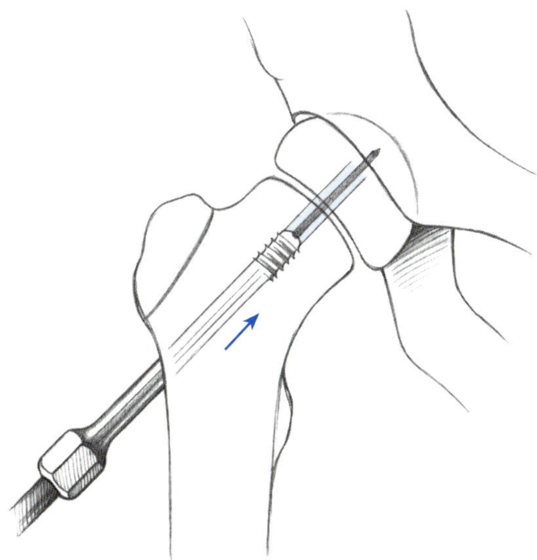

Abb. 10.2.2. Eindrehen der zentralen Schraube.

Perkutane Technik

Rückenlage des Patienten. Auflegen eines Kirschnerdrahtes unter BV-Kontrolle mittig auf den Schenkelhals, und Einzeichnen der Drahtposition. 1cm Hautschnitt lateralseitig am Oberschenkel zentriert auf die Drahtposition am Oberschenkelrand und die Mitte des (palpierten) Femurs. Aufspreizen der Weichteile bis zum Knochen in geplanter Verlaufsrichtung der Implantation. Einbringen einer Gewebeschutzhülse mittels Trokar. Bei Verwendung von kanülierten Schrauben Führung des Zieldrahtes, bei Vollschrauben des Bohrers mittels einer Innenbohrhülse, die in die Gewebeschutzhülse eingesteckt wird (Abb. 10.2.1).

Hierbei sollte mehrfach mit dem Röntgenbildverstärker in zwei Ebenen kontrolliert werden, ob die Epiphyse vom Zieldraht/Bohrer in der gewünschten Position erreicht wird. Ebenso ist die Lage der Epiphyse zum Schenkelhals (kaudalbeugeseitig) zu bedenken. Gegebenenfalls Korrektur der Zielrichtung.

Vor Durchqueren der Epiphyse Positionierung des Beines in Repositionsstellung, d.h. Traktion in leichter Beugung mit Abduktion und Innenrotation. Längenmessung in unterschiedlicher Technik je nach verwandtem Instrumentarium. Zuverlässig ist, einen gleich langer Bohrer/Draht bis zum Femur zu führen und die Längendifferenz zwischen dem im Knochen einliegenden und angelegten Bohrer/Draht zu messen. Die Schraubenlänge sollte so gewählt werden, dass das Schraubenende etwas übersteht, um die Metallentfernung zu erleichtern. Überbohren des Zieldrahtes bei kanülierter Technik. Hierbei subtile Röntgenkontrolle, damit ein „Abbohren“ des Führungsdrahtes oder ein transartikuläres Vorschieben desselben vermieden wird. Einbringen der Schraube (Abb. 10.2.2, 10.2.3). Hierbei Röntgendurchleuchtung beim Queren der Epiphysenfuge. Zum Einbringen einer zweiten Schraube wird die Gewebeschutzhülse mittels des Trokars verschoben. Abschließendes Durchbewegen des Femurs unter Dauerdurchleuchtung mit dem Röntgenbildverstärker, um sicher zu gehen, dass keine Transfixation des Gelenkes durch eine Schraube besteht. Bei der Ecf acuta ist die ventralseitige Kapselfensterung angezeigt. Dies wird vorteilhaft durch ein anterolateralseitiges Zugehen auf die Kapsel durchgeführt. Eine perkutane Fensterung ist allerdings schwierig.

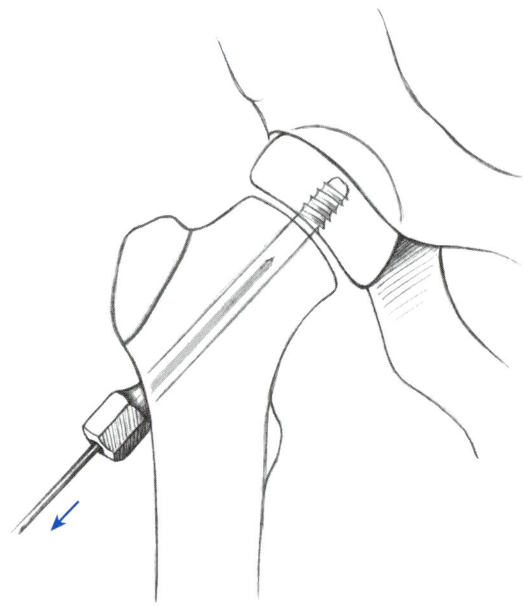

Abb. 10.2.3. Kirschnerdrahtentfernung.

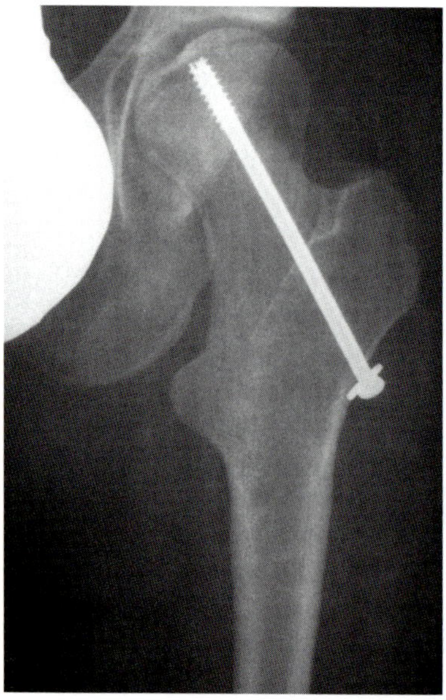

Abb. 10.2.4. Röntgenbeispiel einer Schraubenfixation.

Komplikationen

Die Metallentfernung ist oftmals weitaus komplikationsträchtiger als das Setzen der Schrauben, da die Schrauben, insbesondere das Gewinde, einwachsen. Die Entfernung dieser Schrauben ist zum Teil nur durch Überbohrung derselben möglich, wodurch ein großer Defekt hinterlassen wird, der zur Schenkelhalsfraktur führen kann. Die Überknöcherung des Schraubenkopfes macht die Entfernung ebenfalls schwierig. Vorteilhaft ist deshalb die Verwendung von kanülierten Stahlschrauben mit rückschneidendem Gewinde, die beim Einbringen von der Länge so gewählt werden, dass der Schraubenkopf deutlich übersteht.

Die Transfixation des Gelenkes ist eine Komplikation beim Einbringen der Schrauben. Das Verwenden von einer oder zwei kräftig dimensionierten Schrauben mindert diese Gefahr gegenüber dem Verwenden zahlreicher kleiner dimensionierter Schrauben. Wenn das Kind in den ersten postoperativen Tagen das Hüftgelenk nicht weitgehend frei bewegen kann, muss radiologisch konsequent diese Transfixation ausgeschlossen werden.

Chondrolysen können durch eine Transfixation aber auch eigenständig auftreten. Femurkopfnekrosen sind insbesondere bei der EcF acuta gefürchtet. Bei höhergradigem Abrutsch steigt die Arthroserate beträchtlich. Hierbei ist das Impingement des Gelenkes bedeutsam.

Nachbehandlung

Die abgerutschte Seite wird für sechs Wochen mit 5 kg teilbelastet. Die prophylaktisch versorgte Seite kann sofort voll belastet werden. Die Metallentfernung darf erst nach gesichertem Wachstumsfugenschluss erfolgen.

Alternative Technik

Kirschnerdrahtfixation bei jüngeren Kindern. Ab 30° Gleitwinkel, obligat ab 50° ist zusätzlich zur Schraubenfixation eine Umstellungsosteotomie angezeigt.

Literatur

Aronson DD, Peterson DA, Miller DV (1992) Slipped capital femoral epiphysis. The case for internal fixation in situ. Clin Orthop 281:115

Aronson DD, Carlson WE (1992) Slipped capital femoral epiphysis. A prospective study of fixation with a single screw. J Bone Joint Surg 74-A:810

Engelhardt P (1998) Das Risiko der sekundären Koxarthrose. Thieme, Stuttgart

Lee TK, Haynes RJ, Longo JA, Chu JR (1996) Pin removal in slipped capital femoral epiphysis: the unsuitability of titanium devices. J Pediatr Orthop 16:49–52

10.3 Korrekturosteotomie nach Imhäuser zur Behandlung der Epiphyseolysis capitis femoris

Prinzip

Die Imhäuser-Osteotomie ist eine flektierende und valgisierende intertrochantäre Osteotomie zur Korrektur der intraartikulären Fehlstellung der Ecf. Die Imhäuser-Osteotomie wird bei noch offenen Wachstumsfugen immer kombiniert mit einer Verschraubung der Epiphyse um ein weiteres Abgleiten der Epiphyse zu verhindern. Aufgrund der extraartikulären Korrektur wird die Blutversorgung des Schenkelhalses und der Epiphyse nicht beeinträchtigt. Deshalb ist die Gefahr einer iatrogenen Hüftkopfnekrose gering.

Indikation

Die Imhäuser-Osteotomie ist bei Abgleitwinkeln ab 30° fakultativ, bei Abgleitwinkeln über 50° absolut indiziert. Die Grenze der Korrekturmöglichkeit ist bei 70° gegeben, da dann die Korrekturmöglichkeit der intraartikulären Fehlstellung mittels dieses Verfahrens nicht mehr gegeben ist.

Kommentar

Die Imhäuser-Osteotomie ist ein operationstechnisch anspruchsvolles Verfahren. Prinzipiell sind zwei Vorgehensweisen möglich. Zum einen die initiale Verschraubung der Epiphyse mit zeitversetzter Osteotomie, zum anderen und hier beschrieben, die zeitgleiche Verschraubung und Osteotomie. Als Implantat wird eine 90° Winkelplatte bevorzugt, da mit diesem Implantat im Gegensatz zu Platten mit höheren Winkelgraden die Klinge ferner zur Osteotomie (Gefahr des Ausbruchs der Plattenklinge) liegt und die Platzierung von Schrauben im Schenkelhals zur Fixation der Epiphyse durch die Klinge wenig beeinträchtigt wird. Das erwünschte Ausmaß der Korrektur lässt sich anhand der a.p. Aufnahme (Grad der Valgisation) und der axialen Aufnahme (Grad der Flexion) ableiten.

Eine Flexion der Osteotomie über 40° sollte nicht durchgeführt werden (auch wenn dadurch die Deformität nicht komplett korrigiert wird), da sonst die Stabilität der Osteotomie gefährdet ist.

Technik

Rückenlage des Patienten. Zugang zur intertrochantären Osteotomie (s. S. 62) mit großzügiger Hautschnittführung, die eine gute Übersicht über die Region des Trochanter major, die proximale Diaphyse des Femurs sowie den ventralen Anteil des Schenkelhalses ermöglicht. Nach subperiostaler Exposition der proximalen Femurdiaphyse maximale Innenrotation des Beines in Extensionsstellung der Hüfte. Vorschieben eines Kirschnerdrahtes auf dem ventralen Schenkelhals zur Ermittlung seiner/von dessen Orientierung. Dieser Kirschnerdraht sollte lateralseitig über dem Tuberculum innominatum liegen und zur Femurdiaphyse einen Winkel von 90° + Ausmaß der geplanten Valgisation haben. Wird diese Lage durch die a.p. durchgeführte Röntgendurchleuchtung bestätigt, dient dieser Kirschnerdraht als Orientierung für das Einbringen des Plattensetzinstrumentes. Die Klinge des Plattensetzinstrumentes muss unbedingt beugeseitig in das Femur eingeschlagen werden, da ansonsten durch die Flexion der Osteotomie nach Durchführung derselben die Fragmente keinen Kontakt haben und daraus eine instabile Situation resultiert (Abb. 10.3.1).

Um ein Ausbrechen des Knochens beim Eintreiben des Plattensetzinstrumentes zu vermeiden, sollte die Eintrittsstelle für das Plattensetzinstrument (unter dem orientierend aufliegenden Kirschnerdraht am Tuberculum innominatum an der Beugeseite des Knochens) durch mehrere Anbohrungen mit einem feinen Bohrer vorperforiert werden. Hierbei sollte die vorgesehene Orientierung der Klinge bereits bedacht werden. Zum Einbringen des Plattensetzinstrumentes wird das Bein weiter in Innenrotation gehalten.

Für das Einschlagen der Klinge des Plattensetzinstrumentes an der vorbereiteten Eintrittsstelle am Tuberculum innominatum an der Beugeseite des Knochens, dem kritischen Teil der Operation, gelten folgende Orientierungen, die am einfachsten schrittweise durchgeführt werden:

- axiales Halten des Plattensetzinstrumentes entsprechend der Kirschnerdrahtorientierung – Winkelstellung 90° + Ausmaß der geplanten

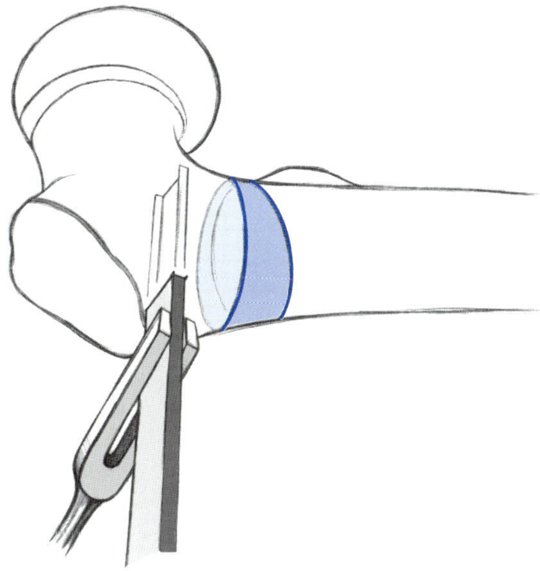

Abb. 10.3.1. Ansatz des Plattensetzinstrumentes am Femur lateralseitig beugeseitig.

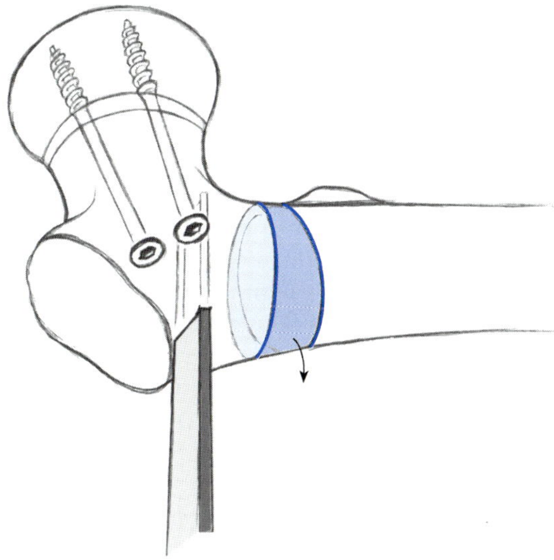

Abb. 10.3.2. Verschrauben der Epiphyse bei liegendem Plattensetzinstrument.

Valgisation zur Femurdiaphyse (dies entspricht dem Verlauf des Kirschnerdrahtes und dem eingestellten Einschlagwinkel).

- Verkippen des Plattensetzinstrumentes entsprechend dem geplanten Flexionswinkel (quantitative Überprüfung mittels Winkelmesser oder Schablone).
  Kontrolle mit dem Röntgenbildverstärker im a.p. Strahlengang.
- Eintreiben der Klinge um ca. 2 cm. Überprüfen mit dem Röntgenbildverstärker a.p. und axial (90° Flexion und 45° Abduktion des Beines) des erwünschten Klingenlaufes. In diesem Stadium kann noch etwas ohne erneutes Ansetzen der Klinge am Klingenlauf korrigiert werden. Bevor die Klinge weiter eingeschlagen wird, sollte nochmals klinisch und im a.p. Strahlengang kontrolliert werden, ob durch die axiale Kontrolle eine Positionsänderung eingetreten ist.
  Maximales Vorbringen der Klinge mit BV-Kontrollen und Entfernen des aufgelegten Kirschnerdrahtes.

Nachfolgend wird die Verschraubung durchgeführt. Hierzu wird auf den Schenkelhals unter Benutzung des gleichen Hautschnittes von anteriorlateral die ventrale Hüftgelenkskapsel exponiert und in Längsrichtung eröffnet. Mit zwei kleinen Hohmannhebeln wird der ventrale

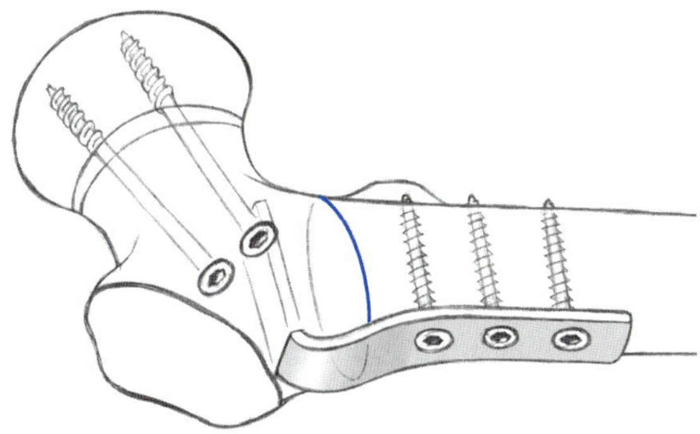

Abb. 10.3.3. Abgeschlossene Osteosynthese.

Schenkelhals exponiert. Vorbereitung von drei gleich langen Kirschnerdrähten. Vorbringen eines Kirschnerdrahtes in die Epiphyse unter BV-Kontrolle in zwei Ebenen. Hierbei ist es beim Ansetzen am ventralen Schenkelhals bereits notwendig, an die Platzierung des Kirschnerdrahtes für die zweite Schraube zu denken.

Des Weiteren ist die beuge- und kaudalseitige Lage der Epiphyse zu bedenken, d.h. der Draht wird in diese Richtung eingebohrt. Bei korrekter Lage erfolgt eine Längenmessung (durch zweiten Draht gleicher Länge, der an den eingebrachten Draht angelegt wird - Messung des Überstandes), Überbohren des Drahtes mit einem Hohlbohrer und Eindrehen einer Stahlschraube (Dimensionierung entsprechend AO-Großfragment). Setzen der zweiten Schraube in gleicher Technik.

Messen der Klingenlänge am Plattensetzinstrument und Lockern der Klinge, die aber zunächst im Schenkelhals verbleibt. 90° zum Plattensetzinstrument wird von ventralseitig distal der geplanten Osteotomie eine Rotationsmarkierung gebohrt. Für die Osteotomie ist eine Keilentnahme mit beugelateralseitiger Basis notwendig. Hierzu wird zunächst mit einem Kirschnerdraht 90° zur diaphysären Femurachse 10 bis 12 mm distal der Klinge die Osteotomiehöhe mit dem BV kontrolliert und mit der oszillierenden Säge unter Dauerspülung diese Osteotomie zur Hälfte durchgeführt. Dieses Vorgehen erleichtert das Festlegen des Keiles und stellt den notwendigen Abstand zur Klinge sicher. Einstecken eines losen Sägeplattes und Markieren des Keiles mit beugelateralseitiger Basis. Hierbei dient die Stellung der Klinge des Plattensetzinstrumentes als Orientierung. Bei ausgeprägten Korrekturen genügt ein dreiviertel Keil bezogen auf den Knochendurchmesser. Markieren mit Kirschnerdraht unter Zuhilfenahme des BV. Durchführung der kompletten Osteotomie und Keilentnahme. Austausch der Klinge des Plattensetzinstrumentes durch die Winkelplatte und Fixation des distalen Fragmentes mittels zweier Osteotomiezangen entsprechend der Rotationsmarkierung. Vorsichtige klinische Überprüfung der Innen- und Außenrotationsfähigkeit der Hüfte in leichter Beugestellung. Bei fehlender oder geringer Innenrotationsfähigkeit und bei guter Außenrotation wird eine Derotation in der Osteotomie zu Gunsten der Innendrehfähigkeit der Hüfte vorgenommen. Setzen der Schrauben durch die Plattenlöcher unter Kompression der Osteotomie. Ab-

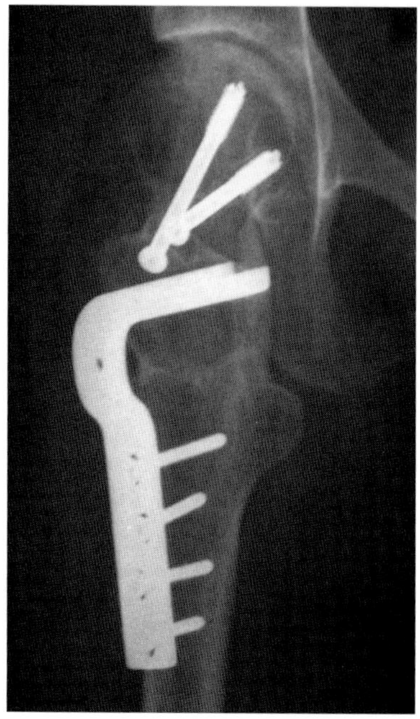

Abb. 10.3.4. Radiologisches Beispiel in a.-p. Projektion.

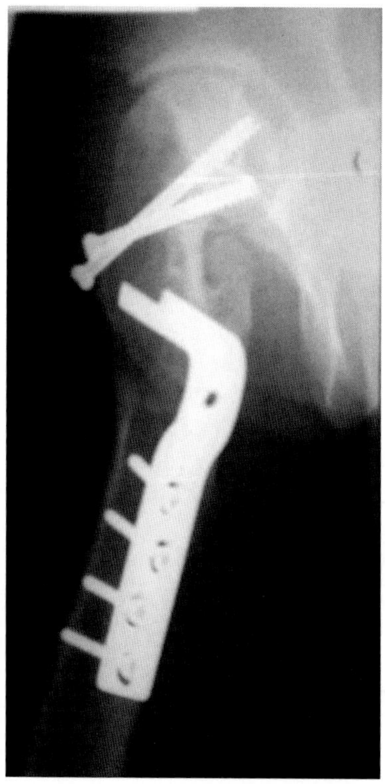

Abb. 10.3.5. Radiologisches Beispiel in axialer Projektion.

schließende BV-Kontrolle mit Durchbewegen des Beines, um sicher zu gehen, dass keine Schraube intraartikulär liegt. Wundverschluss in anatomischen Schichten unter Einlage einer sub- und epifaszialen Redondrainage (Abb. 10.3.2–10.3.5).

Komplikationen

Die Imhäuser-Osteotomie als technisch anspruchsvolle Umstellung ist ein komplikationsträchtiges Verfahren. Der Ausbruch der Klinge (insbesondere bei fehlender Vorbohrung, schlechter Knochenqualität, kleinem Abstand der Osteotomie zum Eintritt der Klinge der Winkelplatte, geringem Kontakt der Knochenfragmente oder inadäquater Belastung postoperativ) kann zum Korrekturverlust und/oder zur Pseudarthrose führen. Salvageoperationen mit Fixateur externe oder der Einsatz winkelstabiler Platten können dann notwendig werden.

Des Weiteren bestehen auch die bei der Schraubenfixation in Kapitel 10.2 genannten Risiken.

Nachbehandlung

Ein sechswöchiger Sohlenkontakt ist notwendig. Im Einzelfall in Abschätzung der intraoperativen Stabilität kann auch eine gänzliche Immobilisation in den ersten 6 Wochen notwendig sein. Das weitere Nachbehandlungsschema richtet sich nach den Röntgenkontrollen.

Alternative Technik

Die Imhäuser-Osteotomie ist bei höhergradigen Gleitwinkeln das Verfahren schlechthin zur Korrektur der durch die Ecf bedingten präarthrotischen Deformität. Durch die extraartikuläre Lage der Osteotomie ist das Risiko einer iatrogenen Hüftkopfnekrose gering. Bei kleinen Gleitwinkeln ist eine Fixation in situ (s. Kap. 10.1, 10.2), in Extremsituationen die subkapitale Osteotomie (Kap. 10.4) die alternative Technik.

Literatur

Engelhardt P (1994) Spontanverlauf der Epiphyseolysis capitis femoris. Orthopäde 23:195–199

Imhäuser G (1997) Spätergebnisse der sogenannten Imhäuser-Osteotomie bei der Epiphysenlösung. Z Orthop, S 716

Imhäuser G (1987) Pubertäre Hüfterkrankungen. In: Witt AN, Rettig H, Schlegel KF (Hrsg) Orthopädie in Klinik und Praxis, 2. Aufl. Thieme, Stuttgart

Schai PA, Exner GU, Hänsch O (1996) Prevention of secondary coxarthrosis in slipped capital femoral epiphysis: A long-term follow up study after corrective intertrochanteric osteotomy. J Pediatr Orthop 5B:135

10.4 Die subkapitale Osteotomie zur Behandlung der Epiphyseolysis capitis femoris

Prinzip

Mittels einer subkapitalen Osteotomie wird bei hochgradiger Ecf die Deformität korrigiert und mittels Schraubenfixation stabilisiert.

Indikation

Wegen der Gefahr einer Hüftkopfnekrose sollte dieses Verfahren nur bei höheren Abgleitwinkeln zur Anwendung kommen (Abb. 10.4.1). Vorteil ist die Wiederherstellung der normalen Anatomie.

Kommentar

Dieses Verfahren kann zum einen elektiv geplant, aber auch als Strategiewechsel intraoperativ bei akuter Ecf (bei vorbestehender Ecf lenta) und Unmöglichkeit der Reposition angewandt werden. Auch bei der verbliebenen „Buckelbildung" (cervical femoral bumb) mit daraus resultierendem Impingement des Schenkelhalses wird dieses Verfahren angewandt. Diese Osteotomie kann mittels chirurgischer Hüftluxation, wie hier beschrieben, oder von einem ilioinguinalen (anterioren) oder von einem anterolateralen Zugang durchgeführt werden. Bei den zweitgenannten Zugängen ist die Epiphyse aufgrund ihrer dorsokaudalen Lage intraoperativ zunächst nicht sichtbar. Erst nach Entnahme eines Osteotomiekeiles mit ventrokranialer Basis wird die Epiphyse visualisierbar.

Technik

Seitlagerung des Patienten. Chirurgische Hüftluxation mit Trochanterfliposteotomie (s. Kap. 8.4). Temporäre Sicherung der Epiphyse mittels Kirschnerdrähten für die Luxation. Nach der Hüftluxation ist die Epiphysenposition sichtbar. Markieren und entnehmen eines Knochenkeiles mit ventrokranialer Basis entsprechend der Deformität. Manuelle Reposition der Epiphyse und temporäre Stabilisation mit zwei Kirschnerdrähten.

Nach Röntgenkontrolle Verschraubung der Epiphyse mit zwei vom Schenkelhals eingedrehten Stahlschrauben, deren Eintrittspunkt so ge-

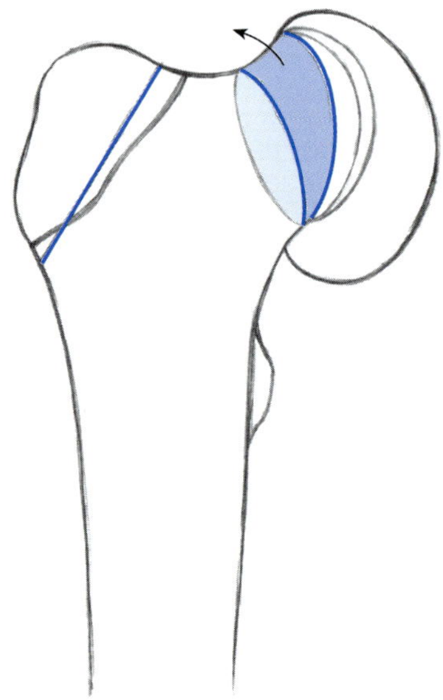

Abb. 10.4.1. Ventrokraniale Keilentnahme.

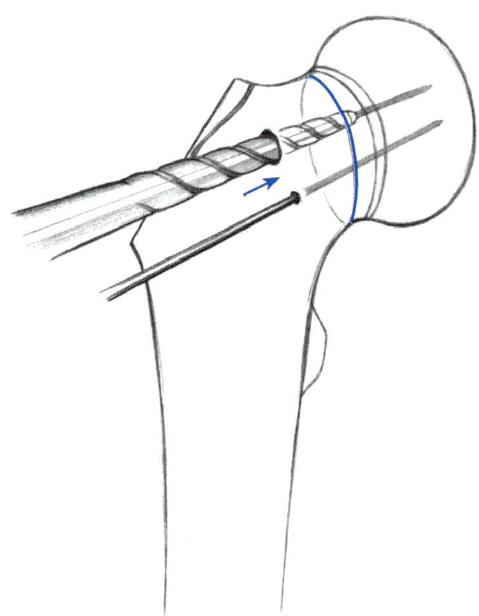

Abb. 10.4.2. Temporäre Kirschnerdrahtfixation.

wählt wird, dass die Metallentfernung auch ohne chirurgische Hüftgelenksluxation erfolgen kann. Bei „weichen" Knochenverhältnissen evtl. alternative Osteoynthesetechniken. Reposition des Gelenkes, Refixation des Trochanters mit zwei Stahlschrauben (Abb. 10.4.2–10.4.4).

Durchbewegen des Hüftgelenks unter Röntgendurchleuchtung, um eine Gelenktransfixation durch Schrauben auszuschließen.

Komplikationen

Über dieses Verfahren liegen derzeit nur Einzelbeobachtungen vor. Eine Abschätzung des Risikos insbesondere der Hüftkopfnekrose kann deshalb bislang nicht erfolgen. Vorteilhaft ist sicher die anatomische Rekonstruktion des Hüftgelenkes durch dieses Verfahren, was auch beim Scheitern desselben eine anfallende/anstehende Versorgung mit einer Endoprothese nicht kompromittiert.

Nachbehandlung

Sechswöchiges Gehen mit Sohlenkontakt. Nach knöcherner Konsolidierung Freigabe der Belastung.

Alternative Technik

Die Imhäuser-Osteotomie stellt ein bewährtes Verfahren dar, mit dem bei hochgradigem Abrutsch keine komplette Korrektur erreichbar ist, aber in den meisten Fällen nur eine tolerierbare Restdeformität verbleibt.

Literatur

Ganz R, Gill TJ, Gauthier E, Ganz K, Krügel N, Berlemann U (2001) Surgical dislocation of the adult hip. A technique with full access to femoral head and acetabulum without risk of avascular necrosis. J Bone and Joint Surg 83-B:1119–1124

Krauspe R (2004) Epiphyseolyse. In: Wirth CJ, Zichner L, Tschauner C (Hrsg) Orthopädie und Orthopädische Chirurgie, Becken und Hüfte. Thieme, Stuttgart, S 236–252

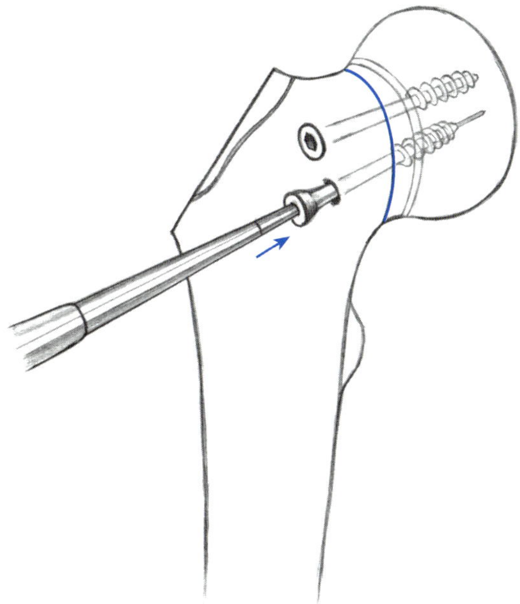

Abb. 10.4.3. Verschrauben der Epiphyse.

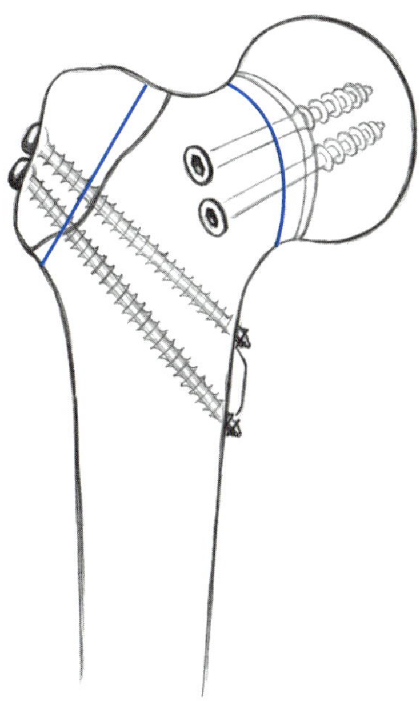

Abb. 10.4.4. Schraubenrefixation des Trochanter major.

11 Eingriffe bei Fehlformen des proximalen Femurs

11.1 Valgisation bei Coxa vara

Prinzip

Inter- oder subtrochantäre Valgisationsosteotomie bei Coxa vara.

Das Ziel der Korrektur ist eine Normalisierung des CCD-Winkels und des Hilgenreiner Epiphysenwinkels (Abb. 11.1.1, 11.1.2) sowie die Korrektur der Torsion des proximalen Femurs. Hierdurch wird die biomechanische Belastung des Schenkelhalses verbessert und eine Funktionsverbesserung der abduktorischen Muskulatur erzielt.

Bei kleineren Kindern erfolgt die Korrektur bevorzugt mittels der von Pauwels beschriebenen Y-förmigen Osteotomie und Kirschnerdrahtosteosynthese mit zusätzlicher Zuggurtung. Bei größeren Kindern und Erwachsenen wird die Aufrichtung mittels Winkelplatte stabilisiert (Borden et al.). Diese Osteotomieform erlaubt einfacher die gleichzeitige Korrektur einer Retrotorsion bzw. verkleinerten Antetorsion.

Indikation

Die Coxa vara existiert bei Geburt (kongenitale Form), entsteht während der Entwicklung oder wird erworben (Unfälle, metabolische oder tumoröse Ätiologie).

Konservative Korrekturmöglichkeiten der Coxa vara außer bei der geringergradigen metabolischen Form sind nicht Erfolg versprechend. Die Quantifizierung der Coxa vara erfolgt am besten mittels des Hilgenreiner Epiphysenwinkels (nach Weinstein).

Dieser Winkel ist bei Kindern unter 7 Jahren physiologischerweise ca. 20° mit einer Variation von 4–35°. Bei älteren Kindern und Erwachsenen beträgt der Mittelwert 23°. Nach Weinstein ist die Indikation zur Valgisationsosteotomie gegeben bei einem Hilgenreiner Epiphysenwinkel über 60° oder bei einem Winkel zwischen 45–60° bei Kindern mit Hinken mit Nachweis der Progression.

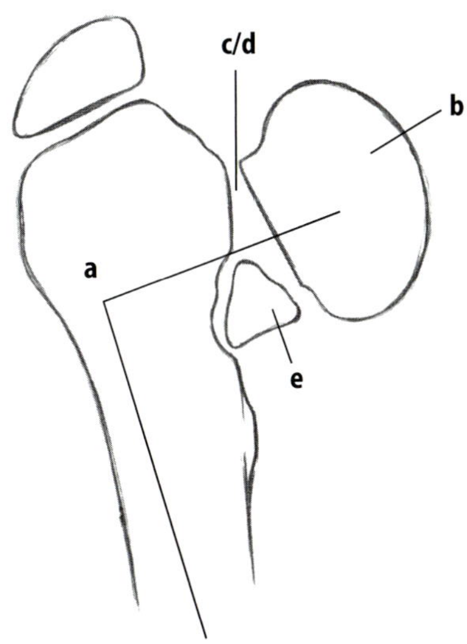

Abb. 11.1.1. Typische Zeichen der kongenitalen Coxa vara: **a** CCD-Winkel verringert, **b** verkleinerter, abgeflachter Hüftkopf, **c** Vertikalisierung der Epiphysenfuge und **d** Verkürzung des Schenkelhalses, **e** inferiorlateral zur Epiphyse gelegenes Knochenfragment.

Kommentar

Die meisten Kinder mit einer Coxa vara congenita werden im Alter von 5–10 Jahren vorgestellt. Wenngleich wegen des besseren Knochenstocks Operationen bei größeren Kindern einfacher durchführbar sind, erlaubt die frühe Operation das bessere Remodelling nicht nur des Femurkopfes sondern auch des Azetabulums und hat einen positiven Einfluss auf das Wachstum des gesamten Femurs. Wohl auch wegen diesem Remodellierungspotential sind Rezidive, abhängig aber auch von der Ätiologie der Coxa vara, bei jüngeren Kindern häufiger, können aber durch erneute Valgisation angegangen werden. Die Inzidenz eines relativen Mehrwachstums des Trochanter majors ist bei der Korrektur der Coxa vara bei jüngeren Kindern größer und kann in der Adoleszenz eine schenkelhalsverlängernde Osteotomie (s. Kap. 11.2) indizieren. Desto geringer die Deformität desto einfacher die Korrektur. Gelingt bei hochgradigen Deformitäten die Korrektur nur unvollständig, kann zeitversetzt eine erneute Valgisation notwendig werden.

▌ Technik

Grundlage für die Korrektur ist eine präoperative Planungszeichnung basierend auf aktuellen Röntgenbildern (Abb. 11.1.3). Die Korrektur sollte den CCD-Winkel auf 130–135° korrigieren und den Hilgenreiner Epiphysenwinkel auf 35–40° reduzieren. Bei der Verwendung einer Winkelplatte ist eine Platte mit 120 oder 130° vorteilhaft. Hierbei muss für die Dimensionierung die Breite des Schenkelhalses beachtet werden.

Das Ausmaß der Derotation wird zum einen durch die präoperativen axialen Röntgenbilder bestimmt, zum anderen durch die klinische Kontrolle der Rotationsverhältnisse des Hüftgelenkes. Eine intraoperative Rotationsmarkierung erleichtert die Rotationseinstellung der Osteotomie.

Die Operation erfolgt in Rückenlage. Der Zugang erfolgt wie bei der intertrochantären Osteotomie beschrieben (s. Kap. 8.10). Unter Röntgendurchleuchtung wird das Bein rotiert, bis die maximale Varusstellung sichtbar wird. Dies bestimmt definitiv das für die Korrektur notwendige Ausmaß der Keilentnahme respektive Winkel der Platte.

Bei ausgeprägten Korrekturen kann eine Adduktorentenotomie die Korrektur erleichtern.

Auch kann die Entfernung eines Knochenfragmentes des Femurs zur Erzielung der Korrektur intraoperativ notwendig werden, wenngleich dies die präexistente Verkürzung des Femurs verstärkt. Alternativ kann eine inkomplette Aufrichtung erfolgen und die Restkorrektur in einem zeitversetzten zweiten Eingriff erfolgen.

Die Korrektur erfolgt durch Abduktion des Beines.

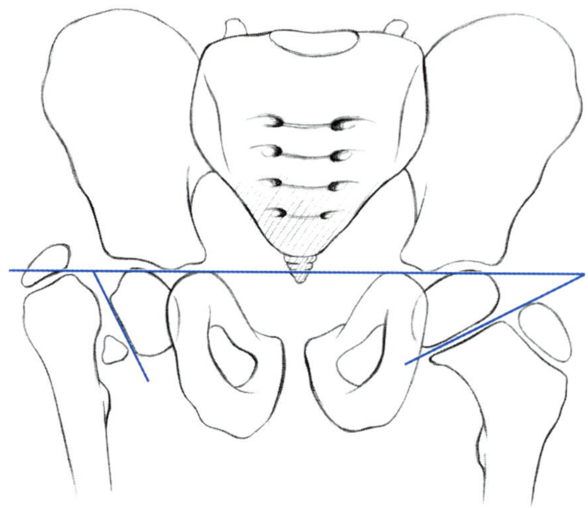

Abb. 11.1.2. Bestimmung des Hilgenreiner Epiphysenwinkels. Winkel zwischen der Hilgenreiner Linie und einer Linie durch die Epiphysenfuge respektive dem Defekt lateral der Epiphyse.

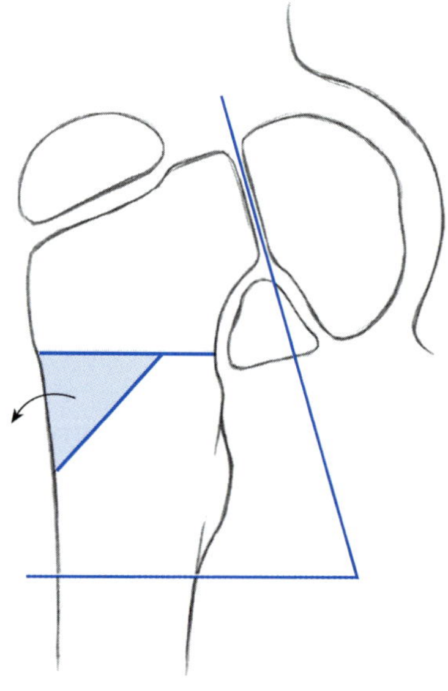

Abb. 11.1.3. Planung der Valgisationsosteotomie.

Bei der von Pauwels beschriebenen Y-förmigen Osteotomie (Abb. 11.1.4–11.1.7) wird das proximale Fragment durch die zwei von proximal eingebrachten Kirschnerdrähte, die beide die Osteotomie initial noch nicht queren, in Repositionsstellung gebracht und erst dann die Transfixation durchgeführt. Mittels der Cerclage wird dann das erzielte Repositionsergebnis gesichert. Bei Schenkelhalspseudarthrosen wird vor der Reposition die Epiphyse zusätzlich mit zwei axial eingebrachten Kirschnerdrähten fixiert. Auch diese können als Hebel für die Reposition eingesetzt werden.

Bei der Korrektur mittels Winkelplatte (Abb. 11.1.8 und 11.1.9 sowie Technik der intertrochantären Osteotomie Kap. 8.10) wird nach Austausch des Plattensetzinstrumentes gegen die Winkelplatte das distale Femur zur Platte hin reponiert. Wichtig ist bei der Osteotomie genügend Abstand zum Klingensitz zu wahren, um ein Ausbrechen der Klinge bei der Repositon zu vermeiden. Diese Osteotomie kann auch subtrochantär durchgeführt werden. Ist die Korrektur wegen der Weichteilspannung nicht erreichbar, sollte (neben einer Adduktorentenotomie) ein Knochenfragment zusätzlich reseziert werden.

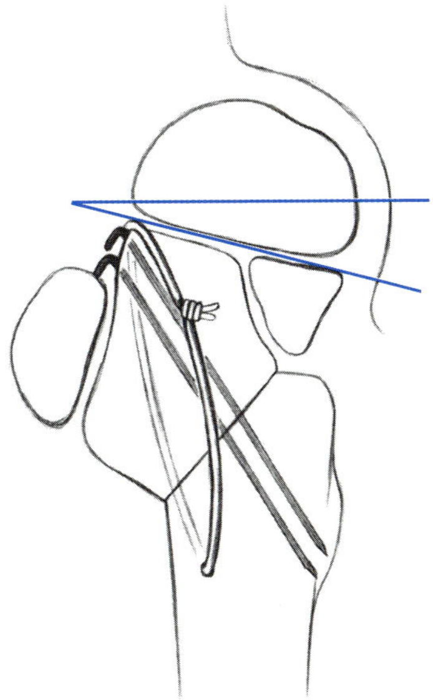

Abb. 11.1.4. Zuggurtungsosteosynthese.

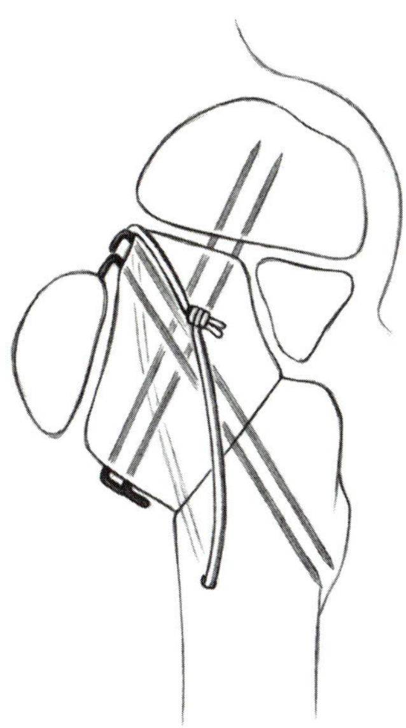

Abb. 11.1.5. Fakultative zusätzliche Kirschnerdrahtstabilisation der Epiphyse.

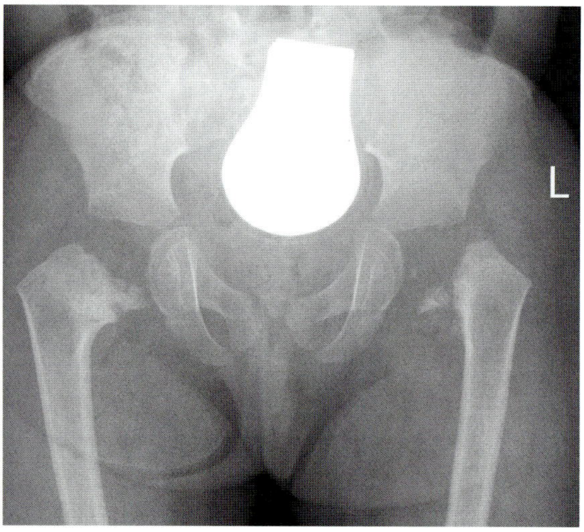

Abb. 11.1.6. Beispiel einer beidseitigen Coxa vara.

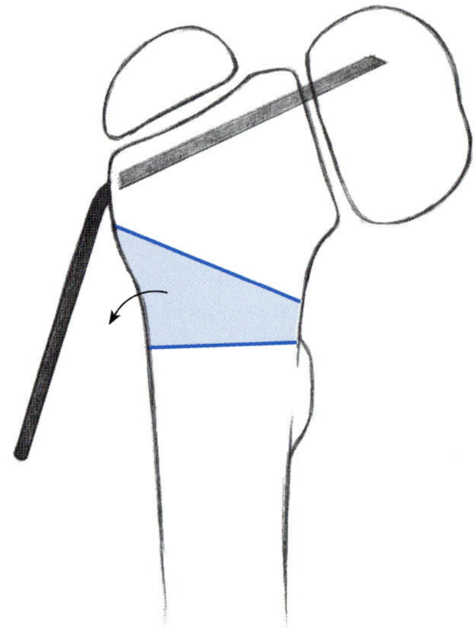

Abb. 11.1.8. Planung einer Valgisationsosteotomie mittels Winkelplatte. Die Keilentnahme ist fakultativ.

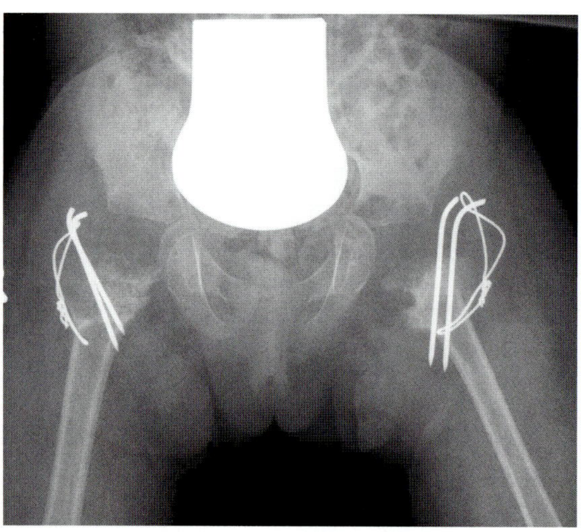

Abb. 11.1.7. Beidseitige Valgisationsosteotomie.

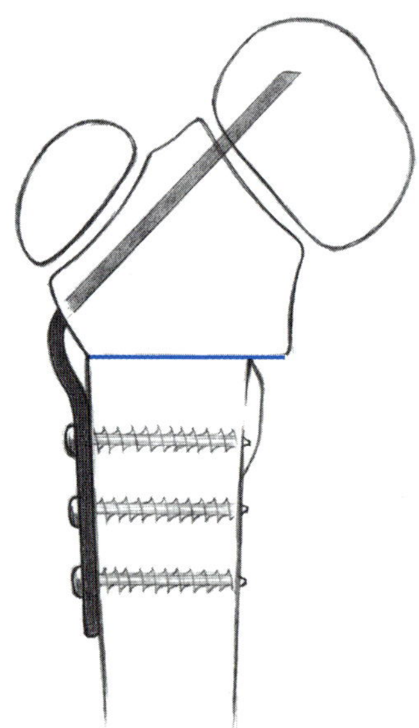

Abb. 11.1.9. Zustand nach durchgeführter Valgisation mittels Winkelplatte.

Komplikationen

Der vorzeitige Verschluss der Epiphyse bei der kongenitalen Form der Coxa vara erfolgt häufig bei oder nach der Einheilung des inferiorlateral zur Epiphyse metaphysär gelegenen Knochenfragmentes. Dies führt zu einem relativen Überwachstum des Trochanter majors und zu einer Beinverkürzung. Dies kann Folgeoperationen (Apophyseodesis des Trochanter majors, schenkelhalsverlängernde Osteotomien, s. Kap. 11.2, und operative Maßnahmen zum Beinlängenausgleich) notwendig machen.

Nachbehandlung

Wegen der großen Weichteilspannung ist die Anlage eines Beckenbeingipses in mäßiger Abduktion des operierten Beines in der Regel für sechs Wochen notwendig. Die weitere Nachbehandlung ist abhängig von der Heilung der Osteotomie. Wegen der häufig eintretenden Wachstumsveränderungen (s. Komplikationen) sind Kontrollen bis zum Wachstumsabschluss notwendig um ggf. zeitgerechte Korrekturen durchzuführen.

Literatur

Borden J, Spencer GE Jr, Herndon CH (1966) Treatment of coxa vara in children by means of a modified osteotomy. J Bone Joint Surg Am 48(6):1106–1110

Carroll K, Coleman S, Stevens PM (1997) Coxa vara: surgical outcomes of valgus osteotomies. J Pediatr Orthop 17(2):220–224

Cordes S, Dickens DR, Cole WG (1991) Correction of coxa vara in childhood. The use of Pauwels' Y-shaped osteotomy. J Bone Joint Surg Br 73(1):3–6

Hughes LO, Aronson J, Smith HS (1999) Normal radiographic values for cartilage thickness and physeal angle in the pediatric hip. J Pediatr Orthop 19(4):443–448

Weinstein JN, Kuo KN, Millar EA (1984) Congenital coxa vara. A retrospective review. J Pediatr Orthop 4(1):70–77

11.2 Schenkelhalsverlängernde Osteotomie nach Morscher

Prinzip

Ischämische Nekrosen des Femurkopfes (Morbus Perthes) aber auch Folgezustände nach der Behandlung kindlicher Hüftgelenkserkrankungen im frühen Kindesalter können zu unterschiedlichen Deformierungen des proximalen Femurendes führen. Am häufigsten sind die Verkürzung des Schenkelhalses, ggf. mit Vergrößerung des Hüftkopfes und hochstehendem Trochanter major und eine gleichseitige Beinverkürzung. Die von Morscher 1980 inaugurierte und hier beschriebene Operation erzielt eine Schenkelhals- und Beinverlängerung mit gleichzeitiger Distalisierung des Trochanter majors. Hierbei sind drei Osteotomien notwendig (Abb. 11.2.1–11.2.3).

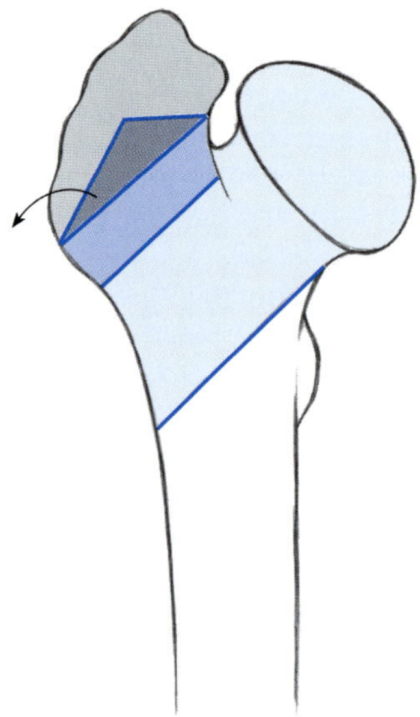

Abb. 11.2.1. Planung der drei Osteotomien für die schenkelhalsverlängernde Osteotomie.

Indikation

Maßgeblich für die Indikationsstellung ist die Klinik mit Trendelenburghinken, Beinverkürzung und/oder klinischen Zeichen des Impingements der Hüfte. Radiologisch sollte eine Verkürzung des Schenkelhalses und ein hochstehender Trochanter major, eventuell kombiniert mit einer Vergrößerung des Hüftkopfes, vorliegen (Typ B3 nach Specchiullis, Abb. 11.2.4, 11.2.5). Die Schenkelhals verlängernde Osteotomie sollte erst nach Wachstumsabschluss durchgeführt werden.

Kommentar

Mit dieser Osteotomie kann, bei gegebener Indikation, das Trendelenburghinken bei den meisten Patienten behoben werden. Sie kann mit Varus-/Valguskorrekturen und Beckenosteotomien kombiniert werden.

Die Osteotomie ist technisch anspruchsvoll insbesondere bezüglich der Trochanterrefixation.

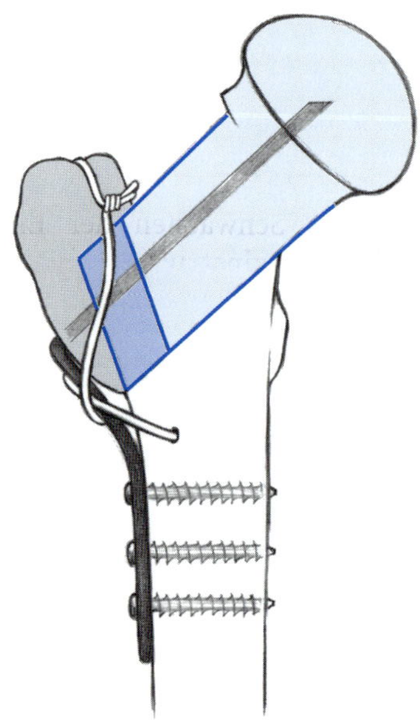

Abb. 11.2.2. a.-p. Ansicht nach durchgeführter schenkelhalsverlängernder Osteotomie.

Technik

In der präoperativen Planung wird das Ausmaß der Distalisierung und Lateralisierung des Femurschaftes mit der Gegenseite als Referenz und der allfälligen Beinverkürzung festgelegt.

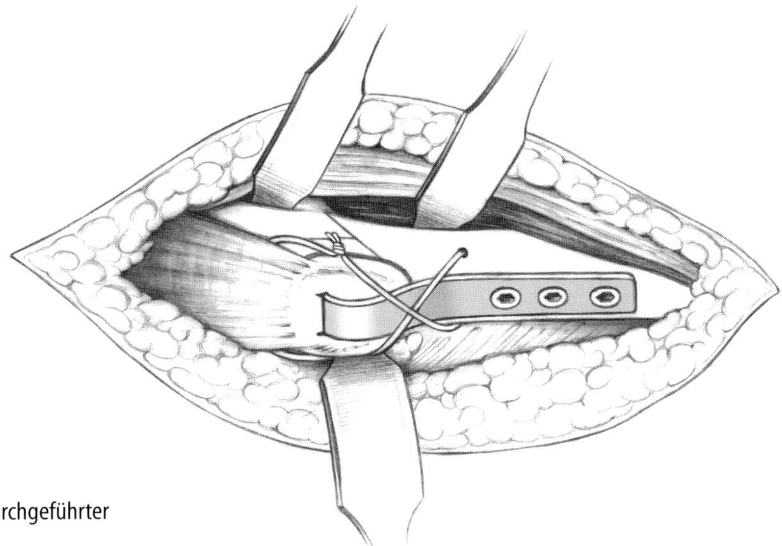

Abb. 11.2.3. Laterale Ansicht nach durchgeführter schenkelhalsverlängernder Osteotomie.

Hierbei kann auch durch Modifikation der Osteotomien eine simultane Valgisation/Varisation erzielt werden.

Lagerung und Zugang wie bei der intertrochantären Osteotomie beschrieben (s. Kap. 8.10).

Bei größeren Längenzuwächsen kann die Verwendung eines Extensionstisches hilfreich sein.

Verwendung einer 130° Winkelplatte; Einstellen des Plattensetzinstrumentes auf 50° (Berechnung 180° minus Klinge). Nach Bestimmung der Antetorsion mittels ventral auf dem Schenkelhals aufgelegtem Kirschnerdraht in Innendrehung der Hüfte, Einbringen eines Kirschnerdrahtes zentral bis leicht kranial in den Schenkelhals entsprechend der Richtungsvorgabe des Plattensetzinstrumentes. BV-Kontrolle. Bei korrekter Lage des Drahtes Schwächen der Eintrittsstelle für das Plattensetzinstrument mit einem 3,2 mm-Bohrer und Austausch des Drahtes durch die Klinge des Plattensetzinstrumentes. Nach Bestimmung der Klingenlänge Lockerung der Klinge. Parallel zur Klinge werden drei Kirschnerdrähte für die Osteotomie des Trochanters und am apikalen und kaudalen Ende des Schenkelhalses eingebracht. Wichtig ist ein Abstand von mindestens 2 cm der kaudalen Osteotomie, damit später die Klinge nicht ausbricht. Nach Rotationsmarkierung Durchführen dieser Osteotomien und Entnahme des zylindrischen Knochenstückes von der Basis des Trochanter majors. Dieses Knochenstück wird mit einem 4,5 mm Bohrer perforiert und vor dem Austausch der Klinge des Plattensetzinstrumen-

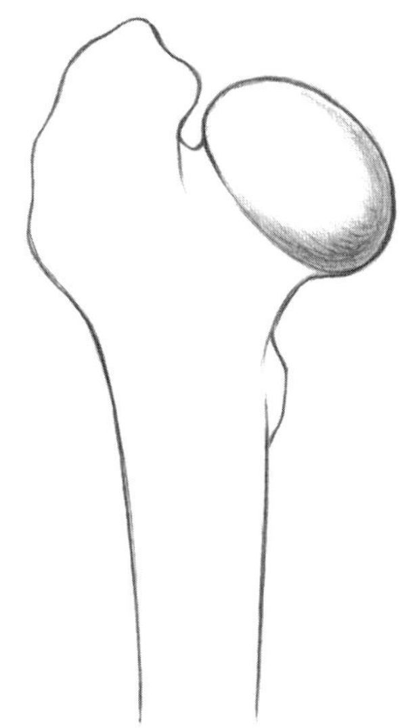

Abb. 11.2.4. Typ B3 in der Klassifikation nach Specchiulli.

tes durch die Platte auf dieselbe aufgesteckt. Die Plattenlänge errechnet sich aus der ursprünglich gemessenen Länge am Plattensetzinstrument zusätzlich der Länge des Trochanterfragmentes. Lateralisierung des Femurschaftes und Verschrauben desselben unter mäßiger Kompression an die Winkelplatte.

Abschließend wird der Trochanter ebenfalls distalisiert und lateralisiert und mittels eines 2 mm Cerclagedrahtes mit optionaler Verwendung von Kirschnerdrähten oder einer Schraube fixiert (Abb. 11.2.6). Hierzu ist eine Abduktionslagerung des Beines hilfreich.

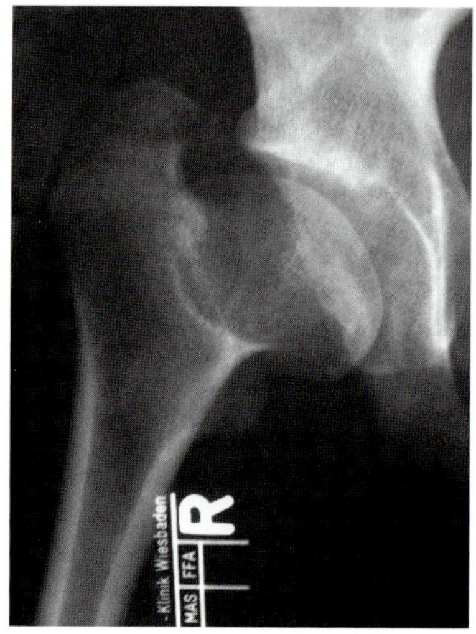

Abb. 11.2.5. Radiologisches Beispiel einer Schenkelhalsverkürzung mit gleichzeitiger Resthüftdysplasie.

Komplikationen

Bei falscher Lage der Osteotomien kann die Osteotomie insgesamt scheitern. Die Refixation des Trochanters ist kritisch. Ein gleichzeitiges Auffädeln des Trochanters ist technisch schwieriger und kann zur Fragmentierung desselben führen. Eine zu geringe Distanz der Platte zur kaudalen Osteotomie kann einen Plattenausbruch bedingen.

Nachbehandlung

Lagerung postoperativ des Beines in Abduktion. Mobilisierung für sechs Wochen mit Entlastung. Belastungsaufbau danach entsprechend dem Röntgenbefund.

Ergebnisse

Morscher berichtet bei 37 Patienten (Durchschnittsalter 22 Jahre) eine Zunahme der Beinlänge um durchschnittlich 1 cm. Das bei 14 Patienten präoperativ existente Verkürzungshinken wurde 13× korrigiert. Das bei 30 Patienten vorhandene Trendelenburgzeichen wurde in 21 Fällen verbessert oder normalisiert.

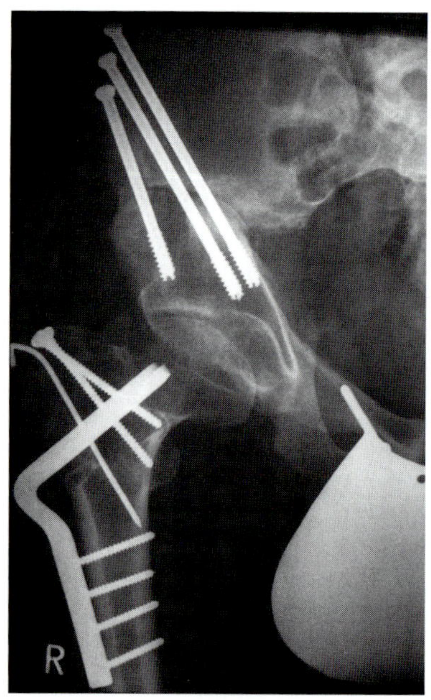

Abb. 11.2.6. Korrektur mit einer schenkelhalsverlängernden Osteotomie kombiniert mit einer Dreifachosteotomie nach Tönnis.

Literatur

Buess P, Morscher E (1998) Die schenkelhalsverlängernde Osteotomie mit Distalisierung des Trochanter majors bei Coxa vara. Orthop Praxis 9:576–581

Morscher EW (2005) Schenkelhalsverlängernde Osteotomie. In: Meyer RP, Gächter A, Kappeler U (Hrsg) Hüftchirurgie in der Praxis. Springer, Heidelberg, S 145–152

Specchiulli F, Scialpi L, Solarino G Jr, Laforgia (1995) Avascular necrosis in congenital dislocation of the hip: long term results and proposed new classification. Hip Intern 5:72–81

12 Eingriffe bei der Hüftkopfnekrose

12.1 Containmenttherapie des Morbus Perthes

Prinzip

Operative (oder konservative) Neuausrichtung des proximalen Femurs und/oder des Azetabulums zur Optimierung einer tiefen Gelenkeinstellung, um einen sphärischen Hüftkopf und somit einen kongruenten Wiederaufbau des Gelenkes zu erzielen (Abb. 12.1.1, 12.1.2).

Indikation

Die Indikationsstellung zur operativen Containmenttherapie ist multifaktoriell. Ältere Kinder (über 6 Jahre bei Krankheitsbeginn) benötigen häufiger eine Containmentverbesserung, head at risk-Zeichen, wie laterale Kalzifikationen und oder Dezentrierung des Gelenkes, aber auch eine Abnahme der Abduktionsfähigkeit sind indikatorisch bedeutsam.

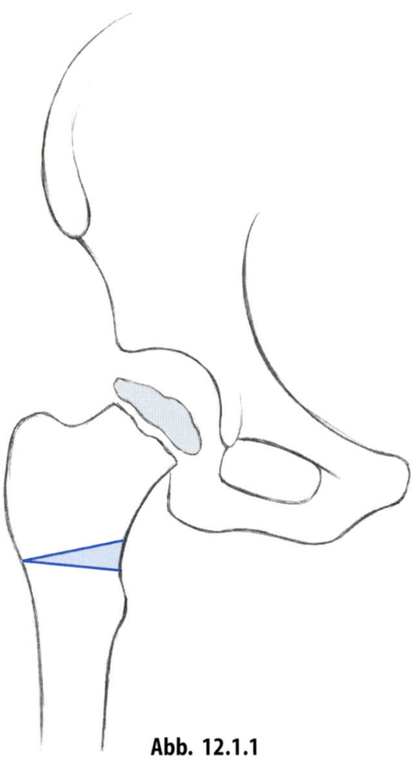

Abb. 12.1.1

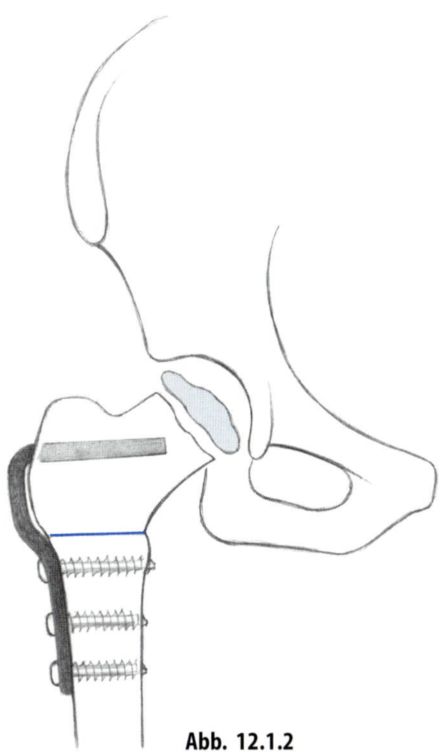

Abb. 12.1.2

Abb. 12.1.1 und **12.1.2.** Varisationsosteotomie bei Morbus Perthes als Containmenttherapie.

Die Differentialindikation zur Varisation und/ oder Beckenosteotomie (nach Salter) hängt vom radiologischen Ausgangsbefund ab. Bei eher valgischer oder normaler Schenkelhalskonfiguration wird vorzugsweise eine Varisation des proximalen Femurs, bei varischer Ausgangssituation eher eine Beckenosteotomie durchgeführt. Bei der Varisationsosteotomie ist eine Derotation (wie bei der Coxa antetorta) nicht obligat, da die eh bereits eingeschränkte Innenrotation sich dadurch weiter verschlechtert. Ein postoperativer CCD-Winkel unter 105° sollte nicht unterschritten werden. Bei Kindern über 9 Jahre ist kein komplettes Remodelling bei ausgeprägter Varisierung mehr zu erwarten. Es verbleibt dann eine Beinverkürzung, Trochanterhochstand und die varische Schenkelhalskonfiguration. Bei ausgeprägter Dezentrierung des Gelenkes kann nur durch die Kombination einer Varisationsosteotomie mit einer Beckenosteotomie ein ausreichendes Containment erzielt werden (Abb. 12.1.3, 12.1.4). Bei ausgeprägter lateraler Ossifikation kann mittels Abtragung derselben eine Verbesserung der Beweglichkeit des Gelenkes erzielt werden (Abb. 12.1.5). Alternativ kann die Kopfsphärizität auch mittels Resektion eines scheibenförmigen Kopffragmentes und Osteosynthese der beiden Kopffragmente erreicht werden. Entscheidend für den Erfolg dieses Verfahrens ist die Beachtung der Gefäßversorgung. Deshalb kann dies nur mittels transtrochantärem Zugang und chirurgischer Hüftluxation durchgeführt werden (s. Kap. 8.4).

▮ Kommentar

Wichtig für eine erfolgreiche Containmenttherapie ist der Erhalt oder das Wiedererlangen einer ausreichenden Abduktionsfähigkeit des Gelenkes. Hierzu werden Physiotherapie, Traktionsbehandlung, Botulinuminjektion der Adduktoren und Abspreizlagerungsschienen angewandt. Verhindert eine große lateralseitige Deformierung des Kopfes die Abduktion, kann eine Resektion dieses knöchernen Anschlags notwendig werden. Alternativ kann auch eine Valgisationsosteotomie als Salvagemaßnahme durchgeführt werden, um das Impingement zu beheben.

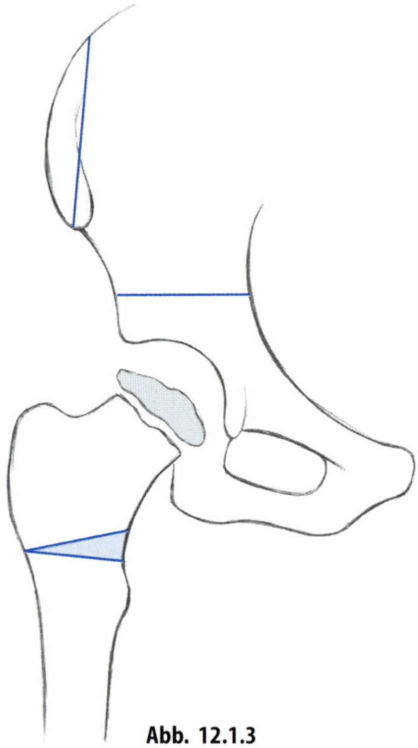

Abb. 12.1.3

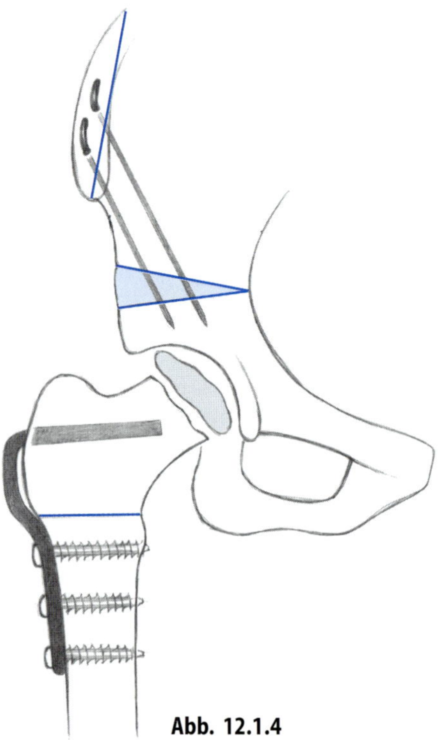

Abb. 12.1.4

Abb. 12.1.3 und **12.1.4.** Kombination einer Beckenosteotomie nach Salter und Varisationsosteotomie als Containmenttherapie.

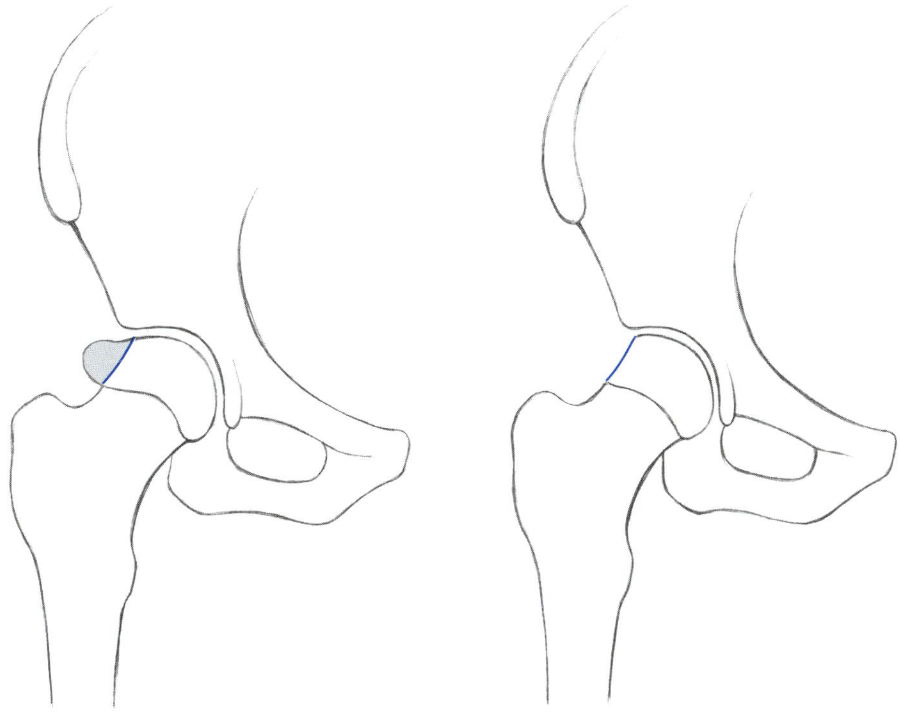

Abb. 12.1.5. Entfernung eines knöchernen Anschlages bei ausgeprägter Deformierung des Kopfes.

Technik

Zur Technik der Varisationsosteotomie s. Kapitel 8.10.

Zur Technik der Beckenosteotomie nach Salter s. Kapitel 9.3.

Literatur

Catterall A (1981) Legg-Calvé-Perthes syndrome. Clin Orthop 158:41–52

Dierauer S (2005) Die operative Therapie des Morbus Perthes. In: Meyer R-P, Gächter A, Kappeler U (Hrsg) Hüftchirurgie in der Praxis. Springer, Heidelberg, S 95–108

Friedlander JK, Weiners DS (2000) Radiographic results of proximal femoral varus osteotomy in Legg-Calvé Perthes disease. L Pediatr Orthop 20:566–571

Thompson GH, Price CT, Roy D, Meehan PL, Richard BS (2002) Legg-Calvé-Perthes disease: Current concepts. AAOS Instr Course Lecture 51: 367–384

12.2 Hüftkopfdekompression

Die Therapie der Hüftkopfnekrose des Erwachsenen ist abhängig vom Stadium der Erkrankung, dem Ausmaß der Nekrose, der Grunderkrankung, der Kooperationsfähigkeit des Patienten und dessen Erwartungshaltung.

Basierend auf der auch das Ausmaß der Nekrose berücksichtigenden Klassifikation von Steinberg et al. sind die nachfolgenden Therapieempfehlungen erarbeitet (Tabelle 12.1).

Tabelle 12.1. Therapieempfehlungen

Bildgebung Stadium	Symptome	Therapie-empfehlung
I und II	symptomfrei	Beobachtung, Entlastung, Elektrotherapie, Medikamente
I ab und II ab	symptomatisch	Dekompression
I+II c, III und 4 a	symptomatisch	Osteotomien, Knochentransplantation osteochondrale Transplantate, Zementplastik
III b+c, 4 b+c und 5	symptomatisch	Gelenkersatz

Ein wichtiger Gesichtspunkt für alle gelenkerhaltenden operativen Therapien ist, keine wesentlichen Einschränkungen für einen späteren eventuell notwendigen endoprothetischen Gelenkersatz zu schaffen. Die Chance, dauerhaft einen Gelenkersatz zu vermeiden, ist bei eingetretener subchondraler Fraktur (ab Stadium 3) gering.

Prinzip

Anbohrung der Hüftkopfnekrose. Dieses Verfahren führt bei einem Großteil der Patienten zu einer Schmerzreduktion. Die langfristige kurative Bedeutung dieses Verfahrens ist umstritten.

Die Anbohrung der Hüftkopfnekrose kann in perkutaner Technik minimal invasiv durchgeführt werden.

Indikation

Bei symptomatischem Initialstadium der Hüftkopfnekrose bei kleinen und mittleren Nekrosebezirken. Manche Autoren sehen auch bei kleinen subchondralen Frakturen mit dieser Methode noch die Möglichkeit, eine Schmerzreduktion zu erzielen, und somit die allfällige endoprothetische Versorgung hinauszuzögern.

Technik

Rückenlage des Patienten mit Positionierung des Röntgenbildverstärkers auf der Gegenseite. Bewegliche Abdeckung des Hüftgelenkes. Auflegen eines Kirschnerdrahtes auf die Haut über den Schenkelhals und Markierung des Verlaufs im Zentrum des Schenkelhalses bei innenrotiert gehaltenem Bein mit einem Fettmarker auf der Haut. Eine ca. 1 cm lange Inzision in der Mitte der Oberschenkelaußenseite entsprechend der Lokalisation des aufliegenden Kirschnerdrahtes. Hierbei muss in Abhängigkeit von der Lokalisation der Nekrose der Hautschnitt geringfügig nach proximal verschoben werden, um am Adamschen Bogen vorbei zu kommen. Aufspreizen der unter der Haut liegenden Schichten bis zum Schenkelhals mit einer Schere und Einbringen eines Trokars mit Gewebeschutzhülse zur Außenseite des Femurs. Vorbringen eines 4,8 mm Bohrers unter BV-Kontrolle in 2 Ebenen durch den Schenkelhals bis zum nekrotischen Bezirk und Durchbohren desselben (Abb. 12.2.1, 12.2.2). Zurückführen und erneutes Vorbringen in fächerförmiger Bohrtechnik, um den Nekrosebezirk in seiner gesamten Konvergenz anzubohren. Nach Abschluss der Anbohrung genügt der Hautverschluss.

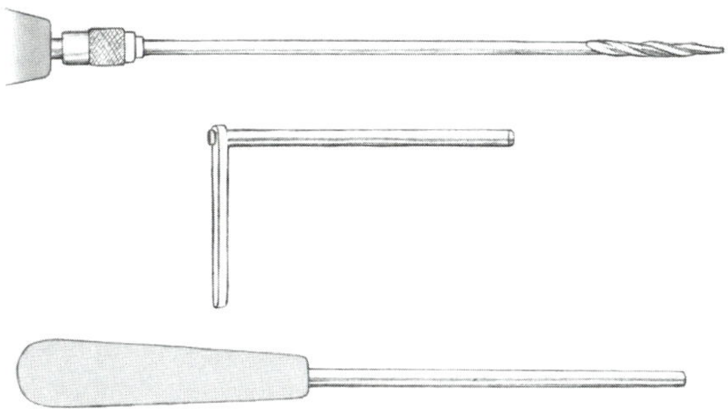

Abb. 12.2.1. Instrumente für die perkutane Hüftkopfanbohrung (Trokar mit Gewebeschutzhülse; Bohrmaschine mit langem 4,8 mm Bohrer).

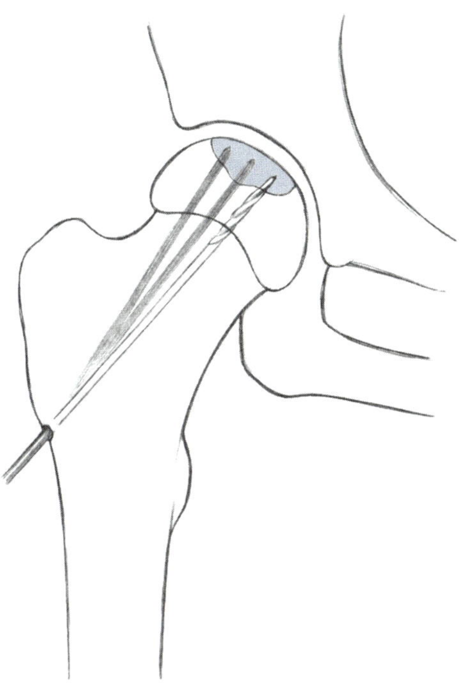

Abb. 12.2.2. Fächerförmiges Anbohren des nekrotischen Bezirkes.

Kommentar

Die Hüftkopfanbohrung kann auch mit großvolumigen Fräsbohrern oder Fräsen durchgeführt werden. Hierzu ist zunächst das Vorbringen eines Kirschnerdrahtes zur genauen Zentrierung notwendig. Nachteilig bei der Durchführung der Anbohrung durch den Schenkelhals ist die Frakturgefährdung durch die große Perforation der lateralseitigen Kortikalis des proximalen Oberschenkels. Das Verfahren ist in dieser Form schwierig perkutan durchführbar. Zur Komplikationsvermeidung ist deshalb das fächerförmige Anbohren mit einem dünneren Bohrer wie vorbeschrieben vorteilhaft.

Nachbehandlung

Eine sechswöchige Teilbelastung ist angezeigt.

Literatur

Arlet J (1992) Nontraumatic avascular necrosis of the femoral head. Past, present, and future. Clin Orthop 261:59–62

Ficat RP (1985) Idiopathic bone necrosis of the femoral head. J Bone and Joint Surg 67-B:3–9

Mont MA, Hungerford DS (1995) Non-traumatic avascular necrosis of the femoral head. J Bone and Joint Surg Am 77:459–474

Mont MA (2006) Understanding and treating osteonecrosis of the hip. Instr Course 153 AAOS, S 1–12

Steinberg ME, Hayken GD, Steinberg DR (1995) A quantitative system for staging avascular necrosis. J Bone and Joint Surg 77-B:34–41

Steinberg ME, Larcom PG, Straford B, Hosick WB, Corces A, Bands RE, Hartmann KE (2001) Core decompression with bone grafting for osteonecrosis of the femoral head. Clin Orthop 386: 71–78

12.3 Alternative gelenkerhaltende Behandlungsmethoden

Prinzip

Entlastung des nekrotischen Bezirkes des Hüftkopfes, Verbesserung der biologischen Situation und Vermeidung des Zusammenbruchs des Hüftkopfes sind die Behandlungsansätze für die gelenkerhaltenden Verfahren bei der Behandlung der Hüftkopfnekrose.

Indikation

Bei ausgeprägten Nekrosen im frühen Stadium sowie bei Beginn einer subchondralen Fraktur bei kleineren Nekrosen ist die Indikation zu einer Umstellungsosteotomie gegeben. Liegen sekundäre arthrotische Veränderungen vor, sind diese Methoden nicht mehr mit Erfolgsaussicht durchführbar.

Bei diesem Verfahren ist eine genaue Lokalisation des nekrotischen Bezirkes Voraussetzung für die Planung der Umstellung. Hierbei kommen Umstellungen in allen Richtungen in Betracht, um den nekrotischen Bezirk aus der Hauptbelastungszone heraus zu nehmen. Am häufigsten wird eine Flexionsosteotomie durchgeführt (Abb. 12.3.1, 12.3.2). Sugioka hat eine intertrochantäre Rotationsosteotomie publiziert (Abb. 12.3.3, 12.3.4). Eine allgemeine Verbreitung der Rotationsosteotomie hat nicht stattgefunden. Bei den Knochentransplantationen werden gefäßgestielte und nicht gefäßgestielte Verfahren unterschieden. Auch Spongiosaimpaktierungen werden bei der Hüftkopfnekrose angewandt.

Zugangswege sind entweder durch den Schenkelhals mittels Fräszylinder oder direkt am Hüftkopf durch antero- und retrograden Zugangsweg. Bei retrograden Verfahren wird durch einen vorderen Zugang zum Hüftgelenk, am Übergang Schenkelhals-Hüftkopf, eingegangen und der nekrotische Bezirk mittels einer Fräse entfernt (Abb. 12.3.5, 12.3.6). Einbolzung einer

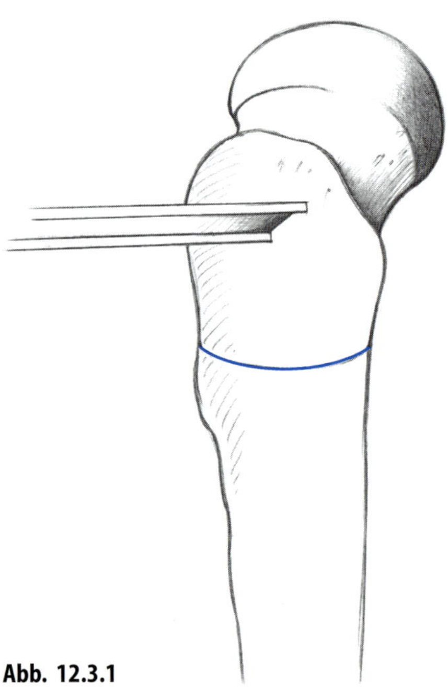

Abb. 12.3.1

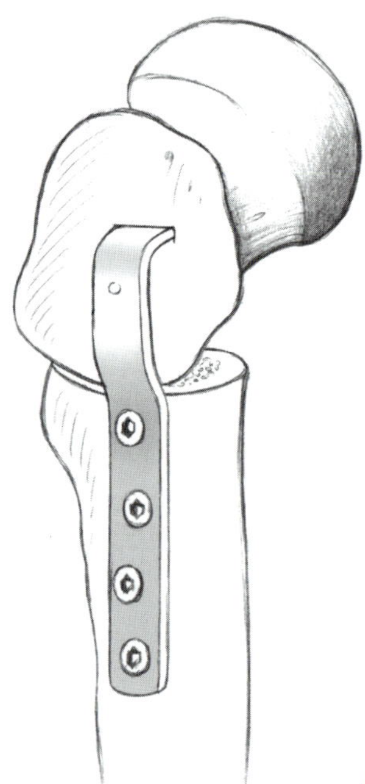

Abb. 12.3.2

Abb. 12.3.1. und 12.3.2. Intertrochantäre Umstellungsosteotomien bei der Hüftkopfnekrose.

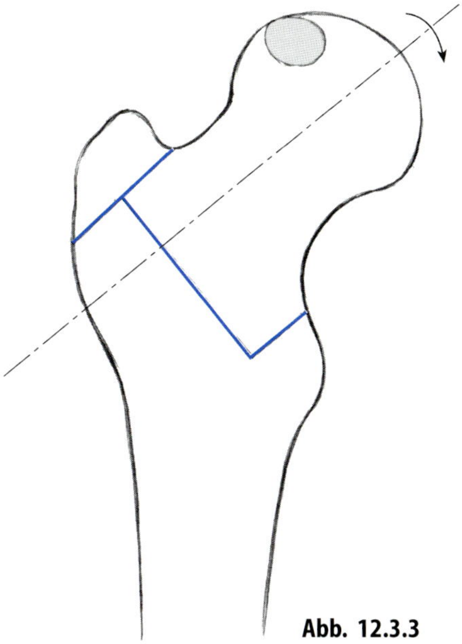

Abb. 12.3.3

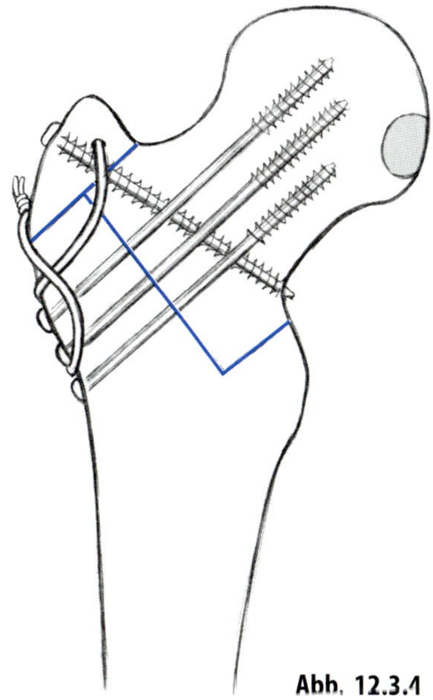

Abb. 12.3.4

Abb. 12.3.3 und **12.3.4.** Rotationsosteotomie nach Sugioka.

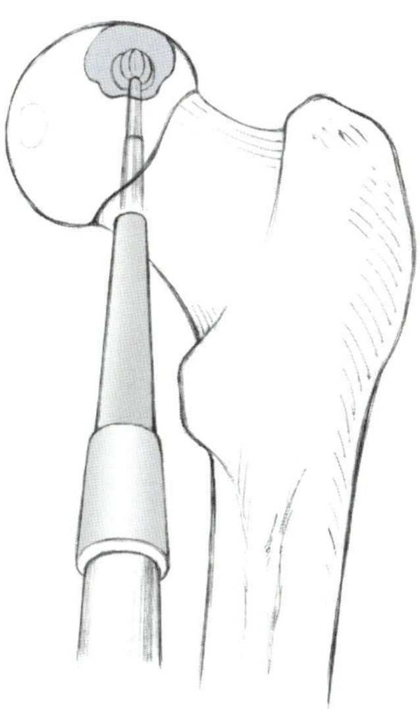

Abb. 12.3.5. Zugangswege zur Nekrosenausräumung: ventraler Schenkelhals.

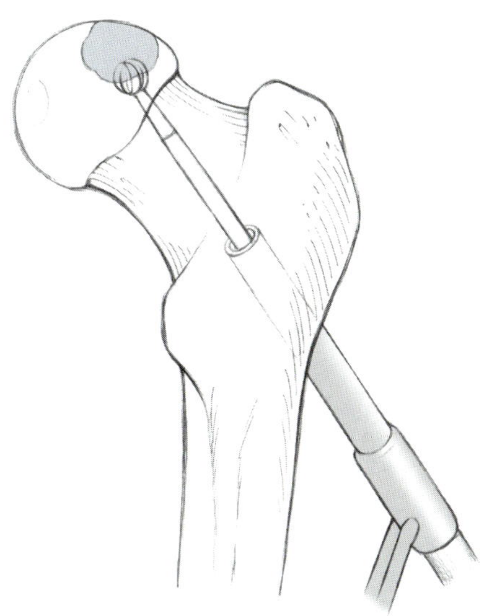

Abb. 12.3.6. Zugangswege zur Nekrosenausräumung: lateraler Zugangsweg.

Spongiosaplombe oder eines gefäßgestielten oder nicht gefäßgestielten Knochen- oder Knorpelknochentransplantates. Die anterograde Einbringung eines Knorpelknochentransplantats, im Sinne eines Ersatzes für das nekrotische Areal, erfordert die chirurgische Hüftgelenksluxation und wird nach Entfernung des nekrotischen Areals in press fit-Technik durchgeführt (Abb. 12.3.7). Eine weitere Alternative besteht darin, den subchondralen Frakturspalt im Stadium 3 mittels Zementinjektion analog zum Vorgehen bei der Vertebroplastie zu stabilisieren und auch hiermit ein Hinauszögern des allfälligen endoprothetischen Gelenkersatzes zu erreichen. Dieses Verfahren wird insbesondere bei der Hüftkopfnekrose im Rahmen einer Sichelzellerkrankung angewandt.

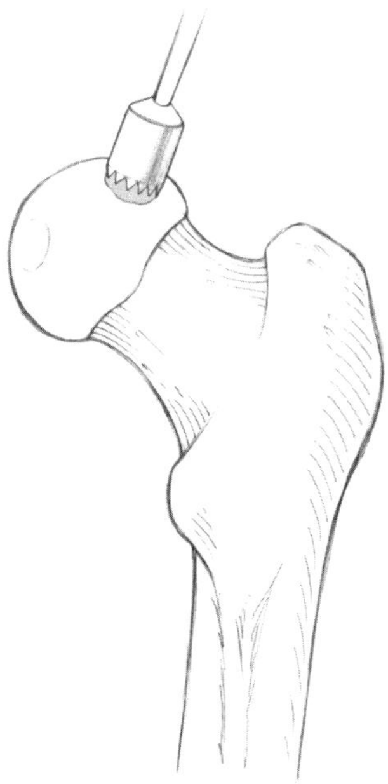

Abb. 12.3.7. Zugangswege zur Nekrosenausräumung: anterograder Zugangsweg.

Literatur

Hernigou P, Baschier D, Galdeteros F (1993) Avascular necrosis of the femoral head in circle cell disease: treatment of collapse by the injection of acrylic cement. J Bone and Joint Surg Br 75:875–880

Meyers MH, Convergy FR (1991) Grafting procedures in ON of the hip. Semin Arthroplasty 2: 189–197

Rosenwasser MP, Garino JP, Kiernan HA, Michelsen CB (1994) Long term follow up of thorough debridement and cancellous bone grafting of the femoral head for avascular necrosis. Clin Orthop 306:17–27

Sugioka Y, Hotokebuchi T, Tsutsui H (1992) Transtrochanteric anterior rotational osteotomy for idiopathic and steroid-induced necrosis of the femoral head. Indications and long-term results. Clin Orthop 277:111–120

Urbaniak JR, Coogan PG, Gunneson EB, Nunley JA (1995) Treatment of osteonecrosis of the femoral head with free vascularized fibular grafting. A long term follow up study of one hundred and three hips. J Bone and Joint Surg 77-A:681–694

13 Frakturversorgung

13.1 Beckenringfrakturen

Prinzip

Die Versorgung der Beckenringfraktur richtet sich nach dem Ausmaß der Begleitverletzungen, der Lokalisation der Fraktur, sowie Stabilität des Beckenrings. Der Schweregrad reicht von unproblematischen Randbrüchen bis zur Beckenzerreißung mit lebensbedrohlichen Blutungen. Entsprechend werden in solchen Notfallsituationen die Beckenzwinge und der Fixateur externe bevorzugt. Die elektive operative Versorgung erfordert häufiger eine interne Osteosynthese. Hier kommen Platten-, Schraubenosteosynthese und der Fixateur interne zum Einsatz. Der Grad der Instabilität lässt sich gut durch die AO-Klassifikation, die sich eng an die Tile-Klassifikation (1988) anlehnt, beschreiben (Abb. 13.1.1). Dadurch werden der Zugang und die Wahl des Osteosyntheseverfahrens bestimmt.

Indikation

Behandlungsziele der operativen Behandlung sind zunächst die Blutungskontrolle und das Management peripelviner Begleitverletzungen. Das kann die akute Beseitigung von Fehlstellungen und Instabilitäten erfordern. Nach Stabilisierung des Patienten erfolgt dann die definitive Osteosynthese.

Beckenzwinge: Die Beckenzwinge dient zur notfallmäßigen Stabilisierung des hinteren Beckenringes (Typ C), welcher sich mittels Fixateur externe nicht so fixieren lässt, um eine Blutstillung durch Kompression und Tamponade zu erreichen und dadurch den Kreislauf zu stabilisieren.

Fixateur externe: Auch der Fixateur externe dient der Notfallversorgung, insbesondere bei Verletzungen des vorderen Beckenrings, der „Open-Book"-Verletzung (Typ B). Er dient als Ergänzung zur Fixation des vorderen Beckenrings bei Scherverletzungen (Typ C) und ist für die Versorgung bei Weichteilkontamination, z. B. Hohlorganverletzung, geeignet.

Plattenosteosynthese: Die Plattenosteosynthese hat im Beckenbereich viele Anwendungsmöglichkeiten. Sie ist indiziert zur Stabilisierung der Symphysensprengung, des Schambeinastes, der Iliosakralfugensprengung und der Iliumfraktur. Für die dorsale Stabilisierung der Sakrumfraktur ist die Plattenosteosynthese ebenfalls eine geeignete Osteosynthesemethode.

Schraubenosteosynthese: Die isolierte Schraubenosteosynthese wird bei der Verschraubung des hinteren Beckenringes (ISG) und bei transalaren bzw. foraminellen Sakrumfrakturen durchgeführt. Eine weitere Indikation ist die transpubische Instabilität. Obwohl diese Region durch den Muskelmantel, das Periost und die Bandstrukturen gut stabilisiert wird und sich meist nach 4 Wochen ein belastungsfähiger Kallus gebildet hat, kann es bei Außenrotationsverletzungen zu einer deutlichen Diastase und bei Innenrotationsverletzungen zu Fehlstellungen kommen, die eine Stabilisierung erfordern. Hier kann dies mittels einer Schraubenosteosynthese durchgeführt werden. Ansonsten kann die Schraubenosteosynthese als adjuvantes Stabilisierungsverfahren, z. B. Typ C-Verletzung zur posterioren Stabilisierung, Ergänzung zum Fixateur externe oder der Symphysenplatte, angewendet werden.

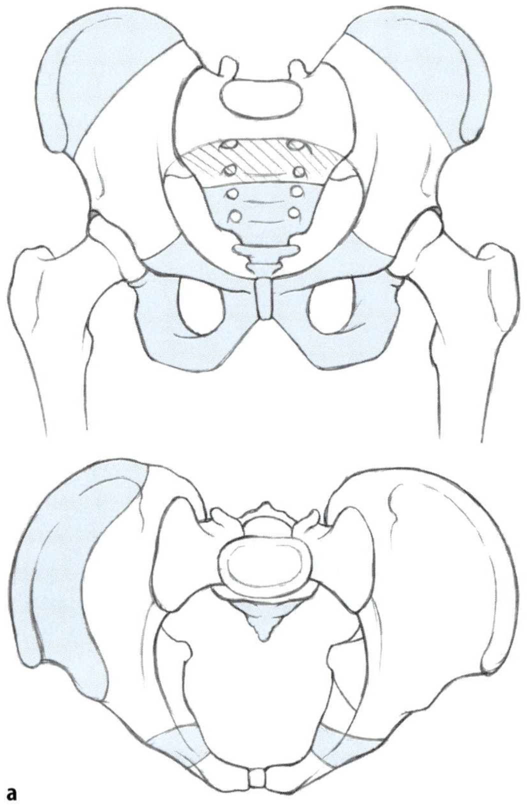

a

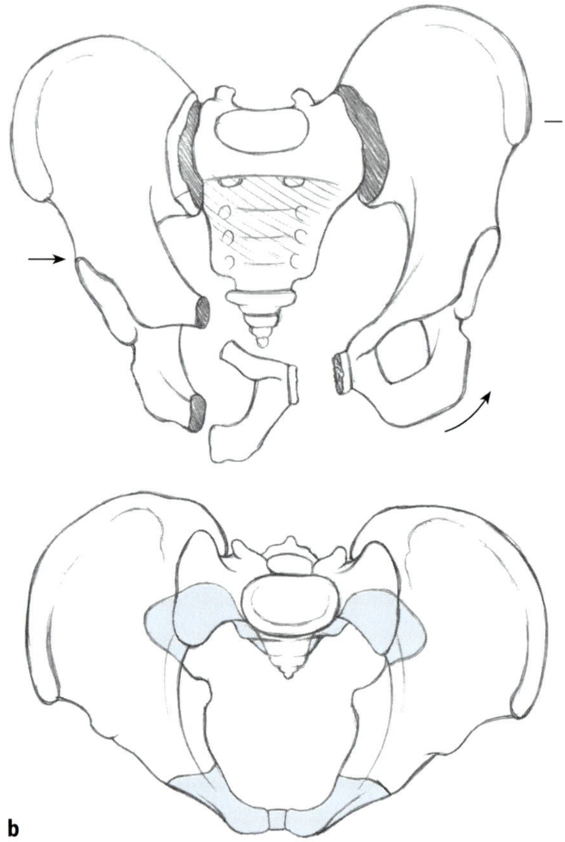

b

Abb. 13.1.1 a–c. AO-Klassifikation der Beckenringfraktur. **a** Lokalisation der Verletzungen bei Typ A-Verletzungen des Beckenrings in der Frontansicht und Aufsicht. **b** Lokalisation der Verletzungen und Dislokationsmöglichkeiten bei Typ B-Verletzungen des Beckenrings in der Frontansicht und Aufsicht. **c** Lokalisation der Verletzungen und Dislokationsmöglichkeiten bei Typ C-Verletzungen des Beckenrings in der Frontansicht und Aufsicht.

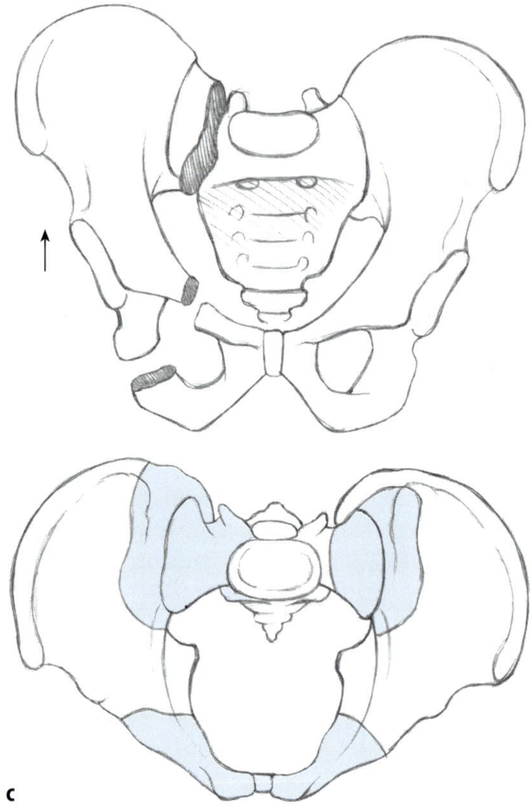

c

Fixateur interne: Der Fixateur interne ist bei instabiler Sakrumfraktur, als Teil einer instabilen Typ C-Verletzung, indiziert. Die dabei auftretenden vertikalen Scherkräfte können durch Überbrückung des Iliosakralgelenkes neutralisiert werden. Das Prinzip entspricht der Distraktionsspondylodese.

Kommentar

Beckenverletzungen finden sich bis zu 25% bei Schwerverletzten. Instabile Beckenfrakturen treten vorwiegend bei hoher Gewalteinwirkung auf. Die Kräfte, die zu diesen instabilen Beckenverletzungen führen, können unterteilt werden in antero-posteriore Kompression, laterale Kompression und vertikale Abscherung bzw. Kombinationen. Diese Mechanismen bilden die Basis der Klassifikation und weisen auch auf mögliche Begleitverletzungen im Beckenbereich hin. Im Gegensatz dazu finden sich die stabilen Frakturen (z. B. Schambeinfrakturen) bei Patienten mit hohem Lebensalter nach Bagatellverletzungen.

Instabile Verletzungen haben eine Letalitätsrate bis 30% und sind häufig mit Begleitverletzungen vergesellschaftet. Daher müssen diese besonders berücksichtigt werden (Schädel-, Thorax-, Abdomenverletzungen, Frakturen der Wirbelsäule und der Extremitäten).

Technik

Beckenzwinge: Die Lagerung des Patienten erfolgt in Rückenlage. Bei Unklarheiten sollte nach steriler Abdeckung ein Bildverstärker verwendet werden, mit Projektionen in AP, Inlet und Outlet. Es ist für die Manipulation und Reposition sinnvoll, das Bein auf der verletzten Seite frei abzudecken. Dann kann durch Zug, Innenrotation und ggf. Kompression reponiert werden. Die Pins der Beckenzwinge werden nach Inzision an der Kreuzungsstelle zwischen der Verlängerung der Femurachse über der Trochanterspitze und der Senkrechten der Spina iliaca anterior superior nach dorsal auf das Becken aufgesetzt. Die sichere Verankerung erfolgt in Höhe der SI-Gelenke (Abb. 13.1.2).

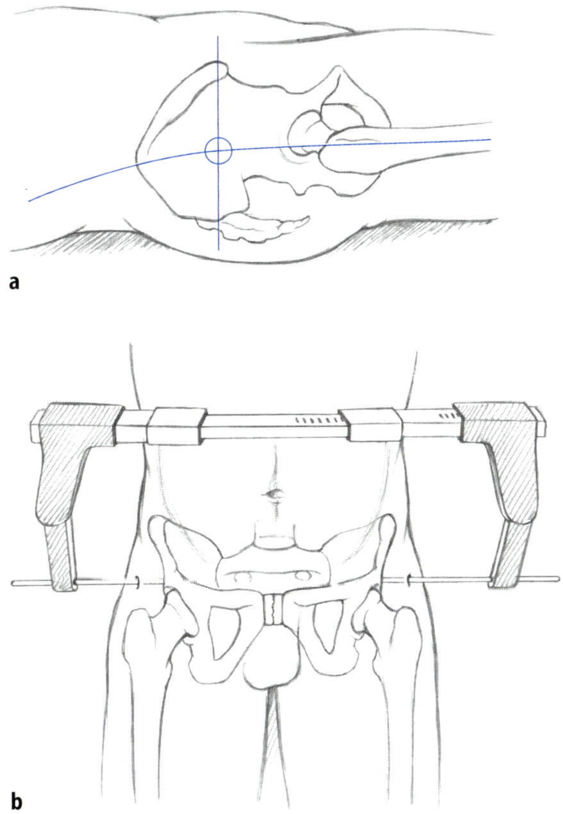
a

b

Abb. 13.1.2. Beckenzwinge zur notfallmäßigen Versorgung einer instabilen Beckenfraktur. **a** Seitansicht, **b** Frontansicht.

Fixateur externe: Ohne große Orientierungsprobleme kann nach Palpation und Stichinzision im Bereich des Beckenkammes die Crista angebohrt werden. Die Schanz-Schrauben werden dann parallel zur Ala eingedreht – ca. 20° nach kranial und 30° nach lateral geneigt. Um eine ausreichende Stabilität zu gewähren sind 2 Schrauben notwendig (Abb. 13.1.3). Eine stabilere, aber kompliziertere Fixation ist die supraazetabuläre Platzierung im Corpus ossis ilii. Unter Bildwandlerkontrolle erfolgt die Stichinzision zwischen Spina iliaca anterior superior (ca. 2 cm distal und medial) und Trochanter major. Es erfolgt ein Ankörnen und Anbohren des Os ilium im Bereich der Spina iliaca anterior inferior. Die Bohrrichtung zeigt Richtung Iliosakralgelenk (SI-Gelenk). Die Schanz-Schrauben werden etwa 30° nach kaudal und 45° nach lateral geneigt eingedreht.

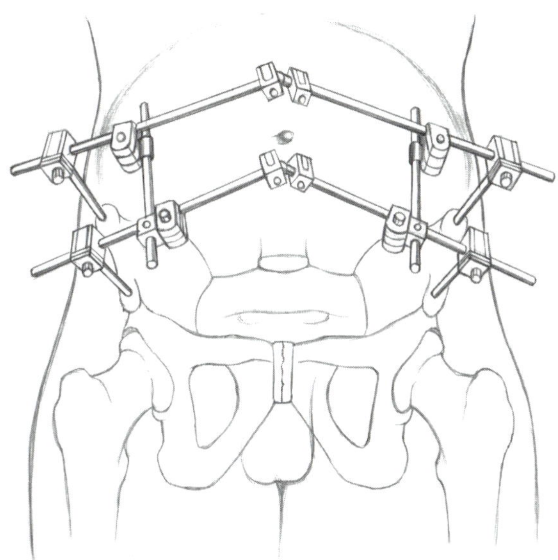

Abb. 13.1.3. Stabilisierung des Beckenrings mittels Fixateur externe.

Stabilisierung der Symphysensprengung: Die Stabilisierung der Symphysensprengung erfolgt meist mittels Plattenosteosynthese. Es werden

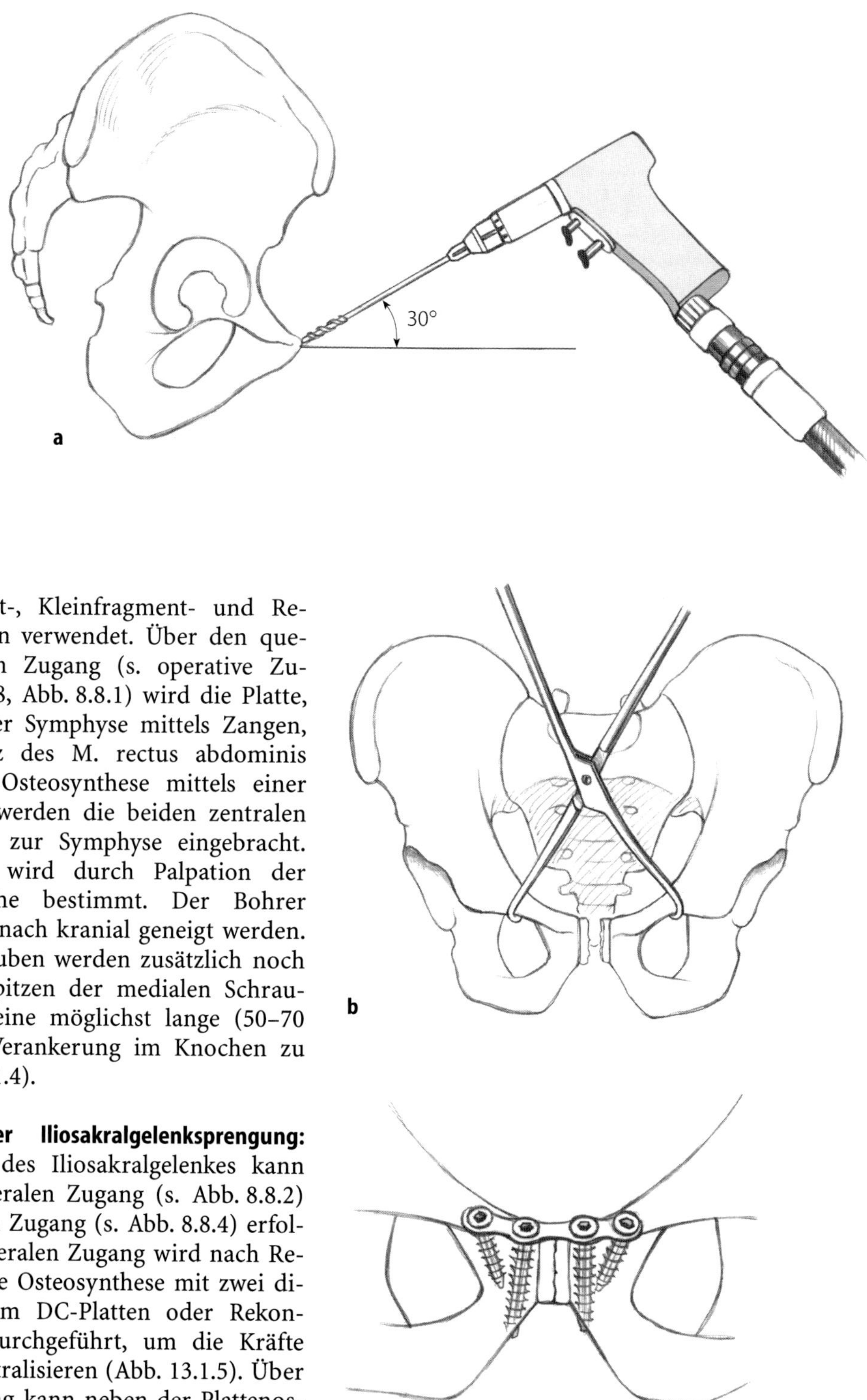

dazu Großfragment-, Kleinfragment- und Rekonstruktionsplatten verwendet. Über den queren suprapubischen Zugang (s. operative Zugangswege, Kap. 8.8, Abb. 8.8.1) wird die Platte, nach Reposition der Symphyse mittels Zangen, hinter dem Ansatz des M. rectus abdominis platziert. Bei der Osteosynthese mittels einer 4,5 mm DC-Platte werden die beiden zentralen Schrauben parallel zur Symphyse eingebracht. Die Bohrrichtung wird durch Palpation der Symphysenrückfläche bestimmt. Der Bohrer muss dabei ca. 30° nach kranial geneigt werden. Die lateralen Schrauben werden zusätzlich noch in Richtung der Spitzen der medialen Schrauben gebohrt, um eine möglichst lange (50–70 mm) und stabile Verankerung im Knochen zu erreichen (Abb. 13.1.4).

▮ **Stabilisierung der Iliosakralgelenksprengung:** Die Stabilisierung des Iliosakralgelenkes kann über den anterolateralen Zugang (s. Abb. 8.8.2) oder einen dorsalen Zugang (s. Abb. 8.8.4) erfolgen. Beim anterolateralen Zugang wird nach Reposition des ISG die Osteosynthese mit zwei divergierenden 4,5 mm DC-Platten oder Rekonstruktionsplatten durchgeführt, um die Kräfte ausreichend zu neutralisieren (Abb. 13.1.5). Über den dorsalen Zugang kann neben der Plattenosteosynthese auch eine Stabilisierung mittels transiliosakraler Schraubenosteosynthese (Spongiosa oder kanülierte Schrauben 6,5–8 mm) erfolgen. Diese Form der Fixation des hinteren Beckenrings kann auch perkutan erfolgen. Dabei sind die korrekte Reposition und die Schraubenplat-

Abb. 13.1.4. Osteosynthesetechnik zur Stabilisierung einer Symphysensprengung mittels Plattenosteosynthese. **a** Bohrrichtung zur sicheren Schraubenplatzierung. **b** Reposition mittels Zange. **c** Endgültige Plattenosteosynthese.

zierung schwierig. Eine laterale, eine anterior-posteriore, „Inlet"- und „Outlet"-Projektion ist notwendig, um eine Fehlplatzierung im Spinalkanal, den Neuroforamina oder Perforation mit Verletzung von Organen oder Gefäßen zu verhindern. In der seitlichen Projektion muss sich der Anteil der Ala sacralis von S1 (Pedikel) und der 1. Sakralwirbel gut darstellen. Der Schraubeneintrittspunkt liegt auf einer Linie ca. 1,5 cm ventral der Crista glutea posterior auf dem Mittelpunkt der Verbindungslinie zwischen Crista iliaca und Incisura ischiadica major. In der seitlichen Projektion muss sich der Bohrer axial durch die Ala sacralis auf den 1. Sakralwirbel abbilden (Abb. 13.1.6).

▮ **Osteosynthese der Iliumfraktur:** Die Osteosynthese am Ilium erfolgt über den anterolateralen Zugang (s. Abb. 8.8.2) oder den dorsalen Zugang (s. Abb. 8.8.1). An Implantaten werden im Bereich der Linea terminalis meist 3,5 mm DC-

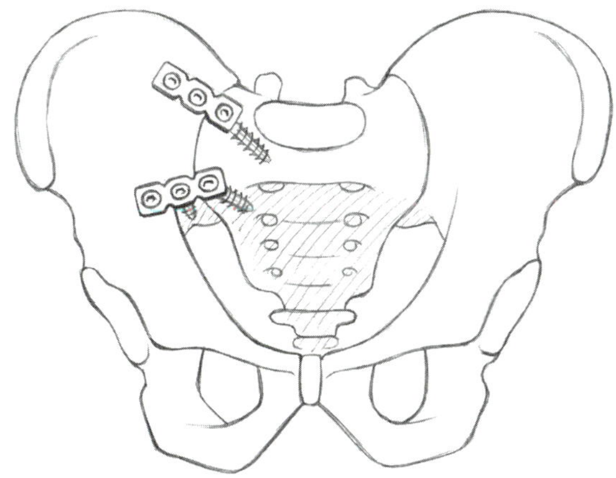

Abb. 13.1.5. Stabilisierung der Iliosakralfugensprengung.

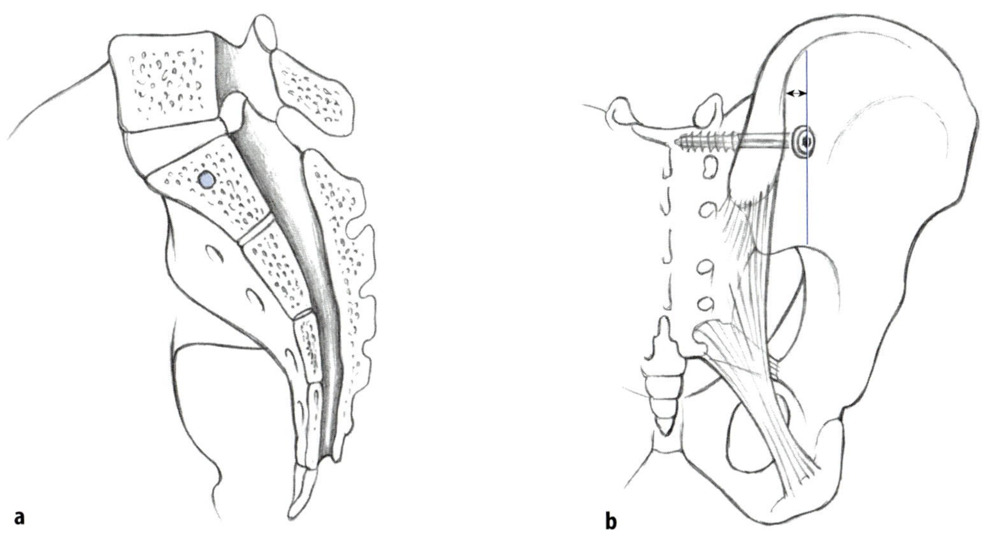

a

b

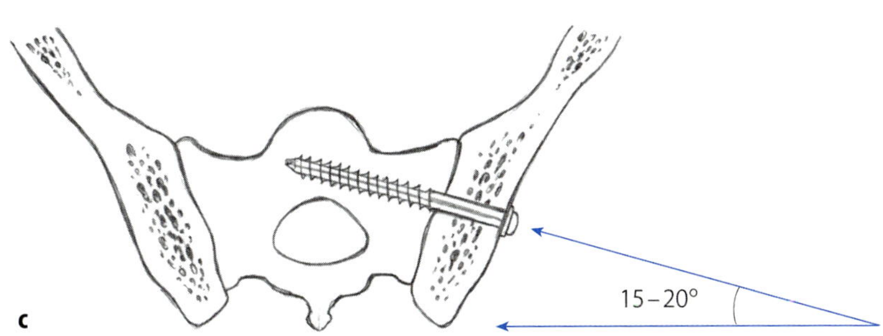

c

Abb. 13.1.6. Transiliosakrale Verschraubung zur Stabilisierung der IS-Fuge. **a** Seitliche Projektion mit Zielrichtung auf den 1. Sakralwirbel. **b** Endgültige Schraubenposition in der Dorsalansicht. **c** Lage der Schraube in der Querschnittsansicht.

Platten verwendet und der Crista glutea zusätzlich oder alternativ 3,5 mm Zugschrauben.

Osteosynthese der Sakrumfraktur: Ein Teil der Sakrumfrakturen (z. B. transalare Fraktur) kann wie die Iliosakralgelenksprengung mittels transiliosakraler Schrauben stabilisiert werden (Abb. 13.1.6). Nach Reposition (ggf. offen, s. Abb. 8.8.5) können die Scherkräfte mittels Fixateur interne abgefangen werden. Es erfolgt, wie bei der Stabilisierung der Wirbelsäule, eine Schraubenplatzierung in den Pedikel des 5. Lendenwirbelkörpers (ggf. bds. oder zusätzlich LWK 4) und die Spina iliaca posterior superior oder dem Tuber ossis ilii auf beiden Seiten. Durch einen Querstabilisator kann dann die Fraktur (z. B. transforaminale Fraktur) komprimiert und stabilisiert werden (Abb. 13.1.7).

Komplikationen

Frakturen im Beckenbereich können durch die Vielzahl möglicher Begleitverletzungen sehr komplexe Ausmaße annehmen und damit zahlreiche Komplikationen nach sich ziehen.

Sowohl primär als auch sekundär kann es zu ausgedehnten Blutungen kommen, die sich bei Zerstörung des Beckenbodens oder des Peritoneums nicht mehr selbst tamponieren. Hauptblutungsquellen sind das Sakrum, der präsakrale und paravesikale Venenplexus, sowie die Äste der A. iliaca interna. Die Verletzung selbst oder die operative Versorgung und Osteosynthese kann auch zu Läsionen der großen Beckengefäße führen und neben dem Blutverlust eine Ischämie zur Folge haben. Das Weichteiltrauma, wie auch der operative Zugang, birgt das Risiko von Hautnekrosen, Infektionen, Myonekrosen oder einem Glutealkompartiment bis hin zu Drucknekrosen des N. ischiadicus. Revisionseingriffe („second look") müssen daher in solchen Situationen rechtzeitig eingeplant werden.

Nervenverletzungen bzw. Verletzungen des Plexus sacralis und des Plexus lumbosacralis können bei Trümmerfrakturen des Sakrums entstehen, aber auch durch Anbringen der Beckenzwinge und andere Schraubenplatzierungen in dieser Region verursacht werden. Kommt es bei Falschpositionierung zur Perforation, können zusätzlich Gefäße und pelvine Organe verletzt werden. Entsprechend der primären Evaluation des Verletzungsmusters ist hier besonders auf Läsionen des Anorektums wegen der hohen Kontaminationsgefahr zu achten. Gleiches gilt bei anderen Formen der Osteosynthese oder der Fehlplatzierung der Schanz-Schrauben des Fixateur externe, wobei es hier bei der ventralen Platzierung zu einer Verletzung von Vena, Arteria und Nervus femoralis, sowie des N. cutaneus femoris lateralis, der „corona mortis" oder des Hüftgelenkes kommen kann. Bei der operativen Stabilisierung des Beckenrings finden sich an weiteren Komplikationen Urogenitalverletzungen, Infekte und Rektushernien. Fragmente und Dislokationen gefährden hier besonders die Urethra, die Harnblase und die männliche Geschlechtsfunktion.

Nachbehandlung

Unter Berücksichtigung der Begleitverletzungen sind die Ziele die Übungsstabilität und die Mobilisierung des Patienten. Dabei ist auf der verletzten Seite meist eine Teilbelastung von 6–8 Wochen notwendig. Es muss auch bei der Verletzung mit Bein- und Beckenvenenthrombosen bzw. dem damit erhöhten Thromboembolierisiko gerechnet werden. Bei der Nachbehandlung müssen die Spätfolgen, insbesondere nach komplexeren Verletzungen, beachtet werden. Dazu zählen posttraumatische Arthrose, Pseudarthrosen, Beinverkürzungen und Fehlstellungen, heterotope Ossifikationen, Narbenhernien und Lymphödeme. Neurologische Begleitverletzungen, Störungen der Blasen-Darm- und Sexualfunktion sind für den Langzeitverlauf ganz wesentlich.

Metallentfernungen sind wegen der Weichteildeckung nur selten notwendig, jedoch z. B. am Beckenkamm, der Symphyse, oder bei störendem dorsalen Implantat (Fixateur interne) sinnvoll.

Alternative Technik

Als Alternative zur Beckenzwinge und Sofortmaßnahme kann in weniger dramatischen Fällen eine Blutstillung auch durch externe Kompression mittels Umwickelung des Beckens mit breiten Binden und Innenrotation der Beine erreicht werden.

Die Fixation der Symphyse kann alternativ mittels Cerclagetechniken erfolgen, die aber in den Untersuchungen nicht die gleiche Stabilität zeigen. Manchmal werden zusätzliche intraossäre Platten („box-plate") bei Osteoporose oder gar eine zweite ventrale Platte („bumper-plate") eingesetzt.

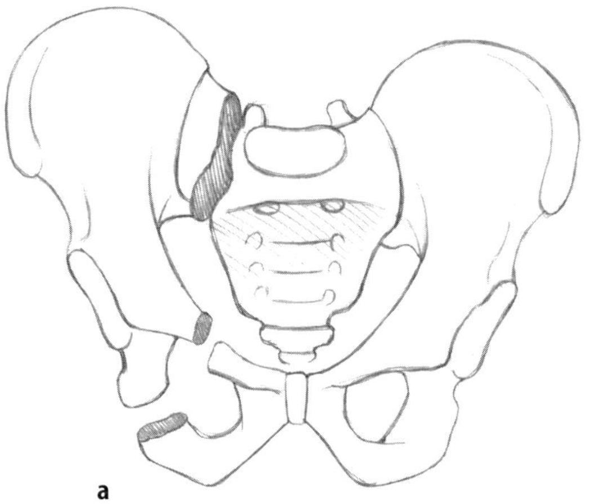

a

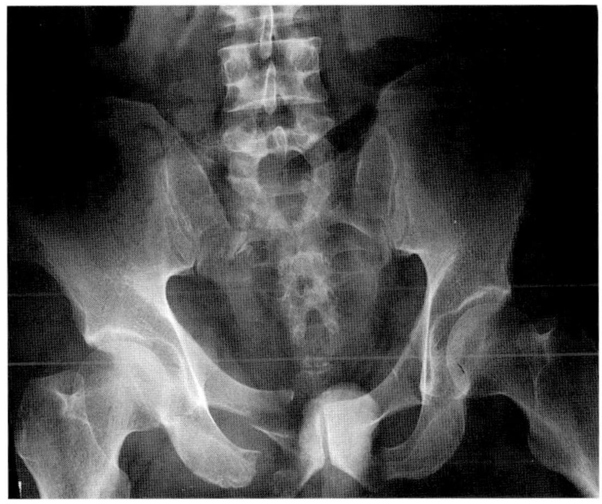

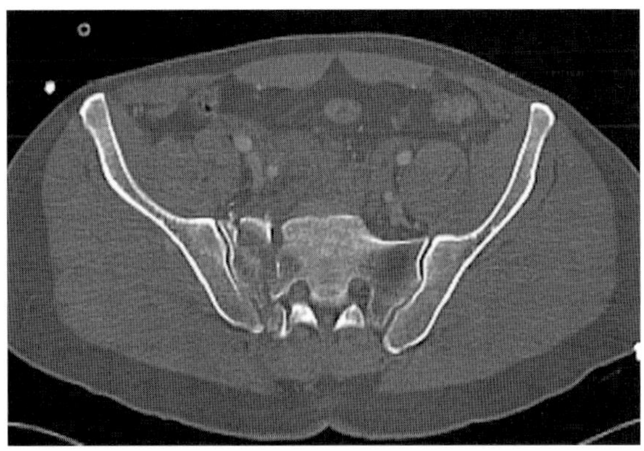

b

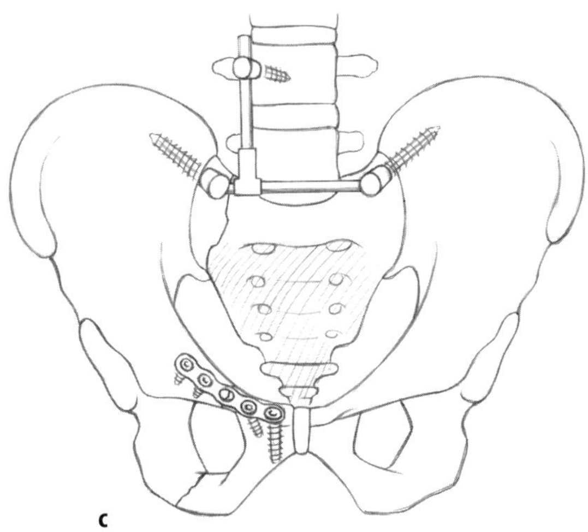

c

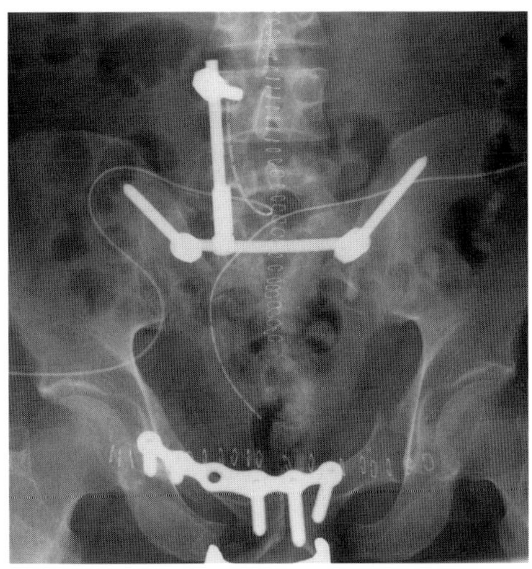

Abb. 13.1.7 a–c. Schematische Darstellung und Röntgenaufnahmen einer instabilen Beckenfraktur (Typ C1.3). **a** Schematische Darstellung und Röntgenbild (Beckenübersicht). **b** CT-Schicht der Beckenverletzung; die Fraktur durch das Os sacrum auf der rechten Seite ist deutlich zu erkennen. **c** Operative Stabilisierung des hinteren Beckenrings mittels Distraktionsspondylodese. Der vordere Beckenring ist durch eine Plattenosteosynthese stabilisiert. Schematische Darstellung und Röntgenbild.

Zur Stabilisierung der Sakrumfraktur können quer verlaufende Platten oder Sakralstäbe verwendet werden. Diese werden jedoch wegen der hohen Komplikationsrate, durch die notwendige Freilegung und dadurch bedingte Weichteilbelastung, nur noch wenig verwendet. Wenn eine lokale Reposition, Fragmententfernung (Zentralkanal, Foramina sacralia) und Stabilisierung notwendig ist, dann werden DC-, H- und Drittelrohplatten der Kleinfragmentserie empfohlen. Die Schraubenplatzierung ist dabei besonders anspruchsvoll.

Neuere Methoden bedienen sich der CT- und bildwandlergestützten Navigation (Computerassistierte Chirurgie), um zum einen die Frakturen minimal invasiv versorgen zu können und zum anderen die Genauigkeit, insbesondere die Schraubenplatzierung, zu verbessern.

Literatur

Brown TD, Stone JP, Schuster JH, Mears DC (1982) External fixation of unstable pelvic ring fractures: comparative rigidity of some current frame configurations. Med Biol Eng Comput 20(6): 727–733

Dolati B (1985) Die operative Versorgung der Symphysenruptur. Unfallchirurgie 11:223–227

Ertel W, Eid K, Keel M, Trentz O (2000) Therapeutical strategies and outcomes of polytraumatized patients with pelvic injuries: a six-year experience". Eur J Trauma 26:278–286

Käch K, Trentz O (1994) Distractionsspondylodese des Sakrums bei „vertical shear" Läsionen des Beckens. Unfallchirurg 97:28–38

Orthopaedic Trauma Association Committee for Coding and Classification (1996) Fracture and dislocation compendium. J Orthop Trauma 10(Suppl 1):66–70

Pohlemann T, Tscherne H, Baumgärtel F, Egbers HJ, Euler E, Maurer F, Fell M, Mayr E, Quirini WW, Schlickewei W, Weinberg A (1996) Beckenverletzungen: Epidemiologie, Therapie und Langzeitverlauf. Übersicht über die multizentrische Studie der Arbeitsgruppe Becken. Unfallchirurg 99:160–167

Tile M (1988) Pelvic ring fractures: should they be fixed? JBJS Br 70(1):1–12

13.2 Azetabulumfrakturen

Prinzip

Ziel der operativen Therapie von Azetabulumfrakturen ist die Wiederherstellung der Anatomie des Hüftgelenkes. Das oftmals aufwendige Osteosyntheseverfahren mit entsprechender Belastung des Patienten wird meist nach Stabilisierung des Verletzten und elektiv vorgenommen. Offene Frakturen, die eine sofortige Versorgung erfordern, sind selten. Luxationen des Femurkopfes müssen allerdings notfallmäßig durch eine suprakondyläre Extension beseitigt werden, um eine Hüftkopfnekrose zu verhindern.

Grundvoraussetzung für die weitere Planung ist die genaue Frakturanalyse mittels Beckenübersichtsaufnahme, Obturator- und Alaaufnahme, sowie CT Diagnostik. Die Klassifikation der Fraktur unter anatomischen Gesichtspunkten bestimmt dann das Osteosyntheseverfahren und die Wahl des Zugangs.

Entsprechend der Klassifikation nach Judet und Letournel werden 10 Frakturtypen unterschieden: 5 elementare Formen und 5 Kombinationsformen (Tabelle 13.2.1, Abb. 13.2.1).

Indikation

Die Indikation zur konservativen Therapie besteht bei nicht dislozierten Frakturen (Grenzwert ca. 2 mm), zentriertem und stabilem Hüftgelenk. Ebenso ist bei guter Überdachung des Hüftkopfes (Pfannendachwinkel nach Matta über 45°) eine konservative Behandlung möglich. Der Allgemeinzustand kann zumindest vorübergehend die operative Behandlung verbieten. Eine Arthrose bzw. Osteoporose kann eine limitierte operative Versorgung bis zum definitiven prothetischen Gelenkersatz erfordern.

Die Notfallindikation zur operativen Therapie besteht nur selten. Hier ist die offene Fraktur, zunehmende neurologische Ausfälle, die komplett instabile Hüfte und die Hüftkopffraktur zu nennen. Üblicherweise ergibt sich die Indikation zur Operation bei Inkongruenz des Gelenkes, Diastase, insbesondere im Dachbereich, und bei kompletter Mobilität der gelenktragenden Strukturen.

Tabelle 13.2.1. Frakturtypen

Elementarer Frakturtyp	Kombinationstyp
1. Hintere Wandfraktur	1. Hinterer Pfeiler mit hinterer Wand
2. Hintere Pfeilerfraktur	2. Querfraktur mit hinterer Wand
3. Vordere Wandfraktur	3. T-Fraktur
4. Vordere Pfeilerfraktur	4. Vorderer Pfeiler mit hinterer Hemiquerfraktur
5. Querfraktur	5. Zweipfeilerfraktur

Kommentar

Frakturen des Azetabulums entstehen meist durch große Krafteinwirkung über den Trochanter major oder den Femur. Entsprechend haben über die Hälfte der Patienten weitere Verletzungen, häufig liegt ein Polytrauma vor. Je nach Stellung des Oberschenkelkopfes kommt es zu den verschiedenen Frakturformen.

Typische Begleitverletzungen finden sich an Beckenring, Schenkelhals, Knie, Fuß und der Wirbelsäule. Besonderer Aufmerksamkeit bedürfen die Nervenschäden, hier im Wesentlichen der N. ischiadicus.

Die Operationsplanung hat einen wesentlichen Stellenwert. Durch die anatomische Besonderheit ist häufig intraoperativ die Fraktur nur inkomplett einsehbar. Die Auswahl des falschen Zugangs kann eine Reposition unmöglich machen und dann eine erhebliche Erweiterung der Freilegung mit entsprechendem Anstieg der Komplikationsrate nach sich ziehen.

Technik

Auch bei Wahl des optimalen Zugangs sind für die Durchführung der Osteosynthesen im Bereich des Azetabulums oftmals besondere Repositionstechniken und ein spezielles Instrumentarium notwendig. Dazu gehören spezielle Repositionszangen, die zum Teil abgewinkelt sind, unterschiedliche Branchenlängen haben, kugelförmige Spitzen oder Telleraufsätze, um das tiefe Einsinken in den Knochen zu verhindern, oder aber auch mit Hilfsschrauben kombiniert werden können. Die Haken sind so geformt, dass die Druckbelastung auf die Weichteile mi-

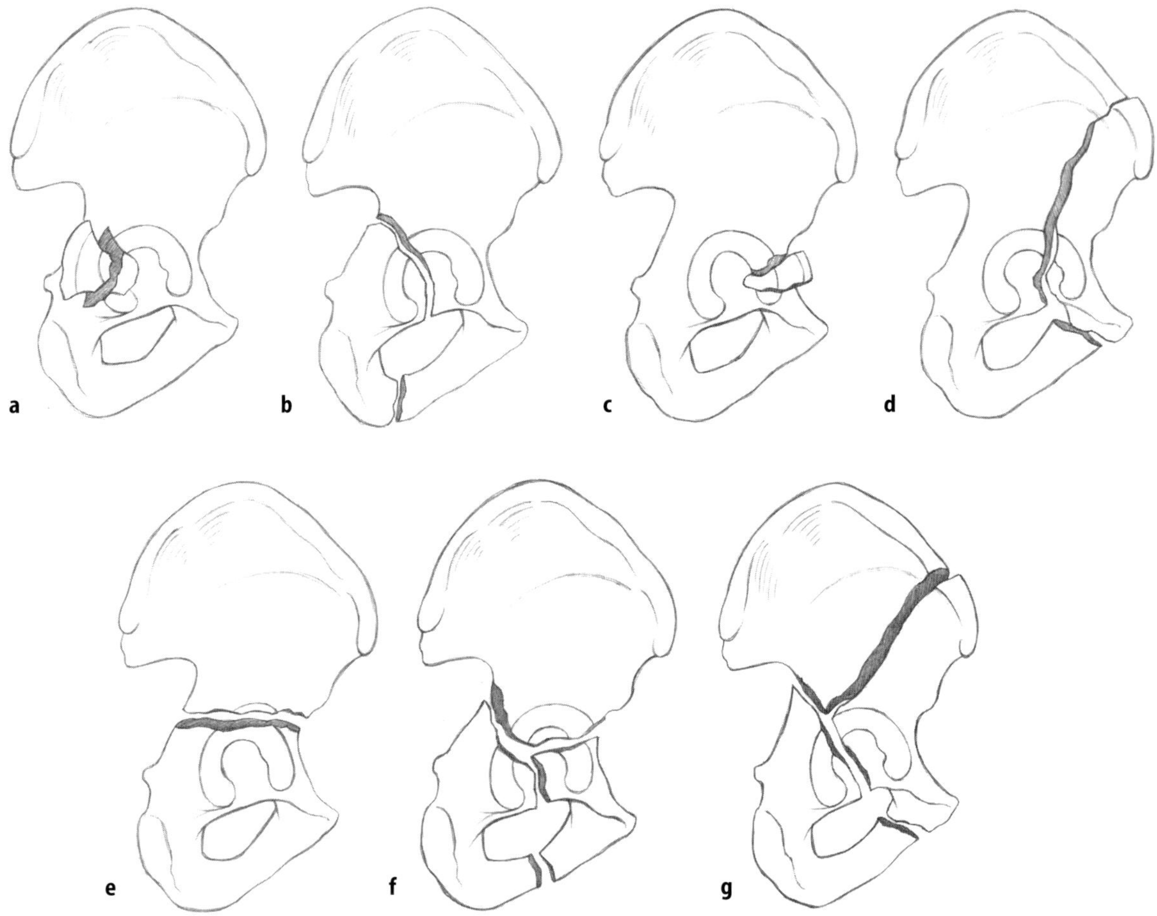

Abb. 13.2.1. Klassifikation der Azetabulumfrakturen nach Judet und Letournel. **a** Hintere Wandfraktur. **b** Hintere Pfeilerfraktur. **c** Vordere Wandfraktur. **d** Vordere Pfeilerfraktur. **e** Querfraktur. **f** T-Fraktur. **g** Zweipfeilerfraktur.

nimiert ist. Die Palette wird üblicherweise durch Pfriem, Einzinkerhaken und Spreizer ergänzt. Besonders wichtig für die gute Reposition sind Schanz-Schrauben und der T-Griff. Die geschickte Platzierung von Rollen zwischen die Oberschenkel als Repositionshebel oder unter die Kniekehle um die Weichteile, insbesondere beim ileoinguinalen Zugang (s. Abb. 8.9.1), zu entspannen erleichtert die Fragmentmanipulation.

Hintere Wand-/hintere Pfeilerfraktur: Die operative Stabilisierung erfolgt über den dorsalen Zugang (Kocher-Langenbeck-Zugang, s. Abb. 8.9.2). Auf eine begleitende Hüftkopfluxation und dem damit verbundenen Risiko einer N. ischiadicus-Schädigung muss geachtet werden. Bei Frakturen der hinteren Wand wird die Gelenkfläche gesäubert und eventuell interponierte Fragmente entfernt. Gelenkstufen werden soweit wie möglich beseitigt und Defekte mittels Spongiosa oder Knochenersatzmaterial unterfüttert. Bei Problemen muss ggf. das Gelenk luxiert werden, dabei ist auf den Erhalt der A. circumflexa femoralis medialis zu achten. Die gelenktragenden Fragmente werden eingepasst. Die Stabilisierung erfolgt durch Zugschrauben und mittels einer an den Pfannenrand modulierten Rekonstruktionsplatte (3,5 mm). Die Schrauben der Platte werden dabei im Tuber ischiadicum und proximal des Gelenkes platziert (Abb. 13.2.2). Bei der hinteren Pfeilerfraktur wird die Incisura ischiadica major dargestellt, um die Reposition zu kontrollieren. Meist wird mittels einer

Schanz-Schraube im Tuber ischiadicum die Rotation kontrolliert und durch Platzierung von Klemmen der Pfeiler fixiert. Die Stabilisierung erfolgt mittels Plattenosteosynthese vom nicht frakturierten Os ilium bis Tuber ischiadicum. Um eine ausreichende Stabilisierung zwischen Incisura ischiadica major und Gelenkpfanne zu erreichen ist häufig eine zweite Platte notwendig oder aber, bei gutem Sitz, zusätzliche Zugschrauben ohne weitere Platte (Abb. 13.2.3). Bei hoher proximaler Fixierung am Os ilium muss besonders auf N. gluteus superior und die A. glutea superior geachtet werden.

▮ **Vordere Wand-/vordere Pfeilerfraktur:** Die Darstellung erfolgt meist über den ileoinguinalen Zugang (s. Abb. 8.9.1). Die Fragmente der Vorderwand werden anatomisch reponiert und mittels Zugschrauben stabilisiert. Die definitive Stabilisierung wird mit einer anmodulierten Rekonstruktionsplatte durchgeführt. Die Schraubenplatzierung erfolgt im unverletzten Ilium und Schambeinast. Bei gelenknaher Position kann durch Belassen des Schraubendrehers der Bildwandler korrekt eingestellt werden und die Lage der Schraube durch eine exakt axiale Aufnahme beurteilt werden. Eine hohe Stabilität kann durch die Anpassung einer langen gebogenen Beckenrekonstruktionsplatte entlang der Linea terminalis, bei Notwendigkeit bis über die Symphyse hinaus zur Gegenseite, erreicht werden (Abb. 13.2.4). Wenn die Fraktur sehr hoch ins Ilium reicht, kann im Bereich des Beckenkammes eine zusätzliche Platte oder auch Zugschrauben verwendet werden.

Sowohl bei der vorderen wie auch hinteren Pfeilerfraktur können so genannte Kriechschrauben eingesetzt werden. Die Kortikalis wird mittels Bohrer eröffnet und die Schraube findet ihren Weg in der Spongiosa ohne weitere Maßnahmen. Bei der Platzierung von hinten in den ventralen Pfeiler verläuft diese an der ventralen Gelenkbegrenzung bis zur Linea terminalis, bei der Platzierung von ventral in den dorsalen Pfeiler verläuft die Schraube von der Fossa iliaca Richtung Tuber ischiadicum (Abb. 13.2.5).

▮ **Querfraktur:** Die Versorgung erfolgt je nach Frakturanatomie über den ilioinguinalen oder den dorsalen Zugang. Verläuft die Frakturlinie hoch im Gelenk (transtektal) ist ggf. der ilioinguinale Zugang günstiger. Bei veralteten und grob dislozierten Frakturen kommt gelegentlich ein erweiterter Zugang zum Einsatz (s. Abb. 8.9.3),

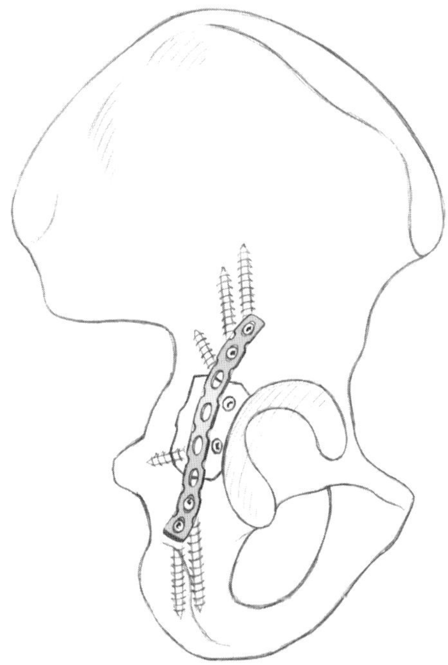

Abb. 13.2.2. Osteosyntheseform zur Fixation der hinteren Wand des Azetabulums.

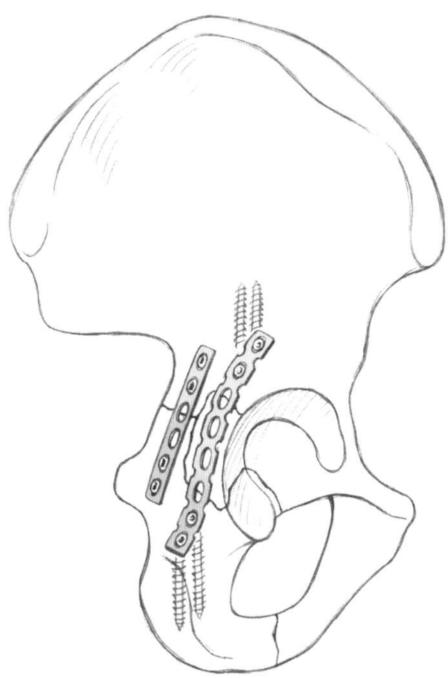

Abb. 13.2.3. Plattenosteosynthese des hinteren Pfeiler.

damit Fraktur und Gelenk komplett eingesehen werden kann. In Ausnahmen kann aber auch eine Versorgung über die Verwendung beider Zugänge erfolgen.

Bei dorsaler Versorgung wird die Fraktur durch Zangen und Manipulation z.B. mit einer Schanzschraube im Tuber ischiadicum reponiert. Der Verlauf der Fraktur wird über die Incisura ischiadica major palpiert. Die Stabilisierung kann im günstigsten Fall mit einer Zugschraube in den ventralen Pfeiler erfolgen und der dorsale Anteil mittels Rekonstruktionsplatte (vgl. Abb. 13.2.2 oder 13.2.3 und 13.2.5). Die ventrale Versorgung erfordert ebenfalls die palpatorische Kontrolle des Frakturverlaufs und die Fixation mittels Zangen. Gelegentlich kann eine Arthrotomie und Subluxation des Hüftkopfes einen guten Blick auf den Frakturverlauf ermöglichen. Der hintere Pfeiler wird dann entsprechend mittels Zugschraube, der ventrale Pfeiler durch eine Rekonstruktionsplatte stabilisiert (vgl. Abb. 13.2.4 und 13.2.5).

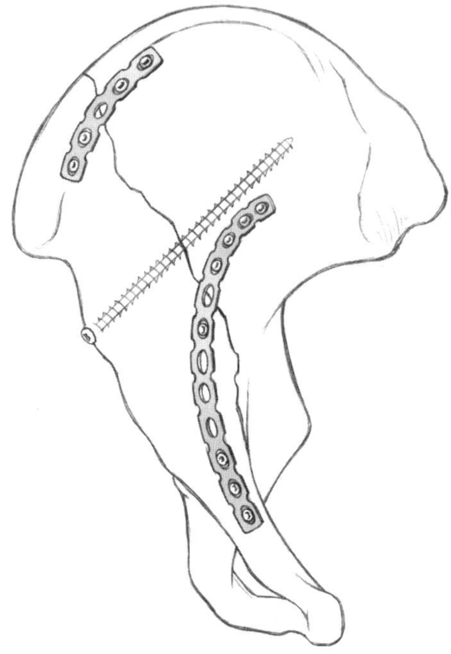

Abb. 13.2.4. Osteosynthese bei operativer Stabilisierung des vorderen Pfeilers.

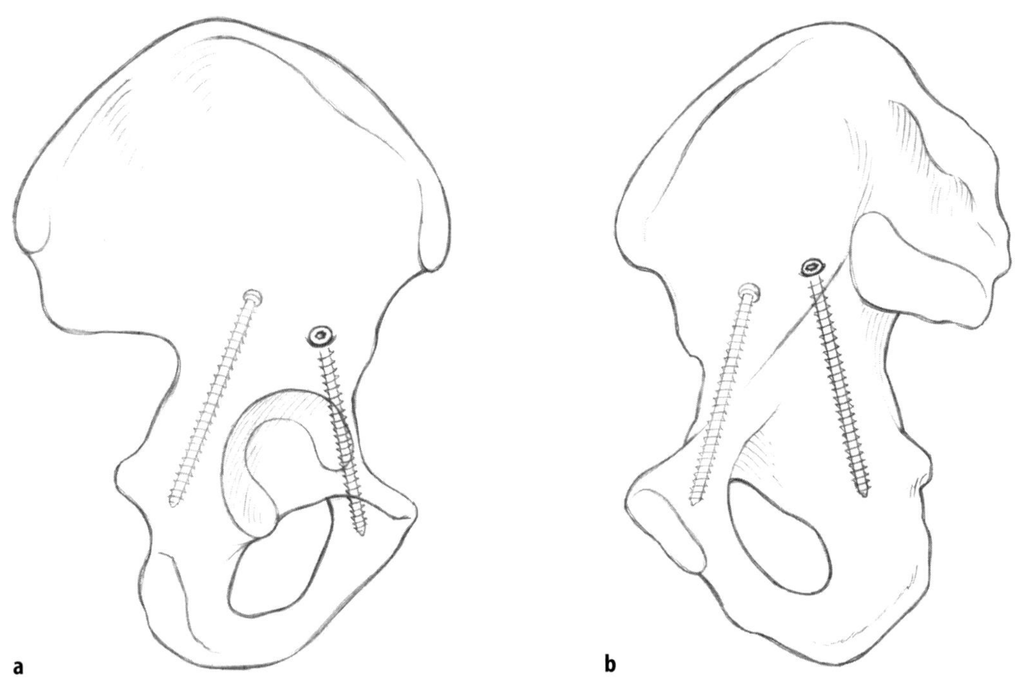

a **b**

Abb. 13.2.5 a, b. Schraubenosteosynthese des vorderen bzw. hinteren Pfeilers. **a** Ansicht von lateral. **b** Ansicht von zentral.

T-Fraktur: Für die Art der Versorgung ist wiederum die korrekte Zugangswahl entscheidend und richtet sich nach der Dislokation wie bei der Querfraktur, wobei die Reposition deutlich erschwert ist. Der am Stammskelett fixierte Gelenkanteil ist klein und erfordert die Stabilisierung einer Seite, meist der hintere Pfeiler, an der dann die andere Seite eingepasst wird. Die grobe Dislokation des dorsalen Pfeilers und zusätzlich der ventralen Frakturkomponente erfordert wiederum einen erweiterten Zugang oder 2 Zugänge. Ansonsten erfolgt die Osteosynthese technisch wie für die Querfraktur beschrieben.

Zweipfeilerfraktur: Bei der Zweipfeilerfraktur besteht kein Kontakt von Gelenkanteilen zum Stammskelett und abhängig von den unterschiedlichen Möglichkeiten des Frakturverlaufes kommen alle Zugänge in Frage. Häufig wird der ilioinguinale Zugang gewählt und darüber zunächst der vordere Pfeiler rekonstruiert. Zur Reposition der Fragmente muss der Hüftkopf in Zugrichtung der Achse des Schenkelhalses manipuliert werden, damit eine anatomische Gelenkstellung erreicht wird. Hilfreich sind wie bei der Versorgung anderer Frakturtypen die verschiedenen Varianten der Repositionszangen. Die Stabilisierung wird im Bereich des Os ilium, besonders am Beckenkamm, mit Zugschrauben durchgeführt und eine lange gebogene Beckenrekonstruktionsplatte entlang der Linea terminalis fixiert. Die Schrauben und die Platte dürfen dabei nicht zu einer Fragmentdislokation führen oder die Reposition und Stabilisierung des hinteren Pfeilers behindern. Der hintere Pfeiler kann ggf. durch Zugschrauben fixiert werden (Abb. 13.2.5), wobei eine zusätzliche Zugschraube direkt unterhalb des Azetabulums die Stabilität deutlich verbessert.

Komplikationen

Unmittelbare mit der operativen Therapie zusammenhängende Komplikationen sind die unzureichende Fragmentreposition, Nervenverletzungen (N. ischiadicus, N. femoralis, N. cutaneus femoris lateralis, N. obturatorius, N. pudendus, N. gluteus superior) und Blutungen (z. B. A. glutea superior). Seltene Verletzungen sind Einklemmungen von Gefäßen oder Organen (Darm, Blase), die auch durch das Trauma bedingt sein können.

Postoperativ müssen thromboembolische Komplikationen beachtet werden.

Nachblutungen und Infektionen können Revisionseingriffe erforderlich machen. In der Nachbehandlung kann es zu Ausrissen von Fragmenten (z. B. Pfannenrand) und Repositionsverlusten kommen. Im weiteren Verlauf finden sich heterotope Ossifikationen, die je nach Art des Zugangs, begleitendem Schädel-Hirn-Trauma und entsprechendem Frakturtyp in bis zu 70% der Fälle auftreten können und daher prophylaktisch behandelt werden sollten.

Nachbehandlung

Die Nachbehandlung bei konservativer Therapie besteht meist nach Überwindung der ersten schmerzhaften Phase in der Mobilisierung unter Teilbelastung (bis zu 20 kg). Die ist meist für 6 Wochen erforderlich. Eine operative Therapie insbesondere von komplexeren Verletzungen des Azetabulums kann eine Teilbelastung bis zu 4 Monaten erfordern.

Metallentfernungen werden bei reizloser Implantatlage nicht durchgeführt. Solche die jedoch bei Frauen im gebärfähigen Alter den Geburtskanal einengen, werden entfernt.

Alternative Technik

Verbietet der Allgemeinzustand die operative Therapie, kann bei instabilen, dislozierten Frakturen eine Extensionsbehandlung durchgeführt werden. Dabei wird meist suprakondylär extendiert und mit einem Gewicht zwischen 1/10 bis zu 1/3 des Körpergewichtes gearbeitet. Häufig wird nach 3 Wochen eine Mobilisierung mit Teilbelastung angeschlossen, zumindest aber das Extensionsgewicht reduziert und dann nach maximal 6 Wochen beendet.

Bei ausgedehnter Zerstörung und geriatrischen Patienten kann die primäre Prothesenimplantation erwogen werden. Dann muss jedoch häufig mit Pfannenschalen gearbeitet werden und die Prognose solcher Prothesen ist entsprechend schlecht. Daher wird meist ein möglichst minimalistisches Osteosyntheseverfahren empfohlen, um die Fraktur so weit zu reponieren, dass nach Konsolidierung eine bessere Prothesenimplantation möglich ist.

Literatur

Baumgärtel F (1992) Diagnostik, Klassifikation und Indikationsstellung bei Azetabulumfrakturen. Orthopäde 21(6):427–441

Judet R, Judet J, Letournel E (1964) Fractures of the acetabulum: classification and surgical approaches for open reduction. JBJS Am 46(8): 1615–1646.

Letournel E (1980) Acetabulum fractures: classification and management. Clin Orthop Relat Res 151:81–106

Matta JM, Merritt PO (1988) Displaced acetabular fractures. Clin Orthop Relat Res 230:83–97

13.3 Hüftkopffrakturen

Prinzip

Frakturen des Femurkopfes sind meist Begleitverletzungen bei Hüftluxationen oder Pfannenfrakturen. Bei Vorliegen einer Luxation stellt die sofortige, möglichst geschlossene Reposition der Luxation die Notfallversorgung auch der begleitenden Fraktur des Hüftkopfes dar. Nach entsprechender Diagnostik unter Verwendung von Schnittbildverfahren (CT) und Klassifikation werden die Kopffrakturen in der Regel erst im Intervall, und dann meist offen, operativ versorgt. Es kommen aber auch zunehmend arthroskopische Verfahren zur Anwendung. Das Ziel der operativen Therapie stellt die Entfernung freier Gelenkkörper und/oder anatomische und stufenlose Wiederherstellung der Gelenkflächen dar.

Indikation

Luxationen müssen auch in der Notfallsituation und beim Mehrfachverletzten sofort reponiert werden, ggf. muss bei Repositionshindernis zum Erhalt des Hüftgelenkes auch eine sofortige offene Reposition durchgeführt werden. Hier kann abhängig vom Frakturtyp (Abb. 13.3.1) und ggf. begleitenden Pfannenfrakturen, bei kreislaufstabilen Patienten, auch eine definitive Versorgung erfolgen. Beim kreislaufinstabilen Patienten mit sofortiger Reluxation kann zur temporären Stabilisierung des Gelenkes auch eine suprakondyläre Extension erwogen werden.

Kommentar

Insgesamt zielen die therapeutischen Bemühungen darauf ab, Spät- und Sekundärkomplikationen wie Reluxationstendenz, Gelenkblockaden, posttraumatische Kopfnekrose und Arthrose zu verhindern. Dennoch wird vor allem bei Auftreten der Spätkomplikationen oftmals nur der endoprothetische Gelenkersatz eine suffiziente Wiederherstellung der schmerzfreien Mobilität ermöglichen.

Insgesamt kann abhängig vom Ausmaß der Fraktur und der daraus resultierenden Klassifikation (meist nach Pipkin, Abb. 13.3.1) ein großer Anteil der Hüftkopffrakturen konservativ behandelt werden.

Technik

Sollte eine Entfernung von kleinen oder Refixation von größeren Kopffragmenten notwendig sein, wird offen oder arthroskopisch assistiert vorgegangen. Die Fixation größerer Fragmente erfolgt mittels Schraubenosteosynthesen, vor allem unter Verwendung kanülierter Schrauben.

Zum offenen Vorgehen bei Notwendigkeit der Revision der anterioren Kapsel- und Hüftkopfanteile wird der Patient in Rückenlage gelagert, das Bein frei beweglich abgedeckt und ein anteriorer Zugang zum Hüftgelenk (s. Kap. 8.1) durchgeführt. Nachdem die Hüftkapsel eröffnet ist, wird der Hüftkopf durch Einnahme der 4er Position luxiert.

Bei dorsal liegenden Fragmenten oder bei zusätzlicher dorsaler Pfannenfraktur ist ein dorsaler Zugang zu wählen (s. Abb. 8.9.2).

Nach der Reposition des Fragmentes/der Fragmente kann eine temporäre Fixation mittels Bohrdraht vorgenommen werden, bevor mittels Schraubenosteosynthese die Retention durchgeführt wird. Insbesondere bei kleinen Fragmenten ist die Verwendung kanülierter Schrauben, die subchondral versenkt werden, zu empfehlen (Abb. 13.3.2). Bei großen Fragmenten kann die Fixierung auch durch Zugschrauben, die über den Schenkelhals eingebracht werden, erfolgen (s. Kap. 13.4).

Bei Impressionen der Gelenkfläche kann die Unterfütterung des bei der Hebung entstehenden Defektes mit Spongiosa indiziert sein.

Komplikationen

Hauptkomplikationen durch den Unfall selbst oder die operative Therapie sind Nervenschäden. Hierbei sind meistens die fibularen Anteile des N. ischiadicus betroffen, die jedoch eine hohe Rate an positiven Langzeitverläufen aufweisen. Zudem finden sich gehäuft nach Verwendung des dorsalen Zugangs und sekundären Operationen heterotope Ossifikationen und ausgeprägte periartikuläre Verkalkungen.

Als weitere wesentliche Komplikation wird, ab dem 4. Monat nach Unfall bis zu 5 Jahren, das Auftreten einer avaskulären Hüftkopfnekrose beschrieben. Hier kann im Verlauf, wie auch bei Ausbildung einer posttraumatischen Arthro-

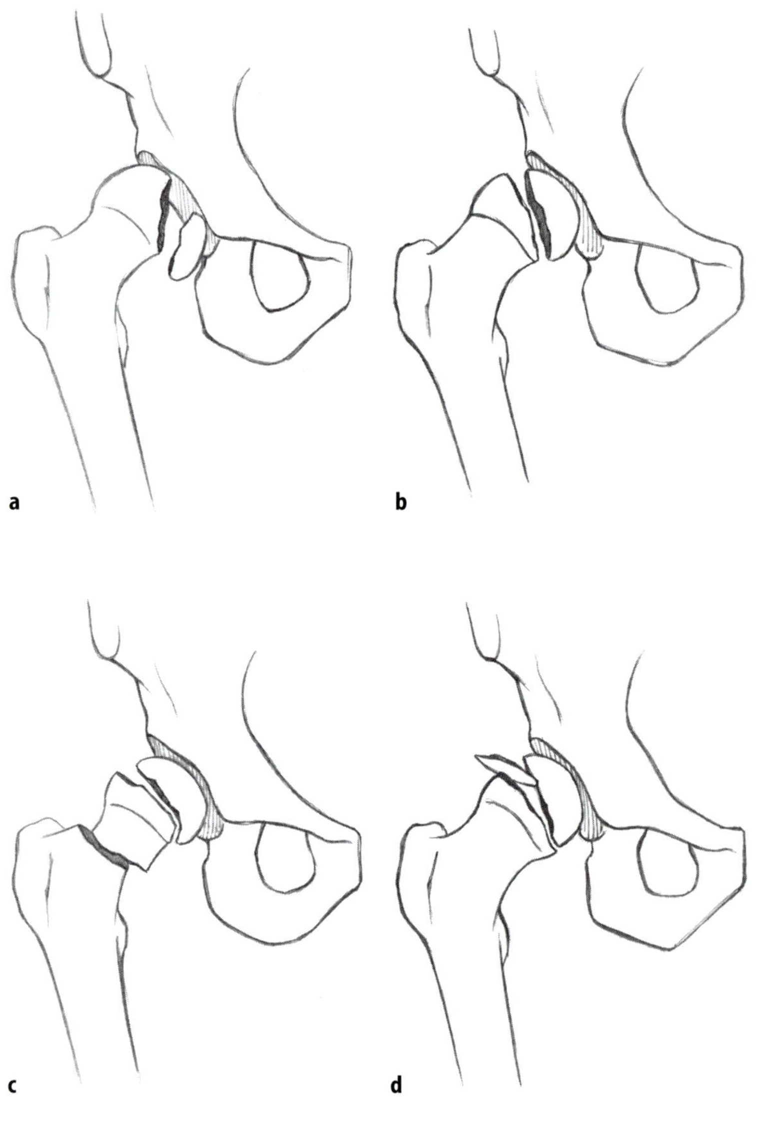

Abb. 13.3.1. Klassifikation der Pipkin-Frakturen. **a** Typ I: Kalottenfraktur kaudal der Fovea. **b** Typ II: Kalottenfraktur kranial der Fovea. **c** Typ III: Kombination mit einer Schenkelhalsfraktur. **d** Typ IV: Kombination mit einer Azetabulumfraktur.

se, die Implantation einer Hüftgelenk-Endoprothese notwendig werden.

Nachbehandlung

Lagerung des Beines in einer Schaumstoffschiene. Mobilisation und Belastung in Abhängigkeit von den durchgeführten operativen Maßnahmen. In der Regel ist eine Teilbelastung von 8 Wochen notwendig. Insbesondere bei Mehrfachverletzten mit Schädel-Hirn-Verletzung muss eine medikamentöse Prophylaxe zur Vermeidung periartikulärer Verkalkungen erwogen werden.

Die angedeuteten unfallabhängigen und daher traktionsbedingten Nervenschäden weisen im Spontanverlauf unter Fortführung der Physiotherapie zum Funktionserhalt eine gute Prognose auf (Zeitintervall 6–8 Monate).

Alternative Technik

Gegebenenfalls kann durch eine Arthroskopie des Hüftgelenkes das Ziel der operativen Therapie (Entfernung von Gelenkkörpern oder Schraubenosteosynthese) mit deutlich geringerer zugangsbedingter Morbidität erreicht werden (s. Kap. 5).

Literatur

Dreinhofer KE, Schwarzkopf SR, Hass NP, Tscherne H (1996) Femurkopf-Luxationsfrakturen. Langzeitergebnisse der konservativen und operativen Therapie. Unfallchirurg 99(6):400–409

Pipkin G (1957) Treatment of grade IV fracture-dislocation of the hip. JBJS Am 39(5):1027–1042

Swiontkowski MF, Thorpe M, Seiler JG, Hansen ST (1992) Operative management of displaced femoral head fractures: case-matched comparison of anterior versus posterior approaches for Pipkin I and Pipkin II fractures. J Orthop Trauma 6(4): 437–442

Weise K, Maurer F, Schrade J (1997) Hüftgelenksluxationen und -frakturen, Azetabulumfrakturen. Indikation, Technik und Ergebnisse der konservativen Behandlung. Orthopäde 26(4):336–347

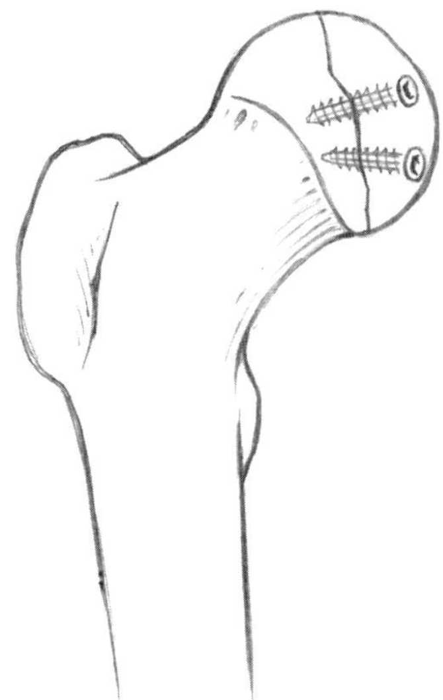

Abb. 13.3.2. Operative Versorgung einer Pipkin-Fraktur.

13.4 Schenkelhalsfrakturen

Prinzip

Frakturen des Schenkelhalses kommen meist beim alten Menschen mit osteoporotischem Knochen vor aufgrund unerheblicher Traumen wie Stürze aus kleiner Höhe oder Ausrutschen, selten im Rahmen von Hochenergieverletzungen beim jungen Menschen. Allein die klinische Präsentation des Patienten mit verkürztem und außenrotiertem Bein mit Funktionsausfall der betroffenen Extremität lässt die Diagnose oftmals noch vor der radiologischen Diagnostik, die in konventioneller Technik durchgeführt wird, vermuten.

Mit Ausnahme weniger eingestauchter Frakturen werden die Mehrzahl der Patienten operativ stabilisiert - hierbei ist bei Hüftkopf erhaltenden therapeutischen Maßnahmen die möglichst rasche operative Sanierung anzustreben, um die Durchblutung des proximalen Fragmentes nicht weiter zu gefährden. Abhängig vom Alter des Patienten und der Lokalisation der Fraktur ist eine endoprothetische Versorgung, Schraubenosteosynthese oder Implantation einer dynamischen Hüftschraube mit Seitplatte (DHS) als Standardtherapie anzusehen. Das Ziel der operativen Therapie beim jungen Menschen ist die möglichst rasche Herstellung der funktionellen Nachbehandlungsmöglichkeit und Minimierung des Risikos der avaskulären Hüftkopfnekrose. Beim alten Menschen zielen die therapeutischen Bemühungen darauf ab, eine rasche Wiederherstellung der vorher bestehenden Mobilität zu erreichen.

Indikation

Neben Patientendaten wie Alter, Aktivitätsgrad, vorher bestehender Coxarthrose und auch Allgemeinzustand gibt es eine Vielzahl von Klassifikationen der Schenkelhalsfrakturen, die bei der Entscheidung zum weiteren therapeutischen Vorgehen hilfreich sein können. Prinzipiell lassen sich mediale von lateralen Schenkelhalsfrakturen unterscheiden. Während letztere praktisch immer operativ versorgt werden müssen, können mediale Frakturen auch konservativ behandelt werden.

Kommentar

Pauwels klassifizierte die Schenkelhalsfrakturen in Abhängigkeit der Neigung der Frakturebene zur Horizontalen, wobei mit zunehmendem Winkel die Dislokationsgefahr steigt (Abb. 13.4.1).

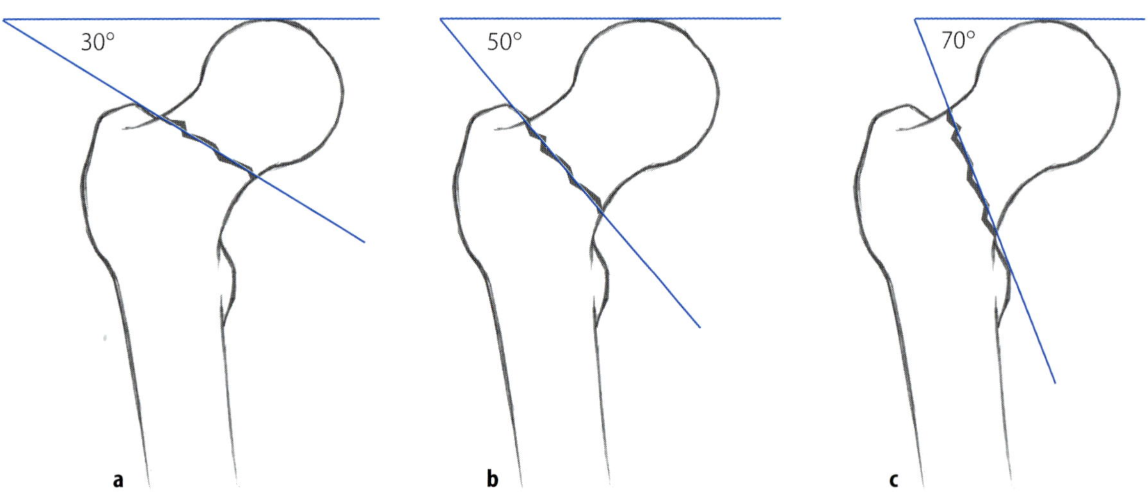

Abb. 13.4.1 a–c. Klassifikation der Schenkelhalsfrakturen nach Pauwels. **a** Pauwels I, **b** Pauwels II, **c** Pauwels III.

Vor allem jedoch die Einteilung von Garden (Abb. 13.4.2) entscheidet über ein konservatives oder operatives Vorgehen und gilt als die prognoseorientierteste Klassifikation. Während eingestauchte Abduktionsfrakturen (Garden I) mit im axialen Strahlengang anatomischer Achse des Schenkelhalses konservativ behandelt werden können, sollten alle anderen Frakturen vorzugsweise geschlossen mittels Schraubenosteosynthese oder DHS versorgt werden. Beim älteren Patienten wird dann häufig die endoprothetische Versorgung gewählt. Bei hohem Alter und hoher Morbidität wird häufig eine Duokopfprothese verwendet.

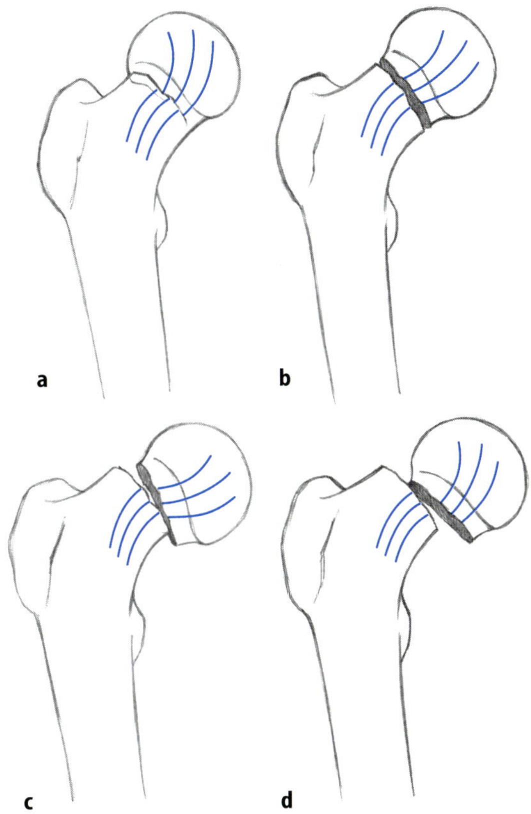

Abb. 13.4.2. Klassifikation der Schenkelhalsfrakturen nach Garden. **a** Garden I: eingestauchte Adduktionsfraktur, **b** Garden II: nicht dislozierte Adduktionsfraktur. **c** Garden III: dislozierte Adduktionsfraktur. **d** Garden IV: komplette Dislokation mit Zerstörung der Gefäßversorgung.

Technik

Meist lässt sich die Fraktur geschlossen reponieren. Hierzu wird der Patient mit entsprechender Polsterung des verletzten Beines und des Gegenzugstabes zwischen den Beinen auf einem Extensionstisch gelagert (s. Abb. 2.8 a–c). Die Reposition selbst wird bei Beugung im Hüftgelenk mit leichter Abduktion durch zunehmende Extension und Innenrotation durchgeführt. Gelingt die geschlossene Reposition, radiologisch in beiden Ebenen dokumentiert, jedoch nicht, muss frühzeitig ein offenes Vorgehen gewählt werden.

Zur operativen Versorgung verbleibt der Patient im Extensionstisch gelagert, das betroffene Bein sollte vom Kniegelenk bis weit über die Hüfte steril isoliert werden.

Schraubenosteosynthese: Die Verschraubung wird mit drei großen Spongiosaschrauben, vorzugsweise kanüliert, durchgeführt.

Nach Definition der Schenkelhalsachse und -höhe durch Auflegen eines Drahtes unter radiologischer Kontrolle kann die Zugangshöhe bestimmt werden. Eine kurze Inzision lateral am Oberschenkel mit nachfolgender Eröffnung der Faszie und Abdrängung der Muskulatur legt das Femur über eine kurze Strecke frei. Unter Zuhilfenahme eines Dreifachzielgerätes werden nun in beiden Ebenen radiologisch kontrolliert 3 Zieldrähte im Schenkelhals eingebracht. Eine optimale Platzierung lässt sich radiologisch nur durch Durchleuchtung in mehreren Ebenen kontrollieren, wobei die Drähte optimal gebohrt sind, wenn sie im gedachten Querschnittsbild durch den Schenkelhals ein Dreieck darstellen und die gesamte Querschnittsfläche ausnutzen. Nun werden die Drähte mit längenangepassten Spongiosaschrauben mit Unterlegscheiben besetzt. Es muss darauf geachtet werden, dass alle Gewindegänge ausreichend weit proximal der Fraktur enden, um ein Gleiten des proximalen Fragmentes zu ermöglichen und damit die Gefahr der Pseudarthrosenbildung reduziert ist. Zudem sollte noch vor dem Wundverschluss und nachdem die Extension gelöst wurde eine erneute Kontrolle auf festen Sitz aller Schrauben erfolgen. Eine Punktion und Evakuation des Kapselhämatoms ist zur Druckminimierung sinnvoll und sollte spätestens jetzt durchgeführt werden (Abb. 13.4.3).

Dynamische Hüftschraube (DHS): Die DHS eignet sich zur Versorgung aller lateralen Schenkelhalsfrakturen und auch bei medialer Schenkelhalsfraktur, da es durch die erreichbare Primärstabilität hilfreich sein kann, wenn eine Teilbelastung nicht möglich ist. Durch das Ineinandergleiten von Hüftschraube und Plattenhülse wird ein Durchschneiden der Schraube ins Gelenk, bei dennoch niedriger Rate an Nekrosen des Femurkopfes, vermieden.

Nach Bestimmung des CCD-Winkels (meist 135°), Definition der Schenkelhalsachse und -höhe wird durch Auflegen eines Drahtes unter radiologischer Kontrolle die Zugangshöhe bestimmt. Die Inzision erfolgt lateral am proximalen Oberschenkel mit nachfolgender Eröffnung des Faszienkompartimentes und anschließender Abdrängung des M. vastus lateralis nach ventral (s. Kap. 8.10).

Unter Zuhilfenahme des entsprechenden Zielgerätes (Überprüfung der Winkelbestimmung auf der gesunden Seite) wird der Zieldraht im Schenkelhals eingebracht. Die Position wird nun in beiden Ebenen radiologisch kontrolliert. Dies ist der wichtigste Schritt der gesamten Operation, da nur eine optimale Platzierung die korrekte Lage der Schenkelhalsschraube gewährleistet und damit eine ausreichende Primärstabilisierung erreicht werden kann. Der Draht sollte in der kaudalen Hälfte des Schenkelhalses (a.p.-Projektion) medial oder eher dorsal zum Zentrum (axiale Projektion), mit ausreichendem Abstand zu allen Kortizes des Schenkelhalses, zu liegen kommen (Abb. 13.4.4 a). Nun wird bei jungen und knochengesunden Patienten ein zweiter Draht in identischer Richtung mit ausreichendem Abstand kranial davon eingebracht, um beim Aufbohren eine Rotation des Kopffragmentes zu verhindern. Im Anschluss erfolgen die Längenmessung und das Überbohren des kaudalen Drahtes mit dem Dreistufenbohrer (Abb. 13.4.4 b). Ob ein Gewinde geschnitten werden muss hängt ebenfalls von der Knochenqualität ab. Dann erfolgt das Eindrehen der DHS-Schraube. Es wird darauf geachtet, dass alle Gewindegänge ausreichend weit proximal der Fraktur enden, um ein Gleiten des proximalen Fragmentes zu ermöglichen und damit die Gefahr der Pseudarthrosenbildung minimiert ist. Nun wird die Seitplatte mit der Hülse über die Hüftschraube gesteckt, impaktiert und mittels konventionellen Kortikalisschrauben am proximalen Femurschaft fixiert. In der Regel werden Seitplatten mit mindestens 3 oder 4 Schraubenlöchern verwendet, um beim meist osteoporotischen Knochen eine ausreichende Verankerung zu erreichen (Abb. 13.4.4 c). Der zur Rotationssicherung eingebrachte Draht kann nun entfernt werden und wird bei Bedarf (Rotationssicherung) durch eine Spongiosaschraube ersetzt. Die interfragmentäre Kompression wird nach Lösen der Extension durch das Eindrehen einer Gewindeschraube in die DHS erreicht, die auch sofort wieder entfernt werden kann. Eine Punktion und Evakuation des Kapselhämatoms ist bei medialen Frakturen zur Druckminimierung sinnvoll.

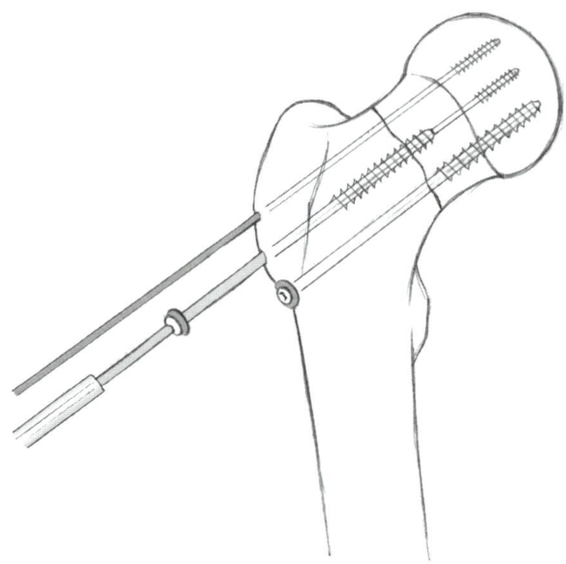

Abb. 13.4.3. Schraubenosteosynthese einer Schenkelhalsfraktur.

▮ Komplikationen

Als Hauptkomplikation ist die sekundäre Frakturdislokation zu nennen. Bei Schraubenosteosynthesen ist nur durch eine ausreichend lange Teilbelastung die ungestörte Frakturheilung zu gewährleisten. Bei Verwendung der DHS kommt es besonders in Fällen mit schlechter Knochenqualität, fehlerhafter Implantation, Perforation der Kortikalis und mehrfachen Bohrversuchen zu Dislokationen. Hier muss ggf. eine Reosteosynthese oder häufiger doch die Implantation einer Endoprothese erfolgen.

Als Spätkomplikation kann es zur Ausbildung einer Pseudarthrose des Schenkelhalses kommen. Hier kann, insbesondere beim jungen Patienten, eine Reosteosynthese zur Heilung führen.

Als weitere wesentliche Komplikation wird, ab dem 4. Monat nach Unfall bis zu 5 Jahren, das Auftreten einer avaskulären Hüftkopfnekrose

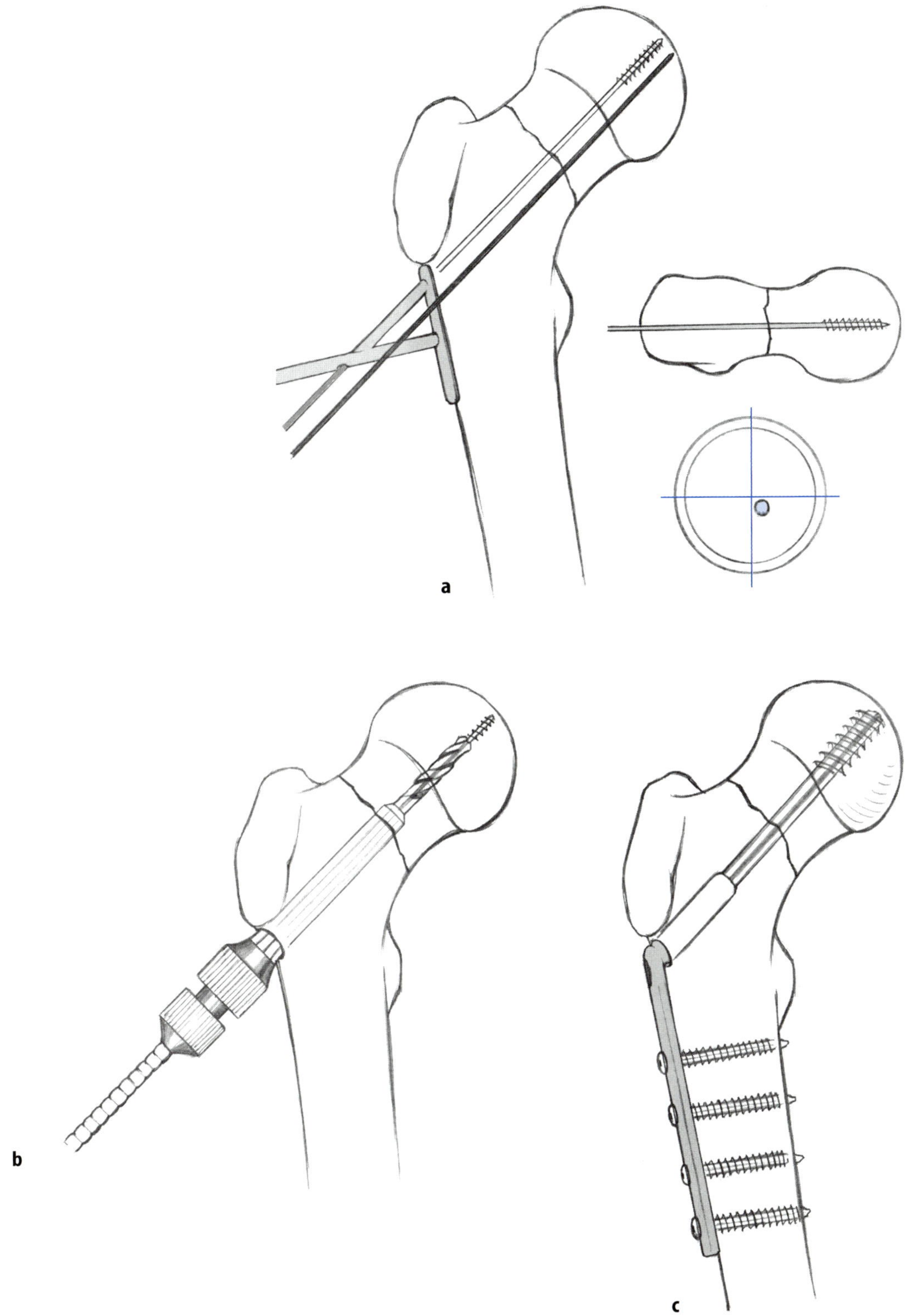

Abb. 13.4.4. Osteosynthesetechnik zur Versorgung einer Schenkelhalsfraktur mittels Dynamischer Hüftschraube (DHS).

a Positionierung des Zieldrahtes für die Schenkelhalsschraube.
b Überbohren mittels Dreistufenbohrer.
c Fertige Osteosynthese.

beschrieben. Hier kann im Verlauf, wie auch bei Ausbildung einer posttraumatischen Arthrose, die Implantation einer Hüftgelenk-Endoprothese notwendig werden.

Nachbehandlung

Lagerung des Beines in einer Schaumstoffschiene. Mobilisation und Belastung in Abhängigkeit von den durchgeführten operativen Maßnahmen, in der Regel 6–8 Wochen Teilbelastung bei Schraubenosteosynthesen, schmerzadaptierte Vollbelastung bei Implantation einer DHS. Bei ausgeprägter Osteoporose sollte eine medikamentöse Prophylaxe und/oder Therapie dieser Erkrankung erwogen werden.

Trotz aller Anstrengungen können viele der älteren Patienten trotz frühzeitiger operativer Versorgung nicht in ihre gewohnte Umgebung zurückkehren, sondern erleiden eine relevante Einschränkung der Lebensqualität und Mobilität. Auch alle oben genannten Komplikationen treten aufgrund des Alters der Patienten und der Begleiterkrankungen relativ häufig auf und tragen zu den oftmals schlechten Langzeitresultaten bei.

Alternative Technik

Sollte kein hüftkopferhaltendes Verfahren angewendet werden, muss zwischen einem der verschiendenen Verfahren zum Hüftgelenksersatz gewählt werden.

Sollte die Operationsfähigkeit des Patienten so eingeschränkt sein, dass keines der operativen Verfahren möglich ist, kann auch eine suprakondyläre Extension als temporäre Therapie zur Schmerzreduktion erwogen werden.

Literatur

David A, Muhr G (1995) Frakturen des coxalen Femurendes. Zbl Chir 120(11):831

Garden RS (1964) Stability and union in subcapital fractures of the femur. JBJS Br 46:630–647

Kutscha-Lissberg F, Schildhauer TA, Kollig E, Muhr G (2001) Die Osteosynthese der medialen Schenkelhalsfraktur. Chirurg 72:1253–1265

Swiontkowski MF (1994) Current concepts review. Intracapsular fractures of the hip. JBJS Am 76(1): 129–138

13.5 Pertrochantäre Femurfrakturen

Prinzip

Frakturen der Trochanterregion finden sich meist beim alten Menschen mit osteoporotischem Knochen. Das klinische Bild ist dem bei der Fraktur des Schenkelhalses gleich. Praktisch alle pertrochantäre Femurfrakturen werden operativ stabilisiert. Für die Versorgung stehen mehrere Implantate zur Verfügung, die bei differenzierter Indikationsstellung und technisch einwandfreier Anwendung, unterstützt durch die spongiöse Knochenstruktur, die Mehrzahl der Frakturen unproblematisch zur Ausheilung bringen. So stellt sowohl die Implantation einer dynamischen Hüftschraube mit Seitplatte (DHS) als auch die Versorgung mittels intramedullären Kraftträgers mit Gelenkkomponente (proximaler Femurnagel, Gammanagel etc.) eine akzeptierte Standardversorgung dar. Spät- und Sekundärkomplikationen wie Frakturdislokationen, Pseudarthrosen oder auch das Vorliegen einer relevanten Coxarthrose erfordern aber dennoch in einigen Fällen sekundär einen endoprothetischen Gelenkersatz.

Indikation

Meist ist bei pertrochantären Femurfrakturen aufgrund der Dislokation eine Indikation zur operativen Versorgung gegeben. Lediglich die Frage der Technik und des verwendeten Implantates sind Diskussionspunkte.

Bei der Einteilung der Frakturen stellt die posteromediale Stabilität und Abstützung am Adam'schen Bogen das entscheidende Kriterium zur Implantatauswahl dar (Abb. 13.5.1). Bei intaktem oder bei der Reposition mit gutem Knochenkontakt sitzenden Trochanter minor kann gut eine Versorgung mittels DHS erfolgen. Bei Fraktur des Trochanter major wird zusätzlich mit einer Drahtcerclage oder Trochanterstabilisierungsplatte die Osteosynthese optimiert. Bei posteromedialer Instabilität am Adam'schen Bogen wird eher ein intramedullärer Marknagel mit Gelenkkomponente der Vorzug gegeben werden, ggf. unter Verwendung von Cerclagen zur Refixation von ausgesprengten Schalen bzw. Trochanterfrakturen.

Kommentar

Der Marknagel mit Gelenkkomponente, in der Regel dann als langes Implantat gewählt und distal in Freihandtechnik verriegelt, stellt das Implantat der Wahl bei den eher seltenen subtrochantären Femurfrakturen dar.

Technik

Die Repositionstechnik unterscheidet sich nicht von der bei Schenkelhalsfrakturen beschriebenen. Zum Versuch der geschlossenen Reposition wird der Patient mit entsprechender Polsterung des verletzten Beines und des Gegenzugstabes zwischen den Beinen auf einem Extensionstisch gelagert (s. Abb. 2.8). Die Reposition selbst wird bei Beugung im Hüftgelenk mit leichter Abduktion durch zunehmende Extension und Innenrotation durchgeführt. Gelingt die geschlossene Reposition, radiologisch in beiden Ebenen dokumentiert, jedoch nicht, muss frühzeitig ein offenes Vorgehen gewählt werden.

Zur operativen Versorgung verbleibt der Patient im Extensionstisch gelagert, das betroffene Bein sollte vom Kniegelenk bis weit über die Hüfte steril isoliert werden.

Dynamische Hüftschraube mit Seitplatte: Die Technik der DHS entspricht der Versorgung von Schenkelhalsfrakturen (s. Abb. 13.4.4). Lediglich die zusätzliche Verwendung einer Trochanterstabilisierungsplatte bei Fraktur/Fissur des Trochanter major ist eine Variante, die bei der pertrochantären Fraktur Anwendung findet.

Nach Aufstecken der Plattenhülse der Seitplatte (mindestens 4-Loch) über die Hüftschraube wird diese mittels konventioneller Kortikalisschraube im 2. Plattenloch von kranial kommend am proximalen Femurschaft fixiert. Im Anschluss daran wird die Trochanterstabilisierungsplatte aufgesteckt und die weiteren Löcher der Seitplatte werden durch die aufgesteckte Trochanterstabilisierungsplatte besetzt. Auch die Antirotationsschraube kann durch ein speziell vorgesehenes Loch in der Platte eingebracht werden. Dies führt neben einer stabilen Verbindung zwischen Trochanterstabilisierungsplatte und Seitplatte auch zu einer stabilen Fixierung der DHS am proximalen Femur. Nun kann mit-

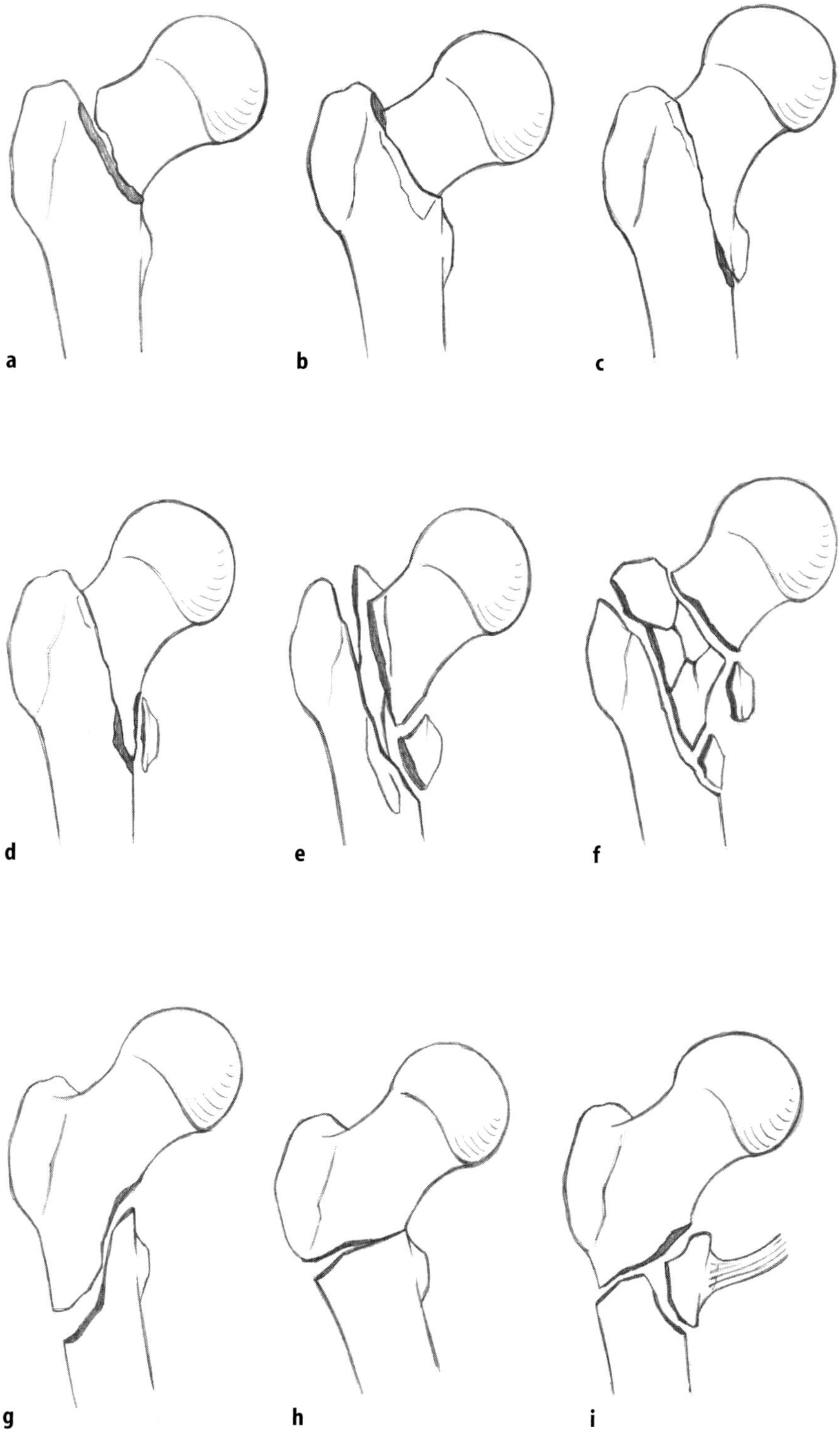

Abb. 13.5.1. AO-Klassifikation pertrochantärer Femurfrakturen. **a** A1.1 Fraktur pertrochantär einfach entlang der Linea intertrochanterica. **b** A1.2 Durch den Trochanter major. **c** A1.3 Nach distal des Trochanter minor. **d** A2.1 Fraktur pertrochantär multifragmentär mit einem Zwischenfragment. **e** A2.2 Mit mehreren Zwischenfragmenten. **f** A2.3 Nach distal des Trochanter minor. **g** A3.1 Fraktur intertrochantär, einfach, schräg. **h** A3.2 Intertrochantär, einfach, quer. **i** A3.3 Intertrochantär, mehrfragmentär.

tels Kleinfragmentschrauben oder Cerclagen, die durch zusätzliche kleine Löcher der Trochanterstabilisierungsplatte geführt werden, eine stabile Retention der Trochanterfraktur erfolgen.

Marknagelung des proximalen Femur mit Gelenkkomponente: Zur Erleichterung sollte der Patient im Extensionstisch gelagert und der Oberkörper respektive das verletzte Bein im Hüftgelenk 10–15° zur Gegenseite adduziert werden. Eine Bestimmung des Nageldiameters und auch des CCD-Winkels erfolgt am Röntgenbild und der unverletzten Seite.

Es erfolgt eine 5 cm lange Inzision etwa 10 cm proximal der Trochanterspitze mit anschließender Eröffnung der Faszie. Nach stumpfer Präparation auf die Trochanterspitze wird der Führungsdraht auf oder leicht lateral der Spitze des Trochanters in den Markraum eingebracht. Auch hier stellt die möglichst genaue Platzierung des Drahtes, die in mehreren Ebenen radiologisch kontrolliert werden muss, ein entscheidender Schritt der gesamten Operation dar. Bei korrektem Sitz kann die Nageleintrittsstelle überbohrt und so das Femur eröffnet werden (Abb. 13.5.2 a). Der meist mittels Zielbügel fixierte Nagel wird mit leicht drehenden Bewegungen über die Frakturzone hinweg in das Femur eingeführt, bis die gedachte Lage der Schenkelhalskomponente in der kaudalen Hälfte des Schenkelhalses liegt. Mit dem entsprechenden Zielbügel oder auch Aufsatz wird nun ein Führungsdraht vorgebohrt, der in der axialen Projektion zentral im Schenkelhals liegen soll (Abb. 13.5.2 b). Ist es notwendig die Rotation zu sichern, kann ein zusätzlicher kranial gelegener Draht eingebracht werden. Nach Längenmessung kann der Draht überbohrt und im Anschluss die Schenkelhalskomponente über den liegenden Draht eingebracht und verriegelt werden. Hier werden je nach Implantat verschiedene Techniken angeboten. Auch die distale Verriegelung des Nagels geschieht über einen Zielbügel (Abb. 13.5.2 c–e).

Komplikationen

Die Hauptkomplikation stellt die sekundäre Frakturdislokation dar. Bei Verwendung der DHS kommt es fast ausschließlich in Fällen mit schlechter Knochenqualität und fehlerhafter Implantation (Perforation der Kortikalis, mehrfachen Bohrversuchen, zu großem Gewinde, fehlende posteromediale Abstützung) zu Dislokationen und zum Ausschneiden der DHS mit Varusfehlstellung. Hier muss ggf. frühzeitig eine valgisierende Reosteosynthese oder der Wechsel auf eine Endoprothese erfolgen. Neben der Gefahr der Schaftsprengung bei nicht ausreichendem Markraumdurchmesser kann es auch bei einer intramedullären Versorgung und besonders bei schlechter Knochenqualität oder ausbleibender Abstützung zur Frakturdislokation oder auch Pseudarthrose kommen, die ebenfalls eine Revision erfordert. Nur sehr selten ist das Auftreten einer avaskulären Hüftkopfnekrose bei diesen Frakturen beschrieben.

Nachbehandlung

Lagerung des Beines in einer Schaumstoffschiene. Mobilisation und Belastung in Abhängigkeit von den durchgeführten operativen Maßnahmen. Bei Trümmerzonen wird eine Teilbelastung für 4–6 Wochen angestrebt, um die Verkürzung zu minimieren. Bei älteren Patienten ist oft nur eine (schmerzadaptierte) Vollbelastung möglich.

Alternative Technik

Auch wenn die Operationen in der Regel schnell durchzuführen sind, mag die Operationsfähigkeit des Patienten zur operativen Versorgung in seltenen Fällen so limitiert sein, dass eine suprakondyläre Extension temporär angewendet werden muss. Als Alternativen zu den typischen Implantaten werden auch Fixateursysteme zur Versorgung der pertrochantären Fraktur angeboten, die aber keine weite Verbreitung haben.

Literatur

Babst R, Martinet O, Renner N, Rosso R, Bodoky A, Heberer M, Regazzoni P (1993) Die DHS-Abstützplatte für die Versorgung der instabilen proximalen Femurfrakturen. Schweiz Med Wochenschr 123(13): 566–568

Evans EM (1951) Trochanteric fractures. JBJS Br 33(2):192–204

Kuner EH, Schäfer DJ (1994) Epidemiologie und Behandlung der Frakturen im hohen Alter. Orthopäde 23:21

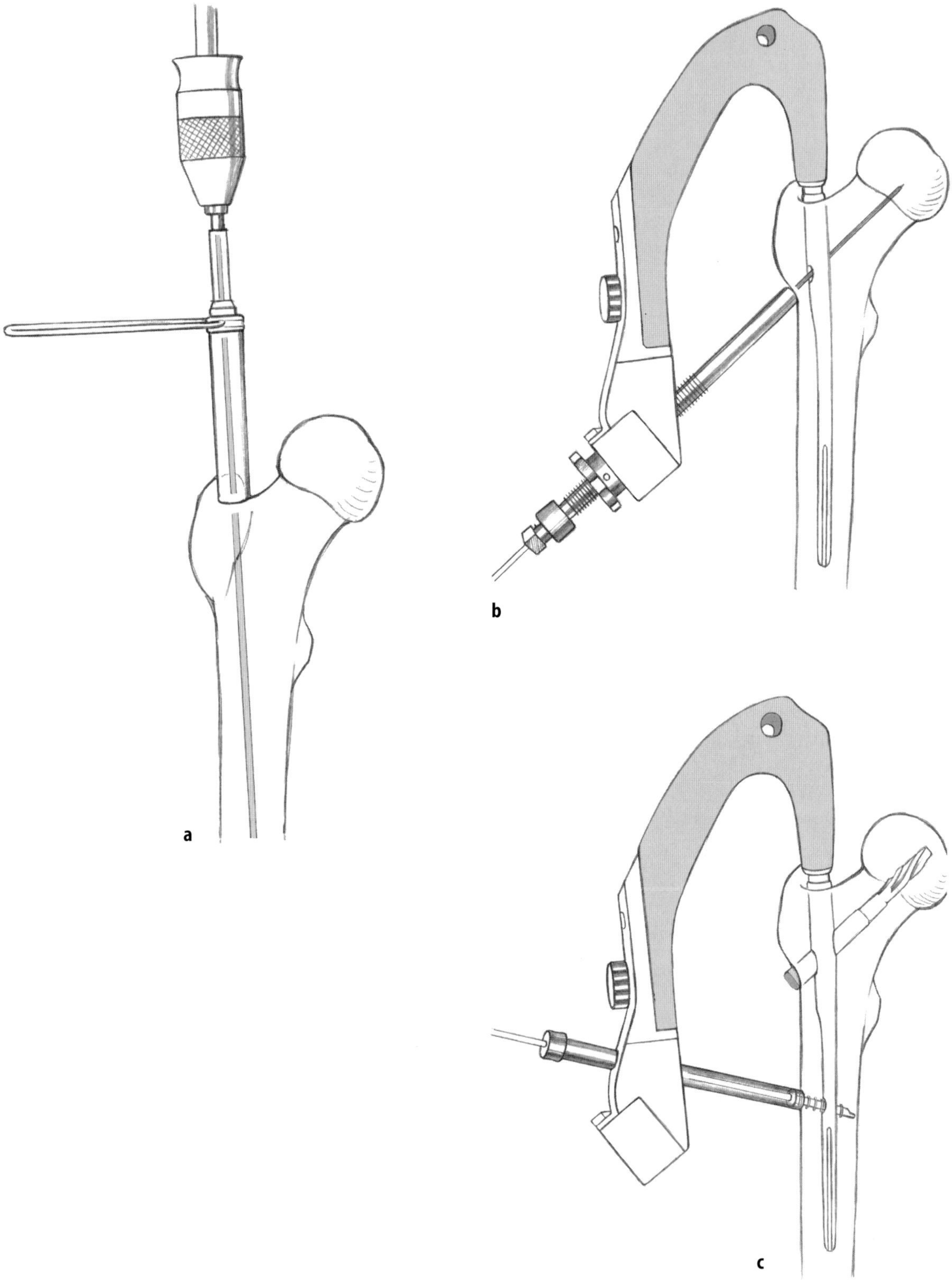

Abb. 13.5.2 a–e. Operative Versorgung einer pertrochantären Femurfraktur durch einen Marknagel mit Gelenkkomponente. **a** Eröffnung des Markraumes. **b** Platzierung des Nagels, des Zielinstrumentes und des Zieldrahtes im Schenkelhals. **c** Abschluss der Osteosynthese.

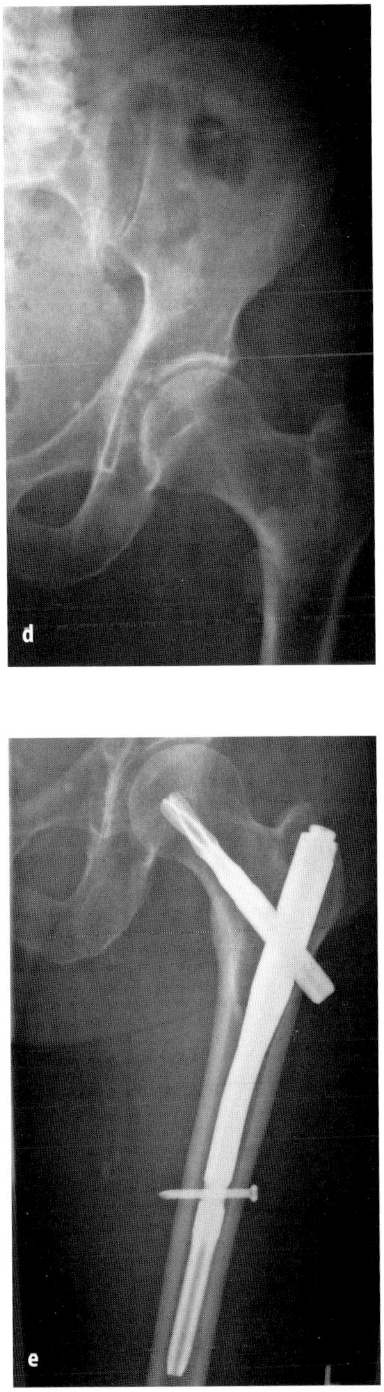

Abb. 13.5.2. **d** Röntgenbild einer pertrochantären Femurfraktur. **e** Röntgendarstellung einer Osteosynthese.

13.6 Valgisation bei Schenkelhalsfrakturen und bei der Schenkelhalspseudarthrose

Prinzip

Valgisation des proximalen Femurs zur biomechanischen Verbesserung der Frakturheilung oder Pseudarthrosensanierung. Die Scherkräfte werden durch die Valgisation in die Heilung begünstigende Druckkräfte umgewandelt.

Indikation

Beim jüngeren Menschen werden mediale Schenkelhalsfrakturen mit vertikalem Bruchspaltverlauf (Typ Pauwels III, s. Abb. 13.4.1) stabilisiert und valgisiert. Auch bei Schenkelhalspseudarthrosen wird dieses Verfahren angewandt.

Technik

Zugang zum proximalen Femur und Technik der proximalen Femurosteotomien s. Kap. 8.10.

Für diese Indikation werden bevorzugt 130°-Winkelplatten ohne Unterstellung verwendet.

Zunächst wird die Fraktur/Pseudarthrose im kaudalen Schenkelhalsbereich mittels ein oder zwei kräftigen Kirschnerdrähten in Repositionsstellung fixiert. Einschlagen des Plattensetzinstrumentes unter BV-Kontrolle in zwei Ebenen. Danach Austausch eines Kirschnerdrahtes durch eine Spongiosaschraube zur definitiven Frakturstabilisation (Abb. 13.6.1, 13.6.2). Dies verhindert eine erneute Fragmentverschiebung bei

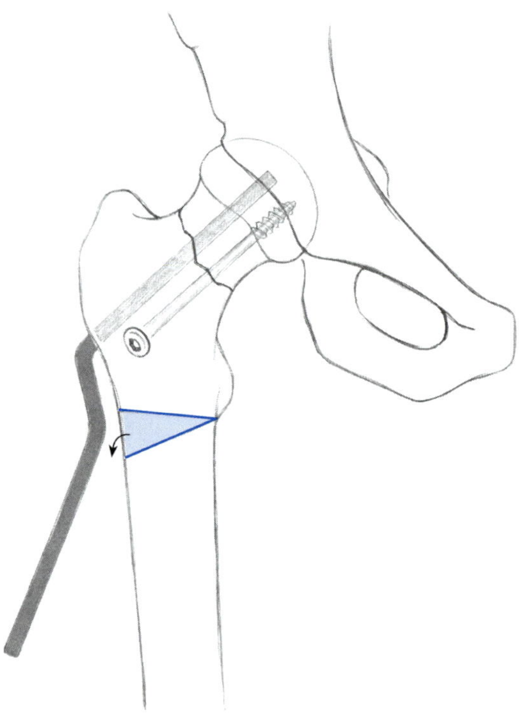

Abb. 13.6.1. Zustand bei eingebrachtem Plattensetzinstrument und durchgeführter Schraubenosteosynthese des Schenkelhalses.

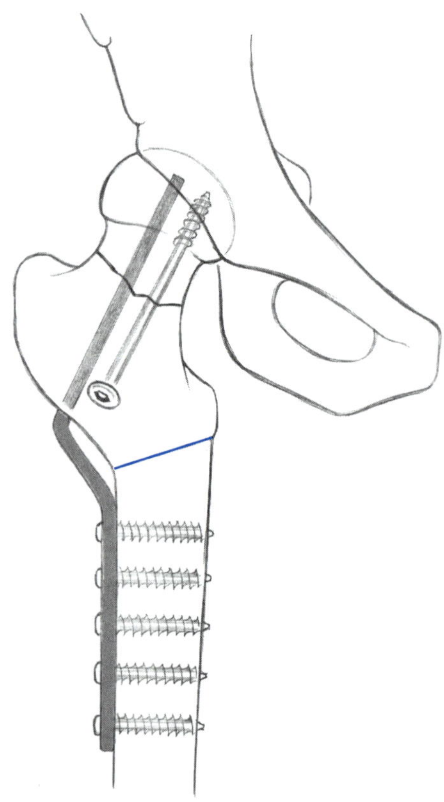

Abb. 13.6.2. Zustand bei vollendeter Osteosynthese.

Austausch des Plattensetzinstrumentes durch die Osteosyntheseplatte.

Kommentar

Falls die Eintrittsstelle des Plattensetzinstrumentes zu nahe zur Osteotomie gelegen ist, besteht die Gefahr des Plattenausbruchs durch Nachgeben der Knochenbrücke. Alternativ kann die Osteotomie dann etwas distaler nach medial ansteigend durchgeführt werden.

Nachbehandlung

Sohlenkontakt für 6 Wochen. Belastungssteigerung in Abhängigkeit der Konsolidierung.

Literatur

Marti R, Raaymakers ELFB, Nolte P, Besselaar PP (1996) Pseudarthrosen am proximalen Femur. Der Orthopäde 5 (Vol 25):454–462

13.7 Trochanterrefixation

Prinzip

Refixation des Trochanters mittels Cerclagen, Schrauben, Klammern, Hakenplatten oder winkelstabilen Platten (Abb. 13.7.1–13.7.5).

Indikation

Das Ausmaß von Trochanterfrakturen reicht von der isolierten Abrissfraktur des Ansatzes des M. piriformis oder der Trochanterspitze bis hin zu sich in die proximale Femurdiaphyse hinein erstreckenden Verletzungen. Kleinere Abrissverletzungen, bei denen nur ein Teil der Insertion der rotatorischen und/oder abduktorischen Muskulatur betroffen ist, bleiben unversorgt, da eine Refixation zum einen schwierig, zum anderen funktionell nicht zwingend notwendig ist. Je nach Fraktursituation, insbesondere aber auch der Knochenqualität wird das Verfahren gewählt, das die beste Chance auf Konsolidierung verspricht. Hierbei ist wichtig die Traumatisierung der Muskelansätze, z. B. durch aufliegendes Osteosynthesematerial, zu minimieren.

Bei transtrochantären Zugangswegen ist eine Trochanterrefixation obligat und wird bereits bei Durchführung der Osteotomie bedacht. Bei einer Endoprothesenimplantation erfolgt dies meist mittels Cerclagen alternativ durch Schraubenosteosynthese.

Kommentar

Bei Prothesenschäften mit vorwiegend diaphysärer Fixation kommt es langfristig zur Entkalkung des Trochanter majors. Die Refixation einer im weiteren Verlauf eintretenden Trochanterfraktur ist wegen des osteoporotischen Knochens und der lokalen schlechten biologischen und biomechanischen Verhältnissen an der Fraktur nicht Erfolg versprechend.

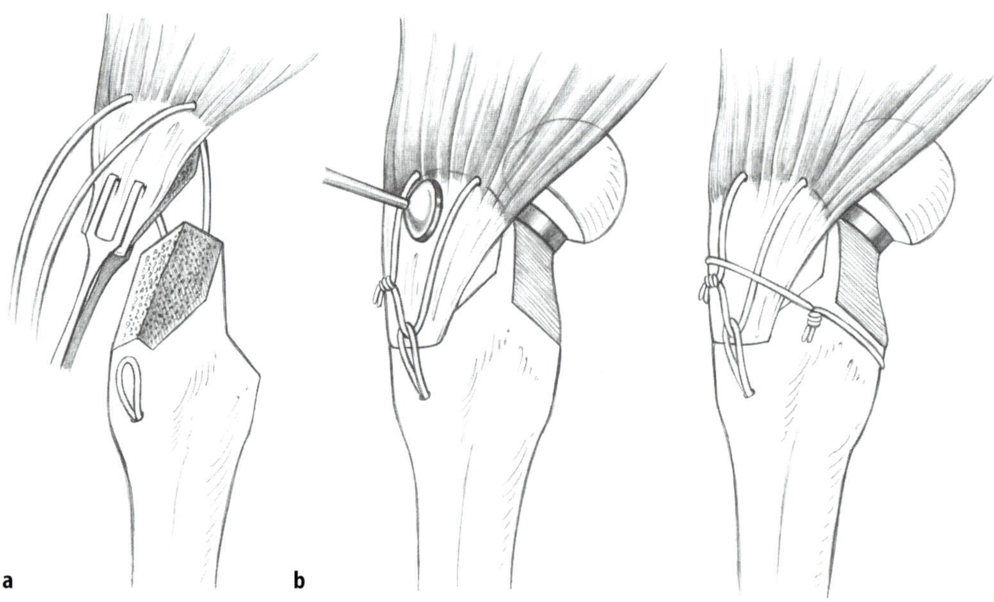

a b

Abb. 13.7.1. Refixationstechnik nach Charnley mit zwei Cerclagen bei transtrochantärem Zugang zur zementierten Hüftendoprothetik. Die erste Cerclage wird vor der Zementierung des Schaftes intramedullär vorgelegt (**a**). Verdrillen der Cerclagedrähte (**b**) und Legen einer zweiten Cerclage um das mediale proximale Femur herum.

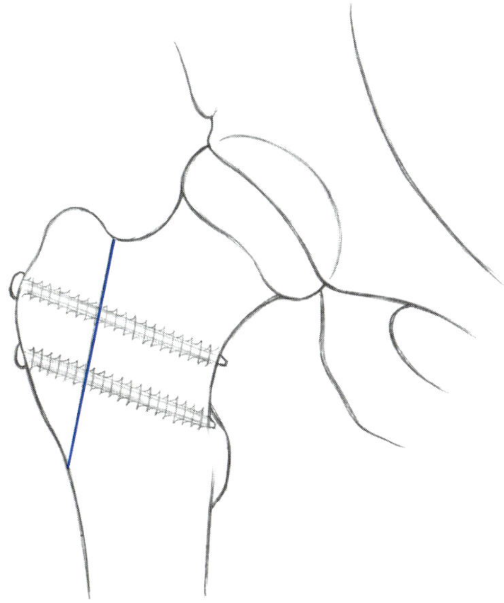

Abb. 13.7.2. Refixation einer Trochanterosteotomie mittels zweier Kortikalisschrauben.

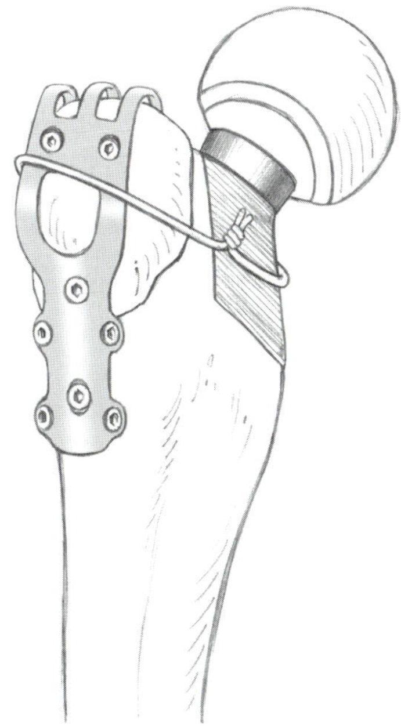

Abb. 13.7.3. Osteosynthese des Trochanters mittels einer Hakenplatte, die mit einer Cerclage, um den medialen Schenkelhals geführt, zusätzlich fixiert wird.

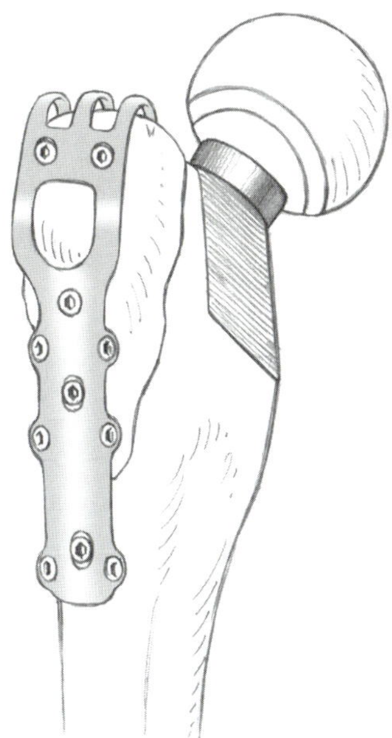

Abb. 13.7.4

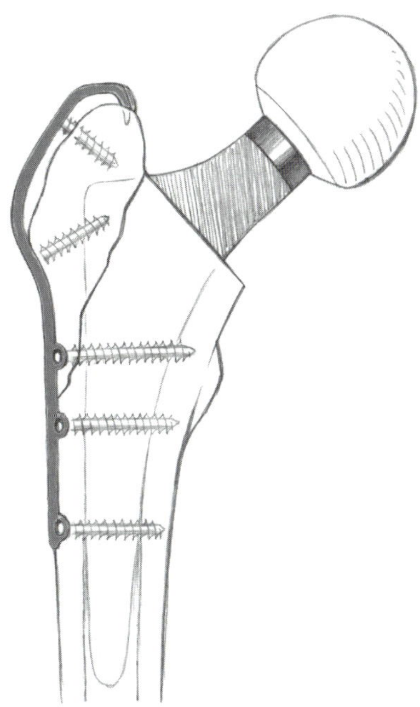

Abb. 13.7.5

Abb. 13.7.4 und **13.7.5.** Verwenden einer Hakenplatte zur Trochanterrefixation. Dieses Implantat ist auch geeignet, wenn sich die Fraktur in die Femurdiaphyse fortsetzt.

Technik

In Seitlage ist die Trochanterosteosynthese vorteilhaft durchführbar. Unter Abduktion des Beines durch einen Assistenten lässt sich das Trochanterfragment gut fassen und reponieren.

Grundsätzlich wird bei allen Arten der Osteosynthese versucht, die Reposition zunächst mittels Abduktion und Instrumenten wie Zangen, Klemmen oder Einzinkern durchzuführen und dann erst die stabilisierende Osteosynthese durchzuführen.

Komplikationen

Die häufigste Komplikation ist das Versagen der Osteosynthese. Cerclagenschlösser und Schraubenköpfe an der Außenseite des Trochanter majors führen häufig zu einer Bursitis trochanterica. Dies kann eine Metallentfernung bedingen.

Nachbehandlung

Die Nachbehandlung ist abhängig von der Stabilität der Osteosynthese. Wegen der großen Kraft der abduktorischen und rotatorischen am Trochanter major ansetzenden Muskulatur ist eine 6- bis 8-wöchige Entlastung sowie die Vermeidung einer aktiven Abduktion angezeigt.

Literatur

Wagner M, Knorr-Held F, Hohmann D (1996) Measuring stability of wire cerclage in femoral fractures when performing total hip replacement. Archives of Orthopaedic and Trauma Surgery. Springer, Berlin Heidelberg 1 (Vol 115):33–37

14 Eingriffe beim Empyem

Das Hüftgelenksempyem des Säuglings ist ein septisches Krankheitsbild mit ausgeprägter Beeinträchtigung des Allgemeinbefindens. Es stellt eine absolute Notfallsituation dar. Coxitiden des älteren Kindes sind weniger akut und in der Symptomatik meist auf das Gelenk beschränkt. Septische Coxitiden des Erwachsenen sind eine Rarität. Hingegen sind bei Hüftendoprothesen auftretende Gelenkinfekte meist schleichend und bedürfen einer speziellen Strategie, die in Kapitel 17.4 dargestellt ist.

Beim Säugling ist die Beeinträchtigung des Allgemeinbefindens zum Teil so ausgeprägt, dass die klinischen Symptome am Hüftgelenk manchmal übersehen werden. Zum anderen kann das Hüftgelenksempyem Teil eines multifokalen septischen Geschehens sein. Dabei ist die Schonhaltung mit Gelenkbeugung, Berührungs- und Bewegungsempfindlichkeit bis hin zur Pseudoparalyse richtungsweisend. Beim älteren Kind besteht eine meist weniger ausgeprägte Allgemeinsymptomatik. Differentialdiagnostisch müssen auch andere Hüfterkrankungen wie die Coxitis fugax, der Morbus Perthes, eine Epiphyseolysis capitis femoris, eine juvenile rheumatische Arthritis, eine postinfektiöse Arthritis oder eine Hüftkopfnekrose bei der Sichelzellanämie bedacht werden. Bei langsamem Verlauf muss auch eine spezifische Coxitis bedacht werden.

Die Sonographie und die Magnetresonanztherapie stehen als bildgebende Verfahren zur Verfügung. Das Röntgenbild zeigt eine ossäre Beteiligung, eine Vergrößerung und/oder Auflockerung des Hüftkopfes, die Erweiterung des Gelenkspaltes bis hin zur Verdrängung des Hüftkopfes aus der Hüftgelenkspfanne. Im Labor sind die Entzündungswerte meist stark erhöht. Die diagnostischen Verfahren sollten keine wesentliche Verzögerung therapeutischer Maßnahmen bedingen. Entscheidend für die Prognose des Gelenkes ist die rasche Diagnosesicherung und die Einleitung der Therapie, bevor es zur Zerstörung des Gelenkknorpels kommt. Diese besteht zum einen in der antibiotischen Therapie vorrangig mit Cephalosporinen und nach Bestimmung des Keimes mit einer testgerechten spezifischen Antibiose. Die Erregerbestimmung erfolgt mittels Punktion des Hüftgelenks zum anderen in der chirurgischen Sanierung. Hierbei kann sowohl die Gelenkspülung – am besten im Rahmen einer Hüftgelenksarthroskopie – zum anderen durch eine offene Arthrotomie praktiziert werden.

Folgezustände implizieren weitere chirurgische Maßnahmen. Ein aus dem Azetabulum verdrängter Hüftkopf wird offen eingestellt. Bei Knorpelverlust kann eine fibröse oder ossäre Ankylose, oftmals in Fehlstellung resultieren. Eine korrigierende Arthrodese oder eine Hüftrekonstruktion nach Ilisarov kann notwendig werden. Bei Jugendlichen ist nach der Infektsanierung auch der endoprothetische Gelenkersatz eine Behandlungsoption.

Kommentar

Gerade bei der Säuglingscoxitis ist die interdisziplinäre Zusammenarbeit zwischen Pädiatern, Orthopäden und Anästhesisten wichtig, um eine schnelle Therapie zu erzielen. So kann in einer Kurznarkose bei eitrigem Punktat sofort die arthroskopische Spülung oder die Gelenkarthrotomie erfolgen.

Komplikationen

Bei verspäteter Therapie und Überleben des septischen Zustandes kann eine Gelenkzerstörung resultieren. Auch die Epiphyse und/oder der Schenkelhals kann ganz oder teilweise zerstört werden. Es resultiert eine Hüftruine mit zunehmender Beinverkürzung aufgrund der Epiphysenschädigung.

Literatur

Bergdahl S, Ekengren K, Eriksson M (1985) Neonatal hematogenous osteomyelitis: risk factor for long-term sequela. J Pediatr Orthop 5:564–568

Parsch K, Savvidis E (1997) Die Koxitis beim Neugeborenen und Säugling. Orthop 26:838–847

14.1 Arthrotomie beim Hüftgelenksempyem

Prinzip

Die Arthrotomie beim Hüftgelenksempyem erfolgt vorteilhaft von anterolateral. Dieser Zugang kommt ohne Muskelablösung aus und erlaubt eine gute Exposition des Gelenkes.

Technik

Rückenlagerung des Patienten. Verwendung einer Knierolle, damit das Hüftgelenk ca. 20° angebeugt ist, was die Exposition durch die Entspannung der ventralen Weichteile erleichtert.

Landmarke für den Zugang ist der Trochanter major. Im vorderen Bereich des Trochanters, an dessen Spitze, proximal beginnend, wird der Hautschnitt gerade nach distal geführt (Abb. 14.1.1). Hierbei ist beim Erwachsenen ein ca. 7–8 cm langer Schnitt ausreichend. Beim Kind kann dieser entsprechend kleiner durchgeführt werden. Die Faszie wird in gleicher Höhe, Richtung und Länge wie der Hautschnitt eröffnet. Weghalten der ventralen Faszie nach ventral mit einem Weichteilrechen. Aufsuchen des Vorderrandes des M. gluteus medius. Medial des vorderen Muskelrandes wird manuell oder mit einem Rasp auf der Hüftgelenkskapsel zur kranialen Begrenzung des Schenkelhalses vorpräpariert (Abb. 14.1.2). Positionierung eines spitzen Hohmannhakens dort. Die Hüftgelenkskapsel ist nun bereits sichtbar. Der zweite Hohmannhaken wird spiegelbildlich an die kaudale Begrenzung

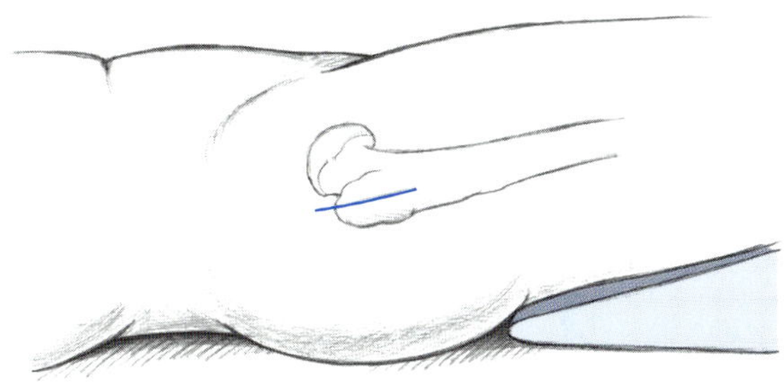

Abb. 14.1.1. Zentrierung des Hautschnittes im vorderen Bereich des Trochanters an der Spitze des Trochanters proximal beginnend.

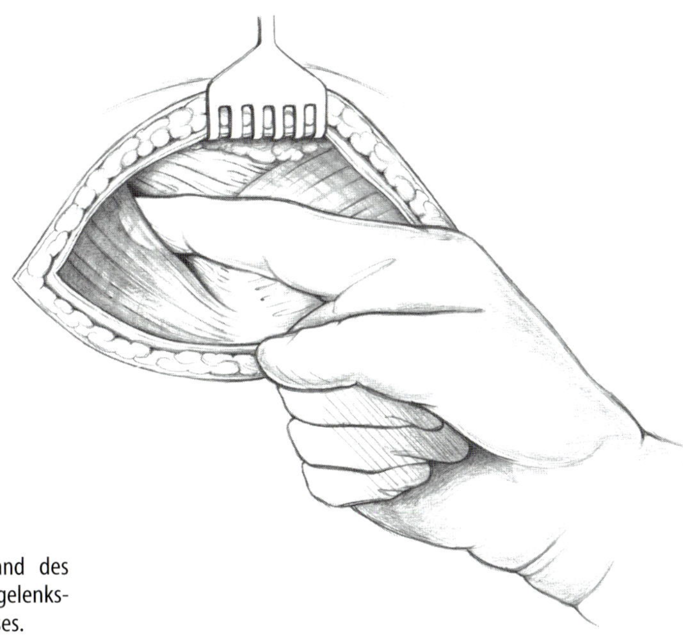

Abb. 14.1.2. Stumpfe Präparation am Vorderrand des M. gluteus medius nach proximal auf der Hüftgelenkskapsel zur kranialen Begrenzung des Schenkelhalses.

des Schenkelhalses positioniert. Danach stumpfe Präparation auf der Hüftgelenkskapsel nach medial und Setzen eines stumpfen Hohmannhakens ventral um den Pfannenrand herum.

Türflügelartige Eröffnung der Kapsel (Abb. 14.1.3). Hierbei sollte sofort gesaugt werden, damit die Umgebung so gering wie möglich eiterexponiert wird. Asservierung von Material für die bakteriologische Aufarbeitung.

Umsetzen der Hohmannhebel am Schenkelhals intraartikulär (Abb. 14.1.4). Gelenkspülung, hierbei ausgedehntes Durchbewegen des Gelenkes. Beim akuten Infekt ist eine Synovektomie nicht zwingend erforderlich. Nekrotisches Material hingegen wird entfernt. Am Operationsende Einlegen von zwei Redondrainagen. Die Kapsel wird adaptiv verschlossen. Faszien und subkutane Naht und Hautverschluss.

Alternativ kann eine Hüftgelenksspülung mittels Hüftgelenkspunktion (s. Kap. 4), besser durch eine Hüftgelenksarthroskopie (s. Kap. 5) erfolgen.

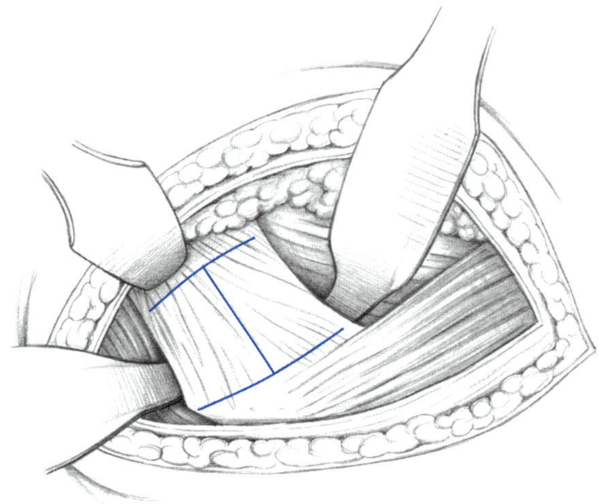

Abb. 14.1.3. Setzen von zwei Hohmannhebeln um den Schenkelhals herum und einen Hohmannhebel um den ventralen Pfannenrand herum. Eröffnen der Kapsel türflügelartig.

▌ Nachbehandlung

Bei Säuglingen postoperative Fixation im Beckenbeingips mit ca. 30° Abduktion und 20° Flexion, bis die Infektzeichen klinisch und laborchemisch abgeklungen sind, in der Regel für 2 Wochen. Die Gipsnachbehandlung erfolgt in der Regel für 2 Wochen. Danach physiotherapeutische Gelenkmobilisation. Bei älteren Kindern ist bei ausgeprägter präoperativer Schmerzsymptomatik ebenfalls die Gipsanlage sinnvoll. Die frühe Beübung aus dem geschalten Gips wird schmerzabhängig begonnen.

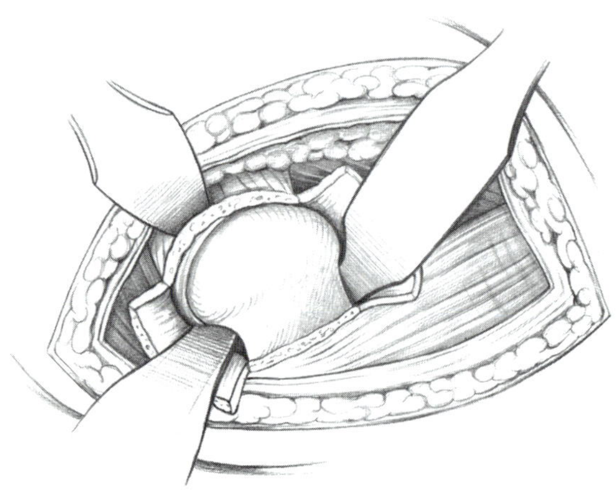

Abb. 14.1.4. Umsetzen der Hohmannhebel am Schenkelhals intraartikulär.

▌ Alternative Technik

Auch mittels der Hüftgelenksarthroskopie kann eine Behandlung der eitrigen Coxitis erfolgen. Diese ist aber nicht mehr bei nachgewiesener ossärer Beteiligung indiziert, in diesem Fall sollte die Arthrotomie erfolgen. Für die hüftarthroskopische Gelenksanierung genügen in der Regel zwei anterolaterale periphere Portale (s. Kap. 5). Das Gelenk wird mit viel Flüssigkeit gespült. Durch Durchbewegen des Gelenkes während des Eingriffes wird der Eiter auch aus den nicht visualisierten zentralen Gelenkabschnitten mobilisiert. Eine Synovektomie ist in der Regel beim akuten Infekt nicht notwendig. Durch die Portale werden am Ende des Eingriffes Drainagen eingelegt.

▌ Literatur

Lampert C, Hesse B (2005) Arthroskopie des Hüftgelenkes - Technik und Indikationen. In: Meyer RP, Gächter A, Kappeler U (Hrsg) Hüftchirurgie in der Praxis. Springer, S 51–66

14.2 Hüftarthrodese

Prinzip

Die Versteifung des Hüftgelenkes war früher häufig Folge eines Gelenkempyems, das konservativ mit einer langfristigen Gipsimmobilisation behandelt wurde. Vor dem Zeitalter der Endoprothetik wurden bei schweren Arthrosen auch operative Versteifungen durchgeführt. Für dieses Verfahren wurden unterschiedliche Vorgehensweisen beschrieben. Neben der spongiösen Anfrischung des Hüftkopfes und des Azetabulums werden fakultativ Knochenanlagerungen, zum Teil mittels eines Knochenspans, durchgeführt. Wesentlich für die Arthrodese ist die Erzielung einer Funktionsstellung, worunter man eine Einstellung des Gelenkes mit 6° Adduktion, 20° Flexion und neutraler Rotation versteht.

Bei Kindern wird in etwas vermehrter Abduktion die Arthrodese eingestellt, da im weiteren Wachstum die Tendenz zur Adduktion besteht. Fehler in der frontalen Einstellung führen zu einer Beinlängendifferenz. Beim Erwachsenen führt eine Abweichung von 3° zu einer Beinlängendifferenz von ca. 1 cm aufgrund der Verkippung des Beckens in der Frontalebene (Abb. 14.2.1).

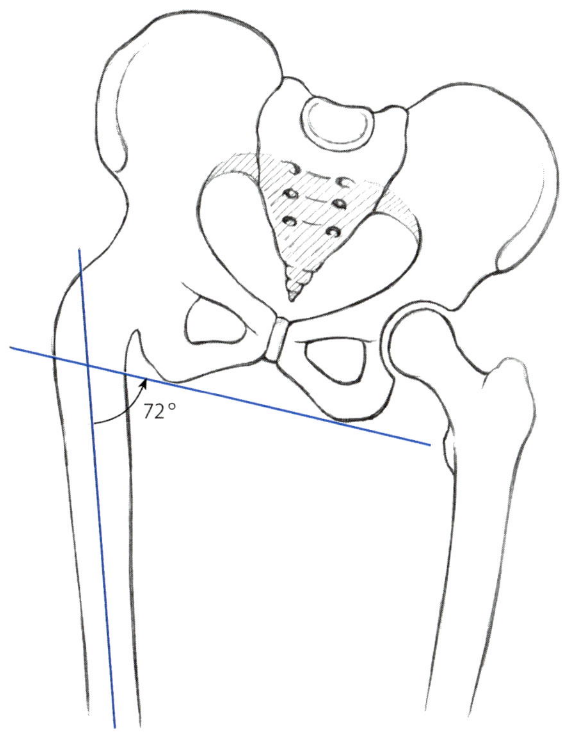

Abb. 14.2.1. Arthrodese in Adduktionsfehlstellung mit dadurch bedingter Beckenverkippung in der Frontalebene. Die Adduktion verursacht eine relative Verlängerung des kontralateralen Beines.

Indikation

Versteifungen des Hüftgelenkes sind auf Grund der Mehrbelastung der Lendenwirbelsäule und des Kniegelenkes langfristig problematisch. Durch die Fortschritte der Endoprothetik ist die Hüftarthrodese deshalb nur noch von geringer Bedeutung. Beim Fehlen der muskulären Führung des Hüftgelenkes und ausgeprägter Gelenkdestruktion ist eine Hüftgelenksarthrodese jedoch weiterhin indiziert.

Kommentar

Im Gegenteil hierzu ist die endoprothetische Versorgung von Patienten mit bestehender Hüftarthrodese häufiger geworden. Hierbei bleibt trotz intensiver postoperativ langfristiger Beübung häufig ein Trendelenburghinken zurück. Des Weiteren ist für den Patienten häufig die dauerhafte Notwendigkeit zur Nutzung einer Gehhilfe gegeben. Deshalb ist die Remobilisation einer Hüftgelenksarthrodese ein nur bedingt erfolgreiches Verfahren.

Technik

Die Hüftgelenksarthrodese kann in Rücken- oder in Seitenlage durchgeführt werden. Schnittführung an der Oberschenkelaußenseite proximal ca. 8 cm über die Trochanterspitze reichend, so dass ein anterolateralseitiger Zugang zum Gelenk und zum Ilium erfolgen kann.

Osteotomie des Trochanter major. Ablösen des Musculus iliacus vom Beckenkamm im distalen Anteil.

Luxation des Gelenkes. Anfrischen der Oberfläche entweder in abrundender Technik oder kastenförmig. Bei fibröser Steife kann alternativ dazu mit multiplen Bohrungen das Gelenk „angefrischt" werden. Dadurch wird der knöcherne Durchbau durch konsequente Ruhigstellung ermöglicht. In der Vergangenheit wurden die

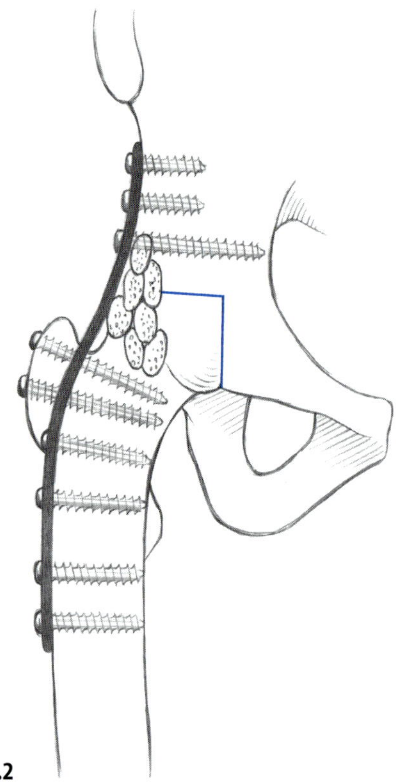

Abb. 14.2.2

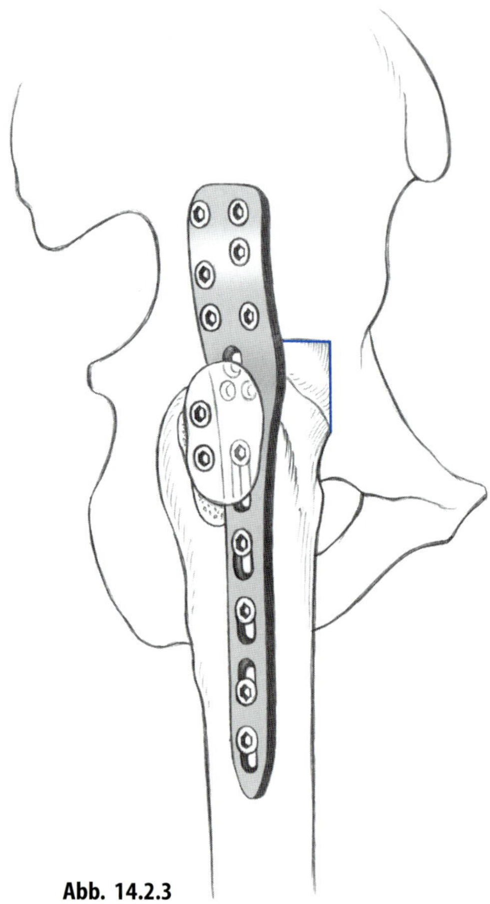

Abb. 14.2.3

Abb. 14.2.2 und **14.2.3.** Arthrodese mittels Plattenosteosynthese, Refixation des Trochanter major und spongiöser Anlagerung am proximalen Rand des ehemaligen Hüftgelenkes.

meisten Arthrodesen mit einer Kobraplatte (Abb. 14.2.2) durchgeführt. Diese wurde im Ilium und im Bereich des proximalen Femurs verankert. Alternativ hierzu wird heute vorzugsweise ein winkelstabiles Implantat verwandt, da die Stabilität insbesondere im Bereich des Iliums hierdurch erheblich erhöht werden kann (Abb. 14.2.3). Geeignet hierfür sind Implantate, die an sich für den distalen Oberschenkel vorgesehen sind. Diese müssen aber entsprechend der Anatomie im Bereich des Hüftgelenkes zurechtgeschränkt werden. Eine weitere Alternative besteht darin, dies fixateurassistiert durchzuführen. Im Rahmen dieser Methode kann auch nach Einstellung des Gelenkes noch geringfügig über den Fixateur nachkorrigiert werden. Erst nachfolgend wird dann die Verplattung intraoperativ durchgeführt und der Fixateur entfernt.

Wichtig ist die Refixation des Trochanter major um die abduktorische Muskulatur in ihrem Zug zu erhalten respektive auch später die Möglichkeit der Remobilisierung zu haben.

Literatur

Bauer R, Kerschbaumer F, Poisel S (1994) Orthopädische Operationslehre Band II/1 Becken und untere Extremität

Gördes W, Viernsteiner K, Klement I (1971) Erfahrungen mit der Hüftarthrodese nach der AO-Technik. Archives of Orthopaedic and Trauma Surgery 70:304–319

Wölfel AR, Walter M, Rader C, Beck H (2000) Die endoprothetische Versorgung von Patienten mit Hüftarthrodese. Z Orthop 138:318–323

15 Eingriffe beim femoroazetabulären Impingement

Die Erkenntnisse zum femoroazetabulären Impingement des Hüftgelenkes – ein intraartikuläres Phänomen/Problem – reichen weit zurück. So hat Preiser bereits 1911 die Einschränkung der Innenrotation als erstes Zeichen der Coxarthrose festgestellt. Deformierungen des Schenkelhalses, die eine Einschränkung der physiologischen Beweglichkeit des Hüftgelenkes bewirken, sind vielfach beschrieben worden. So beschrieb Stuhlberg 1975 die fehlende Taillierung des Schenkelhalses als Pistolengriff-Deformität (pistol grip deformity).

In der zweiten Hälfte des 20. Jahrhunderts wurde der Begriff der präarthrotischen Deformität des Hüftgelenkes geprägt. Biomechanische Überlegungen standen hierbei im Vordergrund. Grundlegend sind die Arbeiten von Pauwels und Bombelli über die Biomechanik der normalen und erkrankten Hüfte.

Die Bedeutung der Pfannenposition, insbesondere die aufgehobene Anteversion respektive Retroversion, wurden Mitte der 1990ger Jahre von verschiedenen Autoren beschrieben. Tönnis inaugurierte die Korrektur dieser bewegungseinschränkenden Retroversion mittels der von ihm beschriebenen Dreifachosteotomie. Später haben auch Siebenrock und Ganz mit der periazetabulären Osteotomie eine Korrektur einer retrovertierten Pfanne publiziert.

Ganz et al. beschrieben 1991 Bewegungseinschränkungen hervorgerufen durch Kallusbildung bei Schenkelhalsfrakturen und führten den Begriff „Impingement des Hüftgelenkes" ein. Resektionen dieser Kallusmassen führten zu einer deutlichen Bewegungsverbesserung und Schmerzreduktion. Auch bei der Epiphyseolysis capitis femoris entsteht durch die aufgehobene Konvexität im Übergang vom Kopf zum Schenkelhals ein Anschlagen der Hüfte in Beugung und Adduktion. Die Abtragung des prominenten Schenkelhalses, beschrieben als Cheilektomie, führte auch hier zu einer verbesserten mechanischen Funktion des Gelenkes. Durch die grundlegenden Arbeiten von Gautier, der die wesentliche Versorgung des Schenkelhalses im Hüftgelenkkopf durch die Arteria circumflexa femoris medialis darstellte, war die Grundlage zur chirurgischen Hüftgelenksluxation gegeben. Ganz publizierte ab 2001 bei der chirurgischen Hüftgelenksluxation sichtbare Pathologien des Impingements mit deutlichen Veränderungen der Peripherie des Knorpels, des Hüftkopfes und im ventrokranialen Randbereich der Hüftgelenkspfanne. Diese Veränderungen werden insbesondere bei sportlich aktiven Männern, bereits im Alter von 20–30 Jahren und bei Frauen mit Altershöhepunkt von 30–40 Jahren hervorgerufen. Die Arbeiten von Ganz über das Impingement haben einen Paradigmenwechsel im Verständnis der Entstehung der mechanisch bedingten Hüftgelenksarthrose bewirkt. Durch die Inkongruenz des Gelenkes kommt es zur erheblichen mechanischen Störung des Bewegungsablaufes und zu einer Hebelwirkung, die dann auch zur weiteren Knorpelschädigung im kaudalen Bereich des Hüftgelenks führt. Es wurde zunächst ausschließlich die chirurgische Hüftgelenksluxation, bei der wie bei keinem anderen Verfahren die Folgen des Impingements sichtbar werden, zur Behandlung des femoroazetabulären Impingement herangezogen. Mittlerweile konkurrieren mehrere Verfahren in der Behandlung dieser Entität.

Ziel all dieser Verfahren ist die Wiederherstellung einer normalen Gelenkfunktion und somit die Verhinderung von Folgeschäden. Voraussetzung für den mittel- und langfristigen Erfolg dieser Intervention ist die noch fehlende oder nur geringe zentrale Schädigung des Knorpels. Die chirurgische Behandlung des femoroazetabulären Impingements hat sich in kurzer Zeit als wesentlicher Baustein der Behandlung in Hüftgelenkserkrankungen etabliert.

Die Einteilung des Impingement erfolgt nach dem zugrunde liegenden Mechanismus der Gelenkschädigung. Die femorale Fehlform wird als Nockenwellen-Impingement bezeichnet (CAM-Impingement), die azetabuläre Form als Beiß-

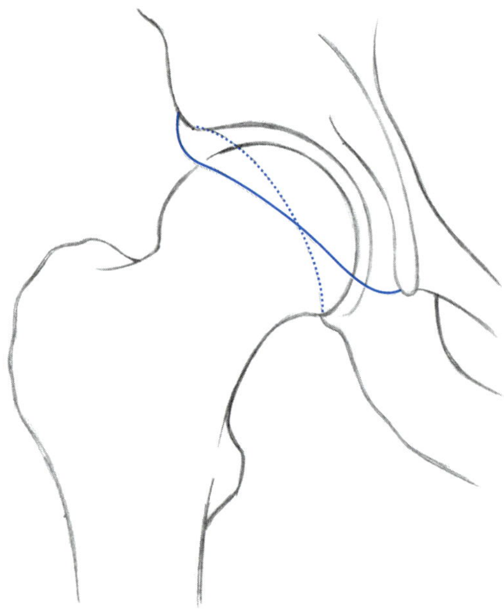

Abb. 15.1. Der ventrale Pfannenrand (durchgezogene Linie) bildet sich kranial lateralseitig des hinteren Pfannenrandes (gestrichelte Linie) ab. „Cross over"-Zeichen als Hinweis auf eine Retroversion der Pfanne.

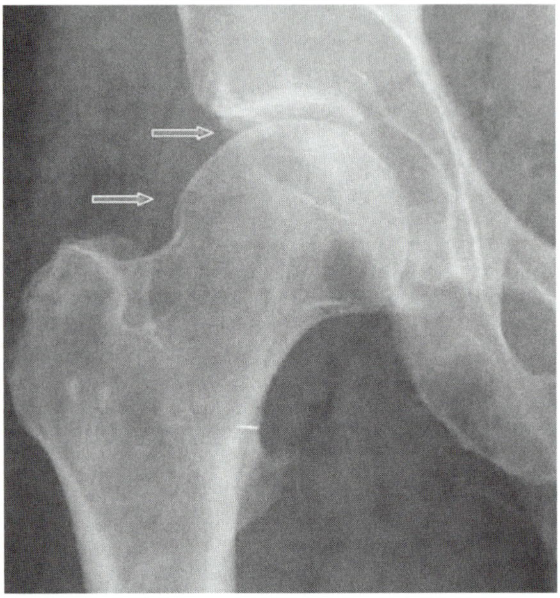

Abb. 15.2. Radiologische Darstellung des femoroazetabulären Impingements. Fehlende Konturierung des Schenkelhalses „Nockenwelle oder CAM-Konfiguration." Über-Überdachung ventral mit Spornbildung am kranialen Pfannendach „Beißzangen- oder Pincerkonfiguration".

zangentyp (Typ Pincer) (Abb. 15.1, 15.2). Die Differenzierung der beiden Formen, die häufig auch kombiniert vorkommen, erfolgt mittels Nativröntgenaufnahme und Arthro-MRT. Die Zuordnung zu der einen oder anderen Form initiiert auch das zur Anwendung kommende Verfahren. So ist das femorale Impingement mittlerweile auch arthroskopisch behandelbar. Hingegen sind ausgeprägte azetabulär bedingte Formen des Impingement bevorzugt mit offenen Verfahren behandelbar.

Literatur

Bombelli R (1976) Osteoarthritis of the hip. Pathogenesis and consequent therapy. Springer, Berlin Heidelberg

Ganz R, Bamert P, Hausner P (1991) Cervicoacetabular impingement after femoral neck fracture. Unfallchirurg 94 (4):172–175

Ganz R, Beck M, Leuning M, Nötzli HP, Siebenrock K-A (2004) Femoroazetabuläres Impingement. In: Tschauner C (Hrsg) Orthopädie und Orthopädische Chirurgie - Becken - Hüfte. Thieme, Stuttgart, S 191–205

Ganz R (2004) Chirurgische Luxation des Hüftgelenkes beim Erwachsenen. In: Tschauner C (Hrsg) Orthopädie und Orthopädische Chirurgie - Becken - Hüfte. Thieme, Stuttgart, S 206–211

Gautier E, Ganz K, Krügel N, Gill T, Ganz R (2000) Anatomy of the medial femoral circumflex artery and its surgical implication. J Bone Joint Surg 82-B:679–683

Leunig M, Beck M, Dora C, Ganz R (2006) Femoroacetabuläres Impingement als Auslöser der Koxarthrose. Orthopäde 36:77–84

Pauwels F (1976) Biomechanics of the normal and diseased hip. Theoretical foundation, technique and results of treatment: an atlas. Springer, Berlin Heidelberg

Preiser G (1911) Statische Gelenkerkrankungen. Enke, Stuttgart, S 78

Siebenrock KA, Schoeninger R, Ganz R (2003) Anterior femoro-acetabular impingement due to acetabular retroversion. Treatment with periacetabular osteotomy. J Bone Joint Surg Am 85 (2):278–286

Stuhlberg SD, Cordell LD, Harris WH, Ramsey PL, McEwen GD (1975) Unrecognised childhood hip disease: a major course of idiopathic osteoarthritis of the hip. In: The hip. Proceedings of the third meeting of the Hip society. S 212–228

Tönnis D (1979) Eine neue Form der Hüftpfannenschwenkung durch Dreifachosteotomie zur Ermöglichung späterer Hüftprothesenversorgung. Orthop Prax 15:1003–1005

15.1 Chirurgische Behandlung des femoral bedingten Impingements

Zugangsweg über die chirurgische Hüftgelenksluxation (s. Kap. 8.4) oder über einen anterioren Zugang (s. Kap. 8.1) zum Hüftgelenk.

Wichtig ist die Möglichkeit, während der Operation durch die bewegliche Abdeckung des Beines, den gesamten ventralen, kranialen und ventrolateralen Abschnitt des Schenkelhalskopfüberganges einzusehen. Das Ausmaß der Schenkelhalstrimmung lässt sich bereits präoperativ am Röntgenbild abschätzen. Intraoperativ ist an der Grenze zwischen sphärischen/nicht sphärischen Anteil des Kopfes im Übergang zum Schenkelhals durch eine Rötung und aufgeraute Oberfläche, die sich deutlich vom physiologischen Gelenk abhebt, erkennbar. Markierungen mit einem Fettmarker (Abb. 15.1.1), Überprüfung fakultativ mit dem Röntgenbildverstärker und unter Zuhilfenahme eines kleinen Kirschnerdrahtes. Mit einem Osteotom wird zunächst an der Resektionslinie angemeißelt. Knochenresektion mit gebogenen Meißeln und einer kleinen Knochenfräse zum Schenkelhals des Knochens hin (Abb. 15.1.2–15.1.5). Mittels Durchbewegen des Gelenkes Beurteilung der Sphärizität nach Abtragung des Knochens und Überprüfung des Ausmaßes der Resektion mittels Röntgenbildverstärker. Unter Röntgendurchleuchtung kann das ungehinderte tiefe Eintreten des Kopfes in das Azetabulum verifiziert werden. Die Knochenwunde wird mit Knochenwachs verschlossen (anatomischer Kapselverschluss). Ist die Kapsel verdickt, ist eine Ausdünnung derselben sinnvoll.

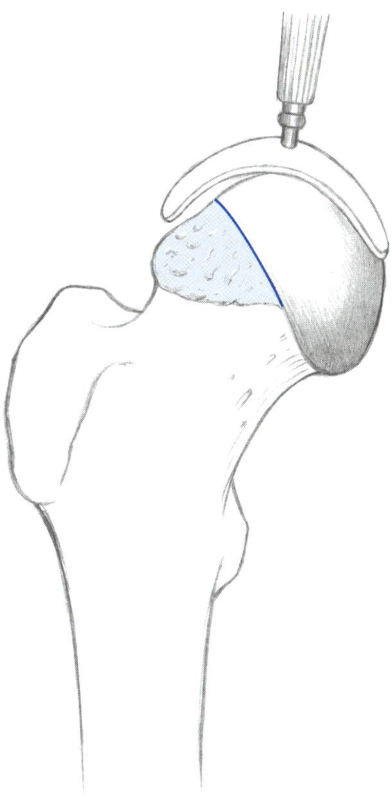

Abb. 15.1.1. Markierung der Resektionslinie am Übergang zwischen dem sphärischen und asphärischen Anteil des Hüftkopfes.

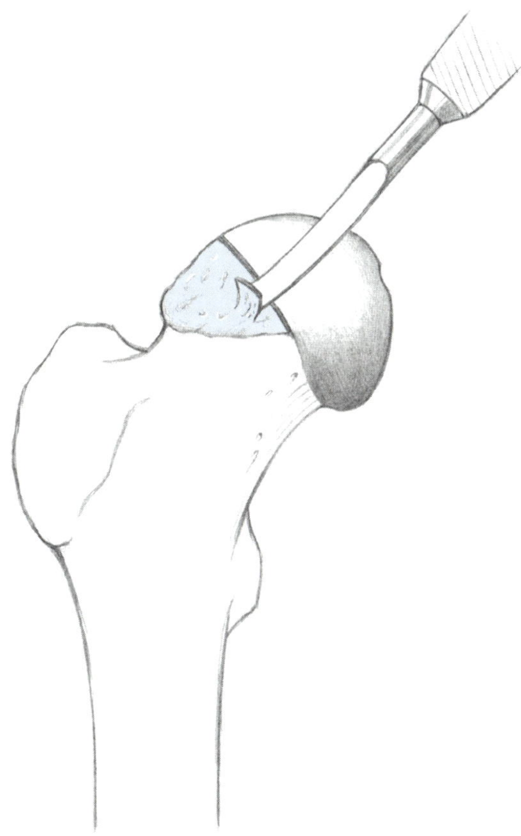

Abb. 15.1.2. Anmeißeln mit dem Osteotom an der Resektionslinie.

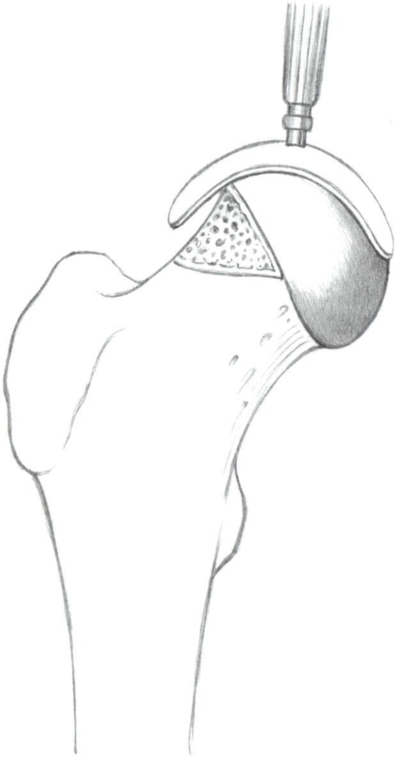

Abb. 15.1.3. Überprüfung der Sphärizität des Kopfes am Ende der Knochenresektion.

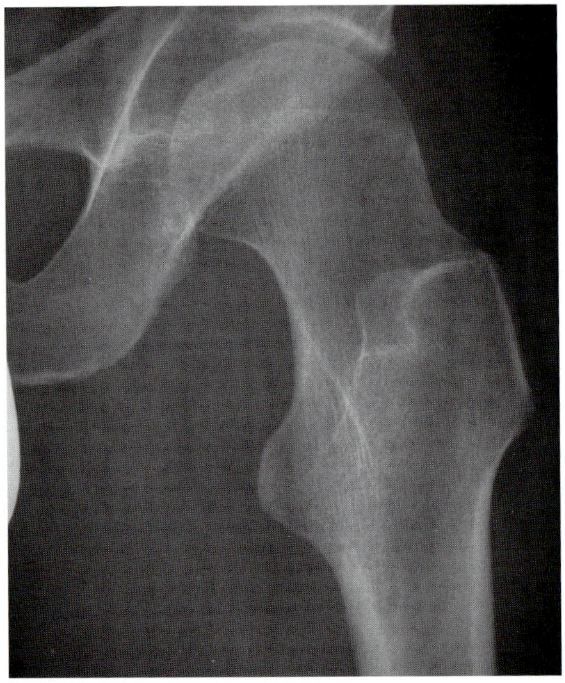

Abb. 15.1.4. Röntgenologisches Beispiel eines nockenwellenartig ausgebildeten Schenkelhalses.

Die Nachbehandlung richtet sich nach dem Ausmaß der Resektion. Bei ausgeprägter Knochenwegnahme ist als Prophylaxe einer postoperativen Schenkelhalsfraktur eine sechswöchige Teilbelastung notwendig.

Literatur

Ganz R, Bamert P, Hausner P (1991) Cervicoacetabular impingement after femoral neck fracture. Unfallchirurg 94(4):172–175

Ganz R, Beck M, Leunig M, Nötzli HP, Siebenrock K-A (2004) Femuroazetabuläres Impingement. In: Tschauner C (Hrsg) Orthopädie und Orthopädische Chirurgie Becken, Hüfte. Thieme, Stuttgart, S 191–205

Leunig M, Beck M, Dora C, Ganz R (2006) Femuroacetabuläres Impingement als Auslöser der Koxarthrose. Orthopäde 36:77–84

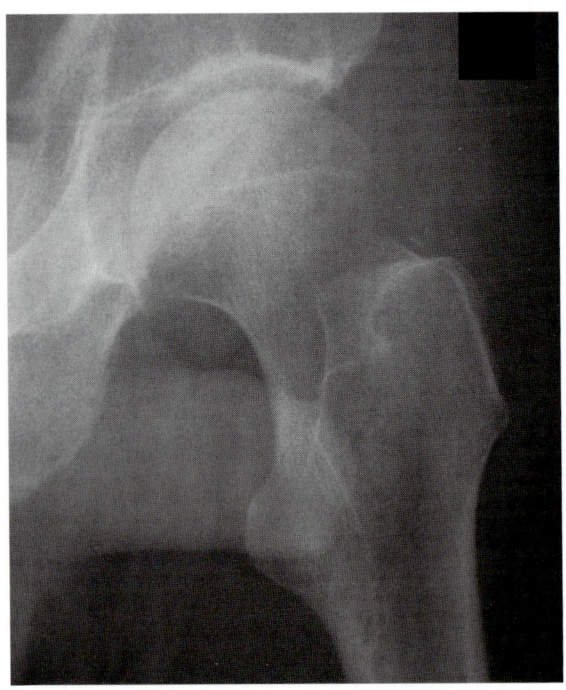

Abb. 15.1.5. Zustand nach Schenkelhalstrimmung.

15.2 Chirurgische Behandlung des azetabulär bedingten Impingement

Das Labrum acetabulare ist für die Gelenkfunktion bedeutend. Daher sollte versucht werden, das Labrum zu erhalten. Operationstechnisch erfolgt deshalb die pfannenrandnahe radiäre Kapseleröffnung 5–10 mm vom Ansatz der Kapsel am Becken. Nach Beginn der Ablösung kann dieselbe in einer inside-out-Technik mit dem Skalpell vervollständigt werden. Darunter erscheint das Labrum acetabulare. Dieses Vorgehen ermöglicht auch einen guten späteren Kapselverschluss. Bei einem exzessiven Impingement kann das Labrum stark degeneriert, teilweise sogar ossifiziert sein, sodass es nicht erhalten werden kann. Das Labrum acetabulare wird nur reseziert, wenn keine spätere Refixation mehr möglich ist. Dies ist bereits beim präoperativen Arthro-MRT gut abschätzbar. Ansonsten wird es scharf am Pfannenrand korbhenkelartig abgetrennt. Das Ausmaß der Abtrennung hängt von der für die Pfannenrandtrimmung notwendigen Circumferenz ab (Abb. 15.2.1). Der darunter liegende prominente Knochen wird mit einem kleinen gebogenen Meißel sukzessive abgetragen. Das Ausmaß der Abtragung wird zum einen anhand der präoperativen Bildgebung, im Wesentlichen aber durch das intraoperative Durchbewegen des Gelenkes festgelegt. Hierbei ist bei gleichzeitigem femoralen Impingement die vorausgehende Schenkelhalsrekonfiguration vorteilhaft. Bei einer Coxa profunda kann es notwendig werden, das Labrum in seiner gesamten Circumferenz abzulösen. Dies ist nur in der Technik einer chirurgischen Hüftgelenksluxation durchführbar (s. Kap. 15.3).

Nach Durchführung der ossären Pfannenrandtrimmung lässt sich das Labrum acetabulare mit Fadenankern wieder am neuen Pfannenrand stabil fixieren (Abb. 15.2.2–15.2.4).

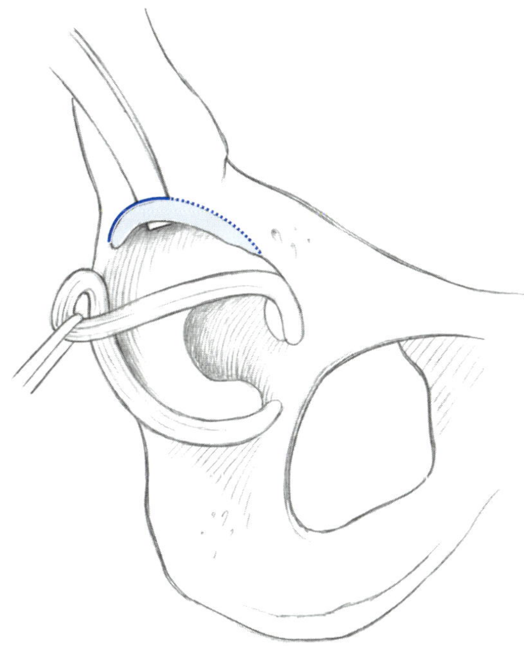

Abb. 15.2.1. Abtrennung des Labrum acetabulare und Abtragung der darunter lokalisierten prominenten Knochenanteile.

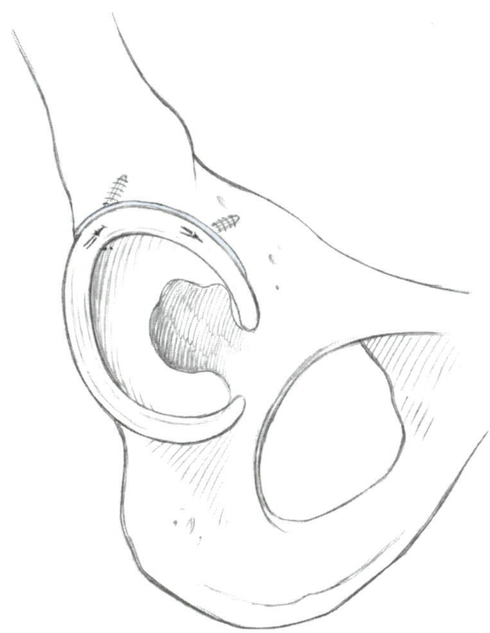

Abb. 15.2.2. Refixation des Labrum acetabulare mit Fadenankern.

Nachbehandlung

Bei ausgedehnter Ablösung des Labrum acetabulare und Refixation desselben erlauben wir dem Patienten für 4 Wochen lediglich Sohlenkontakt.

Literatur

Ferguson SJ, Bryant JT, Ganz R, Ito K (2000) The acetabular labrum seal: a poroelastic finite elemente model. Clin Biomech 15:463–468

Ganz R, Beck M, Leunig M, Nötzli HP, Siebenrock K-A (2004) Femuroazetabuläres Impingement. In: Tschauner C (Hrsg) Orthopädie und Orthopädische Chirurgie Becken, Hüfte. Thieme, Stuttgart, S 191–205

Leunig M, Beck M, Dora C, Ganz R (2006) Femuroazetabuläres Impingement als Auslöser der Koxarthrose. Orthopäde 36:77–84

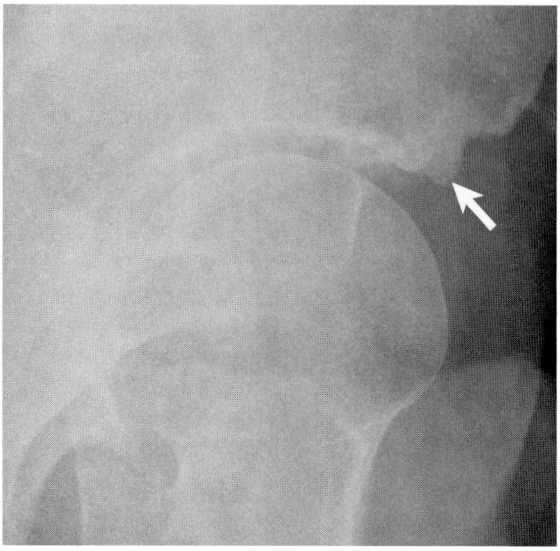

Abb. 15.2.3. Ausgeprägte ventrolaterale knöcherne Prominenz des Azetabulums.

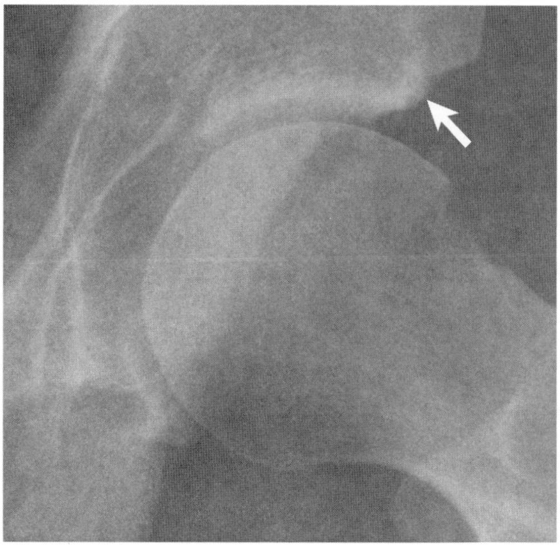

Abb. 15.2.4. Zustand nach Abtragung der Prominenz mit passagerer Ablösung des Labrum acetabulare.

15.3 Chirurgische Hüftluxation zur Behandlung des femoroazetabulären Impingement

Der digastrische transtrochantäre Zugangsweg ist Voraussetzung für die chirurgische Hüftgelenksluxation (s. Kap. 8.4).

Die Dislokation des Gelenkes erfolgt nach der Kapseleröffnung durch Beugung und Außenrotation, unter gleichzeitigem Zug mit einem am Schenkelhals positionierten Einzinker. Hierbei zerreißt das Ligamentum capitis femoris entweder spontan oder muss mit einer Schere durchtrennt werden.

Die Auslagerung des Beines erfolgt dann wie in Abbildung 15.3.1 dargestellt. Der Unterschenkel wird in einen Plastikbeutel, der entweder am Operationstisch oder am Bauch eines Assistenten angebracht wird, abgesenkt.

Zur Darstellung des Femurkopfes sind keine Hebel notwendig. Es genügt hierzu die Absenkung des Beines. Für die Darstellung des Azetabulums werden gebogene Retraktoren verwendet (Abb. 15.3.2).

Nach Durchführung der vorbeschriebenen Pfannenrandtrimmung und der Schenkelhalsrekonfiguration erfolgt die Probereposition des Gelenkes. Hierbei wird unter Bewegungsprüfung visuell überprüft, ob das Impingement komplett behoben ist. Nach definitiver Reposition lockerer Kapselverschluss, um keine Beeinträchtigung der blutversorgenden Kapselgefäße zu verursachen. Reposition des Trochanter major-Fragmentes und Refixation mit 2,0- oder 3,5 mm-Cortikalisschrauben, die mit ihrer Spitze die mediale Kortikalis des Adamschen Bogens fassen. Der Patient wird für 8 Wochen mit Unterarmgehstützen unter Entlastung des Beines mobilisiert. Eine muskelaufbauende Rehabilitation sollte erst nach Konsolidierung der Trochanter-Osteotomie erfolgen.

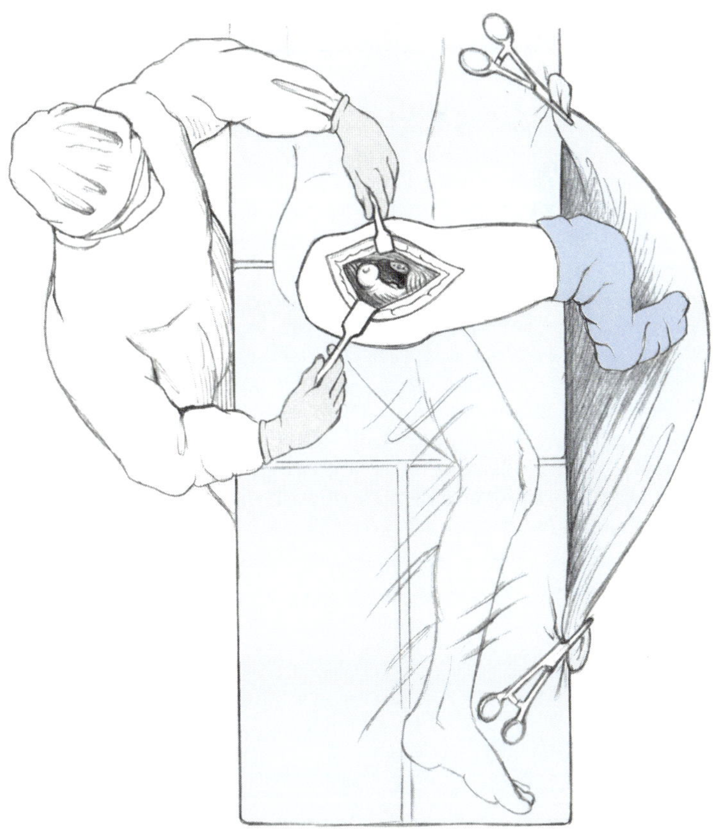

Abb. 15.3.1. Auslagerung des Beines bei der chirurgischen Hüftgelenksluxation.

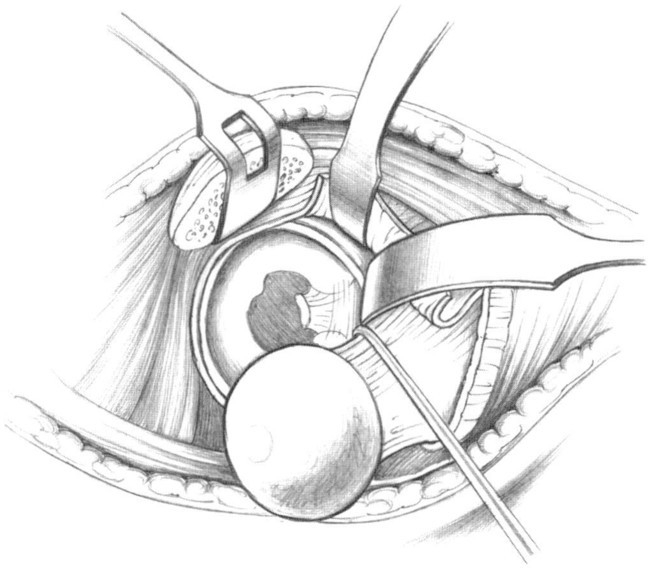

Abb. 15.3.2. Exposition des Azetabulums bei der chirurgischen Hüftgelenksluxation.

▌ Literatur

Ganz R, Gill TJ, Gautier E, Ganz K, Krügel N, Berlemann U (2001) Surgical dislocation of the adult hip. J Bone Joint Surg 83B:1119–1124

Ganz R (2004) Chirurgische Luxation des Hüftgelenkes beim Erwachsenen. In: Tschauner C (Hrsg) Orthopädie und Orthopädische Chirurgie Becken, Hüfte. Thieme, Stuttgart, S 206–211

Gautier E, Ganz K, Krügel N, Gill T, Ganz R (2000) Anatomy of the medial femoral circumflex artery and its surgical implication. J Bone Joint Surg 82-B:679–683

Mercati E, Guary A, Myquel C, Bourgeon A (1972) A posterior-external approach to the hip joint: value of the formation of a digastric muscle. J Chir (Paris) 10:499–504

Siebenrock K-A, Gautier E, Woo AKH, Ganz R (2002) Surgical dislocation of the femoral head for joint debridement and acute reduction of the acetabulum. J Orthop Trauma 16:543–552

15.4 Arthroskopische Behandlung des femoroazetabulären Impingements

Die Hüftgelenksarthroskopie ist in Kapitel 5 beschrieben.

Bei der Behandlung des femoroazetabulären Impingements liegt oft schon eine deutliche Kapselfibrose vor. Daher ist die arthroskopische Distrahierbarkeit erschwert. Die Visualisierung erfolgt mit einer 70°-Optik über das ventrale und dorsolaterale Portal. Die Rekonturierung des Schenkelhalses erfolgt mit einem abgewinkelten Shaver (Akromioniser). Die Pfannenrandabtragung mit der Kugelfräse ist nur unter gleichzeitiger Abtragung des Labrums möglich (Abb. 15.4.1). Eine temporäre Ablösung des Labrums – wie in der offenen Technik beschrieben – ist bislang arthroskopisch noch nicht etabliert.

Nachbehandlung

Um eine Vernarbung zu verhindern sowie eine Verklebung der Kapsel mit den Resektionsflächen zu verhindern, wird vom ersten postoperativen Tag an mit einer Motorschiene das Gelenk passiv bewegt. Der Belastungsaufbau erfolgt über 2–4 Wochen schmerzadaptiert.

Literatur

Lamper C, Hesse B (2005) Arthroskopie des Hüftgelenkes – Technik und Indikationen. In: Meyer RP, Gächter A, Kappeler U (Hrsg) Hüftchirurgie in der Praxis. Springer, Heidelberg, S 51–66

Sampson TG (2005) Arthroscopic treatment of femoroacetabular impingement. Tech Orthop 20 (1):56–62

Wettstein M, Dienst M (2006) Arthroskopische Behandlung des femoroazetabulären Impingementes. Orthopäde 35:85–93

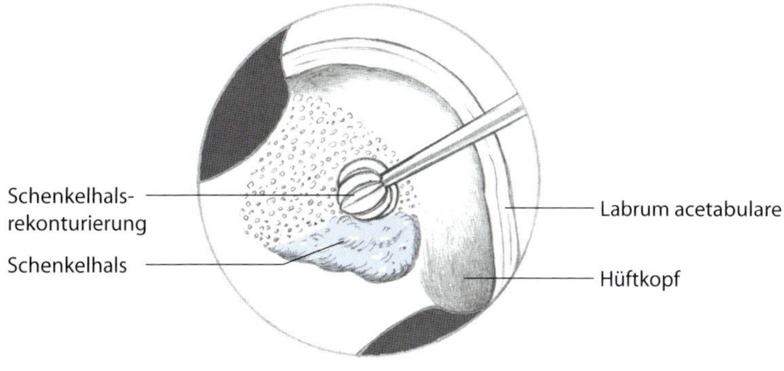

Abb. 15.4.1. Arthroskopische Rekonturierung des Schenkelhalses mit einer Kugelfräse.

16 Primäre Endoprothetik

16.1 Präoperative Planung

Prinzip

Mittels der Planung wird die Position und Dimensionierung der Implantate bestimmt. Von großer Bedeutung ist dabei die Restorierung der Beinlänge und des Offsets, um eine optimale Funktion des Gelenkes zu erreichen.

Indikation

Alle primären Endoprothesen - unabhängig von der Indikationsstellung - sollten geplant werden. Dies kann mittels Röntgenschablonen oder mittels digitaler Planungssysteme erfolgen.

Kommentar

Die Planung erhöht die Präzision bei der Endoprothetik. Die Verwendung verschiedener Endoprothesentypen, unterschiedliche CCD-Winkel und Offsetvarianten, unterschiedliche Tiefen der femoralen und azetabulären Implantation der Komponenten sowie die Kopfwahl mit passender Halslänge, kann vorbestimmt werden (Abb. 16.1.1). Zusätzlich erleichtert dies die Implantation der Endoprothese. Anatomische Engstellen zeigen sich bereits bei der Planung. Intraoperativ abweichende Raspelgrößen sensibilisieren den Operateur. Abstände zu den Spitzen der Trochanteren dienen als Bezugspunkt für die Tiefe der femoralen Implantation. Notwendigkeit, Größe und Position einer Pfannendachplastik werden bestimmt.

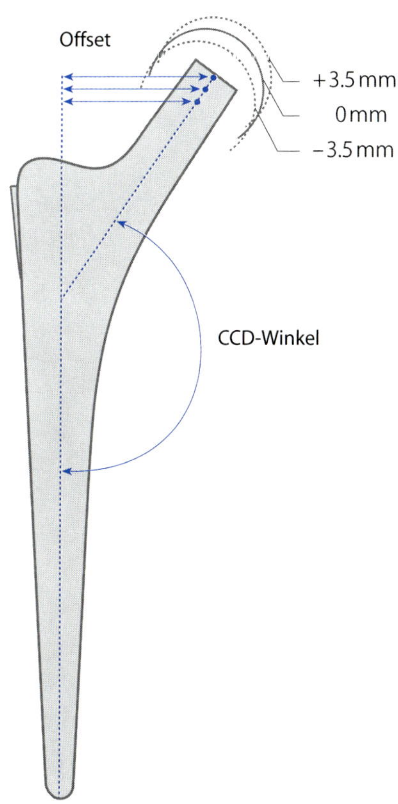

Abb. 16.1.1. CCD-Winkel und Offset (bei unterschiedlicher Halslänge des Kopfes) eines femoralen Schaftes.

Technik

Radiologische Grundlage für die präoperative Planung ist eine tiefe Beckenübersichtsaufnahme (Abbildung beider Hüftgelenke mit den proximalen Femurdiaphysen) sowie eine axiale Aufnahme der zu operierenden Seite. Außerdem sollte anamnestisch eine Beinlängendifferenz erfragt werden. Die klinische Bestimmung der Beinlängendifferenz ist sowohl bei Frakturen und Einbrüchen des Hüftkopfes als auch bei ausgeprägten Kontrakturen (funktionelle Längendifferenz) nicht verwertbar. Bei „erhaltener Anatomie“ erfolgt die Planung auf der zu operierenden, ansonsten auf der kontralateralen Seite.

Die Pfanne wird mit einem Winkel von ca. 45° zur Senkrechten in das Azetabulum eingeplant. Die Größe kann mittels der Röntgenschablonen oder - bei digitaler Planung - anhand der Skalierung festgelegt werden (Abb. 16.1.2–16.1.6). Die Tiefe variiert entsprechend der Anatomie. Bei einer Pfannendysplasie wird die Positionierung der Pfanne bis zur inneren Kortikalis des Beckens geplant. Bei einer Pfannenprotrusion hingegen wird - um Raum für eine Pfannenbodenplastik zu gewinnen und ein besseres Bewegungsausmaß ohne Impingement am Pfannenrand postoperativ zu erzielen die Pfanne eher lateraler geplant. Bei ausgeprägten Dysplasien und Subluxationen ist die Tränenfigur hilfreich, deren kaudales Ende die kaudale

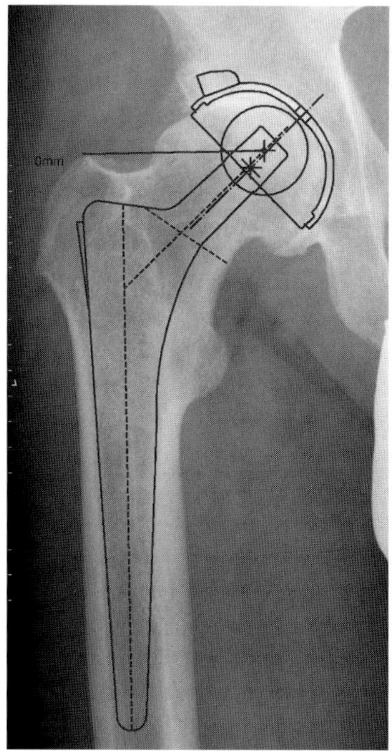

Abb. 16.1.3. Planungsbeispiel für eine Geradschaftprothese mit CCD-Winkel 133°.

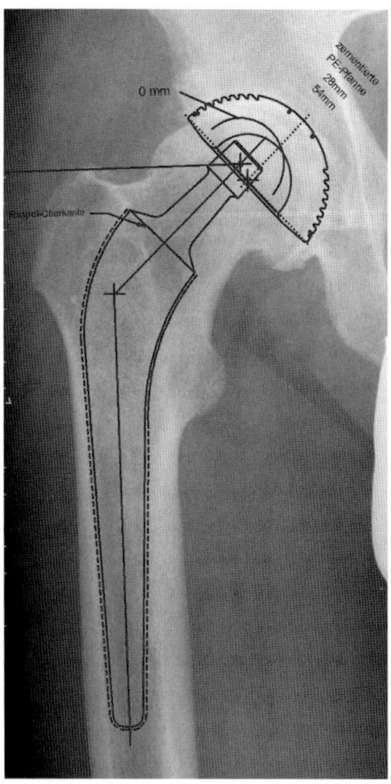

Abb. 16.1.2. Planungsbeispiel für eine zementierte Versorgung.

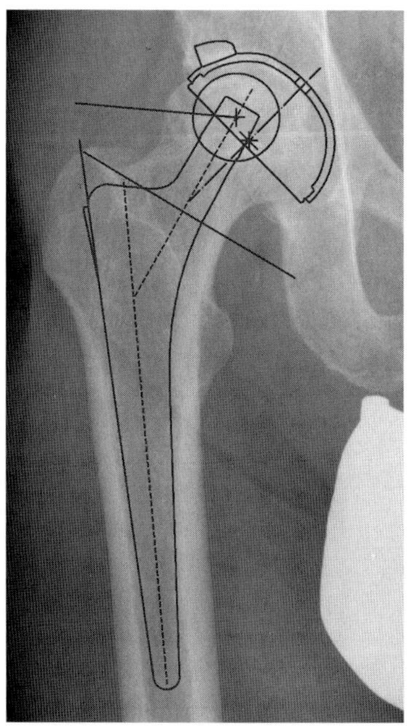

Abb. 16.1.4. Planungsbeispiel für eine Geradschaftprothese mit CCD-Winkel 145°.

Begrenzung der Positionierung der Azetabulumkomponente vorgibt. Des Weiteren zeigt die Planung, ob größere Osteophyten insbesondere kaudal bei der Operation abgetragen werden sollten und/oder eine Pfannendachplastik notwendig wird.

Die Planung der femoralen Komponente ist abhängig von der gewünschten Art der femoralen Endoprothese. Dennoch gelten einige Grundprinzipien. Der CCD-Winkel und der Offset sollten der präexistenten Anatomie entsprechen. Die Planung sollte immer an der präoperativen Ausgangssituation durchgeführt werden und nicht die bereits fertige Reposition der Prothesenkomponenten darstellen. Nur so lassen sich die Veränderungen des Offsets und der Beinlänge durch die Planung erkennen. Die Höhenpositionierung im Schaft sollte so gewählt werden, dass die Trochanterspitze (nach der Reposition) auf gleichem Niveau liegt wie das Zentrum der Hüftgelenkspfanne. Dies entspricht der physiologischen Anatomie. Eine gewisse Variabilität ist gegeben, um einen bestehenden Beinlängenausgleich auszugleichen.

Der Offset kann je nach verwendetem Prothesenmodell unterschiedlich/individuell verändert werden. So gibt es Modelle mit unterschiedlichen Offsetvarianten. Bei kragenlosen Schäften schafft die Verwendung von Köpfen mit größerer Halslänge (bei gleichzeitiger etwas tieferer Schaftimplantation) oder eines Modells mit geringerem CCD-Winkel (bei gleichzeitig etwas höherer Schaftimplantation) ein größeres Offset. Die präoperative Planung bestimmt die Auswahl des zu verwendenden Prothesenmodells mit. Sie zeigt, welches Modell am besten „passt". Die Größe kann anhand der Röntgenschablone oder bei digitaler Planung anhand der Skalierung festgelegt werden. Beim Oberflächenersatz ist die Größe der femoralen Komponente durch die Größe der azetabulären Komponente bestimmt.

Die Halslänge der Köpfe ergibt sich ebenfalls bei der Planung. Dies wird nochmals intraoperativ anhand der Weichteilspannung überprüft. Bei kontrakten Ausgangssituationen ist intraoperativ oft eine muskuläre Verkürzung fehlleitend, da nach Wiedererlangen einer freien Gelenkfunktion dann ein zu lockeres Gelenkspiel die Gefahr einer Luxation birgt. Insofern ist hier die Halslänge der präoperativen Planung eine wichtige Entscheidungshilfe.

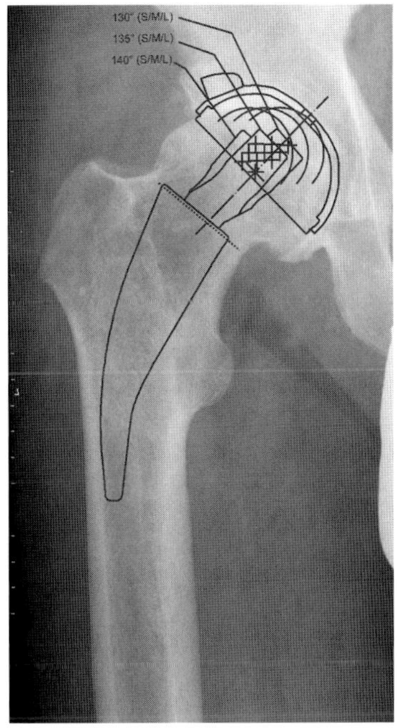

Abb. 16.1.5. Planungsbeispiel für eine Kurzschaftprothese mit unterschiedlichen CCD-Winkeln.

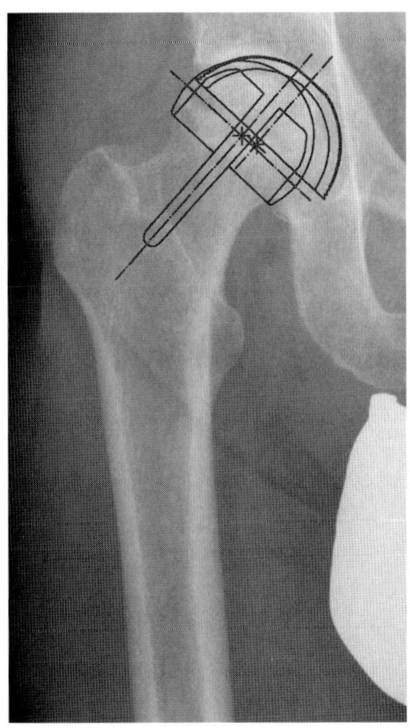

Abb. 16.1.6. Planungsbeispiel für einen Oberflächenersatz.

16.2 Kopfhalsresektion

Prinzip

Kapseleröffnung/Resektion zur Exposition des Schenkelhalses. Schenkelhalsosteotomie einfach oder als Doppelosteotomie. Resektion des Hüftkopfes und des Schenkelhalses.

Indikation

Mit Ausnahme des Oberflächenersatzes des Hüftgelenkes wird bei allen endoprothetischen Versorgungen die Kopfhalsresektion durchgeführt.

Technik

Bei anterioren und anterolateralen Zugängen zum Hüftgelenk erfolgt meist eine Resektion der Hüftgelenkskapsel. Beim posterioren und posterolateralen Zugangsweg wird von vielen Operateuren die Hüftgelenkskapsel erhalten und nach dem Gelenkersatz wieder verschlossen (Reduktion der Luxationsquote). Vor der Schenkelhalsosteotomie werden Hebel intrakapsulär gesetzt. Vorteilhaft sind diese einander zugewandt, sodass zwischen denselben osteotomiert werden kann (Abb. 16.2.1). Die Palpation der Trochanteren präzisiert die Höhenlokalisation der Osteotomie. Die Osteotomie wird mit der oszillierenden Säge durchgeführt. Hierbei ist auf ein komplettes Durchtrennen zu achten, da ansonsten ein Ausbrechen von Knochenfragmenten bis in die Femurdiaphyse hinein resultieren kann. Bei manchen minimalinvasiven Verfahren wird zunächst pfannennah osteotomiert, danach das Bein ausgelagert, sodass dann eine zweite Osteotomie mit verbesserten Sichtverhältnissen an der Schenkelhalsbasis erfolgen kann.

Die Lokalisation und Neigung der Osteotomie(n) wird anhand der präoperativen Planung festgelegt. Sie ist abhängig von dem verwendeten femoralen Prothesentyp und der präexistenten Anatomie. Bei varischen Schenkelhälsen kann eine biplanare Osteotomie mit senkrechtem Verlauf der Osteotomie medial der Spitze des Trochanter major und schrägen Verlauf des distalen Anteils der Osteotomie zum Adamschen Bogen vorteilhaft sein.

Das Kopfhalsfragment wird mit einem in die Osteotomie eingefügten Meißel verkippt und ein Korkenzieher (vorteilhaft vom Schenkelhals her) in den Kopf eingedreht (Abb. 16.2.2). Vor der Exstirpation des Kopfhalsfragmentes werden ausgedehnte Osteophyten am Pfannenrand abgetragen, um die Exstirpation zu erleichtern. Auch beim Oberflächenersatz und der Variante der primären Luxation und anschließenden Schenkelhalsosteotomie ist das vorherige Abtragen der luxationshemmenden Osteophyten vorteilhaft. Bei der Luxation wird die Muskulatur durch Langenbeckhaken geschützt.

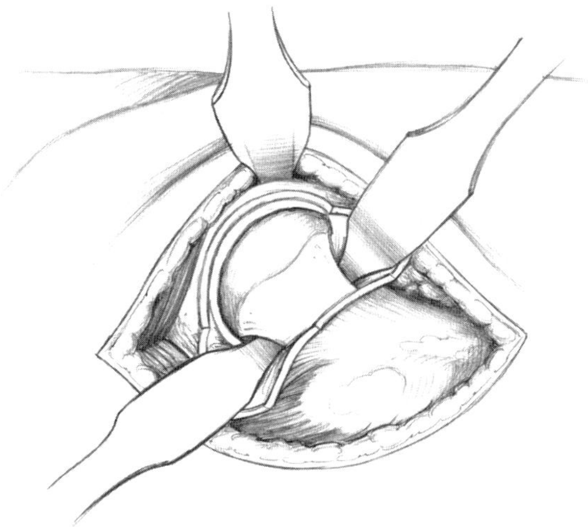

Abb. 16.2.1. Schenkelhalsosteotomie. Schutz der Weichteile durch intrakapsuläre Hebel, die aufeinander gerichtet sind. Osteotomie zwischen diesen Hebeln.

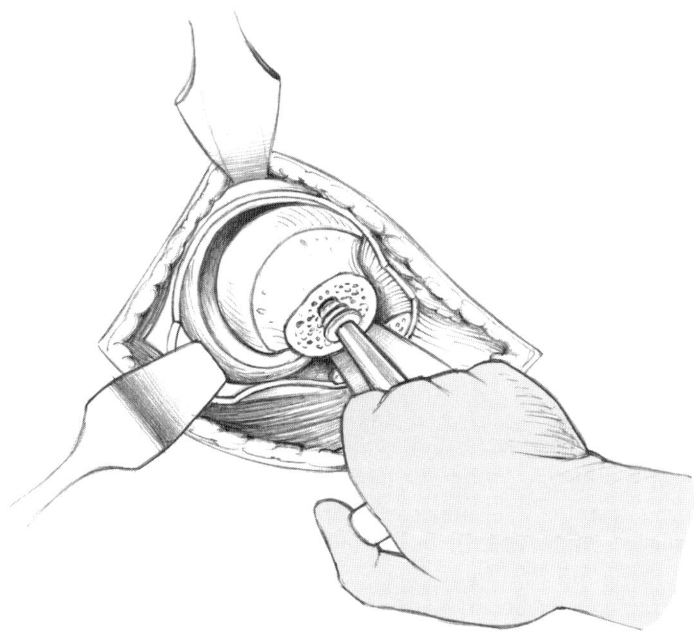

Abb. 16.2.2. Kopfhalsresektion mittels Korkenzieherinstrument. Schutz der abduktorischen Muskulatur durch Langenbeckhaken.

16.3 Pfannenimplantation

Prinzip

Präparation des Azetabulums, Einbringen und Fixation der endoprothetischen Hüftgelenkspfanne.

Indikation

Bei allen endoprothetischen Versorgungen wird eine Pfanne implantiert. Eine Ausnahme stellt die Frakturversorgung mittels Duokopfprothese, bei der der Kopfdurchmesser der Prothese dem des resezierten Hüftkopfes entspricht, dar.

Technik

Das Azetabulum wird mittels randständig gesetzter Hebel exponiert. Kapselreste werden entfernt. Der Situs wird mit dem präoperativen Röntgenbild und der präoperativen Planung abgeglichen. Die endoprothetische Pfanne sollte komplett vom knöchernen Azetabulum bedeckt werden. Dies erfordert eine Vertiefung des Azetabulums. Das Ausmaß der Vertiefung variiert individuell und sollte der präoperativen Planung angeglichen werden. Kann eine komplette Bedeckung der Pfanne nicht erzielt werden, ist eine Pfannendachplastik indiziert.

Begonnen wird die Pfannenfräsung mit kleinem Fräserdurchmesser, mit dem bis zur geplanten Tiefe transversal aufgefräst wird (Abb. 16.3.1). Hierdurch wird eine asymmetrische Abfräsung des kranioventralen Abschnittes des Azetabulums vermieden, die bei initialer Frässrichtung mit 45° Ausrichtung zur Körperachse insbesondere bei kleinen Zugängen droht (Abb. 16.3.2). Ist die Tiefe erzielt, kann direkt zu großen Fräsen gewechselt werden, die entsprechend der geplanten Positionierung der Pfanne geführt werden (Abb. 16.3.3). Insbesondere bei zementfreien Pfannen ist die letzte Fräsergröße exakt in der vorgesehenen Richtung der Implantation der Pfanne zu führen.

Die Positionierung der Pfanne sollte sich an der Anatomie orientieren, d.h. eine komplette ossäre Umfassung wird angestrebt. Des Weiteren ist sie zugangsabhängig. Beim posterioren und posterolateralen Zugang wird die Pfanne dorsal überhöht positioniert, um eine Luxation zu vermeiden. Beim Oberflächenersatz ist eine erhöhte Anteversion notwendig, um ein Impingement des unverändert (dicken) Schenkelhalses in Flexion zu vermeiden.

Nach Setzen der Pfanne werden die überstehenden Osteophyten mit dem Meißel abgetragen.

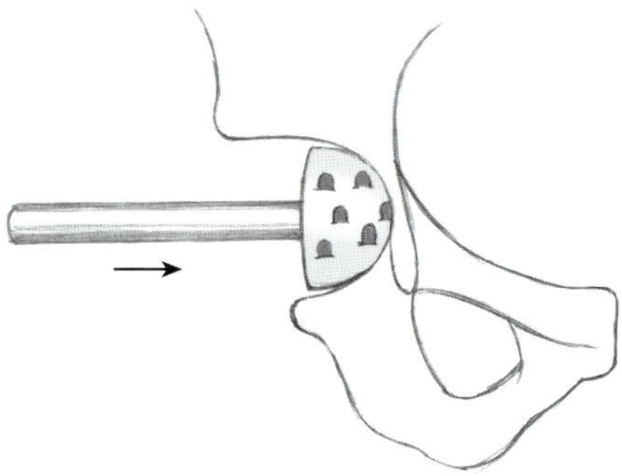

Abb. 16.3.1. Initiale transversale Vertiefung des Azetabulums vermeidet ein Wegfräsen des kranioventralen Pfannenrandes und somit eine Proximalisierung des Hüftzentrums und Verschlechterung der Überdachung.

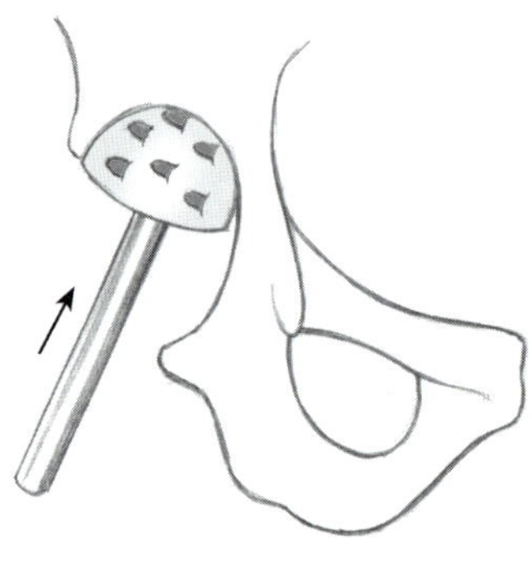

Abb. 16.3.2. Initiale Auffräsung mit kleiner Fräse in 45° Position birgt die Gefahr des Wegfräsens des kranioventralen Pfannenrandes.

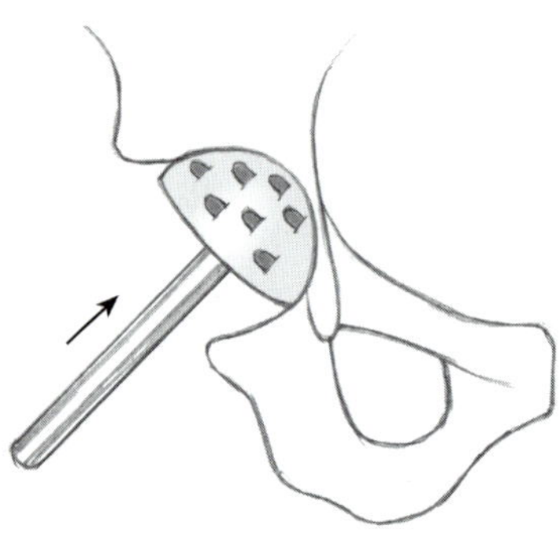

Abb. 16.3.3. Vollendung der Fräsung.

Spezifische Techniken

Pfannenzementierung

Im Gegensatz zur zementfreien Versorgung ist die Resektion des Ligamentum transversum nicht obligat. Dies verhindert den Zementaustritt nach kaudal. Nach der Auffräsung werden 2–3 Verankerungslöcher in das Ilium und ein Verankerungsloch in das Sitzbein gebohrt. Spülung und Trocknung des Pfannencavums. Zementeinbringung mit nachfolgender Zementkompression mittels angefeuchteten Bauschs. Zentrisches Eindrücken der Pfanne mit einem Außendurchmesser 2 mm kleiner als die Fräsung selbst, sodass der Knochenzement komprimiert wird und komplett die Rückfläche der Polyäthylenpfanne bedeckt. Ausrichten der Pfanne in die gewünschte Position, Entfernen der hervorgequollenen Zementreste und Halten der Pfanne mit einem Kugelstößel bis zur Aushärtung (Abb. 16.3.4).

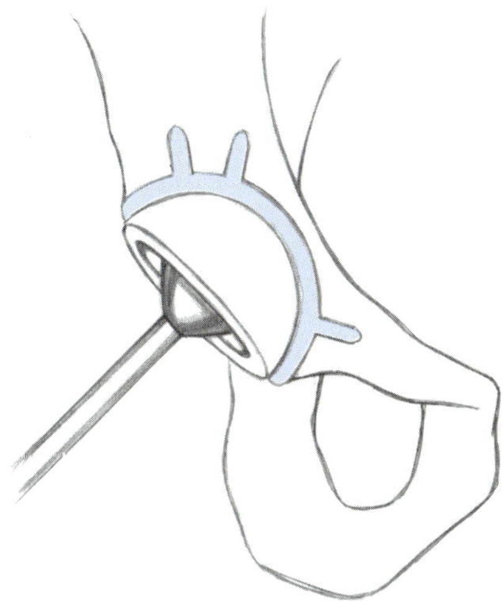

Abb. 16.3.4. Technik der Pfannenzementierung mit zirkulärem Zementmantel und Verankerungslöchern zur Erhöhung der Rotationsstabilität.

Pfannendysplasieversorgung

Beginn mit der transversalen Auffräsung bis zum Pfannengrund in Höhe der Originalpfanne.

Alternativ besteht dann die Möglichkeit, eine Pfanne mit kleinem Durchmesser ohne Pfannendachplastik - wenn diese gut überdacht ist - zu verwenden oder eine Pfannendachplastik durchzuführen (Abb. 16.3.5). Bei kleinen Pfannen ist auf eine genügend dicke Polyäthylenschicht zu achten. Dies kann durch Verwendung von zementierten Polyäthylenpfannen, die für einen kleinen Kopfdurchmesser ausgelegt sind, erreicht werden.

Für die Pfannendachplastik wird nach Erreichen des Pfannengrundes in Richtung der geplanten Positionierung weitergefräst. Hierbei zeigt sich die Größe der notwendigen Pfannendachplastik anhand des Abstandes der kranialen Zirkumferenz des Pfannenfräsers zum Ilium

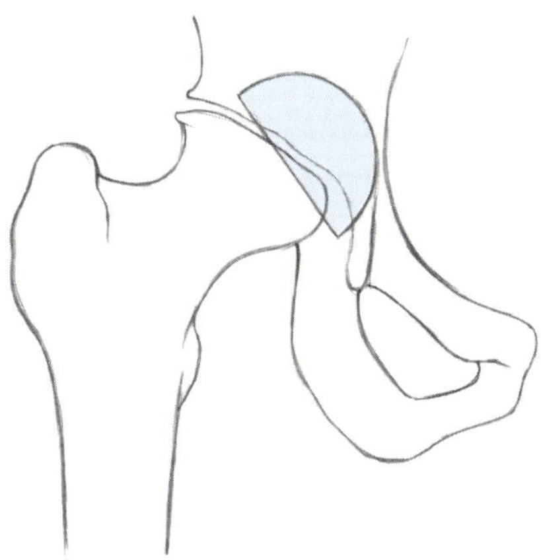

Abb. 16.3.5. Dysplasieversorgung mittels Polyäthylenpfanne mit kleinem Durchmesser.

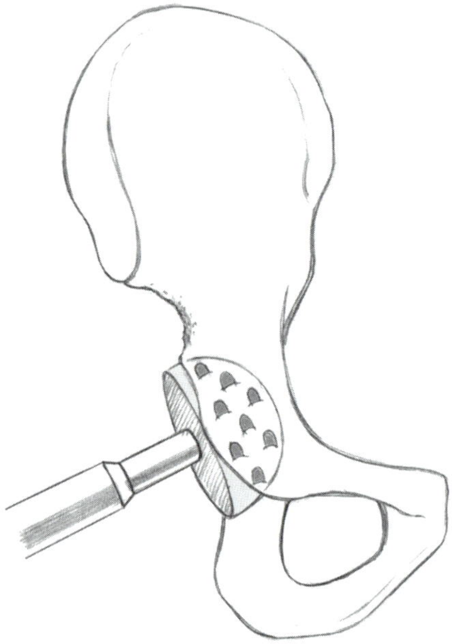

Abb. 16.3.6. Technische Durchführung einer Pfannendachplastik – initiale Auffräsung zentral.

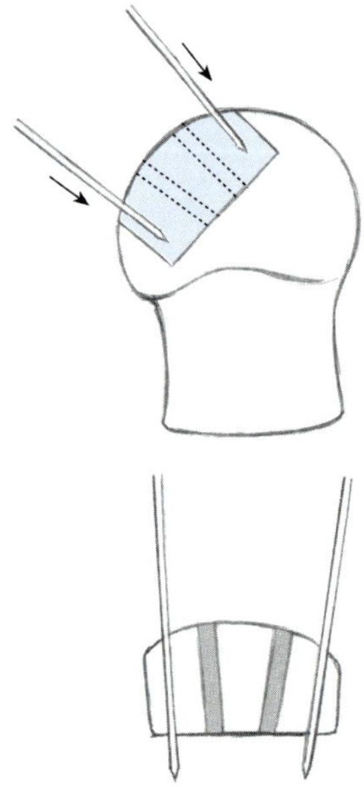

Abb. 16.3.7. Gewinnung des Transplantates zur Pfannendachplastik aus einem Teil des Hüftkopfes. Vorbohren der Verankerungslöcher für die Anschraubung und Einbringung von zwei Kirschnerdrähten zur initialen Fixation. Diese erleichtern das Einbringen und Positionieren des Transplantates (joy stick Technik).

(Abb. 16.3.6). Die Pfannendachplastik sollte die Größe haben, die Pfanne komplett zu überdachen, ohne dabei überzustehen, da diese Knochenanteile später abgebaut werden und die fixierenden Schrauben dann in die Weichteile vorstehen. Anfrischen des Iliums an der geplanten Befestigung der Pfannendachplastik. Aus dem resezierten Hüftkopf/Schenkelhals wird ein Knochenfragment für die Plastik herausgesägt, wobei die seitliche Begrenzung der Plastik aus kortikalem Knochen bestehen sollte. Vorbohren mit dem 4,5 mm Bohrer für zwei Großfragment-Befestigungsschrauben und Einbringen von zwei Kirschnerdrähten zur temporären Fixation der Plastik (Abb. 16.3.7, s. auch Abb. 17.2.2, 17.2.3). Vorsichtiges Nachfräsen mit dem Pfannenfräser (Abb. 16.3.8–16.3.10). Durch die vorgebohrten Öffnungen der Plastik aufbohren mit dem 3,2 mm Bohrer durch das Ilium in leicht medial kranialer Richtung. Nach der Längenmessung erfolgen das Eindrehen der Schrauben und Entfernen der Kirschnerdrähte. Die Pfanne kann zementiert oder zementfrei eingebracht werden, wobei in der zementierten Variante oftmals eine Vollbelastung postoperativ möglich ist (wenn die kraniale Überdachung mindestens 50% durch die Originalpfanne gegeben ist).

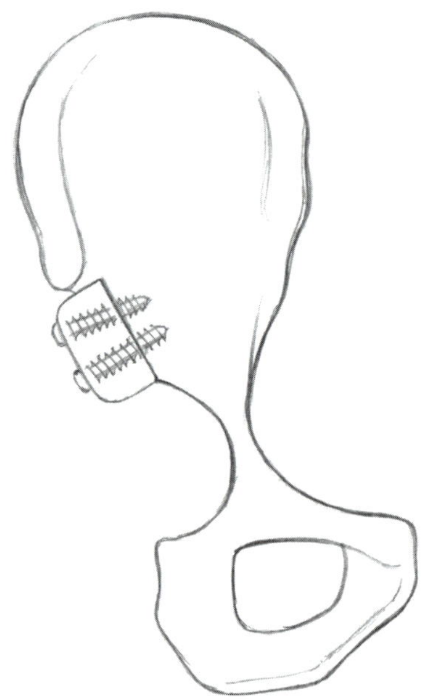

Abb. 16.3.8. Angeschraubte Pfannendachplastik.

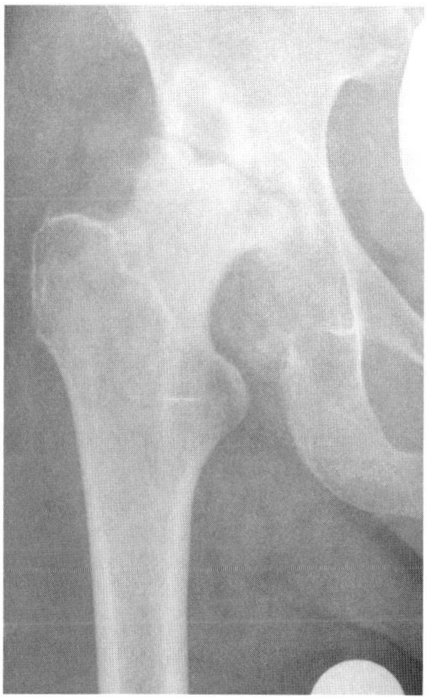

Abb. 16.3.9. Röntgenologisches Beispiel einer sekundären Pfannendysplasie.

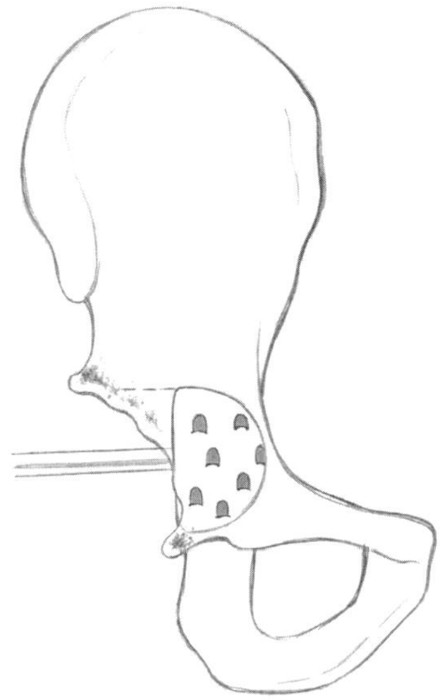

Abb. 16.3.11. Endoprothetischer Ersatz bei einer Pfannenprotrusion. Initiale transversale Auffräsung zur Entknorpelung des Pfannengrundes.

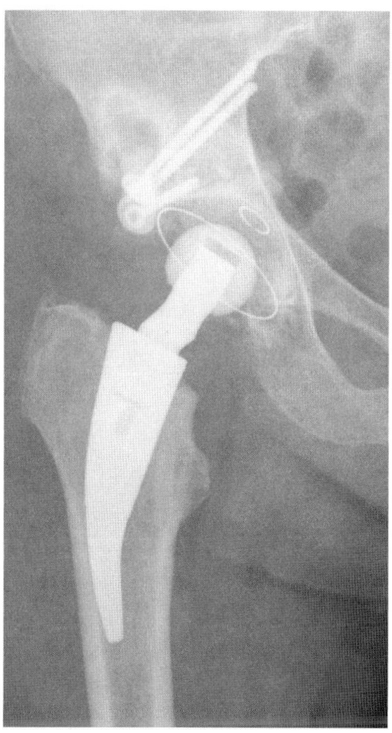

Abb. 16.3.10. Versorgung mittels Pfannendachplastik.

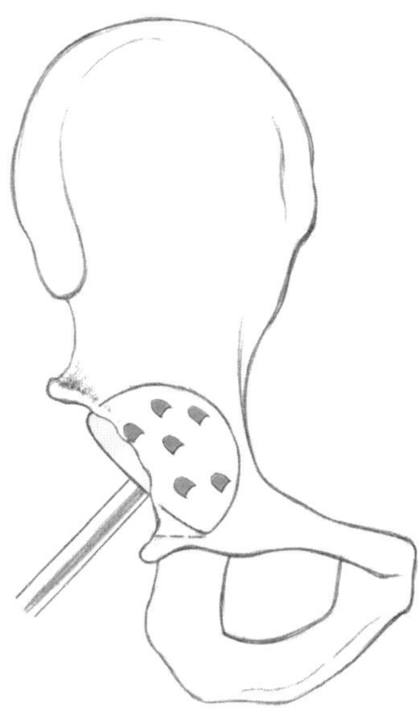

Abb. 16.3.12. Auffräsung für die Pfannenpositionierung mit großem Fräsdurchmesser.

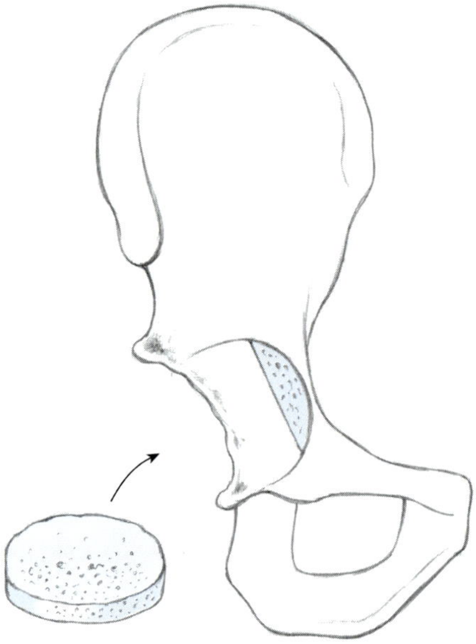

Abb. 16.3.13. Plastik des Pfannengrundes mit Spongiosa.

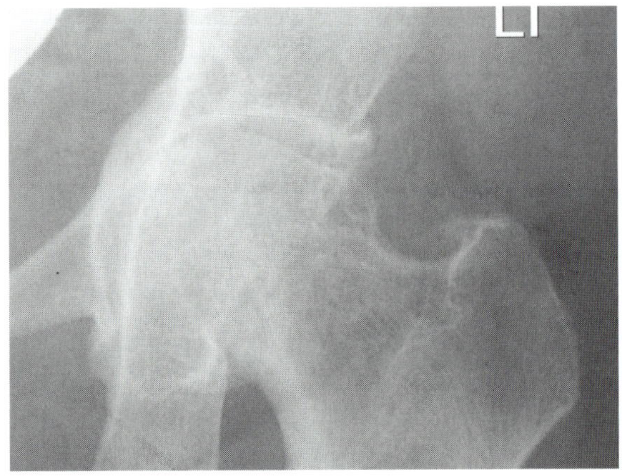

Abb. 16.3.15. Röntgenologisches Beispiel einer Pfannenprotrusion.

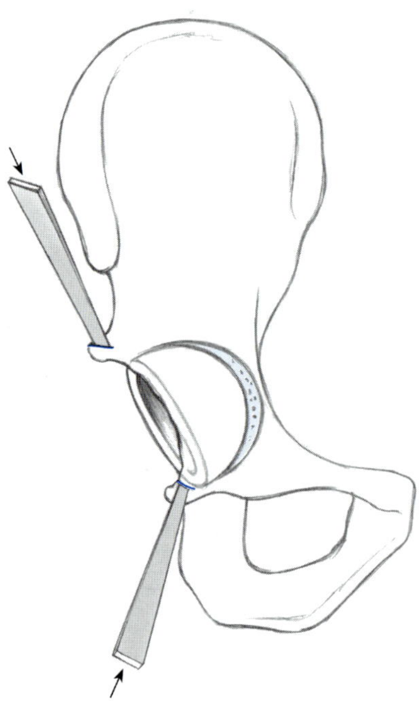

Abb. 16.3.14. Abtragen der überragenden Osteophyten.

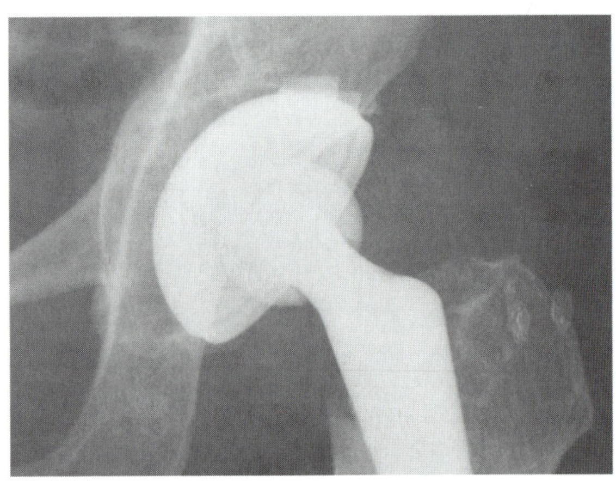

Abb. 16.3.16. Zementfreie Versorgung dieser Pfannenprotrusion mit spongiöser Pfannenbodenplastik.

Pfannenprotrusionsversorgung

Subtile Entfernung der Kapselreste, Abtragen stark prominenter Osteophyten und optimale Exposition der Pfanne mittels um die Pfanne herum gesetzter Hebel.

Vorsichtige transversale Auffräsung, so dass der Pfannengrund gerade eben entknorpelt wird.

Direkter Wechsel zu großen Pfannenfräsen, die gerade unter den osteophytären Rand der Pfanne passen. In der Richtung der späteren Pfannenposition wird bis zur präoperativ festgelegten Positionierungstiefe zentrisch gefräst (cave Wegfräsen des ventralen und kranialen Pfannenrandes). Aus dem resezierten Kopf wird eine Knochenscheibe gewonnen, die den Raum zwischen der medialen Begrenzung des Pfannenfräsers und dem Pfannengrund ausfüllt. Auskleiden des Pfannengrundes mit der Knochenscheibe, was fakultativ mit einer Spongiosaauffüllung ergänzt werden kann. Vorsichtiges Nachfräsen vor der Pfanneneinbringung, die zementiert oder zementfrei erfolgen kann. Abschließend werden überstehende Osteophyten abgemeißelt (Abb. 16.3.11–16.3.16).

Bei einer zementfreien Pfannenimplantation wird bevorzugt eine Spongiosaauffüllung des Pfannengrundes durchgeführt, um die Pressfit-Verankerung beim Einbringen der Pfanne nicht zu behindern.

Literatur

Breusch SJ, Malchau H (2005) The well-cemented total hip arthroplasty. Springer, Heidelberg

Breusch SJ, Krämer K-L (2007) Koxarthrose. In: Ewerbeck V, Wentzensen A, Holz F, Krämer K-L, Pfeil J, Sabo S (Hrsg) Standardverfahren in der operativen Orthopädie und Unfallchirurgie. Thieme, Stuttgart New York, S 583–593

16.4 Schaftimplantation

Prinzip

Präparation des Femurschaftes, Einbringen und Fixation des endoprothetischen Hüftschaftes.

Indikation

Mit Ausnahme des Oberflächenersatzes des Hüftgelenkes wird bei allen endoprothetischen Versorgungen ein Femurschaft implantiert.

Technik

Eröffnen des Markraums mit einer gebogenen Universalraspel. Bei Geradschäften wird zusätzlich mit einem Kastenmeißel oder einer Säge Knochen im Bereich des Trochanter major entfernt (Abb. 16.4.1). Aufsteigende Aufraspelung des Schaftes. Systemabhängig wird meist mit der Schaftraspel eine Probereposition durchgeführt. Hierbei wird bevorzugt mit den bei der präoperativen Planung ermittelten Größen gearbeitet. Überprüfung der Weichteilspannung, Beweglichkeit und Luxationsneigung. Kontrolle mit dem Röntgenbildverstärker. Reluxation und Austausch der Raspel gegen das Implantat. Mit demselben nochmalige Probereposition und definitive Festlegung auf die Halslänge des Kopfes. Reluxation und Austausch des Probekopfes durch den Originalkopf.

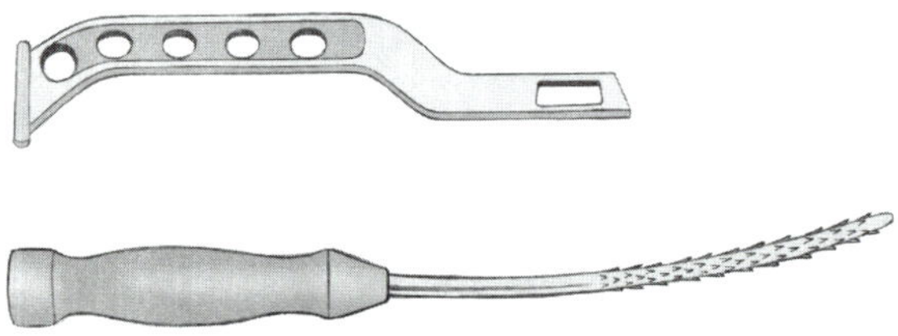

Abb. 16.4.1. Instrumente zur Markraumeröffnung: Kastenmeißel und Universalraspel.

Spezifische Techniken

Schaftzementierung

Aufraspeln für den geplanten Schaft. Hierbei sollte mit der Raspel auch Raum für einen ca. 2 mm dicken Zementmantel geschaffen werden. Ein Aufraspeln bis zur Kortikalis wie bei zementfreien Implantaten ist nicht notwendig und erwünscht. Nach der Probereposition mit der Raspel entfernen derselben, Spülen des Schaftes und Einbringen eines Zementrestriktors ca. 1 cm distal der geplanten Prothesenspitze. Anrühren des Zementes unter Vakuum und Einfüllen in eine Zementspritze durch die Operationsschwester. Vorausgehend Reinigung des Schaftes mit der Jetlavage, Einbringen eines Entlüftungsschlauchs und retrograde Auffüllung des Schaftes mit Zement (Abb. 16.4.2). Entfernen des Entlüftungsschlauches und manuelle Kompression des Zementes mit dem Daumen. Aufbringen einer Versiegelungskappe und Druckapplikation auf den Zement mit der gekürzten Zementspritze. Insertion des Schaftes mit Rotationskontrolle. Hierbei ist auf einen zirkulären Zementmantel zu achten (Abb. 16.4.3, 16.4.4).

Oberflächenersatz

Für die Pfannenimplantation muss das proximale Femur zugangsabhängig nach ventral oder dorsal weggehalten werden. Für die femorale Präparation ist eine vollständige Kapselresektion und Darstellung des Schenkelhalses notwendig. Osteophyten werden abgetragen. Wichtig

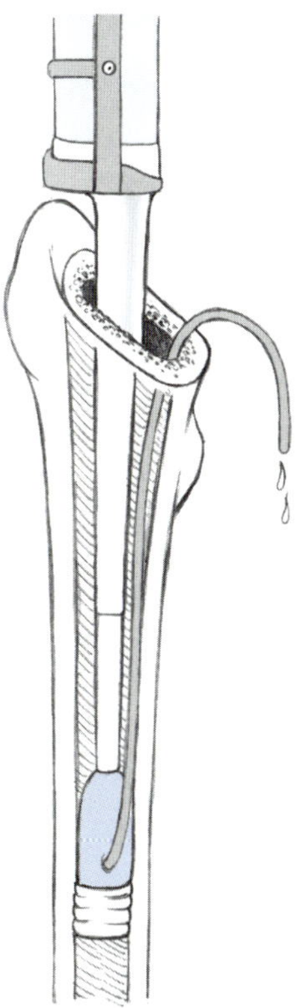

Abb. 16.4.2. Zementiertechnik mit Markraumstopper, Entlüftungsschlauch.

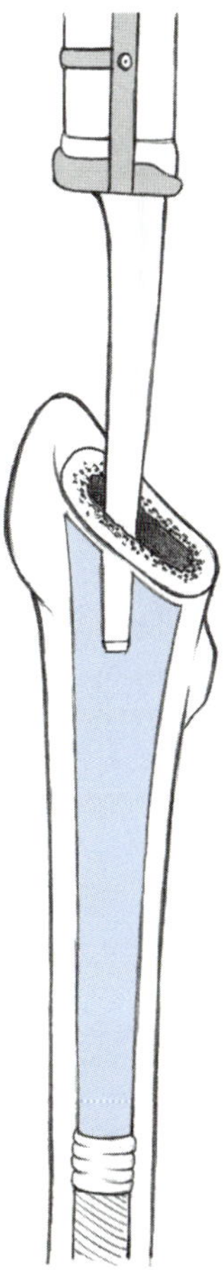

Abb. 16.4.3. Retrograde Auffüllung mit Zementspritze und anschließende Zementkompression.

ist das Einbringen eines zentralen Führungsdrahtes, der die Positionierung der Kappe in den weiteren Operationsschritten vorbestimmt. Hilfreich hierbei ist die präoperative Planung (Abb. 16.4.5). Intraoperativ wird eine zentrische Lage des Führungsdrahtes zum Schenkelhals angestrebt. Als Hilfe für die Positionierung des Drahtes werden verschiedene Methoden angewandt. Setzen einer Markierung an der Oberschenkelaußenseite, Verwenden eines Joystick-systems inklusive Translationsmöglichkeit und Fühlern, die den Abstand zur Schenkelhalszirkumferenz bestimmen (Abb. 16.4.6, 16.4.7). Ziel ist eine neutrale bis valgische Positionierung der Kappe, ohne die Kortikalis des Schenkelhalses zu verletzen. Systemabhängig wird mit unterschiedlichen über den Führungsdraht geleiteten Fräsen das Lager für die Kappe konfiguriert. Mit einer Probekappe Reposition in die Pfanne. Wichtig ist, bereits bei der Probeposition die Beweglichkeit insbesondere bei der Flexion zu überprüfen. Kommt es zum Impingement des Schenkelhalses, kann dies durch Erhöhung der Antetorsion der Pfanne, Reduktion der ventralen Überdachung oder streckseitige Translation der Kappenposition erfolgen. Anschließend Aufbringen der zementierten Kappe meist mittels Zementfixation.

Endoprothetische Versorgung bei hochstehender Hüftluxation

Bei der endoprothetischen Versorgung der hochstehenden Hüftluxation wird die Pfannenkomponente in die Ursprungspfanne positioniert. Der Längenausgleich kann deshalb ausschließlich femoral erfolgen. Eine intraoperative Verlängerung sollte 3 cm nicht überschreiten. Alternativ kann präoperativ mit einem Fixateur externe eine allmähliche Weichteildehnung mittels iliofemoraler Traktion, eine tiefe femorale Implantation oder eine Femurverkürzungsosteotomie durchgeführt werden (Abb. 16.4.8). Die iliofemorale Traktion sollte so durchgeführt werden, dass die Fixateurschrauben, aufgrund der Infektionsgefahr, von der späteren Endoprothesenlokalisation entfernt positioniert werden. Die Endoprothesenimplantation erfolgt wegen der Tendenz der erneuten Verkürzung direkt bei Fixateurabnahme. Die tiefe Schaftimplantation erfordert eine tiefe medialseitige Schenkelhalsresektion (Abb. 16.4.9). Diese Methode birgt die Gefahr des Impingements des Trochanters am Becken. Eine weitere Option hierbei ist die Trochanterosteotomie und distali-

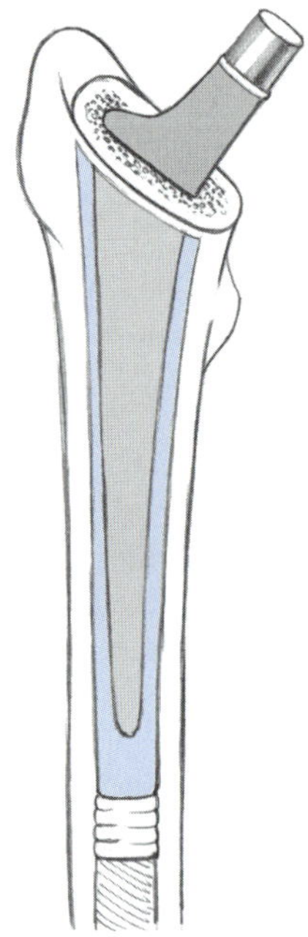

Abb. 16.4.4. Schaftimplantation mit zirkulärem Zementmantel.

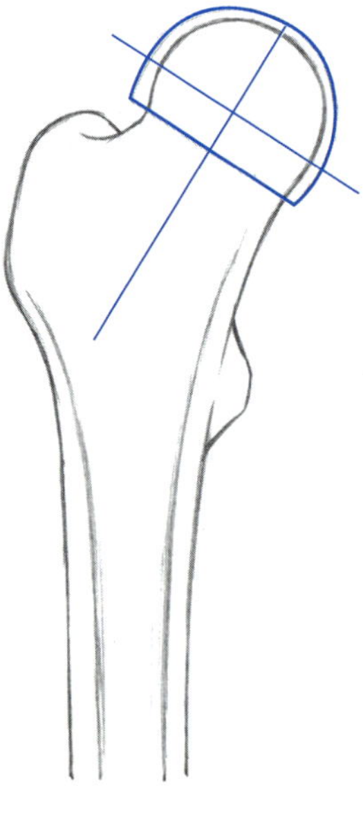

Abb. 16.4.5. Methoden zur Positionierung des zentralen Führungsdrahtes für die Kappenpositionierung – präoperative Planung.

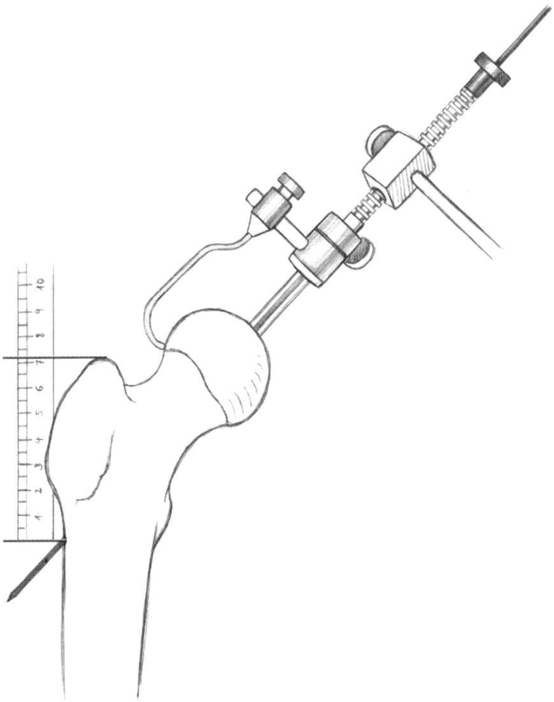

Abb. 16.4.6. Methoden zur Positionierung des zentralen Führungsdrahtes für die Kappenpositionierung – Markierung an der Oberschenkelaußenseite und Verwendung eines Zielgerätes.

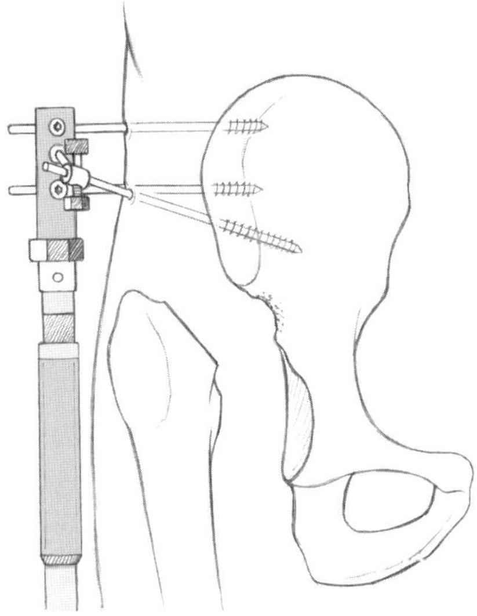

Abb. 16.4.8. Techniken des Längenausgleiches bei der endoprothetischen Versorgung der hochstehenden Hüftgelenksluxation – iliofemorale Traktionsbehandlung.

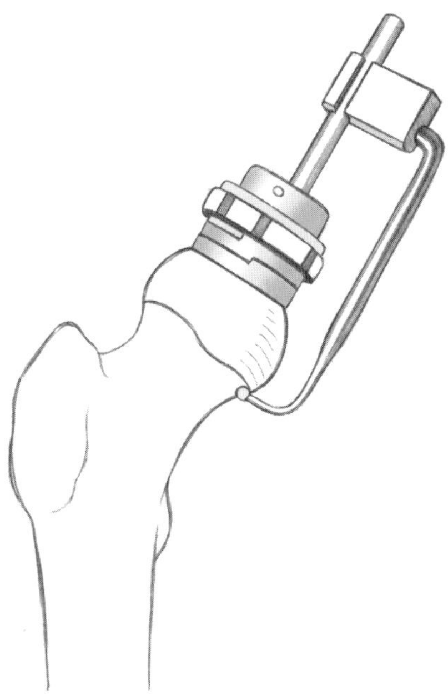

Abb. 16.4.7. Methoden zur Positionierung des zentralen Führungsdrahtes für die Kappenpositionierung – Joystickmechanismus und Fühler für den Schenkelhals.

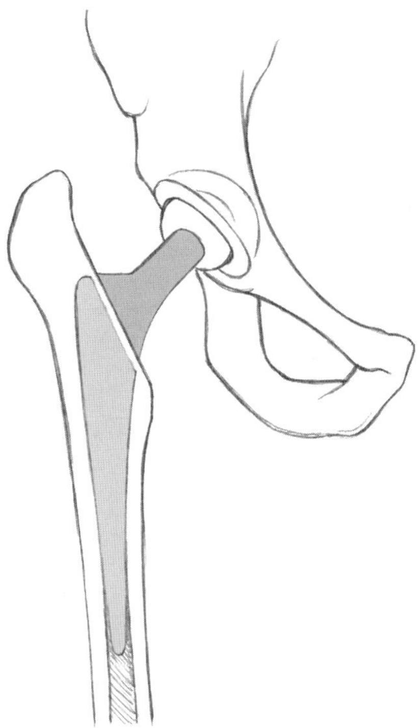

Abb. 16.4.9. Techniken des Längenausgleiches bei der endoprothetischen Versorgung der hochstehenden Hüftgelenksluxation – tiefe femorale Implantation.

sierte Refixation des Trochanter. Bei der Femurverkürzungsosteotomie wird eine Rotationssicherung meist mittels Plattenosteosynthese durchgeführt (Abb. 16.4.10, 16.4.11). Alternativ zur stufenförmigen Verkürzung besteht die Möglichkeit, direkt unterhalb des Trochanter minor einen diaphysären Knochenblock herauszusägen. Mittels Rotationsmarkierungen wird hierbei die korrekte Positionierung der Fragmente zueinander erreicht.

Ist das distale Fragment zu eng für den Prothesenschaft, kann dasselbe in ventrodorsaler Richtung eingesägt werden. Beim Einbringen des Schaftes öffnet sich das Fragment „tulpenförmig“. Sicherung durch Tiefenbänder und winkelstabile Verplattung.

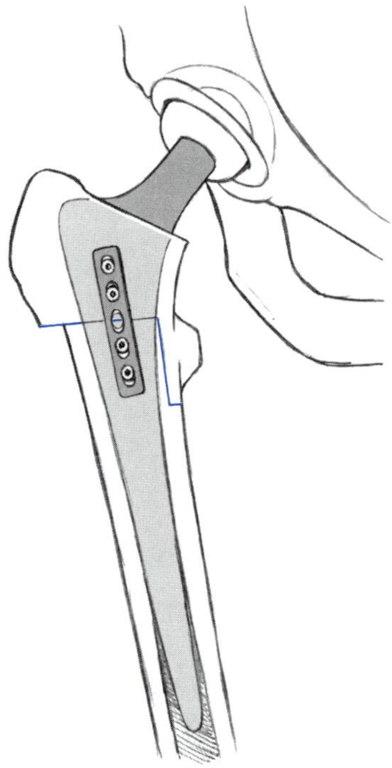

Abb. 16.4.10. Techniken des Längenausgleiches bei der endoprothetischen Versorgung der hochstehenden Hüftgelenksluxation – Femurverkürzungsosteotomie.

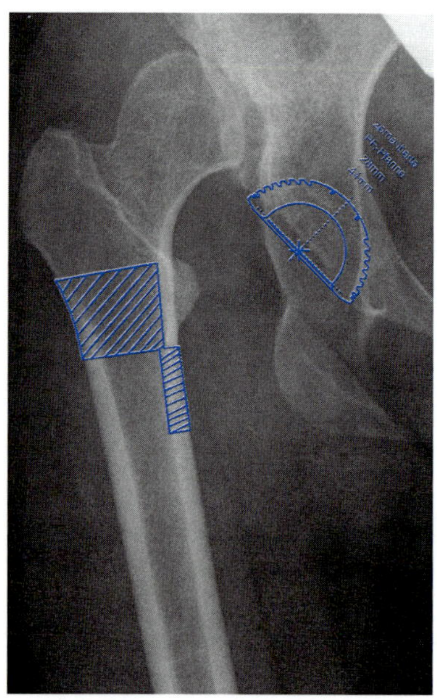

Abb. 16.4.11. Röntgenologische Planung einer Versorgung mittels Verkürzungsosteotomie. Hierbei wird eine mäßige Verlängerung des Beines geplant, deshalb kürzere Verkürzungsstrecke mittels der Osteotomie.

Literatur

Breusch SJ, Malchau H (2005) The well-cemented total hip arthroplasty. Springer, Heidelberg

Breusch SJ, Krämer K-L (2007) Koxarthrose. In: Ewerbeck V, Wentzensen A, Holz F, Krämer K-L, Pfeil J, Sabo S (Hrsg) Standardverfahren in der operativen Orthopädie und Unfallchirurgie. Thieme, Stuttgart New York, S 583–593

Malchau H, Herberts P, Garellick G (2004) Annual report of the Swedish Total Hip Replacement Registry. Dept of Orthopaedics, Joint Replacement Unit, University of Gothenburg, S 1–62

Pfeil J (1996) Iliofemorale Traktion. In: Pfeil J, Grill F, Graf R (Hrsg) Extremitätenverlängerung, Deformitätenkorrektur, Pseudarthrosenbehandlung. Springer, Berlin Heidelberg, S 223–234

17 Wechselendoprothetik

Bestimmend für das Vorgehen bei der Wechselendoprothetik sind die azetabulären und femoralen Defekte. Diese können am präoperativen Röntgenbild nur teilweise bestimmt werden. Letztendlich entscheidend ist der intraoperative Situs. Dementsprechend muss der Operateur auf die intraoperative Situation flexibel reagieren. Ziel jeder Wechseloperation ist die Wiederherstellung einer stabilen Prothesenverankerung mit einem anatomisch korrekten Sitz der Komponenten. Präoperativ wichtig ist eine Infektabklärung, da beim infizierten Implantat auch die Infektion behandelt werden muss. Bei periprothetischen Frakturen mit gelockertem Implantat ist immer ein Endoprothesenwechsel indiziert.

Wichtig ist ein ausreichend großen Zugang zu wählen. Vor Luxation des Gelenkes ist eine umfassende Weichteilentfernung (Granulom und kontrakte Kapsel- und Muskelansätze proximal medial) notwendig, um eine iatrogene Frakturierung des proximalen Femurs zu vermeiden. Bei osteoporotischem Knochen ist ein transfemorales Vorgehen vorzuziehen. Hierbei wird das Femur gespalten und das femorale Implantat ohne vorausgehende Luxation des Gelenkes entfernt (s. Kap. 8.4).

Literatur

Bettin D, Katthagen BD (1997) Die DGOT-Klassifikation von Knochendefekten bei Hüft-Totalendoprothesen-Revisionsoperationen. Z Orthop 135: 281–284

Elke R, Wagner A, Berli B, Morscher E (2001) Die Pfannenrevision. Klassifikation und Behandlungsmöglichkeiten. Orthopäde 30:266–272

Käfer W, Fraitzl CR, Kinkel S, Puhl W, Kessler S (2004) Gültigkeit und Reproduzierbarkeit radiologischer Klassifikationskriterien des knöchernen Substanzdefektes vor Revisionsendoprothetik. Z Orthop 142:33–39

17.1 Implantat- und Zemententfernung

Prinzip

Entfernung der gelockerten Implantate, des Fremdkörpergranuloms und des Knochenzementes im Falle einer zementierten Endoprothese. Bei septischen Endoprothesenwechseln und Wechsel auf ein zementfreies Implantat muss der Zement komplett entfernt werden. Bei aseptischen Wechseloperationen können fest sitzende Zementanteile verbleiben, sofern sie die zementierte Neuimplantation nicht behindern. Hilfreich ist der Einsatz einer Jetlavage - beim Infekt sollte mit einer Desinfektionslösung gespült werden. Die Wunde wird hierdurch ausgewaschen, zusätzlich werden die Sichtverhältnisse verbessert.

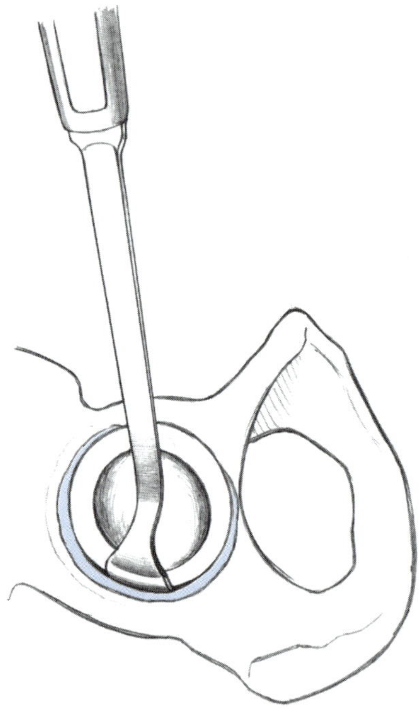

Abb. 17.1.1. Hintermeißelung der Pfanne im Bereich des Knochenzementes mit einem abgerundeten Meißel.

Kommentar

Wichtig ist es, einen zusätzlichen Knochendefekt intraoperativ zu vermeiden. Entscheidend für das Vorgehen ist die Ausgangssituation. Ist der Knochen insbesondere femoral ausgedünnt kann eine primäre Deckelung (transfemorales Vorgehen) die Operationszeit verkürzen und das Risiko eines Trochanterabrisses/Fraktur vermindern (s. Kap. 8.4).

Techniken

Für die Entfernung zementierter Polyäthylenpfannen stehen verschiedene Techniken zur Verfügung. Zunächst wird die Pfanne komplett dargestellt. Gelockerte Implantate können oftmals schon mit einer Fasszange und/oder einem hinter der Pfanne eingebrachten Meißel herausgehebelt werden. Gelingt dies nicht, kann mit einem gebogenen Meißel die Pfannenzirkumferenz hintermeißelt werden (Abb. 17.1.1). Dabei ist darauf zu achten im Bereich des Zementes zu bleiben, um keine Schädigung des azetabulären Knochens zu verursachen. Eine weitere Option die Pfanne zu mobilisieren, besteht in der Verwendung des Korkenzieherinstruments, das auch bei der Primärimplantation zur Kopfhalsextraktion verwendet wird (Abb. 17.1.2). Mit einem 4,5 mm durchmessenden Bohrer wird die Pfanne zentral durchbohrt, der Korkenzieher fest eingedreht und damit durch Zug- und

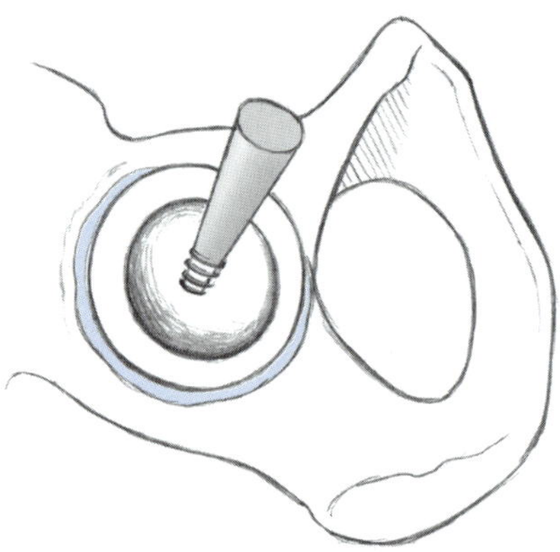

Abb. 17.1.2. Mobilisierung der Pfanne mit einem Korkenzieher.

Kippbewegungen die Pfanne mobilisiert. Dies kann mit der Technik der Ummeißelung kombiniert werden. Gelingt es damit nicht, die Pfanne zu entfernen, kann dieselbe radiär mit einem Meißel in Segmente gespalten werden. Die Segmente werden dann nacheinander herausgearbeitet. Für das knöcherne Lager ist diese Methode schonender als eine forcierte Ummeißelung. Als weitere Option kann die Polyäthylenpfanne mit azetabulären Fräsern entfernt werden (Abb. 17.1.3). Nachteilig bei dieser schnellen und schonenden Methode der Pfannenentfernung ist neben den entstehenden Polyäthylenchips - die sorgfältig aus der Wunde entfernt werden müssen - auch die Abnutzung der Fräser. Nach dem Entfernen der Pfanne radiäre Ein- und Hintermeißelung des Zementes und die Entfernung desselben. Fest sitzende Zementzapfen können aufgebohrt und mittels eines nachfolgend eingedrehten Gewindeschneiders herausgearbeitet werden.

Bei zementfreier Pfanne wird zunächst das Inlay entfernt. Hilfreich ist dann das implantatspezifische Ausschlag-/Ausdrehinstrument zur Entfernung der Schale oder des Schraubringes. Gelingt die Pfannenentfernung mit Spezialinstrumentarien nicht, muss subtil die Ummeißelung erfolgen. Bei Keramikimplantaten ist deren Zertrümmerung mit einem Körner oft die einzige Möglichkeit diese zu entfernen. Oftmals sind wegen deren Festigkeit und dem festen Verbund mit dem Knochen iatrogene knöcherne Defekte nicht vermeidbar.

Für die Schaftentfernung müssen zunächst proximal Zement und Knochenanteile, die ein Ausschlagen desselben behindern, entfernt werden, da sonst eine Frakturierung des Trochanters beim Ausschlagen des Schaftes eintritt (Abb. 17.1.4). Für die Entfernung der Prothese werden unterschiedliche Ausschlaginstrumente verwandt. Diese setzen bei Monoblockprothesen am Kopf, bei modularen Implantaten am Konus oder an einem individuellen Prothesenansatz an (Abb. 17.1.5). Das Ausschlagen erfolgt nach proximal (und etwas in medialer Richtung), um den Trochanter nicht zu gefährden. Medial des Prothesenhalses vorhandene Ausschlagvertiefungen bergen die Gefahr, durch den zum Trochanter hin gerichteten Impuls denselben zu schädigen.

Für die Entfernung des Zementes und des intraossären Granuloms stehen unterschiedliche Techniken und Instrumente zur Verfügung. Proximal erfolgt die Säuberung mittels gebogenem Meißel, Fasszangen und Küretten unter Sicht.

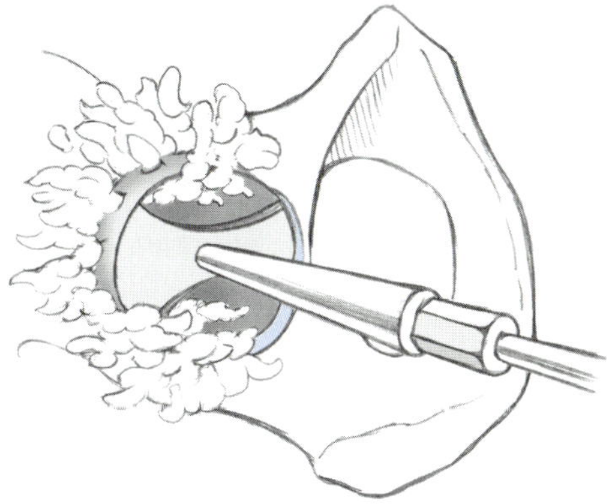

Abb. 17.1.3. Herausfräsen der Polyäthylenpfanne.

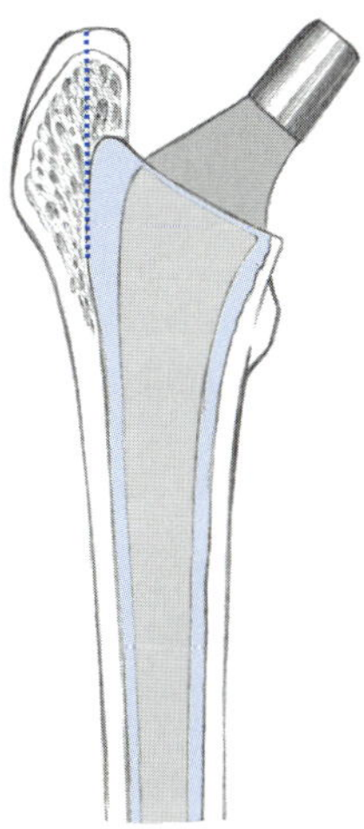

Abb. 17.1.4. Entfernung von Zementanteilen, die das Ausschlagen des Schaftes behindern.

Zur Verbesserung der Ausleuchtung können Stirnlampen, eine in den Schaft einbringbare Leuchte oder beleuchtete Meißel verwandt werden. Mittels Jetlavage werden kleine Fragmente ausgespült und durch die Säuberung auch die Sicht verbessert. Weiter in der Tiefe werden speziell verlängerte Instrumente verwandt. Um die Sicht nicht zu verlegen sind die Griffe dieser Instrumente versetzt.

Die Verwendung von Bohrern und Fräsen birgt die Gefahr der Schaftperforation, da der Zement meist härter als der Knochen ist und diese Instrumente somit zum Knochen hin ausweichen. Hilfreich sind zentrierende Bohrhülsen und die Kontrolle mit dem Röntgenbildverstärker in zwei Ebenen. Der distale Zementpfropf lässt sich zum Teil durch Eindrehen eines Gewindeschneiders und nachfolgendem Ausschlagen entfernen (Abb. 17.1.7).

Hilfreich ist auch die Anlegung eines Fensters im distalen Bereich des Schaftes. Zunächst werden die vier Begrenzungen vorgebohrt und dazwischen mit der Säge ein Deckel aufgesägt (Abb. 17.1.8).

Nach Vollenden der Zemententfernung wird der Deckel wieder aufgesetzt und mittels Cerclage befestigt.

Bei ausgeprägter Osteoporose und bei allen fest sitzenden zementfreien Schäften ist ein primäres transfemorales Vorgehen sinnvoll (Abb. 17.1.9). Dies erlaubt ein zügiges Vorgehen und verringert die Gefahr einer Frakturierung der Trochanterregion. Hierzu wird das Femur ventral der Prothese osteotomiert. Zunächst wird distal ventral eine zum Schaftverlauf quere Osteotomie durchgeführt, vorzugsweise mit zwei Bohrungen an den Enden. Die Lateralseite des Femurs wird am Knochen exponiert und entlang der ventralen Begrenzung des Femurschaftes über die gesamte Länge eingesägt. Die Medialseite des Femurs wird dann entweder durch Weitersägen entlang des Prothesenschaftes oder durch Verwendung eines Meißels mit schlankem Blatt vorsichtig durchtrennt und der dadurch entstehende ventrale Deckel des Femurs nach medial aufgeklappt. Wichtig hierbei ist eine sparsame Exposition des Femurs, d.h. eine Ablösung der Muskulatur sollte ventral und medial vermieden werden, um die Vaskularisation des Deckels zu erhalten. Alternativ kann in analoger Weise die Lateralseite des Femurs gedeckelt werden – extended trochanteric osteotomy nach Younger et al. Dies mindert die Stabilität mehr, so dass obligat ein mehr distal sich ver-

Abb. 17.1.5. Ausschlagen der Prothese mit Ansatz am Konus des Schaftes.

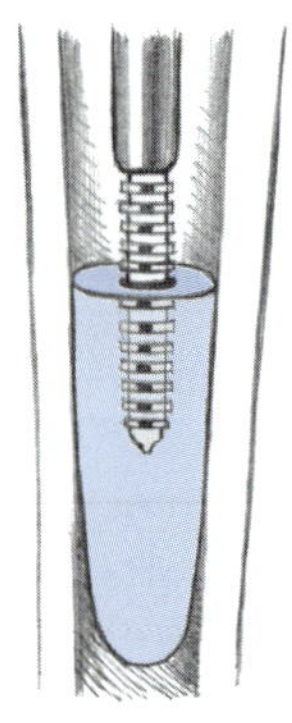

Abb. 17.1.6. Ausschlagen des distalen Zementpfropfes mittels eingedrehtem Gewindestab.

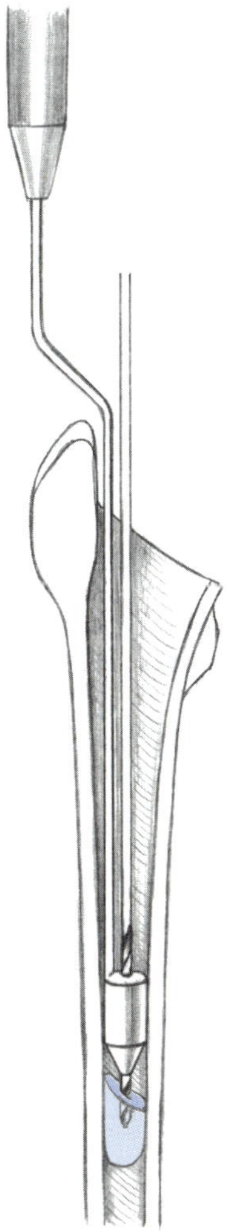

Abb. 17.1.7. Zementaufbohrung mit Zentrierhülse.

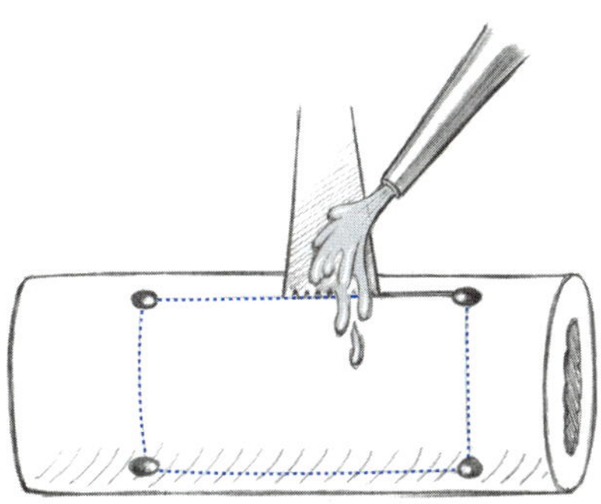

Abb. 17.1.8. Anlage eines Knochenfensters durch Anbohrung der Ecken und Sägen dazwischen.

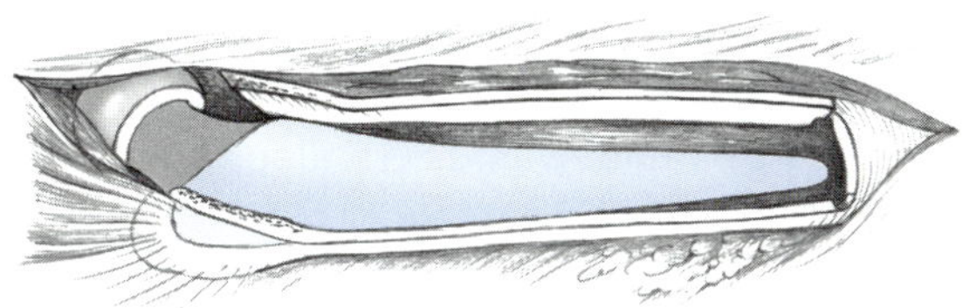

Abb. 17.1.9. Transfemoraler Zugang zur Entfernung des Prothesenschaftes.

ankernder Revisionsschaft verwendet werden muss. Der Prothesenschaft wird bei zementierten Prothesen mitsamt des Knochenzementes nach ventral extrahiert. Bei zementfreien fest sitzenden Schäften erlaubt diese Exposition die Ummeißelung des Schaftes. Nach Entfernung des Schaftes subtile Säuberung des Knochens von Weichteilen und ggf. Zementresten. Die Refixation des Deckels erfolgt meist mittels Cerclagebändern aus Titan.

Komplikationen

Insbesondere bei ausgedehnten knöchernen Defekten und/oder fest sitzenden Implantaten besteht die Gefahr intraoperativer Frakturen. Bei Endoprothesenwechseloperationen muss deshalb die Hardware und Erfahrung für unterschiedliche Osteosyntheseverfahren vorhanden sein. Bei ausgedehnten medialen azetabulären Defekten, insbesondere wenn die Pfanne ins kleine Becken eingebrochen ist oder Zementanteile dort lokalisiert sind, kann bereits bei der Implantat- und Zemententfernung eine Gefäßverletzung auftreten.

Literatur

Bauer R, Kerschbaumer F, Poisel S (1994) Orthopädische Operationslehre. Thieme, Stuttgart New York

Elke R, Morscher E, Schwaller C, Zimmerli W (2004) Revisionsendoprothetik. In: Tschauner C (Hrsg) Orthopädie und Orthopädische Chirurgie. Thieme, Stuttgart New York

17.2 Pfannendefekte – Klassifikation und davon abgeleitete Verfahren

Prinzip

Wiederherstellung einer stabilen Pfannenverankerung, Aufbau der knöchernen Defekte des Pfannenlagers und Wiederherstellung des Drehzentrums der Pfanne.

Indikation

Aseptische Pfannenlockerung meist verbunden mit knöchernen Defekten aufgrund des knochenresorptiven Granuloms. Septische Pfannenlockerungen oder Wechsel festsitzender Pfannenimplantate im Rahmen septischer Revisionen (s. Kap. 9.4), Wechsel fehlpositionierter Pfannen und/oder Neupositionierung bei rezidivierenden Luxationen.

Kommentar

Wie bei jeder rekonstruktiven Operation sollte präoperativ ein klares Konzept erstellt werden. Das Ausmaß der knöchernen azetabulären Defekte lässt sich definitiv erst intraoperativ definitiv beurteilen. Deshalb ist nach der Implantatentfernung zunächst die subtile Darstellung und Reinigung des azetabulären Lagers angezeigt. Dies ermöglicht die definitive Festlegung des Vorgehens. Das Anfrischen des knöchernen Lagers vor dem Wiederaufbau ist obligat.

Klassifikationen

Es existieren eine Vielzahl von Klassifikationen der azetabulären Defekte. Paprosky unterscheidet zwischen Defekten ohne Implantatwanderung (Typ 1), mit Implantatwanderung mit weniger als 2 cm (Typ 2: Typ 2a nach kraniomedial, Typ 2b nach kraniolateral) und Typ 3 mit einer Implantatwanderung über 2 cm. Bei der Klassifikation der DGOT werden sieben Typen unterschieden.

Darstellung der Defekte nach der DGOT-Klassifikation (Abb. 17.2.1)

- **Typ 1:** Einfache Höhlenbildung mit intakten Pfannenrändern und Pfannendach (ausschließlich kavitäre Defekte – Defektsituation contained)
- **Typ 2:** Isolierter Defekt des Pfannenbodens (unisegmentaler medialer Defekt)
- **Typ 3:** Isolierter Defekt des Pfannendaches (unisegmentaler kranialer Defekt)
- **Typ 4:** Isolierter Defekt des vorderen oder hinteren Pfannenrandes (unisegmentaler ventraler oder dorsaler Defekt)
- **Typ 5:** Kombinierte Defekte von zwei Segmenten (bisegmentaler Defektkombination von medial, kranial, ventral oder dorsal)
- **Typ 6:** Kombinierte Defekte von drei Segmenten (trisegmentale Defektkombination von medial, kranial, ventral oder dorsal)
- **Typ 7:** Diskontinuität mit Instabilität zwischen proximalem und distalem Azetabulum.

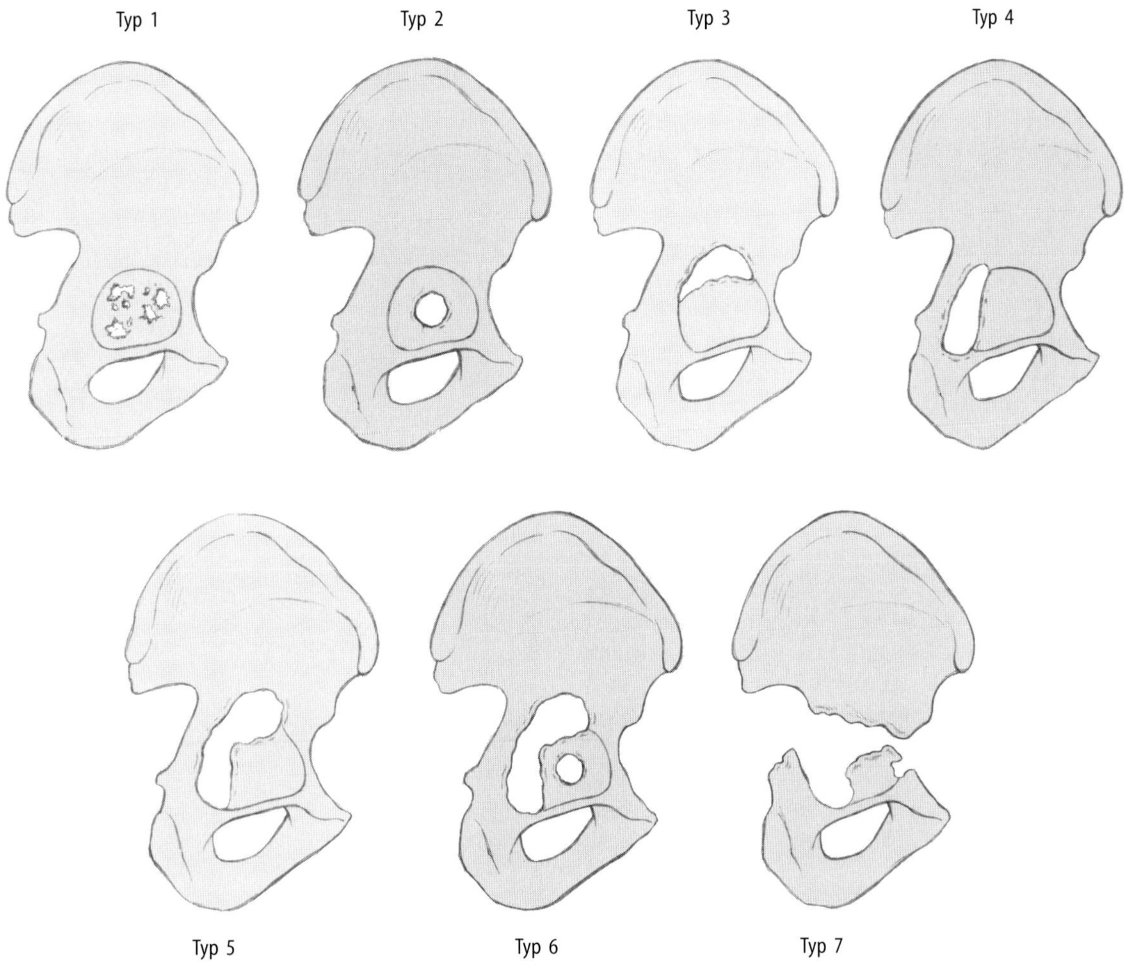

Abb. 17.2.1. Darstellung der Defekte nach der DGOT Klassifikation.

Rekonstruktionstechniken

Eine Vielzahl unterschiedlicher Techniken steht zur Verfügung. Für alle Techniken sind einige Prinzipien bedeutsam. Bei einzeitigen septischen Wechseln ist die Verwendung von Allografts kontraindiziert. Bei aseptischen Wechseloperationen werden Defekte mit Knochenmaterial (kavitäre Defekte mit komprimierter Spongiosa, segmentale Defekte mit strukturellen Allografts) aufgebaut. Wenn die Revisionspfanne keine ausreichende Stabilität im originären knöchernen Pfannenlager hat, müssen Allografts durch eine Osteosynthese (Abstützringe, Schalen) gesichert werden.

Strukturelle Allografts werden meist aus Hüftköpfen/Schenkelhälsen hergestellt. Diese sollten nicht überdimensioniert, sondern gerade eben die Defektgröße auffüllend hergestellt/konfiguriert werden. Dabei wird die spongiöse Seite zum (angefrischten) Becken gerichtet. Der äußere Rand sollte hingegen aus dem stabilen subchondralen Knochen oder der Kortikalis des Schenkelhalses bestehen. Bewährt ist die Technik, die für die Schraubenfixation notwendigen Bohrungen in das Allograft extrakorporal einzubringen. Temporäre Kirschnerdrahtfixation des Allografts am Becken für das konturierende Nachfräsen und die nachfolgende Durchführung der Bohrungen in den Beckenknochen. Schraubenfixation mittels Kompressionsosteosynthese (Abb. 17.2.2, 17.2.3).

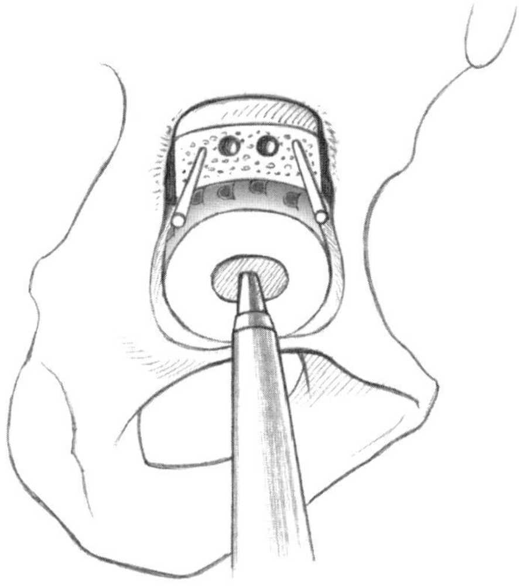

Abb. 17.2.2. Fixationstechnik eines strukturellen Allografts mittels Kompressionsschraubenosteosynthese. Temporäre Fixation des Allografts und Konturierung mit der Pfannenfräse.

Unterschiedliche Techniken der Pfannenrevision abgeleitet von der DGOT-Klassifikation:

- **Typ 1: Einfache Höhlenbildung mit intakten Pfannenrändern und Pfannendach**
  - *Technik 1:* Anfrischen des knöchernen Pfannenrandes mit der Fräse. Auffüllen der kavitären Defekte mittels komprimierter Spongiosa und Verwenden einer Pressfitpfanne.
  - *Technik 2:* Anfrischen des knöchernen Pfannenrandes mit der Fräse. Auffüllen der kavitären Defekte mittels komprimierter Spongiosa oder Defektauffüllung mittels Zement bei der Zementierung einer Polyäthylenpfanne.

- **Typ 2: Isolierter Defekt des Pfannenbodens**
  - *Technik 1:* Anfrischen des knöchernen Pfannenrandes mit der Fräse. Auffüllen des zentralen Defektes mittels strukturellem

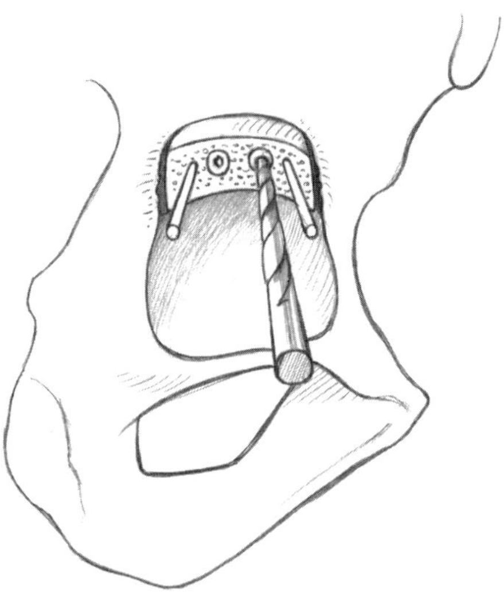

Abb. 17.2.3. Definitive Fixation mittels Schraubenosteosynthese.

Allograft ohne Osteosynthese. Hierbei wird die spongiöse Seite des Allografts lateralseitig positioniert. Nachfräsen des Pfannengrundes und Verwenden einer Pressfitpfanne (Abb. 17.2.4).
- *Technik 2:* Anfrischen des knöchernen Pfannenrandes mit der Fräse. Auffüllen des zentralen Defektes mittels komprimierter Spongiosa und Einlegen eines Metallnetzes. Alternativ Verwendung eines strukturellen Allografts ohne Osteosynthese und Nachfräsen des Pfannengrundes. Zementierung einer Polyäthylenpfanne.

Typ 3: Isolierter Defekt des Pfannendaches
- *Technik 1:* Anfrischen der Pfanne mit der Fräse. Auffüllen des zentralen kranialen Defektes mittels strukturellen Allografts mit Kompressionsschraubenosteosynthese. Nachfräsen des Allografts. Bei ausreichender Stabilität für die Verankerung wird eine Pressfitpfanne verwendet. Ansonsten Implantation einer Abstützschale und Pfannenzementierung (Abb. 17.2.3, 17.2.5, 17.2.6).
- *Technik 2:* Anfrischen der Pfanne mit der Fräse. Auffüllen des zentralen kranialen Defektes mittels strukturellen Allografts mit Kompressionsschraubenosteosynthese (bei kleinen Defekten genügt sogar die temporäre Kirschnerdrahtfixation, die nach der Zementierung entfernt wird). Nachfräsen des Allografts. Bei ausreichender Stabilität (mindestens 50% kraniale Abstützung im originären Knochen) Zementierung einer Polyäthylenpfanne. Ansonsten Implantation einer Abstützschale und Pfannenzementierung.
- *Technik 3:* Anfrischen der Pfanne mit der Fräse. Verwendung eines modularen zementfreien Pfannensystems mit Defektauffüllung durch das Implantat.

Typ 4: Isolierter Defekt des vorderen oder hinteren Pfannenrandes
Anfrischen der Pfanne mit der Fräse. Auffüllen des Defektes mittels strukturellen Allografts mit Kompressionsschraubenosteosynthese. Nachfräsen des Allografts.
Implantation einer Abstützschale und Pfannenzementierung (Abb. 17.2.7, 17.2.10, 17.2.11).

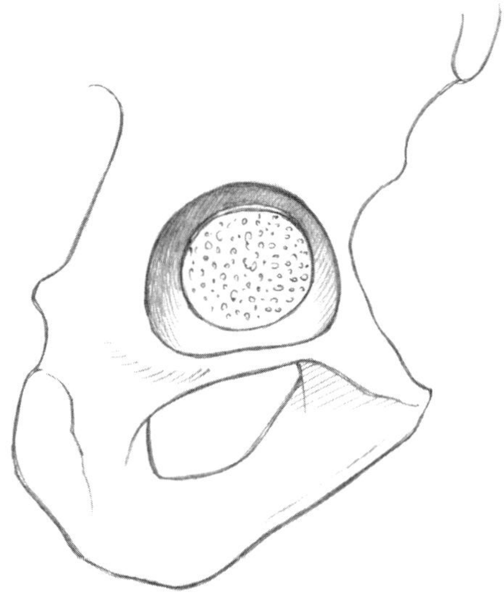

Abb. 17.2.4. Auffüllen des Pfannenbodendefektes mittels strukturellem Allograft.

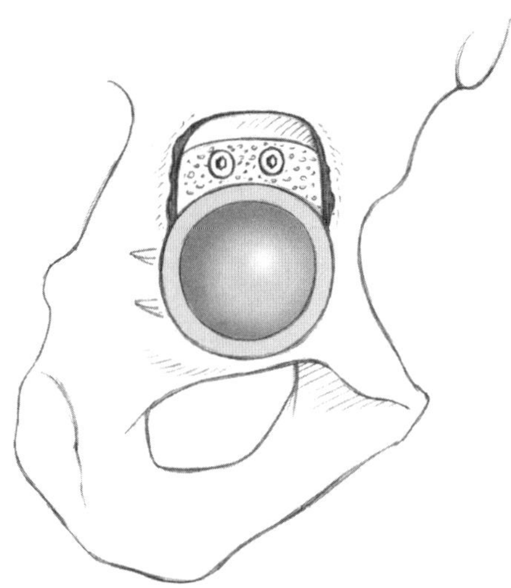

Abb. 17.2.5. Auffüllen des Pfannendachdefektes mittels strukturellem Allograft und Schraubenosteosynthese und Verwendung einer Pressfitpfanne.

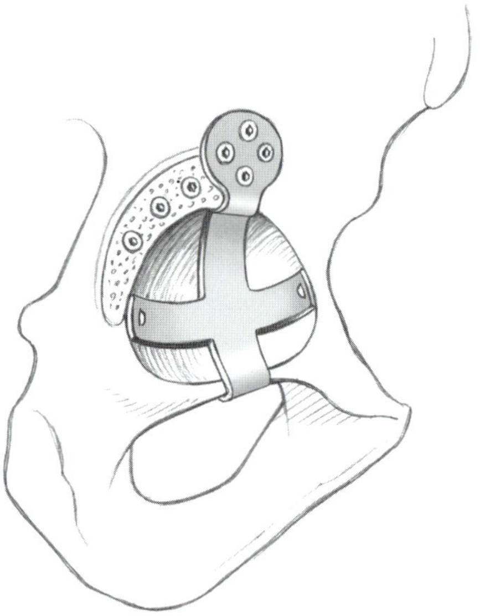

Abb. 17.2.6. Rekonstruktion der Pfanne mittels Allograft und Abstützschale nach Kerboul.

- **Typ 5: Kombinierte Defekte von zwei Segmenten**
  Anfrischen der Pfanne mit der Fräse. Auffüllen der Defekte mittels strukturellen Allografts mit Kompressionsschraubenosteosynthese. Nachfräsen des Allografts.
  Implantation einer Abstützschale, die sowohl im Ilium als auch distal fest verankert werden kann und Pfannenzementierung.
- **Typ 6: Kombinierte Defekte von drei Segmenten**
  - *Technik 1:* Anfrischen der Pfanne mit der Fräse. Auffüllen der Defekte mittels strukturellen Allografts mit Kompressionsschraubenosteosynthese. Nachfräsen des Allografts.
    Implantation einer Abstützschale, die sowohl im Ilium als auch distal fest verankert werden kann und Pfannenzementierung.
  - *Technik 2:* Verwendung eines zementfreien Implantates, das sich in der noch vorhandenen Knochensubstanz des Os iliums verankert (Abb. 17.2.8).

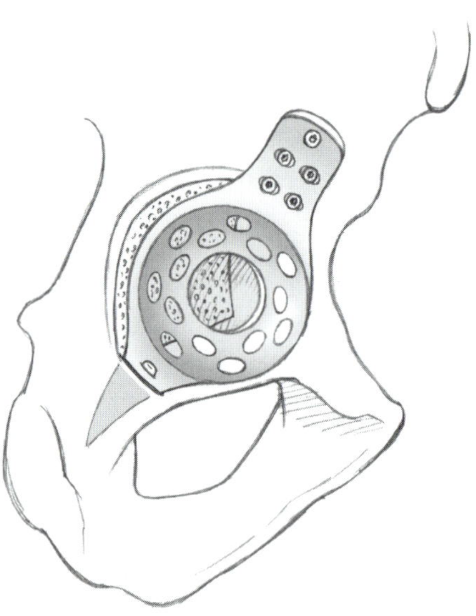

Abb. 17.2.7. Rekonstruktion der Pfanne mittels Allograft und Antiprotrusionsschale nach Burch-Schneider.

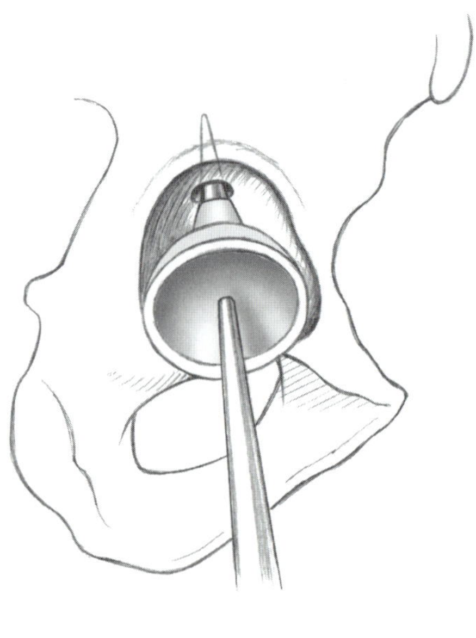

Abb. 17.2.8. Rekonstruktion der Pfanne mittels Iliumimplantat.

- **Typ 7: Diskontinuität mit Instabilität zwischen proximalem und distalem Azetabulum**
  - *Technik 1:* Anfrischen der Pfanne mit der Fräse. Auffüllen der Defekte mittels strukturellen Allografts mit Kompressionsschraubenosteosynthese. Nachfräsen des Allografts.
    Implantation einer Abstützschale, die sowohl im Os ilium als auch distal fest verankert werden kann und abschließende Pfannenzementierung.
  - *Technik 2:* Verwendung eines zementfreien Implantates, das sich in der noch vorhandenen Knochensubstanz des Os iliums verankert.
  - *Technik 3:* Mittels 3D CT angefertigten Maßimplantates, das individuell die noch vorhandene Knochensubstanz zur Verankerung verwendet. Diese Technik wird auch bei tumoröser Knochendestruktion verwandt (Abb. 17.2.9).

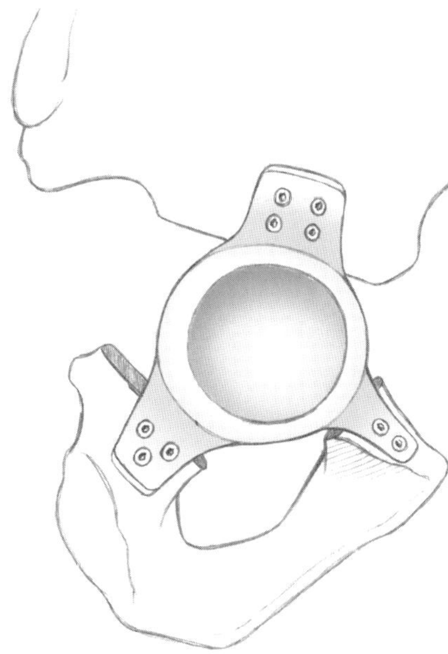

Abb. 17.2.9. Rekonstruktion der Pfanne mittels Maßimplantat.

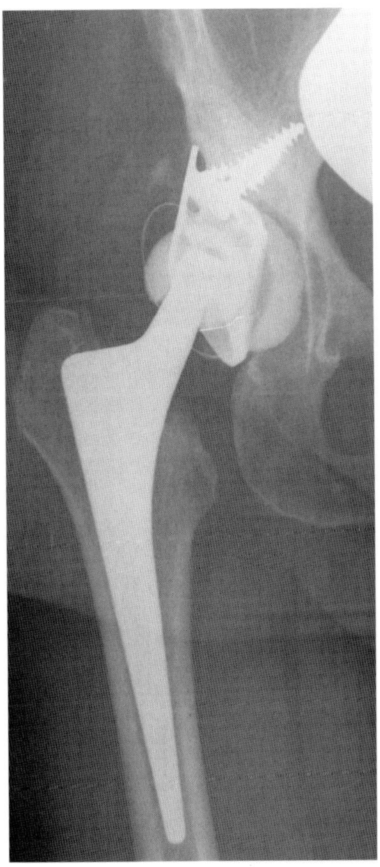

Abb. 17.2.10. Kranioventraler Defekt des Pfannendaches nach fehlgeschlagener Pfannenrevision.

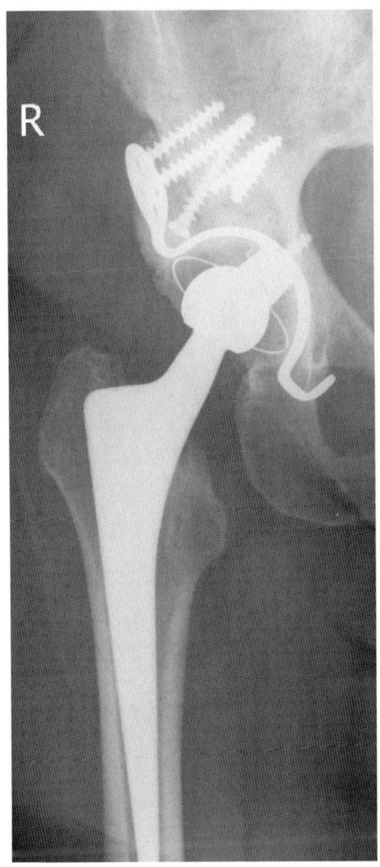

Abb. 17.2.11. Rekonstruktion mit einem strukturellen Allograft und Sicherung durch eine Abstützplatte nach Kerboul.

Nachbehandlung

Angestrebt wird ein belastungsstabiler Pfannenaufbau beim Endoprothesenwechsel. Bei verschiedenen zementfreien Techniken ist eine Teilbelastung von 6 bis 12 Wochen notwendig.

Literatur

Bettin D, Katthagen BD (1997) Die DGOT-Klassifikation von Knochendefekten bei Hüft-Totalendoprothesen-Revisionsoperationen. Z Orthop 135: 281–284

Elke R, Morscher E, Schwaller C, Zimmerli W (2004) Revisionsendoprothetik. In: Tschauner C (Hrsg) Orthopädie und Orthopädische Chirurgie. Thieme, Stuttgart New York, S 382–391

Kerboul M (1987) Revision surgery for aseptic loosening of total hip replacement-acetabular reconstruction. In: Postel M, Kerboul M, Evrard J, Courpied JP (eds) Total hip replacement. Springer, Heidelberg Berlin, pp 84–104

Paprosky WG, Magnus RE (1994) Principles of bone grafting in revision total hip arthroplasty. Acetabular technique. Clin Orthop 298:147–155

17.3 Schaftdefekte – Klassifikation und davon abgeleitete Verfahren

Prinzip

Schaffen einer belastungsstabilen Fixation der femoralen Komponente. Aufbau von Knochendefekten. Restorierung von Offset, Beinlänge und Torsion.

Indikationen

Lockerung der femoralen Komponente. Austausch fehlplatzierter oder fehlindizierter Schäfte zur Korrektur von rezidivierenden Luxationen, Beinlängendifferenzen und Fehlfunktionen. Behandlung von periprothetischen Frakturen obligat bei gelockertem Implantat.

Kommentar

In den präoperativen Röntgenbildern sind das Ausmaß und die Lokalisation von knöchernen Defekten sowie die Qualität des knöchernen Lagers abschätzbar. Außerdem sind die Form des Knochens, etwaige Achsabweichungen sowie Regionen, die eine gute Verankerungsmöglichkeit für einen neuen Schaft bieten, ausmachbar. Dies ist auch mitbestimmend für den Zugangsweg – beispielsweise transfemorales Vorgehen bei ausgeprägter Ausdünnung des proximalen Femurs. Die Entscheidung, ob eine ventrale Deckelung oder laterale Deckelung – extended trochanteric osteotomy nach Younger et al. gewählt wird, ist abhängig von der Form des Femurs und des Revisionsschaftes. Dieser muss unbehindert implantierbar sein. Auch kann bereits präoperativ eine Planung für die Reimplantation (zementiert oder zementfrei, Wahl des Endoprothesenmodells und dessen Dimensionierung sowie Position der Schaftverankerung) und etwaigen Knochenaufbau erfolgen. Intraoperativ notwendige oder komplikative Schwächung oder Frakturierung des Femurs können einen Strategiewechsel notwendig machen. Funktionell bedeutsam ist die Insertion der Abduktoren. Bei Abriss des Trochanters sollte dieser, soweit dies durchführbar ist, refixiert werden (s. Kap. 5.5).

Wichtig für das Vorgehen sind das Alter, der Allgemeinzustand und die operative Belastbarkeit des Patienten. Dies kann ein Vorgehen implizieren, das weniger operativ belastend ist, auch wenn Abstriche beim Ergebnis hinzunehmen sind.

Klassifikationen

Die Vielzahl unterschiedlicher Defektformen des knöchernen Femurs lassen sich nur anatomisch präzise beschreiben. Die DGOT-Klassifikation unterscheidet 7 Typen:

Typ 1 – intramedullärer Defekt
Typ 2 – Trochanterdefekt
Typ 3 – Kalkardefekt
Typ 4 – medialer Schaft unterhalb des Trochanter minors
Typ 5 – Lateraler Schaft
Typ 6 – Diaphyse partiell
Typ 7 – Diaphyse total.

Hilfreich ist die Klassifikation nach Elke, da sie nach den therapeutischen Möglichkeiten der Schaftverankerung moderner Revisionsoptionen angelegt ist.

- **Typ 1:** Das proximale Femur ist tragfähig, beim Typ 1 a ist der spongiöse metaphysäre Knochen erhalten, beim Typ 1 b die Innenseite des Femurs glattrandig und sklerosiert.
- **Typ 2:** Der metaphysäre Bereich des Femurs ist ausgedünnt und nur teilweise belastbar. Die diaphysäre Kortikalis ist kräftig ausgebildet. Beim Typ 2a besteht eine tragfähige mediale Kortikalis, beim Typ 2 b ist dieselbe erhalten aber ausgedünnt.
- **Typ 3:** Ausdünnung sowohl der Metaphyse als auch der Diaphyse.
- **Typ 4:** Knochendefekte und Ausdünnung des Knochens erlauben keine ausreichende Tragfähigkeit des Femurs (Abb. 17.3.1).

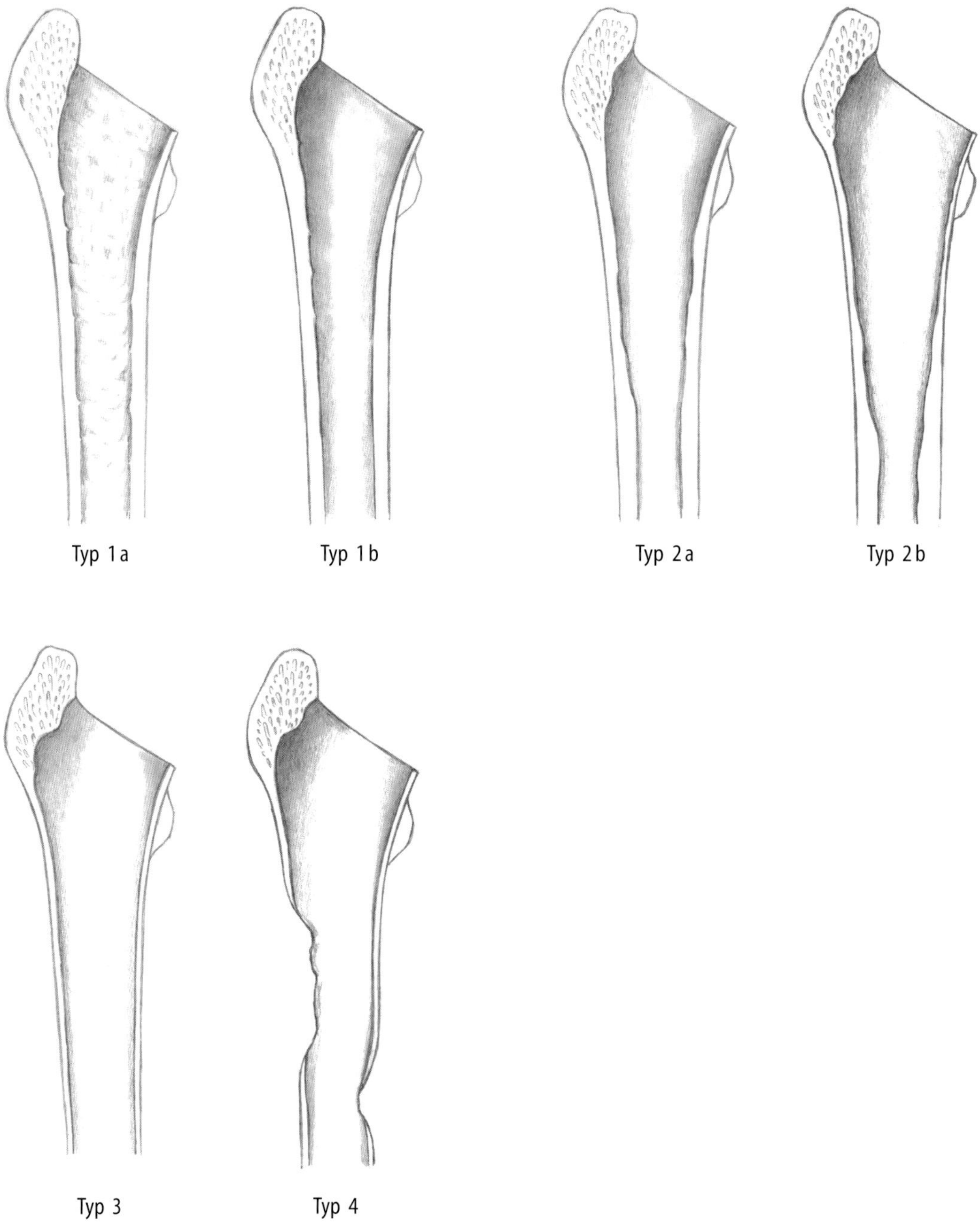

Abb. 17.3.1. Klassifikation der femoralen Defekte bei der Wechselendoprothetik nach Elke.

Trochanterdefekte werden in dieser Klassifikation nicht berücksichtigt. Wegen der großen funktionellen Bedeutung der Abduktoren sollten Trochanterdefekte bei der Operation mitbedacht werden.

Die unterschiedlichen Optionen der Schaftrevision abgeleitet von der Klassifikation nach Elke sind nachfolgend dargestellt.

- **Typ 1:** Das proximale Femur ist tragfähig: Revision mit einem Standardimplantat. Die Entscheidung, ob zementiert oder zementfrei, ist abhängig vom Alter und Allgemeinzustand des Patienten. Beim Typ 1b mit glattrandiger und sklerosierter Innenseite des Femurs wird eher eine zementfreie Schaftimplantation gewählt. Bei knöcherner Konsole und/oder verbliebenem festem Zementzapfen am Stielende kann ein kürzeres Primärimplantat verwandt werden (Abb. 17.3.2). Bei der Zementierung ist auf eine zum alten Zementzapfen durchgängige Zementierung zu achten, um keine Sollbruchstelle zu schaffen (Abb. 17.3.3).

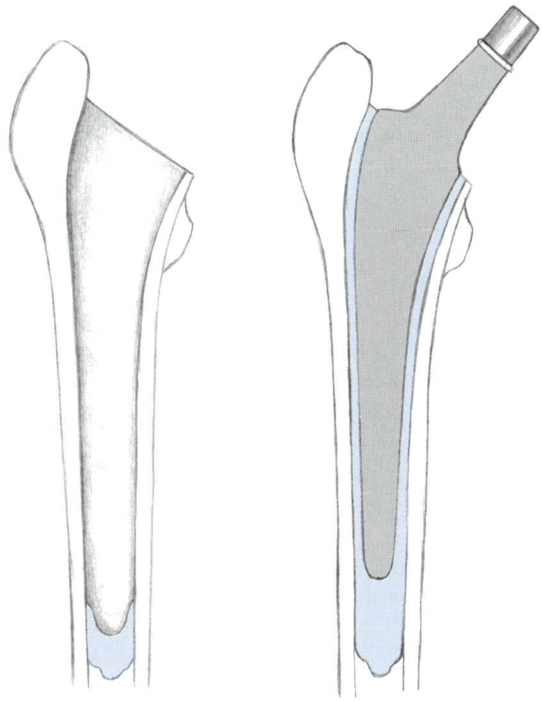

Abb. 17.3.3. Einzementierung eines kürzeren Schaftes. Verbund mit dem verbliebenen Zementzapfen.

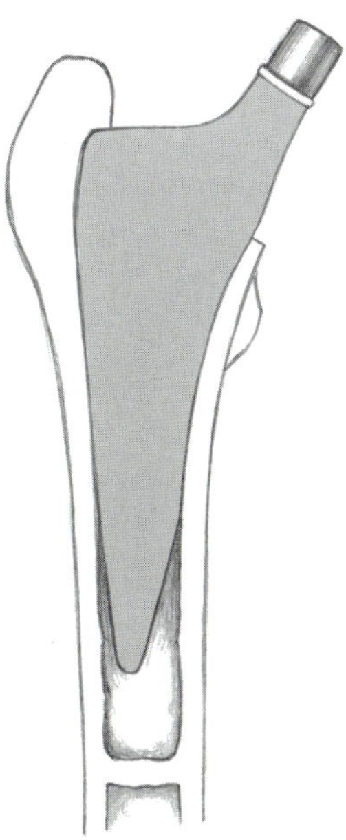

Abb. 17.3.2. Verwendung eines kürzeren zementfreien Implantates bei knöcherner Konsolenbildung.

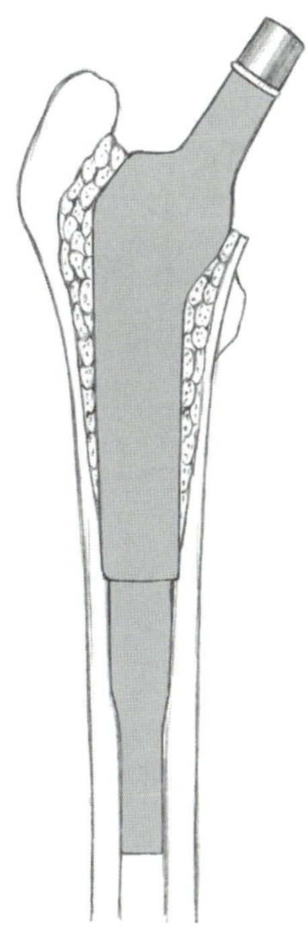

Abb. 17.3.4. Diaphysäre Verankerung eines zementfreien Schaftes bei ausgedünntem metaphysären Knochen.

- **Typ 2:** Der metaphysäre Bereich des Femurs ist ausgedünnt und nur teilweise belastbar, kräftige diaphysäre Kortikalis: Verwendung von längeren Implantaten. Beim Typ 2a werden bevorzugt Implantate verwandt, die auch Last in den metaphysären Bereich des Femurs übertragen. Knochenersatz ist fakultativ indiziert (Abb. 17.3.4–17.3.6).
- **Typ 3:** Ausdünnung sowohl der Metaphyse als auch der Diaphyse: Verwendung von großvolumigen langen Implantaten. Durch diese Implantate wird sowohl proximal als auch distal Kraft eingeleitet (Abb. 17.3.7, 17.3.8, 17.3.10, 17.3.11).
- **Typ 4:** Knochendefekte und Ausdünnung des Knochens erlauben keine ausreichende Tragfähigkeit des Femurs: Verstärkung des Knochens mittels Allografts. Genaue Analyse des Knochens, um die bestmögliche Verankerung zu suchen und Sollbruchstellen zu vermeiden (Abb. 17.3.9).

Tumorprothesen, der totale Femurersatz oder eine Verbundosteosynthese mit winkelstabilen Platten sind weitere Optionen für Extremsituationen.

Nachbehandlung

Angestrebt wird ein belastungsstabiler Femuraufbau. Abhängig vom knöchernen Lager ist bei verschiedenen zementfreien Techniken eine Teilbelastung von 6 bis 12 Wochen notwendig.

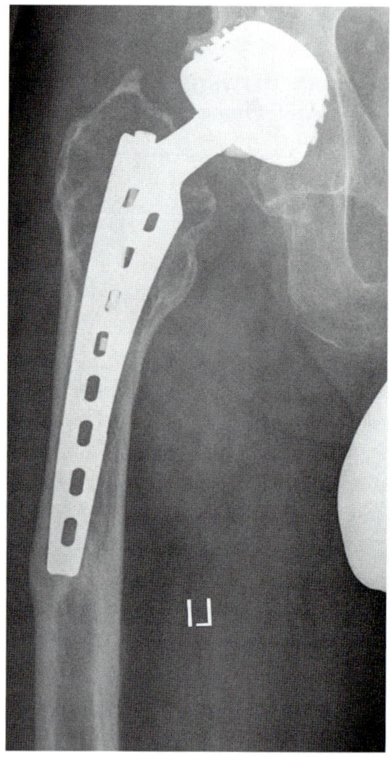

Abb. 17.3.5. Ausgedünnte Schaftmetaphyse bei Schaftlockerung.

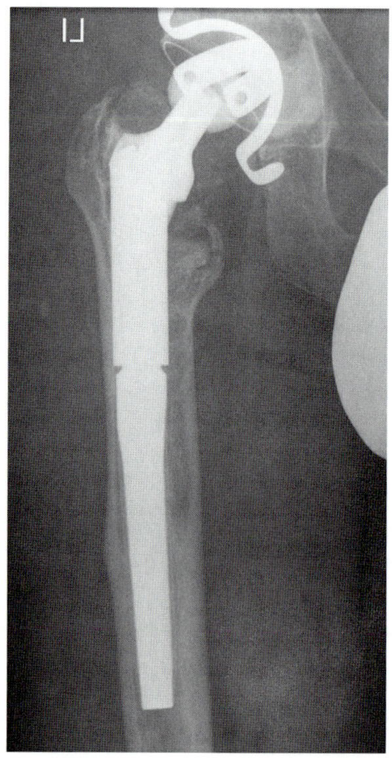

Abb. 17.3.6. Wechsel auf eine diaphysäre zementfreie Schaftverankerung.

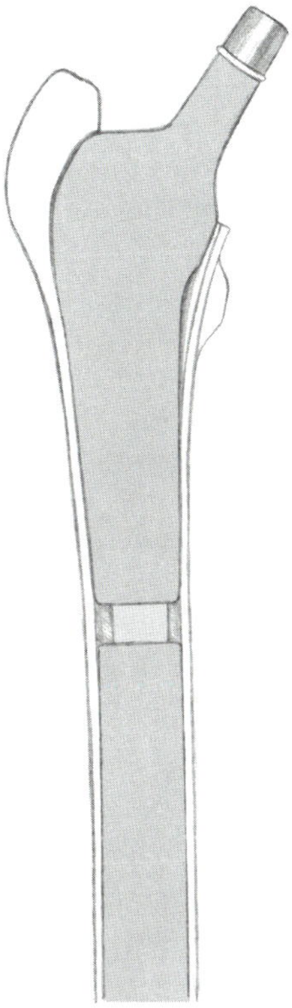

Abb. 17.3.7. Großvolumiges langstieliges Implantat zur zementfreien Versorgung beim Typ 3 nach Elke.

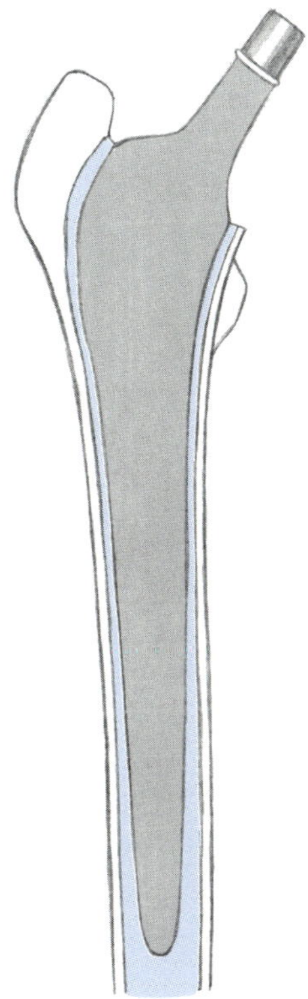

Abb. 17.3.8. Großvolumiges langstieliges Implantat zur zementierten Versorgung beim Typ 3 nach Elke.

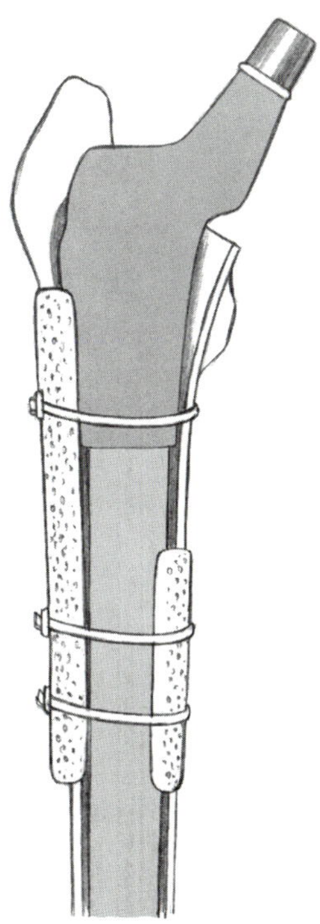

Abb. 17.3.9. Rekonstruktion mit Allografts bei ausgedehnten Knochendefekten.

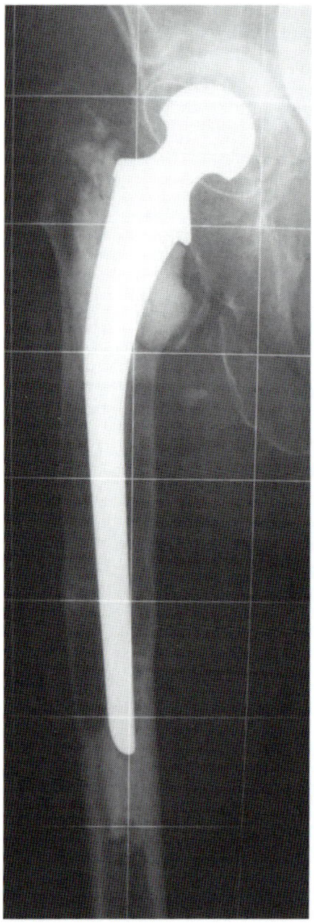

Abb. 17.3.10

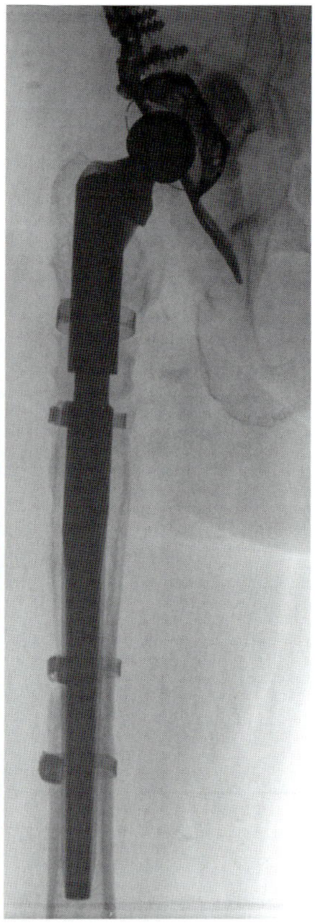

Abb. 17.3.11

Abb. 17.3.10. Schaftlockerung Typ 3 nach Elke.

Abb. 17.3.11. Transfemorale Revision mit großvolumigem langstieligem zementfreien Implantat.

Alternative Techniken

Sicherung des zementfreien Prothesensitzes durch Verwendung einer distalen Verriegelungstechnik analog zum Vorgehen bei intramedullärer Nagelung. Die Dauerhaftigkeit dieser Verankerungstechnik bleibt abzuwarten.

Die Implantation eines Femurschaftes kann auch mit einem Impaction bone grafting erfolgen.

Hierbei wird nach Setzen eines Markraumstoppers über einen Führungsstift gemahlene Spongiosa im Schaft eingebracht und ausgeprägt verdichtet. Über den gleichen Stift werden dann die Probeprothesen eingeschlagen, was zu einer weiteren Verdichtung der Spongiosa führt. Bei der Zementierung wird auf einen zirkulären Zementmantel geachtet.

Literatur

Bettin D, Katthagen BD (1997) Die DGOT-Klassifikation von Knochendefekten bei Hüft-Totalendoprothesen-Revisionsoperationen. Z Orthop 135: 281–284

Elke R (2001) Schaft Revision. Klassifikation und Behandlung. Orthopäde 30(5):280–286

Elke R, Schwaller EC (2004) Schaftrevision. In: Tschauner C (Hrsg) Orthopädie und Orthopädische Chirurgie. Thieme, Stuttgart New York, S 391–401

Wagner M, Wagner H (1999) Der transfemorale Zugang zur Revision von Hüftendoprothesen. Operat Orthop Traumatol 11(4):278–295

Younger TI, Bradford MS, Magnus RE, Paprosky WG (1995) Extended proximal femoral osteotomy. A new technique for femoral revision arthroplasty. J Arthroplasty 10(3):329–338

17.4 Infizierte Hüftendoprothetik – Behandlungsstrategien

Prinzip

Diagnostische Sicherung der Infektion und Bestimmung des Erregers und dessen Sensitivität auf unterschiedliche Antibiotika. Behandlung der Gelenkinfektion mittels Gelenkrevision und/oder ein- oder zweizeitigem Endoprothesenwechsel. Erfolg versprechend sind nur Techniken, die als Ziel eine komplette Infektsanierung und einen festen Prothesensitz haben.

Klassifikation

Unterschieden werden Frühinfekte (Erstmanifestation bis drei Monate postoperativ), verzögerte Infekte (4–24 Monate postoperativ). Alle späteren Manifestationen werden als Spätinfektionen klassifiziert. Frühinfekte haben fast immer exogene Ursachen, Spätinfekte entstehen meist als hämatogene Infektion. Deshalb ist beim Endoprothesenträger lebenslang eine Antibiotikaprophylaxe indiziert. Bei verzögerten Infekten weisen anamnestische Wundheilungsstörungen, chronischer Gewichtsverlust, fortwährende postoperative CRP und/oder BSG-Erhöhung eher auf eine exogene Ursache hin. Im normalen Heilungsverlauf ist das CRP am zweiten postoperativen Tag am höchsten, um drei bis vier Wochen postoperativ auf den präoperativen Ausgangswert zu fallen.

Diagnostik

Rötung und Schwellung und/oder Fistelbildung sind eher die Ausnahme. Schmerzen bestehen fast immer obligat. Frühe Lockerungen, insbesondere verbunden mit Implantatwanderung, sind ebenfalls verdächtig für eine Infektion. Der wichtigste Laborparameter ist das CRP. BSG und Blutbild (Leukozytose und Linksverschiebung) sind diagnostisch nicht so sensitiv. Bei normalem CRP-Wert ist eine Infektion eher unwahrscheinlich. Ein dauerhaft nur mäßig erhöhter CRP-Wert ist bereits als suspekt zu bewerten.

Im Röntgenbild sind Lockerungszeichen, Osteolysen (Differentialdiagnose Fremdkörpergranulome aufgrund des Polyäthylenabriebes), periprothetische Entkalkung und/oder Knochenresorption Indizien für eine Infektion. Die Technetiumszintigraphie und speziell für die Infektdiagnostik die Granulozytenszintigraphie kommen zum Einsatz.

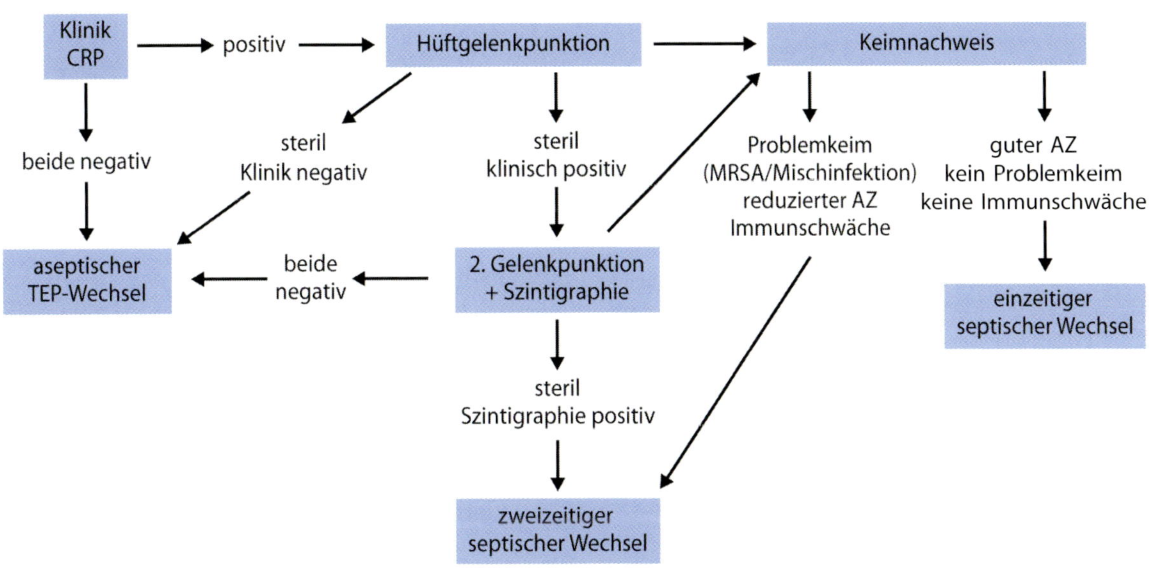

Abb. 17.4.1. Routinediagnostik vor einem Endoprothesenwechsel (Orthopädische Klinik im St. Josefs-Hospital Wiesbaden).

Beim Infektverdacht ist die Hüftgelenkspunktion (s. Kap. 4) obligat. Diese sollte mittels Röntgenbildverstärker erfolgen. Eine Stichinzision der Haut verringert das Risiko einer Kontamination. Bei einer Punctio sicca sollte etwas Kontrastmittel injiziert werden, um eine intraartikuläre Lage sicher nachzuweisen. Mittels „Anspülen" des Gelenkes gelingt es manchmal dann ausreichend Material zur Untersuchung aspirieren zu können. Alternativ kann eine Biopsie erfolgen. Ein vorläufiges Ergebnis ist nach zwei bis drei Tagen, ein endgültiges Ergebnis erst nach 10 Tagen Bebrütung erhältlich. Das weitere Vorgehen ist entscheidend abhängig von der Erregerbestimmung und dem Ergebnis des Antibiogramms.

Wegen des unterschiedlichen therapeutischen Vorgehens führen wir vor jedem Endoprothesenwechsel mit erhöhtem CRP oder positiver Anamnese oder sonstigen Infektindiz eine Hüftgelenkspunktion durch (Abb. 17.4.1).

Techniken

1. Gelenkrevision ohne Implantatwechsel

Indikation und Voraussetzungen: Nur beim akuten Infekt (Frühinfekt oder frühe Phase einer hämatogenen Infektion zum späteren Zeitpunkt). Weitere Voraussetzung ist ein stabil sitzendes Implantat. Kenntnis des Erregers mit Antibiotikaaustestung. Kein abwehrgeschwächter Patient, keine Fistelbildung, keine wesentliche Weichteil- oder Knochenschädigung durch die Infektion. Der Versuch des Implantaterhalts sollte, wegen der nur geringen Chance der Infektsanierung, auf einen Eingriff beschränkt bleiben.

Technik: Schichtweise Gelenkeröffnung an der Operationsnarbe unter fortwährendem Einsatz der Jetlavage mit Desinfektionslösung. Überprüfung des Prothesensitzes. Entfernung aller suspekten Weichteile und Knochenbezirke. Austausch eines Pfanneninlays, Einlage von Antibiotikaschwämmen, alternativ kurzfristiger Einsatz (2–4 Tage) einer Spülsaugdrainage. Wundverschlss nach Handschuhwechsel mit separaten Instrumenten.

2. Einzeitiger septischer Prothesenwechsel

Indikation und Voraussetzungen: Bekannter Erreger mit Antibiogramm, das eine Sensibilität für verfügbare Antibiotika zeigt. Guter Allgemeinzustand und Fehlen ausgeprägter osteoitischer Veränderungen. Problemkeime (MRSA, Mischinfektionen, Pseudomonas) sowie eine Fistelbildung stellen eine relative Kontraindikation dar.

Technik: Erster operativer Schritt ist die komplette Implantat- und Zemententfernung. Gewinnung mehrerer Proben für die bakteriologische Untersuchung (Gelenkflüssigkeit, Abstriche von den Implantaten fakultativ Entnahme von Gewebeproben). Extraktion aller suspekten Weichteile und osteitissuspekten Knochenanteile. Fortwährende Spülung mit der Jetlavage mit Desinfektionslösung z. B. Biguanide (Lavasept®). Einlage von in Desinfektionslösung getränkten Bauchtüchern und Hautverschluss.

Reinigen des OP-Saales. Komplett neues Einwaschen des OP-Teams. Erneutes Abdecken und Verwendung neuer Instrumente. Wunderöffnung, Entnahme der Bauchtücher, Spülung und Durchführung der Implantation neuer Implantate. Bevorzugt zementierte Vorgehensweise. Hierbei wird dem Zement testgerecht Antibiotikum beigemischt. Die Verwendung von Allografts wird kritisch beurteilt, zum Teil aber getätigt. Obligat ist eine stabile Verankerung der Prothesenkomponenten auch unter Verwendung von Osteosynthesematerialien (z. B. Cerclagen, Abstützschalen, Zuggurtungen). Intravenöse Doppelantibiose für mindestens 14 Tage. Orale Antibiose in der Regel bis zwei bis drei Monate postoperativ.

Die Antibiotikawahl ist abhängig vom Antibiogramm. Bei Antibiotikabeimischungen zum Zement ist auch deren Hitzebeständigkeit (herabgesetzt bei Aminoglykosiden) bedeutsam. Verschiedene antibiotische Therapieempfehlungen wurden erarbeitet. Hilfreich ist die Konsultierung eines hierin erfahrenen Mikrobiologen.

3. Zweizeitiger septischer Endoprothesenwechsel

Indikation und Voraussetzungen: Bei fehlendem präoperativem Erregernachweis, schlechtem Allgemeinzustand des Patienten oder bei Problemkeimen. In manchen Krankenhäusern wird grundsätzlich der Endoprothesenwechsel beim infizierten Gelenk zweizeitig durchgeführt.

Technik: Vorhandene Fisteln werden mit Farbstoff markiert. Gelenkeröffnung und Entfernung des Implantates, des Knochenzementes und aller klinisch suspekten Weichteile und Knochenanteile. Gewinnung von bakteriologischen Proben von der Gelenkflüssigkeit, den Implantaten sowie des

Systemische Behandlungsmöglichkeiten bei infizierter Endoprothetik. Mod. nach: P. E. Ochsner, W. Zimmerli: Hüftprothetik und Infektion. In: R.-P. Meyer, A. Gächert, K. Kappeler (Hrsg) Hüftchirurgie in der Praxis. Springer, Heidelberg 2005

Erreger		Medikament	Dosierung */Applikation
Staphylococcus aureus oder koagulasenegative Staphylokokken	methicillin-empfindlich	Nafcillin oder Flucloxacillin + Rifampicin für 2 Wochen, gefolgt von Ciprofloxacin + Rifampicin	4-mal 2 g/Tag i.v. 2-mal 450 mg/Tag per os 2-mal 750 mg/Tag per os** 2-mal 450 mg/Tag per os**
	methicillin-resistent	Vancomycin + Rifampicin für 2 Wochen, gefolgt von Ciprofloxacin oder Fusidinsäure oder Teicoplanin oder Cotrimoxazol + Rifampicin	2-mal 1 g/Tag i.v. 2-mal 450 mg/Tag per os 2-mal 750 mg/Tag per os** 3-mal 500 mg/Tag per os** 400 mg/Tag i.v. 3 4 Tbl. forte/Tag per os** 2-mal 450 mg/Tag per os**
Streptococcus spp.		Penicillin G für 4 Wochen gefolgt von Amoxicillin	4-mal 5 Mio IE/Tag i.v. 3-mal 750 mg/Tag per os**
Anaerobier		Clindamycin für 2–4 Wochen, gefolgt von Clindamycin	4-mal 600 mg/Tag i.v. 4-mal 300 mg/Tag per os**
Chinolonsensible gramnegative Stäbchen (außer Pseudomonas aeruginosa)		Ciprofloxacin	2-mal 750 mg/Tag per os**
Pseudomonas aeruginosa		Ceftazidim oder Cefepime + Tobramycin 2–4 Wochen, gefolgt von Ciprofloxacin	3-mal 2 g/Tag i.v. gemäß Clearance i.v. 2-mal 750 mg/Tag per os**
Mischflora		Imipenem 2–4 Wochen, gefolgt von verschiedenen Therapien, entsprechend der Resistenzprüfung	2-mal 750 mg/Tag i.v.

Beachte: Die Empfindlichkeit der Keime muss durch die Resistenzprüfung bestätigt sein.
* Dosis ist angegeben für Patienten mit normaler Nieren- und Leberfunktion.
** Dauer: mindestens 3 Monate oder länger, bis 1 Monat nach Normalisierung der klinischen und Laborzeichen der Infektion. Chinolone sollten bei Infektionen mit methicillinresistentem Staphylococcus aureus wegen der Gefahr der Resistenzentwicklung, welche häufig vorkommt, nicht eingesetzt werden.

Gewebes. Verwendung einer Jetlavage mit Desinfizienz z. B. Biguanide (Lavasept®). Knochendeckel (transfemoraler Zugang) werden mit einer Cerclage refixiert. Die Verwendung eines Zementspacers ist optional (Abb. 17.4.2). Dieser wird aus antibiotikahaltigem Zement geformt. Zur Stabilitätserhöhung kann ein zentraler Metallstab verwendet werden, um den der Zement herum modelliert wird. Wundverschluss und Durchführung einer testgerechten intravenösen Antibiose. Reimplantation 4–8 Wochen postoperativ.

Kommentar

Die Möglichkeiten der Gelenkrevision ohne Wechsel des Implantates sind begrenzt. Ein mehrfacher Einsatz dieses Verfahrens ist nicht Erfolg versprechend. Mit einzeitigen Wechseloperationen sind funktionell bessere Ergebnisse zu erzielen, werden vom Patienten besser toleriert und erfordern weniger Ressourcen und dies bei annähernd gleichen Erfolgschancen wie beim zweizeitigen Wechsel. Deshalb geben wir diesem Verfahren – bei gegebenen Voraussetzungen – den Vorzug. Der zweizeitige Wechsel ist das Verfahren der Wahl, wenn präoperativ der Erreger nicht bestimmbar ist, bei Problemkeimen (z.B. MRSA, Pseudomonas und Mischinfektionen) und bei ausgeprägter ossärer oder Weichteilbeteiligung speziell bei ausgeprägten Nekrosen.

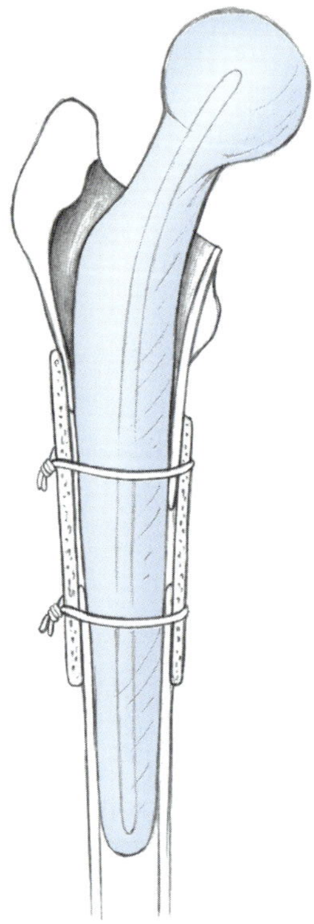

Abb. 17.4.2. Spacerinterposition beim zweizeitigen Endoprothesenwechsel.

Alternative Technik

Gelingt es nicht, eine Infektsanierung bei dem ersten Eingriff zu erzielen, bleibt die Möglichkeit in einem zweiten Eingriff dieses Ziel zu erreichen. Mittels szintigraphischer Verfahren kann eine Osteitis lokalisiert werden, die bei der zweiten Revision besonders adressiert wird. Die Entscheidung, ob ein ein- oder zweizeitiger Wechsel hierbei durchgeführt werden sollte, basiert auf den gleichen Grundlagen wie bei der ersten Revision.

Bei reduziertem Allgemeinzustand kann die ersatzlose Prothesenentfernung (Girdlestonehüfte) erwogen werden. Eine weitere Option, z.B. bei multimorbiden Patienten, stellt eine dauerhafte Antibiotikasuppression mit oder ohne Fistelung dar. Diese Verfahren sind nur bei Extremverhältnissen indiziert.

Literatur

Buchholz HW, Elson RA, Engelbrecht E, Lodenkamper H, Rottger J, Siegel A (1981) Management of deep infection of total hip replacement. J Bone and Joint Surg 63-B:342–353

Haddad FS, Muirhead-Allwood SK, Manktelow AR, Bacarese-Hamilton I (2000) Two-stage uncemented revision hip arthroplasty for infection. J Bone and Joint Surg 82-B:689–694

Ochsner PE, Zimmerli W (2005) Hüftprothetik und Infektion. In: Meyer R-P, Gächter A, Kuppeler U (Hrsg) Hüftchirurgie in der Praxis. Springer, Heidelberg, S 265

Sofer D, Regenbrecht B, Pfeil J (2005) Frühergebnisse des einzeitigen septischen TEP Wechsel mit antibiotikahaltigem Knochenzement. Orthopäde 34(6):592–602

18 Behandlung periprothetischer Frakturen

18.1 Klassifikation

Zur Einteilung und Therapieplanung findet die Vancouver-Klassifikation die häufigste Verwendung. Sie berücksichtigt neben der Höhe der Fraktur in Bezug zur Prothese auch weitere Faktoren wie Knochenqualität und Lockerung der Prothese (Abb. 18.1.1).

Typ-A-Frakturen kommen unserer Erfahrung nach hauptsächlich als Implantationskomplikationen vor. Das Risiko liegt meist unter 1% und steigt bei Revisionseingriffen deutlich an (ca. 6%). Typ-A-Frakturen können als stabiler Frakturtyp konservativ behandelt werden. Bei einer Implantationskomplikation kommen unterschiedliche Osteosyntheseverfahren oder ein Verfahrenswechsel zur zementierten Schaftimplantation in Betracht. Im Gegensatz dazu werden periprothetische Femurfrakturen des Typ B und C nach der Vancouver-Klassifikation meist operativ behandelt. Hier ist eine operative Versorgung mit der Zielsetzung einer frühfunktionellen Nachbehandlung anzustreben, die abhängig vom Frakturtyp durch Osteosynthesen oder durch einen Prothesenwechsel erreicht wird (s. Kap. 17).

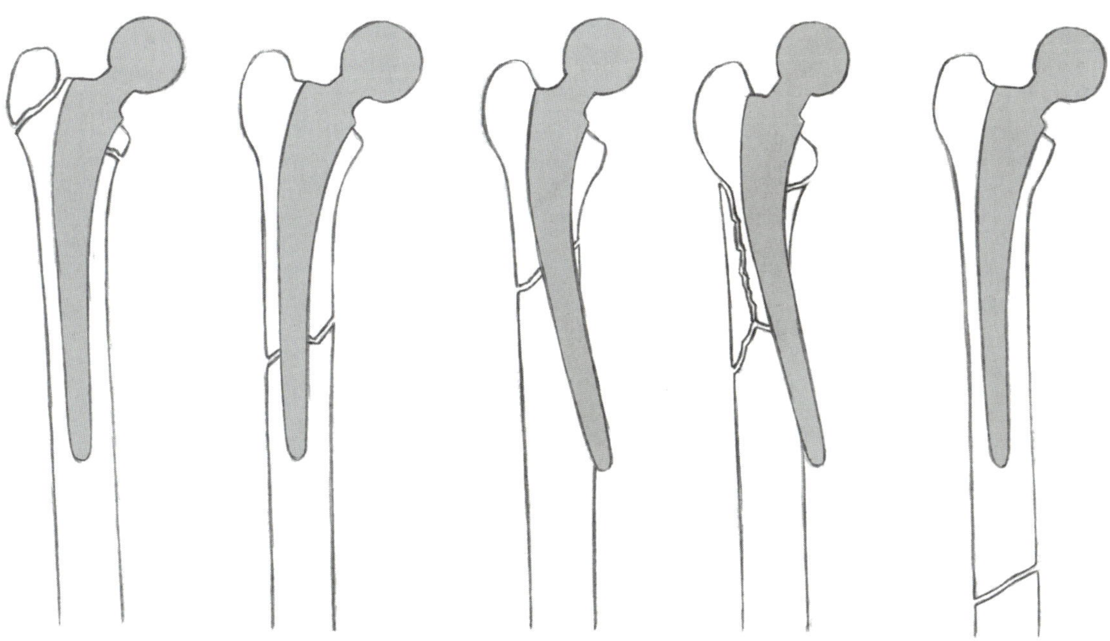

Abb. 18.1.1. Vancouver-Klassifikation der periprothetischen Femurfrakturen.

18.2 Spezielle Osteosyntheseverfahren

Prinzip

Beim Auftreten von periprothetischen Frakturen ist grundsätzlich die intraoperative Fraktur, im Rahmen der Prothesenimplantation, von der postoperativen Fraktur nach länger zurückliegender Implantation zu unterscheiden. Ganz allgemein kann als Therapieprinzip festgehalten werden, dass unabhängig von der Lokalisation der Fraktur bei festem Prothesensitz der Erhalt der Prothese angestrebt werden sollte, während bei Prothesenlockerung ein Wechsel der Prothese empfohlen wird.

Indikation

Die Indikation und Art der operativen Versorgung ist abhängig von der Höhe der Fraktur in Bezug zur Prothese und ob die Prothese gelockert ist. Die Klassifikation (s. Abb. 18.1.1) ist für die Indikationsstellung hilfreich.

Kommentar

Bei der periprothetischen Fraktur gibt es neben dem adäquaten Trauma verschiedene Risikofaktoren, wie systemische Erkrankungen (Osteoporose, rheumatoide Arthritis), Voroperationen, maligne Erkrankungen, das Vorliegen einer Prothesenlockerung oder Revisionsendoprothese, mangelnde Compliance des Patienten, enger Markraum und Implantationskomplikationen („stress-riser"), die zum Erleiden einer derartigen Fraktur prädisponieren. Die Inzidenz der postoperativen periprothetischen Frakturen erreicht 4%.

Technik

In Rückenlage wird das betroffene Bein frei abgedeckt, der operative Zugang entspricht dem zur Versorgung des proximalen Femur, wobei entsprechend der Frakturlokalisation dieser weiter nach distal gelegt wird (s. Kap. 8.10).

Cerclage: Die isolierte Cerclagetechnik findet Anwendung für Typ A-Frakturen oder B1-Frakturen, die sich als lange Schrägfrakturen bzw. Spiralfrakturen darstellen. Es gibt verschiedene Cerclagesysteme, z. B. die einfache Drahtcerclage, die Bandcerclage oder auch Kabelsysteme, die auch als additives Osteosyntheseverfahren bei der Plattenosteosynthese, dem Marknagel oder dem Prothesenwechsel (Abb. 18.2.1) gebraucht wird. Für die periprothetischen Frakturen sind die Kabelsysteme besonders geeignet, da sie oft mit Plattensystemen durch spezielle Zusatzelemente oder Bohrungen fest verbunden werden können.

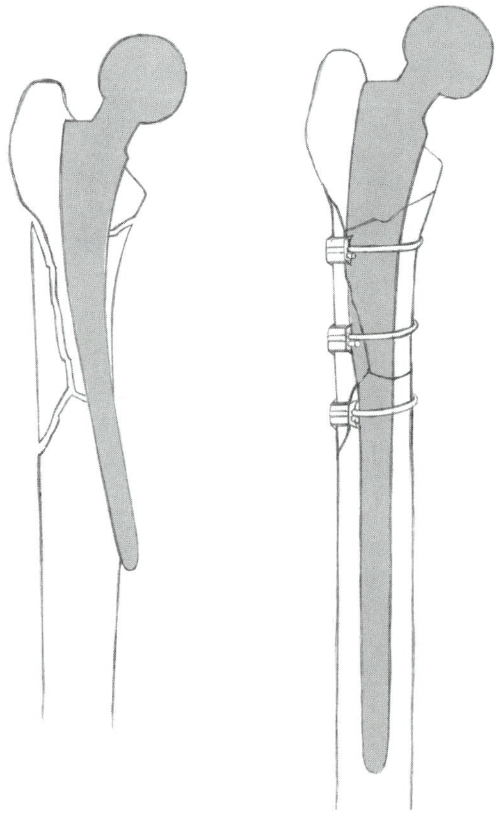

Abb. 18.2.1. Periprothetische Fraktur (Vancouver B3-Fraktur); Versorgung durch Prothesenwechsel und zusätzlichen Cerclagen.

Plattenosteosynthese: Für die Plattenosteosynthese einer periprothetischen Femurfraktur (Typ B1 oder C) werden vorzugsweise ein winkelstabiles Plattensystem oder speziell für das distale Femur entwickelte anatomisch vorgeformte winkelstabile Platten verwendet. Diese Plattensysteme haben oftmals Kombilöcher, die neben der klassischen Technik der absoluten Stabilität auch das Prinzip des Fixateur interne ermöglichen. Die Schrauben sind dabei fest mit der Platte verbunden, z.B. über ein Gewindesystem (Abb. 18.2.2).

Über den lateralen Zugang zum Femur erfolgt die Reposition der Fraktur. Hier können Repositionszangen oder auch kräftige Fäden (Stärke 5) verwendet werden. Dann wird die Platte, ggf. nach entsprechendem Zurechtbiegen, angelegt. Im Anschluss wird die Platte, entweder dem Funktionsprinzip der absoluten Stabilität folgend mit Standardschrauben oder mit mindestens drei winkelstabilen (vorzugsweise bikortikal) Verriegelungsschrauben distal der Fraktur, fixiert. Die Fixation in Höhe der Prothese kann über monokortikale winkelstabile Schrauben in Plattenhöhe oder durch ventrale und dorsale Platzierung von Standardschrauben erfolgen. Besonders hilfreich sind hier zusätzliche Kabelcerclagen, die in der Platte verankert werden können (Abb. 18.2.3).

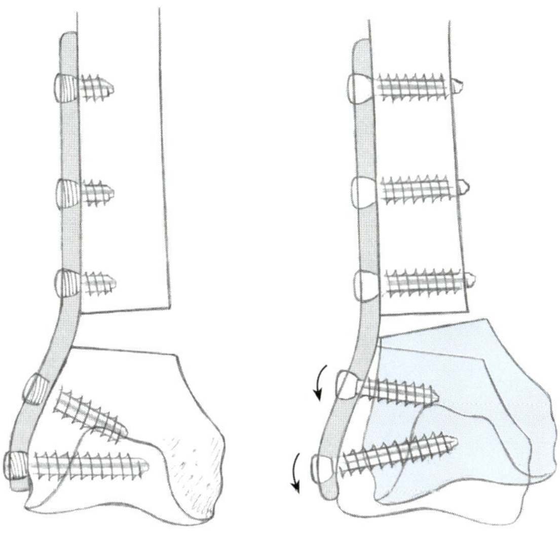

Abb. 18.2.2. Schema eines winkelstabilen Plattensystems. Durch Verriegelung der Schraube in der Platte kann ein Verkippen der Schrauben innerhalb der Plattenlöcher verhindert werden.

Marknagelosteosynthese: Die retrograde Marknagelosteosynthese ist für Frakturen die ausreichend weit distal von der Prothesenspitze entfernt liegen geeignet (Typ C). Zur Nagelung stehen verriegelbare Standardimplantate zur Versorgung von diaphysären Femurfrakturen oder auch spezielle kurze retrograde Femurnägel für meta-/diaphysäre Frakturen zur Verfügung. Zur Osteosynthese wird der Patient in Rückenlage mit im Kniegelenk gebeugtem und frei beweglichem Bein gelagert. Das Zugangsportal wird durch Hautinzision und mediane Spaltung des Ligamentum patellae geschaffen. Der optimale Eintrittspunkt des Nagels liegt im Bereich der Notch anterior und lateral des Ursprungs des hinteren Kreuzbandes am Femur. Nach Eröffnung des Markraumes und Einschieben des Führungsdrahtes über die Fraktur hinaus nach proximal kann in aufgebohrter oder unaufgebohrter Technik der entsprechende Nagel eingebracht werden (Abb. 18.2.4). Eine je nach Frakturform statische oder dynamische Verriegelung beendet die meist übungsstabile Osteosynthese.

Komplikationen

Bei Patienten mit solchen Frakturen muss, selbst bei optimaler Therapie und sorgfältiger Planung, häufig mit Revisionseingriffen gerechnet werden. Eine Vielzahl von Gründen wie hohes Patientenalter, Begleiterkrankungen, schlechte Knochenqualität (Osteoporose, Knochenzement, Voreingriffe), schwierige Verankerungsmöglichkeit des Osteosynthesematerials bei zum Teil avitalem Knochen bedingen eine hohe Anzahl von Komplikationen. Zu diesen gehören die Pseudarthrosenbildung, Refraktur, Implantatlockerung, -fraktur und -dislokation, Luxation der Prothese, Wundinfekte und Wundheilungsstörung. Zudem sind Allgemeinkomplikationen wie Lungenembolie, Dekubitus oder Pneumonie nicht selten. Insgesamt finden sich in der Literatur Komplikationsraten von 20 bis 60%.

Nachbehandlung

Bei aufwendigen operativen Versorgungen und hoher Belastung der Weichteile sollte am zweiten postoperativen Tag eine Second-Look-Operation durchgeführt werden, um das Auftreten von Wundheilungsstörungen und Infektionen zu verringern. Die Frakturanatomie und die operative Stabilisierung bestimmen die Nachbehandlung. Bei den verschiedenen Osteosyntheseverfahren ist in der Regel eine Teilbelastung an Gehstützen bis zur Überbauung der Fraktur zu empfehlen. Hierbei sind, je nach Knochenqualität, Teilbelastungsphasen bis zu 6 Monaten postoperativ sinnvoll. Bei sehr alten Patienten kann

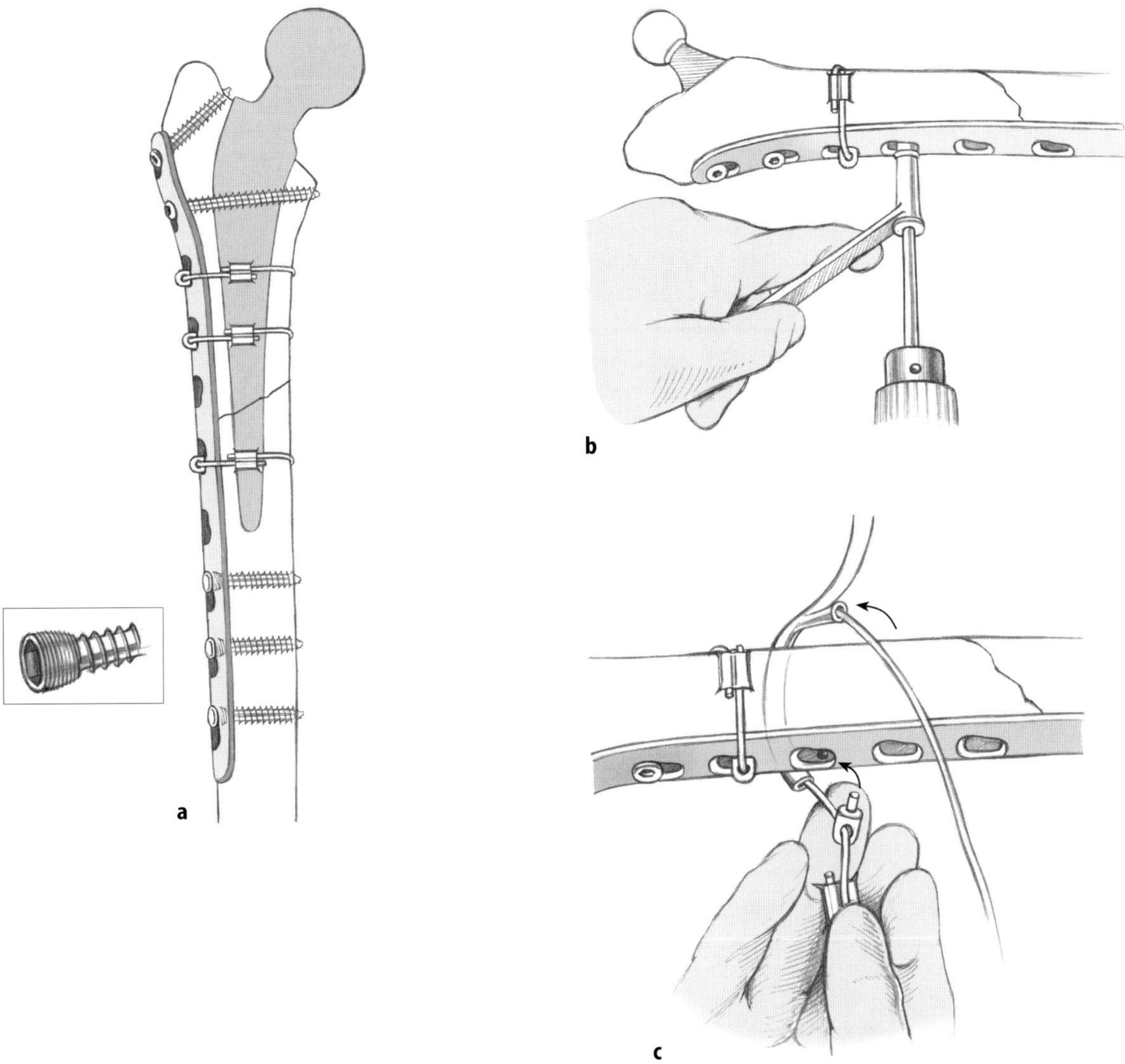

Abb. 18.2.3. Stabilisierung einer periprothetischen Fraktur mittels Plattenosteosynthese. **a** Die Fixation kann distal der Prothese mit winkelstabilen Schrauben und proximal mit Standardschrauben erfolgen. In Höhe der Prothese können Kabelcerclagen verwendet werden, die in der Platte fixiert werden. **b** Bohrung von unikortikalen Fixationslöchern. **c** Fixationsstift zur Verbindung von Kabel und Platte.

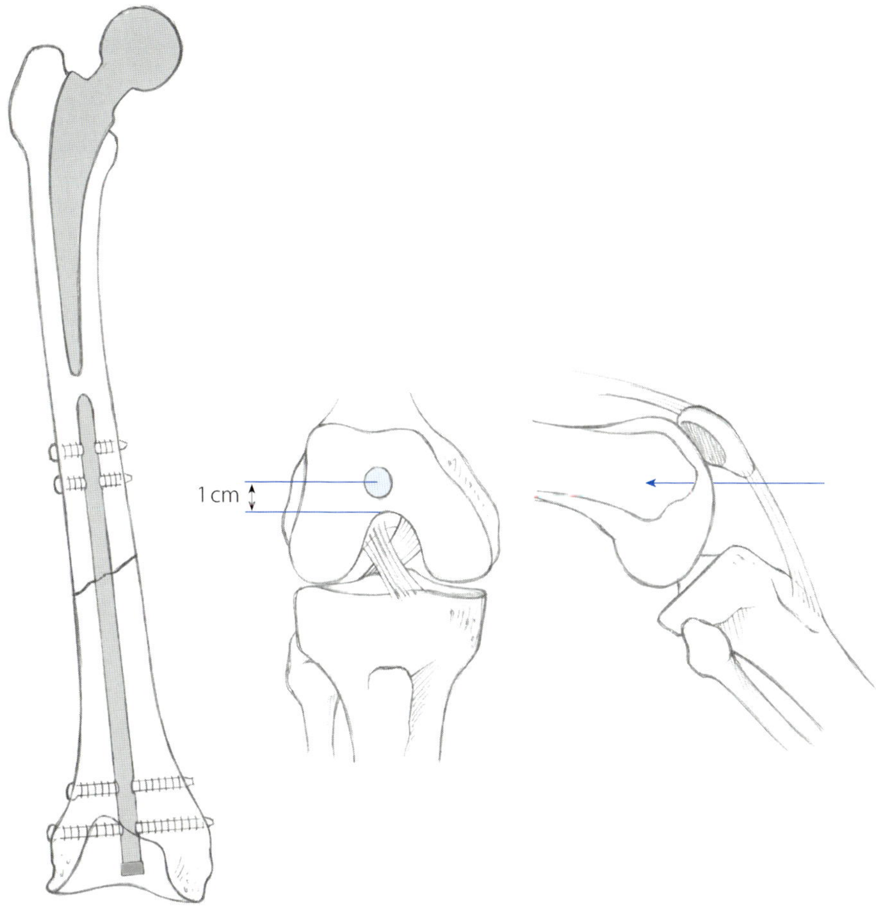

Abb. 18.2.4. Stabilisierung einer Femurfraktur unterhalb einer Hüftgelenksprothese mittels retrogradem Femurnagel. Wesentlich ist die Bestimmung des korrekten Nageleintrittspunktes im Kniegelenk anterior und lateral des Ursprungs des hinteren Kreuzbandes.

dies den vorübergehenden Gebrauch eines Rollstuhls erfordern bzw. die Mobilisierung mittels Rollator.

Alternative Technik

Neben den verschiedenen Osteosynthesetechniken zur Behandlung der periprothetischen Fraktur kann ein Prothesenwechsel durchgeführt werden (s. Kap. 17 und 18.3).

18.3 Spezielle Revisionsendoprothetik

Prinzip

Beim Auftreten von periprothetischen Frakturen und gleichzeitiger Prothesenlockerung wird üblicherweise ein Wechsel der Prothese empfohlen.

Kommentar

Gerade auch die Prothesenlockerung selbst ist ein prädisponierender Faktor, da die Knochenresorption zu einer Ausweitung des Markraumes führt und dann ungünstige Biegemomente an der Prothesenspitze auftreten.

Indikation

Orientierend an der Klassifikation (Typ B2 und B3 nach der Vancouver-Klassifikation, s. Abb. 18.1.1) ergibt sich bei Prothesenlockerung oder auch beim Versagen sonstiger osteosynthetischer Versorgungen die Indikation zum Prothesenwechsel.

Technik

In Rückenlage wird das betroffene Bein frei abgedeckt, der operative Zugang entspricht dem zur Implantation einer Endoprothese, wobei der Zugang entsprechend zum Femurschaft erweitert werden muss, um bei Dislokationen bzw. nach Osteosynthesen die Prothese, Zement und zuvor eingebrachte Implantate sicher entfernen zu können.

Bei Prothesenlockerung wird ein Prothesenersatz mit einer Langschaftprothese durchgeführt (s. Abb. 18.2.1). Die verschiedenen Revisionsprothesen werden dabei meist zementfrei im verbliebenen distalen Schaft verankert. Die Spitze sollte dabei 10 cm in das distale Fragment ragen. Eine oftmals spezielle Legierung

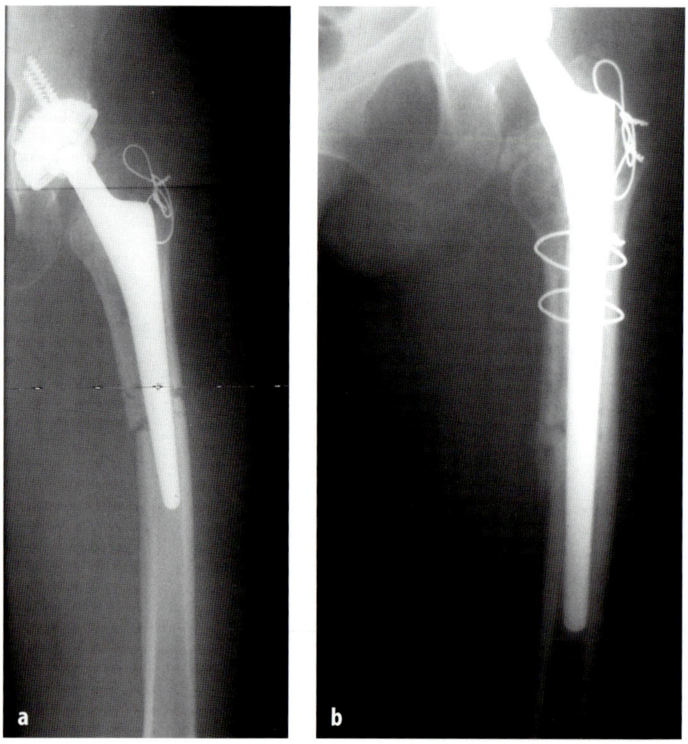

Abb. 18.3.1. a Periprothetische Fraktur (Vancouver B1-Fraktur). **b** Versorgung durch Prothesenwechsel und zusätzlichen Cerclagen.

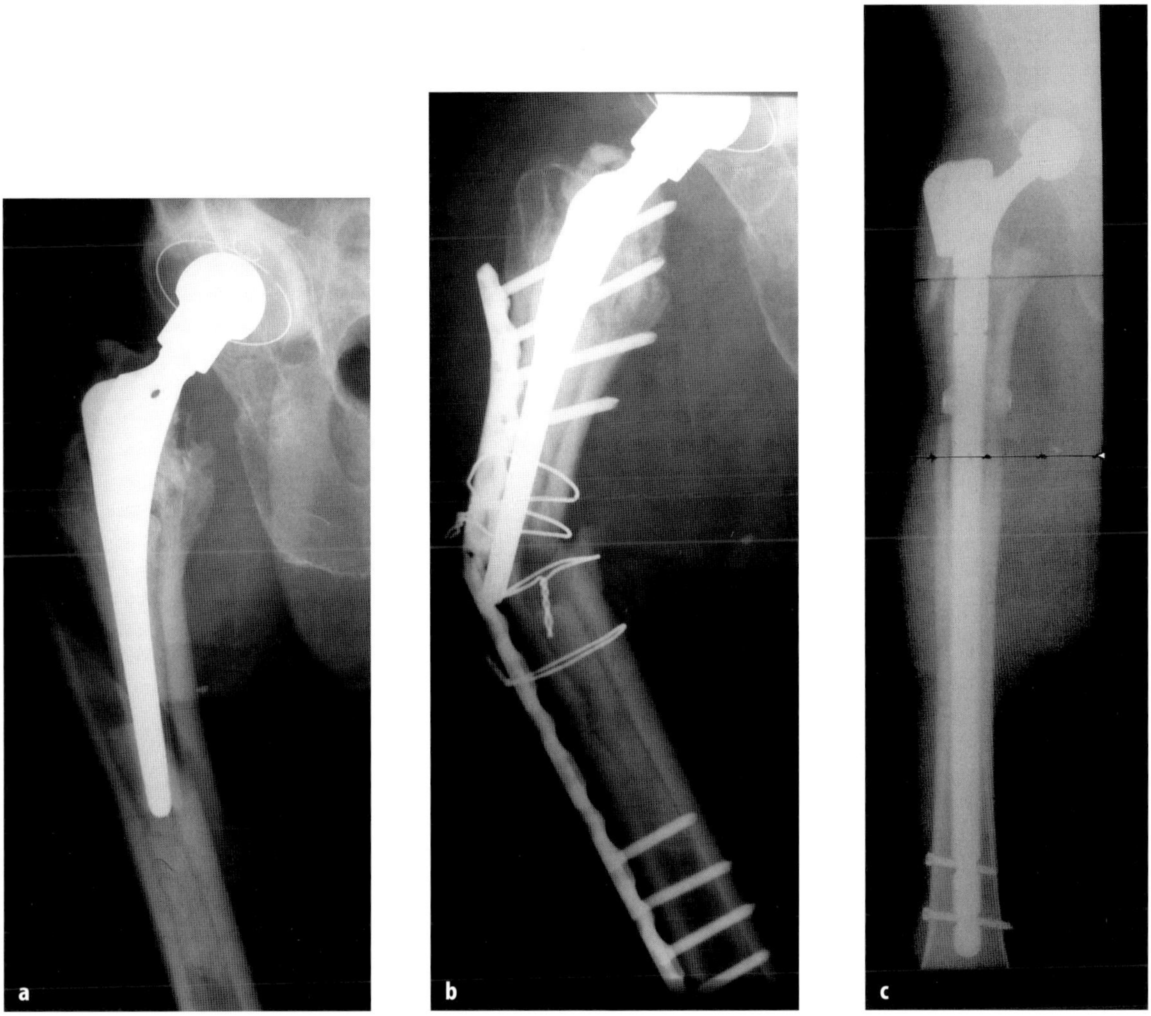

Abb. 18.3.2 a–c. Periprothetische Fraktur (Vancouver B2-Fraktur). **a** Unfallbild. **b** Stabilisierungsversuch mittels Plattenosteosynthese und Cerclagen; Röntgenbild nach Versagen der Osteosynthese mit Plattenbruch. **c** Revision mittels Langschaftprothese. Die Prothese erlaubt eine distale Verriegelung, um die Primarstabilisation zu erhöhen und hat verschiedene Aufsätze, um eine Trochanterrefixation zu gewährleisten.

unterstützt die Knochenneubildung und Integration des Implantates. Die Rotationsstabilität wird meist durch Längsrippen gewährleistet. Verschiedene Formen von Cerclagen (Band, Kabel etc.) sichern die Fragmente an der Prothese und werden auch zur Refixation des Trochanter major verwendet (Abb. 18.3.1). Spezielle Revisionsprothesen sind indiziert, wenn osteosynthetische Versorgungen periprothetischer Frakturen versagen. Dann kann insbesondere die Möglichkeit der distalen Verriegelung im Bereich der Revisionsprothese für die Primärstabilisierung hilfreich sein (Abb. 18.3.2).

Komplikationen

Die Komplikationen sind vergleichbar mit denen bei osteosynthetischer Versorgung der periprothetischen Frakturen und steigen bei Revisionseingriffen überproportional. Zu den bekannten Problemen ist die Knochenqualität in den Fällen, wo eine Kombination von Prothesenlockerung und Fraktur vorliegt, noch schlechter und dann noch die Frakturanatomie entsprechend komplex. Dies führt nochmals zur Steigerung der Komplikationsrate (s. Kap. 18.2).

Nachbehandlung

Die Nachbehandlung entspricht in ihren Grundzügen der in Kap. 18.2. Auch hier müssen bei entsprechenden Risiken Zweiteingriffe eingeplant werden, um eine regelrechte Heilung ohne Protheseninfekt zu erreichen. Die Art der Prothese und die ggf. notwendigen Osteosyntheseverfahren bestimmen die Nachbehandlung. In der Regel ist eine Teilbelastung an Gehstützen möglich, bei schlechter Knochenqualität kann dies eine sehr lange Phase erfordern bzw. zunächst einen Rollstuhl oder Rollator erfordern.

Literatur

Beals RK, Tower SS (1996) Periprosthetic Fractures of the Femur (An Analysis of 93 Fractures). Clin Orthop 327:238–246

Duncan CP, Masri BA (1995) Fractures of the femur after hip replacement. Instr Course Lect 44:293–304

Gruner A, Hockertz T, Reilmann H (2004) Die periprothetische Fraktur. Unfallchirurg 107:35–49

Kavangh BF (1992) Femoral fractures associated with total hip arthroplasty. Orthop Clin N Am 23:249–257

Johansson JE, McBroom R, Barrington TW, Hunter GA (1981) Fracture of ipsilateral femur in patients with total hip replacement. JBJS Am 63(9):1435–1442

Lindahl H, Malchau H, Herberts P, Garellick G (2005) Periprosthetic Femoral Fractures. J Arthroplasty 20(7):857–865

Masri BA, Meek D, Duncan CP (2004) Periprosthetic Fractures Evaluation and Treatment. Clin Orth 420:80–95

Spitaler R, Reichetseder J, Rappold G, Leixnering M, Hertz H (2003) Periprothetische Femurfraktur bei ipsilateraler Hüft- bzw. Knieendoprothese: Das Akutversorgungskonzept – ein operativer Algorithmus. Akt Traumatol 33:272–280

Sachverzeichnis